Optimization Theories and Methodologies for Large-Scale Oil and Gas Network Systems

大型油气网络系统优化理论及方法

刘　扬　著

科学出版社
北　京

内 容 简 介

本书是一本有关大型油气网络系统优化理论及方法研究的专著，除必要的基本理论介绍外，书中其余内容均是作者研究多年的理论成果。本书定义了涵盖油气生产主要过程的油气田地上地下亚闭环网络系统的概念，阐明了地上地下亚闭环油气网络系统整体运行优化理论和方法。详述了具有全局收敛性的高效智能优化算法及超大规模油气管网布局优化理论和方法。全书共5章，主要内容包括：智能优化算法及其改进、油气集输系统优化、注入系统优化、大型油气田地上地下亚闭环网络系统整体运行优化及大型油气管网布局优化。对每类优化问题都给出了数学模型、求解方法和应用实例。

本书适合各类石油工程技术人员、科研工作者、高等学校有关专业师生阅读。

图书在版编目(CIP)数据

大型油气网络系统优化理论及方法 / 刘扬著. —北京：科学出版社，2019.3
ISBN 978-7-03-060390-6

Ⅰ.①大… Ⅱ.①刘… Ⅲ.①大油气田-管网-系统优化-研究 Ⅳ.①P618.13

中国版本图书馆CIP数据核字(2019)第000821号

责任编辑：焦 健 李 静 韩 鹏 / 责任校对：张小霞
责任印制：肖 兴 / 封面设计：北京图阅盛世

科学出版社 出版
北京东黄城根北街16号
邮政编码：100717
http://www.sciencep.com

三河市春园印刷有限公司 印刷
科学出版社发行 各地新华书店经销
*
2019年3月第 一 版 开本：787×1092 1/16
2019年3月第一次印刷 印张：18 1/4
字数：400 000

定价：228.00元

(如有印装质量问题，我社负责调换)

序

网络最优化是运筹学中的一个经典而重要的分支，是将复杂庞大的工程系统和管理问题用图论、数学规划模型等进行描述，进而解决工程设计和管理决策最优化问题的模型方法论。运筹学通过建模与优化为工程管理和经济管理工作中的最优决策提供定量依据。事实上，工程领域中的许多决策问题最终可以表达为优化问题。这使得优化方法具有了广泛的应用领域和现实的应用价值。

作者在书中，率先定义了一类油气网络模型，即地上地下亚闭环网络系统，该模型能够反映油气生产的主要过程，对系统进行整体优化可以实现减少投资、节能降耗、高效运行的目标。这反映了作者“系统思维-模型入手-优化解决”的思维方式，也符合当下用优化理论和计算机技术来解决“决策定量化、科学化”的趋势。书中建立的优化模型，也可用于相近领域，如供给网络优化、计算机网络优化以及调度网络优化等。

通常网络优化问题，是针对一个给定的网络，求解指定命题的问题。例如，求树的问题（最小树、最大分枝）、最短路问题、最大流问题和匹配问题等。而书中的网络优化问题是一类十分复杂的优化问题。从问题所涉及的拓扑布局优化来看，它是要求解出最优网络拓扑形式；从函数的形态来看，它是非线性、离散连续混合优化问题；从系统特征来看，它既具有母系统也具有子系统，是大系统优化问题；从计算复杂性来看，优化问题中的广义集合剖分、环形集输优化属于 NP-hard 问题，是一类耦合多 NP 类子问题的大规模优化难题。

对此难解的优化问题，作者进行了多年不懈的研究探索和理论创新，提出了一系列行之有效的方法，并在实际应用中取得了显著的效果。作者提出了改进粒子群全局优化算法、混合粒子群-烟花全局优化算法、格栅剖分集合划分法、位域相近模糊集降维求解法、大型地上地下亚闭环网络系统整体运行优化方法，以及大型油气网络系统拓扑布局优化方法等，既有理论创新又有应用价值和实际效果的优化方法。

作者在 80 年代中期到大连理工大学我的团队攻读博士学位，潜心致力于油气工程领域的优化研究工作，取得了一些成绩，当时受到钱令希院士的好评。此后，作者几十年一如既往，深耕此业，致力于理论创新和应用实际，取得了多项科技成果奖励。希望他继续努力，不断进取，建树卓越。

希望该书的出版，对相关学科的理论创新、相关行业的管理创新和工程实际领域优化理论方法的应用起到推进作用。

中国科学院院士

2019 年 1 月

Foreword

It's really my pleasure to write the preface for the book entitled "Optimization Theories and Methodologies for Large-Scale Oil and Gas Network Systems" authored by Prof. Yang Liu from Northeast Petroleum University of China.

I am Zidong Wang, an IEEE Fellow and Professor of Computing at Brunel University London in the UK. I have research interests in intelligent data analysis, statistical signal processing as well as dynamic systems and control. I have been named as the Hottest Scientific Researcher in 2012 in the area of Big Data Analysis by Thomson Reuters and listed as a highly cited researcher in categories of both computer science and engineering by Clarivate Analytics for a consecutive 4 years from 2015 to 2018. I have been appointed as a short-term One-Thousand-Talent-Plan professor at Tsinghua University and a Changjiang JiangZuo Professor at Donghua University of China. I am currently serving as the Editor-in-Chief for Neurocomputing and Associate Editor for other 12 prestigious journals including 5 IEEE Transactions. My research has been funded by the European Union, the Royal Society of the UK and the EPSRC of the UK. I have known the author, Prof. Yang Liu, for six years since I first visited Northeast Petroleum University (NEPU) in 2012. We have common research interests in optimization, machine learning and artificial intelligence.

This proposed book is motivated by the urgent need of theories and methods for various optimization problems occurring in modern petroleum industry. It is widely recognized that in the process of oil-gas production, transportation and treatment, the power and fuel consumed by the main conveying equipment, such as pump units and heating devices, are a cause of oil-gas fields operation requiring major energy consumption. On the other hand, the oil-gas pipeline network system accounts for a significant proportion of investment in oil-gas fields development and construction. In this book, by borrowing ideas from the operational theory, the author provides a unified framework to examine two essential optimization problems in the petroleum industry, i. e., the operation optimization of surface and underground sub-closed-loop network system, and layout optimization of large-scale oil-gas pipeline network. Several novel concepts are put forward to characterize the engineering-oriented complexities appearing in the practical oil and gas industrial systems. By drawing on a varieties of theories and methods (e. g., multi-objective MPSO method, PS-FW algorithm, etc.), both optimization problems are approached from different perspectives including systems science and control engineering, which results in a series of novel paradigms as well as a set of easy-to-use techniques. The main features of this book can be highlighted as follows:

1) Inspired by the Poincare cycle theory, the convergence theorem is established that is

applicable for arbitrary iterative stochastic optimization algorithm. A hybrid particle swarm optimization-fireworks algorithm (PS-FW) and a modified particle swarm optimization (MPSO) algorithm are developed with superiorities over traditional algorithms.

2) The complex coupling of reservoir, oil production, gathering and transportation, sewage treatment and injection system is well addressed with the help of a newly proposed concept of surface and underground sub-closed-loop network system.

3) In view of the NP-hard nature of the sub-closed-loop network system, the sub-closed-loop network system operation optimization model is decomposed into several suboptimal ones which can then be conveniently handled in combination with the decomposition and coordination method for large-scale systems.

4) Two new concepts, i. e. , effective fuzzy region of underground injection and fuzzy similarity class of oil pumping system, are presented, based on which the solution are provided to the injection-production optimization of reservoir subsystem and swabbing parameters optimization of oil production subsystem without dimensional disaster.

5) Based on multilevel hierarchical structure, the idea of intelligent computing is implemented to determine the coordination information between the parent system and the subsystem by resorting to the decomposition and coordination method. Then, this book further proposes a hybrid decomposition coordination intelligent optimization strategy by drawing on a variety of algorithms such as multi-objective MPSO and PS-FW algorithms.

6) A large-scale oil and gas pipeline network optimization model is put forward to examine the oil gathering process and gas gathering process under multi-level star (MS) and multi-level star-tree (MST) type networks.

7) The classical optimization scheme for set partition problem is generally a square-order time complexity algorithm. With the idea of dimensionality reduction planning, a new grid dissection set partition method is proposed with a linear polynomial time complexity.

8) By using the newly proposed concept of fuzzy set of adjacent position, the determination of the topological connection relationship between oil and gas pipeline network is converted into the solution of the fuzzy set of adjacent position. Such a conversion is capable of effectively eliminating the nonadjacent regions thereby significantly reducing the dimension.

9) With the help of grid dissection set partition method and MPSO algorithm, a combined optimization strategy with high precision and efficiency is developed for layout optimization of large-scale oil and gas pipeline network.

10) This book proposes a constrained three-dimensional-space layout optimization model for oil and gas pipeline network. A novel two-way breadth-first search three-dimensional path optimization algorithm is exploited with verified optimality and good computational efficiency, which is then of help to efficiently solve the three-dimensional space layout optimization problem.

Overall, the research results presented in this book are of great theoretical and practical significance in modern petroleum industry, which would also pave the way for further practical applications in many other relevant branches such as large-scale system control, intelligent computing, and dimensionality reduction planning, to name but a few. I am confident that Prof. Yang Liu and his team will go forward in this promising area, achieve remarkable research breakthrough and strengthen the world-leading position in these research areas.

Zidong Wang

2019 年 1 月

前　　言

我国原油需求量逐年攀升,对外依存度已突破70%。这意味着,我国仅有不足30%的原油需求总量可以自给,而绝大部分需要进口。因此,石油安全问题已严峻地摆在我们面前。除了增加自给能力、减少外需之外,进一步减少石油生产中的投资和能耗,也是意义重大的研究目标。从一定意义上讲,大幅度减少投资、降低能耗,也意味着提高自给能力,从而降低对外依存度。

由此可见,石油工业在国家能源领域中占有重要的战略、经济地位。同时它也是一个多学科交叉、知识密集型行业。运用优化决策的手段,降低管理成本,提高产量和采收率,减少操作成本,提高运营效率,比以往任何时期都意义重大。减少投资、节能降耗问题最终可以表达为优化问题,因而最优化方法在石油工业中具有广泛的应用领域和现实的应用价值。油气田的建设、设施设备的投入、生产运行的耗能等耗资都是巨大的,运用优化的理论方法实现减少投资、节能降耗的目标是油田智能化、智慧化发展的必然选择。

本书定义了地上地下一体化的亚闭环网络系统,该系统可以反映油气生产的主要过程,对系统进行整体优化可以实现经济开采、减资降耗、高效运行的目标。该系统涵盖了5个子系统:油藏系统、采油系统、集输系统、污液系统及注入系统。亚闭环网络系统优化具有的特点:多目标寻优、多系统耦合、离散连续变量混合、大规模优化、含有多个NP类子问题。提出高效可行的智能优化方法,也是本书探求的重点。

随着油气生产的渐进、滚动发展,新建产能井、加密井、油气管道和集输站场等构成了庞大复杂的油气田地面管网。油气田地面管网本质上是具有油气收集、输运、处理功能的大型油气田地面设施网络。以油气管道为边,以集输站场为节点,作者提出了大型油气田地面管网的网络表征模型及优化设计方法。

本书的主要内容有:大型油气网络系统的定义及相关问题的讨论;智能优化算法改进研究;油气集输系统布局及参数优化;注入系统优化;地上地下亚闭环网络系统整体运行优化以及大型油气网络布局优化。

本书内容为作者研究多年的理论成果,全书的定位与立意、优化模型和求解方法提出、编撰统筹由作者负责,第1章、第4章、第5章的图表审校由陈双庆完成,魏立新、王玉学负责第2章、第3章的公式释义核查。由衷感谢陈双庆、魏立新、王玉学为本书做出的努力。

衷心感谢钱令希院士、程耿东院士多年来对作者在学术方向上的引领和具体指导,令我仰之弥高,钻之弥坚。

本书得到了国家自然科学基金面上项目“受约束三维地形条件下油气集输系统模糊布局优化研究”(编号51674086),以及国家自然科学基金重点项目“含蜡原油管道安全经济输送的基础问题研究”(编号51534004)的大力资助。

由于水平有限,书中疏漏不妥之处,恳请批评指正。

作　者

2018年12月

目　　录

绪　论

工程领域中的许多决策问题最终可以表达为优化问题。这使得优化方法具有了广泛的应用领域和现实的应用价值。最优化问题研究的理论意义在于优化模型理论,以及围绕最优性分析的数学探究,而有关方法的研究落脚于求解方法与策略的有效性、全局收敛性以及目标函数的极值性所带来的经济社会效益。问题的实质是求系统的条件极值。有连续优化问题,也有离散优化问题,还有混合优化问题。

继油气勘探之后,油田进入建设阶段,继而进入生产阶段。这也是一个各阶段并存,渐进、滚动的过程。笔者认为,当油田发展到一定时期、一定规模后,整个油田的油气生产运行系统,可用一个网络模型来表示,即地上地下一体化的亚闭环网络系统。

1. 地上地下亚闭环系统的网络描述

一般网络系统可用图论中的"点集"和"边集"来表示。"点集"表示网络中的节点,"边集"表示连接节点间的边。本书所说的网络系统特指油气管网系统,节点指油气井、注入井、各类站等,边集指连接节点的流动通道。在这个包含注入、油藏驱动、采出、集输、污水处理的大型生产系统中,只有注入与采出之间是微观的油藏通道,其余都是宏观的管道连接通道,因此称为"亚闭环"系统。由于液体流动是沿指定方向的,这类网络用图论表示为"有向图",同时也是"三维立体有向图"。

地上地下亚闭环系统的构成可描述为:由注入管网和井筒构成的注入网络、油藏中由注入层位点至相关油井储层间构成的油藏通道网络、油气井井筒构成的采油网络、地面的集输网络、污水处理网络等。网络中的节点为:油气井节点,注入井节点(包括注入管网中节点)和中间站节点(包括计量站、中转站、联合站、油库)等。

2. 地上地下亚闭环系统的功能

地上地下亚闭环网络系统是油气生产的主动脉系统。所有的生产环节都是在此系统中完成的。它为油田开采提供驱动能量和介质:由注入井输送驱油介质至当前生产层位,压力来自地面注入网络。它为采出液输送提供流动的动能和热能:采出液举升到地面的动能来自于井下或井口节点(抽油机、电潜泵、螺杆泵等)。采出液的热能来自井口或中间站的加热设施。它将分散的采出液进行集输处理:由油气集输管网实现。它对采出液进行一系列深度处理:由中间站节点中的相关工艺与设施完成。

3. 大型地上地下亚闭环系统

一般说来,井网密度与油层分布、油藏渗透率、油藏均质性等因素有关。除此之外,我国的油田早些年开采注重产量,并未关注经济性。因而我国一些主力大型油田存在近井距、密井网的现象(多次加密),因而形成了大型油气管网。

进行油气管网系统优化,就计算规模而言,与地下区块的面积和地上管网的密度有关。对大型油气管网进行优化,计算效率是我们应予重视的问题。此外,减少投资、降低能耗是我们关注的目标。

4. 大型地上地下亚闭环网络系统的运行优化

大型地上地下亚闭环油气网络系统具有规模大、投资大、能耗大的特点。井距近、井网密度高致使网络规模大，进而导致系统投资大，能耗大。对于这样的系统进行优化，对于减资、节能、降耗，潜力巨大，现实意义重大。

从科学意义上讲，进行大型油气管网优化就是求大系统极值问题。问题的特点是：多目标、多变量、多系统耦合、连续离散混合、超大规模优化问题，且含有多个 NP 类问题。它既具有优化理论方法的研究意义，也具有解决一类实际应用问题的现实意义。

5. 大型地上地下亚闭环网络系统布局优化

油气管网布局优化是以油气田地面站场选址、管道走向、管道参数和拓扑连接关系为研究对象的管网最佳布置问题，是三维空间约束下的网络结构优化问题。油气集输管网布局优化是典型的混合整数非线性规划（MINLP）问题，已被证明是运筹学领域一类典型的 NP-hard 问题。当决策变量和影响计算的关键参数的规模上升到一定范畴，油气管网布局优化演化为超大型 MINLP 问题。超大型油气管网布局优化中，离散变量和连续变量相互耦合，其计算复杂度随着变量规模的增大呈现指数级增长，加之集合划分、设施选址、最小生成树、最短路优化等优化子问题的协同求解，最优超大型油气管网布局的探求异常困难。本书针对平原油气田超大型油气管网布局优化问题建立了适用于多集输工艺的布局优化数学模型，提出了组合式优化求解策略；对于超大规模三维地形下的管网布局优化问题，提出了基于数字高程模型（DEM）的高效三维地形建模方法，构建了双向广度优先搜索三维路径优化算法，有效求得了不同空间维度下的超大型油气管网的最佳布局。

6. 计算复杂性分析、问题的分解及整体优化

计算复杂性分析就是研究问题的计算难度。通常人们习惯把计算量大、计算过程繁杂的问题称为“复杂问题”。其实计算复杂性理论中所指的复杂性是指问题的固有难度。它在某种意义上应该独立于计算它的模型。设一个问题的规模是 n，求解这一问题的某一算法所需时间为 $T(n)$，$T(n)$ 称作这一算法的时间复杂性。对于规模为 n 的实际问题，如果存在 n 的一个多项式 $P(n)$，使得该问题的任何实例都可以在 $T(n)=o[P(n)]$ 之内解出，则该问题存在多项式算法。若对规模为 n 的问题，算法的时间复杂性 $T(n)=o(a^n)(a\geqslant 2)$，称算法为指数型算法。一般认为，指数型算法没有实际意义，不能用来求解大规模实际应用的问题。

已找到多项式算法的所有问题被称为 P 问题。NP 类问题，也称不确定问题。对这类问题，就目前的知识水平而言，还不知道是否存在有效算法。NPC 问题是 NP 类问题中难度最大的问题。NP-hard 问题至少和 NPC 问题有同等的难度。油气网络优化中的广义集合剖分、环形流程优化均属 NP-hard 问题，需要寻求有效的优化方法来解决问题。

当系统的规模较大、组分数量较多，难以统一一揽子直接优化时，须将整个大系统划分成若干个子系统。每个子系统具有如下特征。

1）系统性：子系统不是一般的部分，而是一个系统，具有系统的基本属性。

2）隶属性：子系统是大系统（母系统）的真实部分，隶属于母系统。

3）局域性：子系统与母系统相比，最大的特点是自身具有局域性。

亚闭环网络系统是典型的石油工业大系统,其运行优化是高维度、多目标、多约束、混合变量的动态大系统最优运行问题。基于大系统分解协调方法,将亚闭环网络系统运行优化模型分解为五个子系统:油藏子系统、采油子系统、集输子系统、污水处理子系统和注入子系统。针对各子系统建立有效的优化求解方法,提出了混合分解协调智能优化求解策略实现母系统和子系统之间的协调迭代寻优,最终求取了亚闭环网络系统的整体最优运行方案。

7. 经典优化方法与现代优化方法

"经典优化方法"与"现代智能优化方法"是一个相对的概念。20 世纪 50 年代以前,求解最优化问题的数学方法只限于古典求导方法和变分法,称为古典优化问题。50 年代后,库恩、塔克提出 K-T 条件,构成不等式约束条件下的非线性最优化必要条件。这构成了"现代优化理论"的基础。80 年代,应运而生了一系列以模仿动物行为和自然规律为特征的"现代智能优化方法",如 Tabu Search, Simulated Annealing, Genetic Algorithms, Ant Colony Optimization Algorithms, Particle Swarm Optimization Algorithms 等。

这些算法的成功应用,大大地推动了相关理论的发展和应用。相信,若干年后,人类还会有新的"现代优化方法"。

8. 智能优化算法及其收敛性

智能算法是现代优化算法中最强有力的一类大规模约束优化问题的求解方法。智能算法因为无需优化问题的梯度信息、可并行计算、适合计算机编程实现,被广泛应用于科学及工程最优化设计中。群体智能优化是近年来国际范围内所研究的热点优化方法,群智能不再局限于动物智能行为的仿真,"群"被广义为一些相互作用个体的集合体,这些个体通过信息交换和协同工作展现出一定的行为能力,也就是说个体通过聚集成群而涌现出了智能。群体智能算法继承了智能优化计算的所有优点,但传统的智能优化算法由于优化机制以及搜索随机性的问题,在优化求解过程中容易陷入局部最优,影响求解效果,需要作出适当改进。本书在深入剖析智能优化算法本质的基础上,受庞加莱周期思想启发提出了随机优化算法的收敛性判定定理,优势组合烟花算法和粒子群算法形成了混合粒子群-烟花(PS-FW)全局优化算法,将柯西分布、高斯随机数、概率转移思想引入粒子群算法中,继而构建了改进的粒子群(MPSO)全局优化算法。

9. 模糊集理论及其在大型油气网络优化中的应用

(1)约束边界的模糊化

模糊集理论最为常见的应用是在约束边界的模糊化上,模糊化约束边界相当于松弛了可行空间的范围,增大了算法寻优的区间,有效增强了优化设计方案的质量,提升了优化结果的可靠度。

(2)相邻区域的模糊化以及对计算规模的模糊控制

油气田在开发建设时均以井网的方式进行地面管网的布置,站场的几何位置根据井网的密度合理确定,站场与油气井之间连接关系的求解问题可以提成为以站场为源点的最小生成树问题,经典优化方法如 Prim 算法的时间复杂度为 $T(n)=o(n^2)$,对于需要多次迭代计算的布局优化问题,计算效率是不容忽视的问题。将站场的有效集输范围纳入到最小生成树的求解中,则最小生成树问题转化为节点对于有效区域的隶属关系优化问题,提出了位域相近模糊集的概念,进一步结合包围盒法有效降低了原问题的计算规模。

10. 大型油气网络优化中的广义集合划分子问题

将集合划分为若干互斥的子集,求取最优划分结果的问题称为集合划分问题,是M. R. Garey和D. S. Johnson于1979年提出的6个基本NP完全问题之一。油气管网系统中节点单元连接关系优化是确定以最高级别站场节点为根节点的最小生成树,本质上也是将低级别站场划分给高级别站场的集合划分问题,是一类难度更大的有约束广义集合划分问题。集合划分负责将整体网络系统划分为若干相对独立而又相互联系的网络子图,是油气管网系统布局优化模型求解的基础。传统的集合划分算法如LPT算法、MultiFit算法、Bound Fit算法需要进行多次的组合排序计算,具有高复杂度、低计算效率的不足。基于模糊集理论,结合降维规划和模块化思想,提出了格栅剖分集合划分法,可以高效地解决大规模油气管网布局优化中所涉及的最优集合划分问题。

第1章 智能优化算法及其改进

在最优化理论的发展进程中,按照优化方式的不同,形成了经典优化方法和随机优化方法两类方法,经典优化方法包括牛顿法、分支定界法、单纯形法等,在求解最优化问题时通常需要对目标函数和约束条件的数学特性进行限制,一种优化方法一般仅针对一类优化问题进行设计,其中许多经典优化方法还需要获取目标函数的导数信息,然而,随着科研和设计人员所面对的优化问题日益繁杂,某些优化问题无法通过数学描述来建立目标函数,因而经典优化方法在实际应用中往往不能得到满意的优化结果。近年来,随着仿生学理论、生态系统分析和计算机技术的发展,随机优化算法的理论和应用研究取得了长足的进步,通过模拟自然界中的生命体和现象,分析自然界中的智能行为和组织结构,形成了多种智能优化算法。

1.1 存世智能优化算法研究进展

智能优化算法是受人类智能、生物群体社会性或自然现象规律的启发而提出的启发式优化方法。例如,蚁群、粒子群和人工蜂群算法是通过仿真生物的觅食行为;烟花算法是模拟烟花在空中的爆炸现象;禁忌搜索算法是仿真人脑智力的过程;模拟退火算法源于退火过程中的能量趋低现象等。根据参与优化求解的信息载体的规模,智能优化算法可分为个体智能优化方法和群体智能优化方法两类,个体智能优化方法的典型代表为模拟退火算法、禁忌算法,通过对搜索方向进行优化设计实现优化个体在解空间中的迭代求解;群体智能优化方法的代表算法包括遗传算法(genetic algorithm, GA),蚁群算法(ant colony optimization algorithm,ACO),粒子群算法(particle swarm optimization algorithm, PSO),鱼群算法(artificial fish school algorithm, AFSA),细菌觅食算法(bacterial foraging algorithm, BFA),蛙跳算法(shuffled frog leaping algorithm,SFLA),人口迁移算法(population migration algorithm,PMA),蜂群算法(artificial bee colony algorithm,ABC),萤火虫算法(firefly algorithm,FA),布谷鸟算法(cuckoo search algorithm,CS),引力搜索算法(gravitational search algorithm,GSA),烟花算法(fireworks algorithm, FWA),细胞膜优化算法(cell membrane optimization algorithm, CMO),果蝇优化算法(fruit fly optimization algorithm,FOA)等。群体智能算法不仅集成了个体优化算法计算效率高、实现简单的优点,还增加了并行计算的能力,被广泛应用于各类优化问题的求解,是近年来智能优化算法研究的热点领域。

1.1.1 智能优化求解机理

个体智能优化算法和群体智能优化算法都是基于随机优化思想形成的求解方法,在算法求解过程中均会引入随机因素来把控迭代求解的方向。由于添加了随机搜索操作,智能算法增加了对解空间的搜索范围,相对于经典优化方法搜索路径的确定性,增强了算法跳出局部最优的能力,增大了算法找到全局最优解的可能性,这也是智能优化算法被广泛应用于工程实际优化问题中的基本原因。总结智能优化算法的特征有以下5点。

(1)不依赖数学信息

智能优化算法区别于经典优化算法的最主要特点就是不依赖求解问题的函数解析性质,可以求解没有明确解析表达式的优化问题。智能优化算法在解决问题时只需要能够评价解决方案优劣、指导搜索方向的适应度值。计算适应度值的适应度函数不但可以没有导数信息,也可以没有确切函数表达式,只需一组输入输出的映射关系,因此智能优化算法又被部分学者称为黑箱算法。

(2)搜索随机性

所有的智能优化算法都是概率性的随机搜索算法。智能优化算法都具有部分随机性操作,使得算法的信息载体可以在解空间内按照一定的概率移动到下一个位置,是避免早熟收敛的重要手段。随机性对算法的性能有非常大的影响,所以对随机性的合理控制一直是改进智能优化算法的重要手段。

(3)全局优化性

智能优化算法是在所优化问题的整个解空间上进行随机搜索的。理论上来讲,智能优化算法都具有跳出局部最优解的机制,这些机制可以使得智能优化算法在任意初始值的情况下搜索到全局最优解。

(4)迭代求解

智能优化算法的求解过程是一个不断迭代的搜索过程。智能优化算法并不能直接得到问题的解,而是根据适应度值及其他指导性信息不断向着最优解的方向搜索。也就是说,智能优化算法一直在不断根据已知解和指导信息来找寻新的更优秀的解直到满足终止条件。

(5)自组织性和鲁棒性

智能优化算法无须过多监管就能保证正常求解,且求解相对稳定。智能优化算法中的个体根据特定求解规则在大量可行方案中进行随机搜索,无须过多监督和干预即可正常运转,具有自组织性。对于群体智能优化算法而言,即使部分个体因为一些原因无法正常工作,整个群体的智能行为也不会受到影响,算法鲁棒性良好。

从以上智能算法的特性可以看出,智能优化算法的求解取决于加载在随机搜索行为上的优化机制,为了进一步明晰智能优化算法的求解机理,考虑个体智能优化算法可以划归为群体智能优化算法的特例,以下以群体智能优化算法为例讨论智能优化算法的求解机理。群体智能是20世纪80年代由Beni、Hackwood提出的概念(Hackwood and Beni,1992),将群体智能定义为模拟动物社会性行为而设计的分布式算法或解决问题的策略。随着研究的深入,群体智能不再局限于动物智能行为的仿真,“群”被广义为一些相互作用个体的集合体,这些个体可以具有相同的行为能力,如在鸟群、蚁群中每个个体都是按统一的行为准则工作;也可以具有若干个不同的行为特点,如在蜂群中有侦查蜂、引领蜂和跟随蜂三种不同职责的蜜蜂。群智能可以表现为一群个体解决其所面对的现实问题的能力,如生物进化、寻觅食物和搬运食物等,而且这种能力不是若干个体的能力通过简单叠加所获得的。这种能力来源于个体之间的信息交换和协同工作,也就是说个体通过聚集成群而涌现出了智能。因此,群智能也可以定义为无智能或简单智能的个体通过一定形式的聚集协同而表现出智能行为的特性。群智能算法的求解机理可以分为以下 4 个方面的内容。

(1)解的构造

在群体智能优化算法中,个体对应着解空间中的点。个体是承载决策变量信息的主要载体,每个个体对应着解空间中的一个可行解的所有信息,对于一个 D 维优化问题,个体通常包含 D 维的决策变量信息,如遗传算法中的染色体,粒子群算法中的粒子,烟花算法中的烟花等。群智能优化算法都是通过在解空间中产生多个个体进行并行求解的算法。

(2)解的搜索

最优化问题中解的搜索一般对应于群智能优化算法中群体的更新。对于群体智能优化算法而言,每一次对群体的更新都是一次对新的可行解的搜索,如进化类算法的种群进化、粒子群和蜂群算法的觅食行为、烟花算法的爆炸操作等。在已搜索可行解的基础上,智能优化算法的个体在一定的规则下进行移动操作实现对解空间的探索。

(3)解的优化

解的不断优化是迭代型算法求解的关键,群智能算法中将优化问题的目标函数视为个体所处的环境,以个体适应环境的能力强弱来对应解的优劣。适应度函数值的高低通常作为群智能算法评判个体优劣的标准,以高适应度值的个体代替低适应度值的个体,不断找寻更优秀的解。

(4)解的保留

由于群智能优化算法是并行计算方法,群体的构成是影响相互协作求解的关键。解的保留是指个体进入下一代群体继续参与计算的优化机制,其保留方式包括基于可行解密集程度的烟花算法、基于个体历史最优解的粒子群算法和基于随机概率的遗传算法等三种。

为了直观展示群智能优化算法的求解机理,绘制了群智能算法求解原理图如图 1-1 所示。

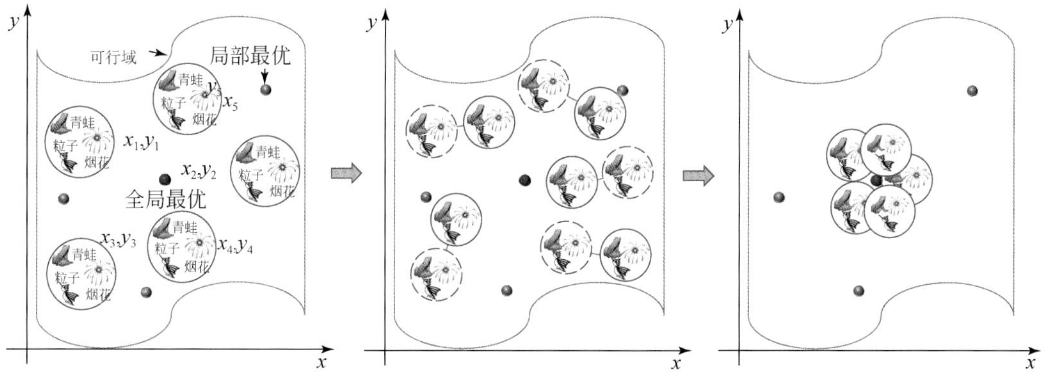

图 1-1　群智能优化算法优化原理图

1.1.2　粒子群算法及改进

1. 粒子群算法

粒子群算法(PSO)是一种模拟鸟类觅食现象形成的群体智能优化算法,在粒子群算法中，粒子群体分布在优化问题的可行搜索空间中，每一个粒子代表一个可行解，粒子的每一次更新代表对解空间的一次搜索。每个粒子均包含三方面的信息，分别是当前位置 x_i、当前速度 v_i 和历史最优位置 pbest_i。假设所要求解的优化问题是 D 维的，则每个粒子应该包含 D 维的解信息，以 M 代表群体的规模，第 i $(i=1,2,\cdots,M)$ 个粒子的位置、速度和历史最优位置可以分别表示为 $x_i=(x_{i,1},x_{i,2},\cdots,x_{i,D})$、$v_i=(v_{i,1},v_{i,2},\cdots,v_{i,D})$ 和 $\text{pbest}_i=(\text{pbest}_{i,1},\text{pbest}_{i,2},\cdots,\text{pbest}_{i,D})$。另外，整个粒子群体所发现的最好位置被称为当前全局最优位置，记为 $\text{gbest}=(\text{gbest}_1,\text{gbest}_2,\cdots,\text{gbest}_D)$。在每一次迭代搜索过程中，粒子的速度和位置可以按照下式更新，

$$v_{i,k}(t+1)=w\cdot v_{i,k}(t)+c_1\cdot r_1\cdot[\text{pbest}_{i,k}(t)-x_{i,k}(t)]+c_2\cdot r_2\cdot[\text{gbest}(t)-x_{i,k}(t)] \tag{1-1}$$

$$x_{i,k}(t+1)=x_{i,k}(t)+v_{i,k}(t+1) \tag{1-2}$$

式中，c_1、c_2 分别为个体认知学习因子和社会认知学习因子，分别代表着粒子对于自身的学习以及粒子与群体之间的信息交流；w 为惯性权重，表征粒子将上一次迭代的信息部分保留至当次迭代，是控制算法收敛速度的主要参数；r_1，r_2 为[0,1]区间的随机数。

2. 粒子群算法的改进

在众多随机优化方法中，粒子群算法对离散优化和连续优化问题均具有良好的优化性能，但在求解高维优化问题时容易陷入局部最优解，许多学者对粒子群算法进行了改进以增强算法的全局优化能力，总结粒子群算法的改进方式，可以概括为惯性权重的改进、邻域拓扑的改进、添加算子或技术以及融合其他智能算法 4 种。

(1)惯性权重的改进

Shi 和 Eberhart(2001)首先对粒子群算法惯性权重的优化设计开展了研究，将原本为常值的惯性权重更改为动态变化的模糊自适应惯性权重，显著提高了算法的优化求解能力，之后诸多学者针对粒子群算法的惯性权重进行了改进，分别提出了混沌惯性权重、时变惯性权重、基于粒子聚集程度的惯性权重和柔性指数惯性权重，通过优化设计惯性权重控制算法的优化进程，可以有效平衡算法的局部和全局搜索能力。

(2)邻域拓扑的改进

Kennedy 和 Mendes(2002)将粒子的邻域拓扑结构进行优化调整，设计了环形邻域拓扑的局部型粒子群算法，每个粒子的邻域均为其环路上相邻的两个粒子，这种拓扑结构有效增强了群体多样性，增加了算法的全局搜索能力。之后诸多学者分别提出了 Four cluster 型、Pyramid 型、动态精英型和时间-自适应型邻域拓扑结构。通过对粒子邻域的个体数目和拓扑结构关系进行优化设计，实现粒子之间信息的充分交换，以及对全部解空间的探索。

(3)添加算子或技术

粒子群体由于受到全局最优个体和历史最优个体的吸引作用，容易陷入局部最优，针对粒子群算法迭代后期的群体多样性下降、全局最优和历史最优个体的邻域随迭代收缩、群体之间信息交流不足等方面开展优化改进研究，通过添加算子或技术的方式实现对粒子群算法的优化设计。

(4)融合其他智能算法

标准粒子群算法在求解优化问题时具有良好的局部搜索能力，但容易早熟收敛，其他智能算法如烟花算法具备优异的全局“勘探”能力，将粒子群算法和其他智能算法进行优势融

合,可以明显改善混合算法的局部和全局搜索能力,现已提出了混合粒子群-蜂群算法(PSO-ABC)、混合粒子群模拟退火算法(PSOSA)、混合粒子群-遗传算法(PSO-GA)等。

1.1.3　烟花算法及改进

1. 烟花算法

烟花算法(FWA),是受到夜空中烟花爆炸的启发而提出的一种群体智能算法。烟花算法同其他智能优化算法一样,也是通过群体的不断迭代进行优化求解,在烟花算法中,一个烟花或者火花表示优化问题的一个可行解,由烟花产生火花的过程被视为对可行解空间的一次搜索。在每一次搜索中,烟花可以通过两种途径产生火花,分别为爆炸和高斯变异,所产生的火花定义为爆炸火花和高斯变异火花。烟花算法的爆炸算子由爆炸半径和爆炸火花的数量所决定,质量差的烟花会拥有相对较大的爆炸半径和相对较少的爆炸火花,而质量好的烟花具有较小的爆炸半径和较多的爆炸火花,假设 N 为烟花的数目,对于 D 维的优化问题,包含各维度优化信息的第 i $(i=1,2,\cdots,N)$ 个烟花可以表示为 $\bar{x}_i=(\bar{x}_{i,1},\bar{x}_{i,2},\cdots\bar{x}_{i,D})$。爆炸半径和爆炸火花的数目可以通过下式计算:

$$A_i=\hat{A}\cdot\frac{f(\bar{x}_i)-y_{\min}+\varepsilon}{\sum_{i=1}^{N}[f(\bar{x}_i)-y_{\min}]+\varepsilon} \tag{1-3}$$

$$s_i=M_e\cdot\frac{y_{\max}-f(\bar{x}_i)+\varepsilon}{\sum_{i=1}^{N}[y_{\max}-f(\bar{x}_i)]+\varepsilon} \tag{1-4}$$

式中,$f(\bar{x}_i)$为第 i 个烟花的目标函数值;A_i 为第 i 个烟花的爆炸半径;s_i 为第 i 个烟花的爆炸火花数目;$y_{\max}$、$y_{\min}$分别为烟花群体的最大、最小目标函数值;$\hat{A}$、M_e 分别为控制爆炸半径和爆炸火花数目的常数;ε 为机器小量,避免除零错误。另外,为了限制质量好的烟花过度把控优化进程,对每个烟花的爆炸火花数目进行限制,s_i 的取值上下界定义为

$$s_i=\begin{cases}\text{round}(a\cdot M_e) & s_i<a\cdot M_e\\ \text{round}(b\cdot M_e) & s_i>b\cdot M_e\\ \text{round}(s_i) & \text{otherwise}\end{cases} \tag{1-5}$$

式中,a、b 分别为控制最小、最大爆炸火花数目的常数。

在第 i 个烟花的爆炸火花产生过程中,每一个爆炸火花可以通过烟花 i 增加偏移量来生成:

$$\hat{x}_i^j=\bar{x}_i+\Delta h \tag{1-6}$$

式中,$\hat{x}_i^j$ 为第 i 个烟花的第 j 个爆炸火花;Δh 为偏移量,$\Delta h=A_i\cdot\text{rand}(-1,1)\cdot\hat{B}$,其中 $\hat{B}$ 是一个具有 z_i^j 维数值为1和 D-z_i^j 维数值为0的向量,并且 z_i^j 表示第 i 个烟花随机选取的维度,$z_i^j=D\cdot\text{rand}()$,$j=1,2,\cdots,s_i$,rand$(-1,1)$和 rand( )分别表示区间$[-1,1]$、$[0,1]$之间的随机数。

为了增加群体的多样性,在每一次迭代中会通过产生一定数量高斯变异火花来丰富群

体的解信息，每个高斯变异火花是通过随机选取一个烟花并对它的若干维度进行变异所得到的，对于随机选取的烟花 i，它的第 j 个高斯变异火花可按照下式产生：

$$\tilde{x}_i^j=(\tilde{O}-\tilde{B}_i)\cdot \bar{x}_i+\text{Gaussian}(1,1)\cdot \bar{x}_i\cdot \tilde{B} \tag{1-7}$$

式中，$\tilde{x}_i^j$ 为烟花 i 的第 j 个高斯变异火花；$\tilde{O}$ 为每一维数值均为 1 的 D 维向量；$\tilde{B}$ 为 $\tilde{z}_i$ 维取值为 1 且 $D-\tilde{z}_i$ 维取值为 0 的 D 维向量，其中，$\tilde{z}_i$ 表示烟花 i 中随机选取的变异维度数量，$\tilde{z}_i=D\cdot \text{rand}()$；Gaussian(1,1) 为满足均值为 1 且方差为 1 的高斯分布的随机数。

在烟花算法产生高斯变异火花和爆炸火花的过程中，会产生一部分火花超出可行范围，需要采用映射规则将其映射回可行区间，映射规则满足的公式如下：

$$x'_{i,k}=x_{LB,k}+|x'_{i,k}|\%(x_{UB,k}-x_{LB,k}) \tag{1-8}$$

式中，$x'_{i,k}$ 为第 i 个爆炸火花或第 i 个高斯变异火花；$x_{UB,k}$、$x_{LB,k}$ 分别为优化问题的可行解空间在第 k 维度上的上界和下界。

选择算子是通过将当次迭代的烟花，以及由烟花产生的爆炸火花、变异火花组成备选集合，并且按照一定规则选取参与下次迭代的个体的操作，是烟花算法实现信息传递的主要算子。在选择算子执行时，所有的烟花、爆炸火花和变异火花中质量最佳的个体被直接保存到下一代，其余的个体采用轮盘赌的方式进行选择，定义备选集合为 K，备选集合中个体的数目为 N，则个体被选择的概率如下所示：

$$R(X_i)=\sum_{j\in K}d(X_i,X_j)=\sum_{j\in K}\|X_i-X_j\| \tag{1-9}$$

$$p(X_i)=\frac{R(X_i)}{\sum_{k\in K}R(X_k)} \tag{1-10}$$

式中，$R(X_i)$ 为备选集中第 i 个个体同其他个体之间的距离之和；X_i、X_j 分别为备选集中第 i 个和第 j 个个体；$p(X_i)$ 为备选集中第 i 个个体被选择进行下一代的概率。

2. 烟花算法的改进

烟花算法作为近年来提出的优秀智能算法，自推出后得到了多方引用和关注，分析烟花算法的改进研究，可以总结为以下 3 类。

(1)爆炸半径研究

在标准烟花算法中，质量好的烟花具有较小的爆炸半径，质量差的烟花具有较大的爆炸半径，而在实际计算中，最优烟花个体的爆炸半径接近于 0，不能对局部范围内进行有效搜索，降低了算法的局部“开发”能力。针对这一方面的不足，学者们尝试提出不同的改进方法，建立了限制最小爆炸半径的增强型烟花算法(EFWA)、爆炸半径动态变化的动态烟花算法(dynFWA)和自适应求解过程的自适应烟花算法(AFWA)，通过对爆炸半径进行优化调整，有效增强了算法的局部和全局搜索能力。

(2)算子改进

烟花算法包括爆炸算子、变异算子、选择策略和映射规则 4 个方面的操作机制，爆炸算子在产生爆炸火花时会在烟花的各个维度上添加相同偏移量，降低了群体多样性，在增强型烟花算法中通过在各个维度添加不同的偏移量来优化爆炸火花的产生。标准烟花算法中的变异算子依赖于高斯随机数，而高斯随机数会使所产生的变异火花趋近于 0 点周围，限制了求解优化问题的适用性。FWA 的选择策略中个体的选择是基于个体之间的距离开展的,计算开销较大,求解时效低。此外,映射规则中对超出边界范围的个体执行取模运算的映射方式限制了群体的多样性。已有研究成果分别对这些不足开展了改进研究。

(3)融合其他智能算法

烟花算法因为具有良好的包容性,可以和其他多种智能算法进行优势融合,现已形成了混合差分演化-烟花算法(DE-FWA)、文化-烟花算法(CA-FWA)、生物地理学优化-烟花算法(BBO-FWA)等。烟花算法通过结合其他算法的算子,在群体多样性、爆炸火花的产生、算法结构等方面进行了一定优化设计,提升了算法的全局优化能力。

1.1.4　混合蛙跳算法及改进

1. 混合蛙跳算法

SFLA 是一种结合了确定性方法和随机性方法的进化计算方法。SFLA 的基本思想是随机生成 N 只蛙形成初始群体,N 维解空间中的第 i 只蛙表示为 $X_i=[x_{i1},x_{i2},\cdots,x_{iD}]$,生成初始蛙群之后,首先将种群内的个体按适应值降序排列,记录蛙群中具有最优适应值的蛙为 X_g,然后将整个蛙群分成 m 个模因组,每个模因组包含 n 只蛙,满足关系 $N=m\times n$,其中:第 1 只蛙分入第 1 模因组,第 2 只蛙分入第 2 模因组,第 m 只蛙分入第 m 模因组,第 m+1 只蛙重新分入第 1 模因组,第 m+2 只蛙重新分入第 2 模因组,依次类推。设 M^k 为第 k 个模因组的蛙的集合,其分配过程可描述如下:

$$M^k=\{X_{k+m(l-1)}\in P\mid 1\leqslant l\leqslant n\},1\leqslant k\leqslant n \tag{1-11}$$

每一个模因组中具有最好适应值和最差适应值的蛙分别记为 X_b 和 X_w,而群体中具有最好适应值的蛙表示为 X_g,然后对每个模因组进行局部搜索,即对模因组中的 X_w 循环进行局部搜索操作。蛙跳规则的更新方式为

$$D=r(X_b-X_w) \tag{1-12}$$

$$X'_w=X_w+D,\ \|D\|\leqslant D_{max} \tag{1-13}$$

式中,r 为 0 与 1 之间的随机数;D_{max} 为蛙所允许改变位置的最大值。

在经过更新后,如果得到的蛙 X'_w 优于原来的蛙,则取代原来模因组中的蛙;如果没有改进,则用 X_g 取代 X_b,按式(1-12)和式(1-13)执行局部搜索过程;如果仍然没有改进,则随机产生一个新蛙直接取代原来的 X_w,重复上述局部搜索,当完成局部搜索后,将所有模因组内的蛙重新混合、排序和划分模因组,再进行局部搜索,如此反复,直到定义的收敛条件结束为止。

2. 混合蛙跳算法

混合蛙跳算法通过分组优化和混合优化相结合的方式实现了最优化问题的有效求解,分析混合蛙跳算法的改进研究,主要包括以下 3 类。

(1)蛙跳规则的改进

在标准混合蛙跳算法中,质量差的青蛙只受到质量好的青蛙吸引,限制了模因进化的搜索区域,导致在迭代后期算法陷入局部最优,针对这一方面不足许多学者开展了研究,提出

了增加蛙跳移动过程的扰动性、添加社会认知的学习性和改进评判个体优劣方式的新型蛙跳算法，通过增加蛙跳算法的搜索范围，有效增强了混合蛙跳算法的全局优化能力。

(2)添加优化算子

混合蛙跳算法良好的模因分组机制使得该算法具有良好的包容性，很多学者针对优秀青蛙过度把控优化进程、邻域搜索不充分、蛙跳移动距离过大等问题，通过引入和设计优化算子实现了对混合蛙跳算法的改进。

(3)融合其他智能算法

融合其他智能算法的优秀算子以提高自身的优化能力是智能优化算法的主要改进方式之一，已有部分学者尝试开展混合蛙跳算法和其他智能算法的优势融合研究，提出了混合粒子群-蛙跳算法(SPSO)，在 SPSO 算法中，群体根据适应度值被分成几个模因，每个模因依据 SFLA 的自学习策略进行进化，然后所有模因进行混合后依据 PSO 算法的算子进行优化。SPSO 算法相较于混合蛙跳算法在优化求解能力上有了显著的提升。

1.2　基于庞加莱回归的收敛性定理

随机优化算法的收敛性证明是非常困难的，已有的相对成熟的收敛性证明方法主要是基于马尔可夫链的状态遍历性证明，但该方法证明过程复杂，限制了该方法在随机优化算法收敛性证明中的推广应用。基于庞加莱回归理论和测度论方法，本书提出了可适用于任意迭代型随机优化算法的收敛性定理。

1.2.1　庞加莱回归

考虑封闭空间中的大量粒子，如在一杯清水中滴入一滴墨水，根据热力学熵增原理，经过一段时间后墨水会在水中均匀分布，这也是现实生活中所能观察到的现象，然而若采用庞加莱周期理论来分析这一现象，会得到完全不同的结论——在经过足够长的时间之后，这些墨水粒子又会重新聚集到一起。

庞加莱周期是指进入密闭空间的有限个粒子在经过足够长时间后会重新聚集在一起的现象。庞加莱周期又叫做庞加莱回归，以下给出庞加莱回归思想的一个定性的证明。假设两个微小粒子进入了密闭空间 $\mathfrak{R}$，每个粒子都具有微小的邻域 $\sigma_i(i=1,2)$，则这两个粒子会进行不规则布朗运动，若固定其中一个粒子，另外一个粒子可以视为对其做相对运动，粒子运动会经过相应的空间区域，由于密闭空间 $\mathfrak{R}$ 是测度有限的，无论邻域 σ_i 如何的小，在经过足够长的时间无规则运动之后，其总会经过 $\mathfrak{R}$ 的所有空间，即它和另外一个粒子的邻域总会相交。该思想可以推广到 3 个粒子，4 个粒子等有限粒子的情况，具体的证明可以参考李政道的《统计物理学讲义》(李政道，2006)，书中给出了对应的艾伦-菲斯特模型的具体计算过程以及回归时间估计。

与基于马尔可夫随机过程证明收敛性的思想一致，庞加莱回归思想亦强调的是对解空间的遍历，将庞加莱思想应用到随机优化算法的收敛性证明中，只要可行域是有限的，经过足够长的时间，进行搜索的个体总是能“遇到”该最优解所对应的点(Liu et al.，2019)。

1.2.2　随机优化求解方法收敛性定理

以下给出收敛性定理以及证明。

定义 1：最小 δ 邻域，即随机变量 x_i 的以 δ 为半径的 D 维球形闭包，其中 δ 是 x_i 在各个维度方向的最小可能取值范围，表征为 $e_{\delta,i}$。

定义 2：邻域集，即随机优化算法中所有随机变量的最小 δ 邻域的并集，表征为 $E_{US}=\cup e_{\delta,i}$。

假设 1：对于随机优化算法依次迭代产生的邻域集序列 $\{E_{US,k}\}$，邻域集序列的测度的下确界满足 $\inf\{v[E_{US,k}]\}>0$。其中 k 表示算法第 k 次迭代，$k=1,2,\cdots$。

假设 2：对于 $\{E_{US,k}\}$ 中任意的邻域集 $E_{US,t}$，存在一个正整数 l，使得 $\{E_{US,k}\}$ 中的邻域集 $E_{US,t+l}$ 满足 $v[E_{US,t}\cap E_{US,t+l}]<\min\{v[E_{US,t}],v[E_{US,t+l}]\}$。

定理 1：满足假设 1 和假设 2 的随机优化算法以概率 1 收敛于全局最优解。

证明：设 v_i 表示由算法第 i 次迭代产生的集合的测度，$v[S]$ 表示整个可行域的测度，算法在第 i 次搜索中找到最优解的概率为

$$P_{US,i}=\frac{v_i}{v[S]} \tag{1-14}$$

由假设 2 可知，算法在迭代过程中使得搜索区域得到扩展，即存在正整数 l_1，使得算法在第 $i+l_1$ 次搜索到最优解的概率为

$$P_{US,i+l_1}=\frac{v_i+v_{i+l_1}-v[E_{US,i}\cap E_{US,i+l_1}]}{v[S]}=\frac{v_i+n_{US,1}v_i}{v[S]} \tag{1-15}$$

式中，$n_{US,1}$ 为正实数。

同理存在正整数 l_2，使得算法在 $i+l_1+l_2$ 次搜索到最优解的概率为

$$\begin{aligned}P_{US,i+l_1+l_2}=&\frac{v_i+v_{i+l_1}+v_{i+l_1+l_2}+v[E_{US,i}\cap E_{US,i+l_1}\cap E_{US,i+l_1+l_2}]}{v[S]}-\\&\frac{v[E_{US,i}\cap E_{US,i+l_1}]+v[E_{US,i}\cap E_{US,i+l_1+l_2}]+v[E_{US,i+l_1}\cap E_{US,i+l_1+l_2}]}{v[S]}\\=&\frac{v_i+n_{US,1}v_i+n_{US,2}v_i}{v[S]}\end{aligned} \tag{1-16}$$

式中，$n_{US,2}$ 为正实数。

依次类推，存在正整数 l_m，使得算法在 $i+l_1+l_2+\cdots+l_m$ 次搜索到最优解的概率为

$$P_{US,i+l_1+\cdots+l_m}=\frac{v_i+n_{US,1}v_i+\cdots+n_{US,m}v_i}{v[S]} \tag{1-17}$$

式中，$n_{US,3},\cdots,n_{US,m}$ 为对应于第 k 次搜索的正实数。

由假设 1 可知，算法所产生的集合序列存在下确界，所以一定存在一个正实数 $n_{US,\min}$ 为序列 $\{n_{US,j}\}$，$j=1,2,\cdots,m$ 的下确界，所以得到：

$$P_{US,i+l_1+\cdots+l_m}=\frac{v_i+n_{US,1}v_i+\cdots+n_{US,m}v_i}{v[S]}\geqslant\frac{(mn_{US,\min}+1)v_i}{v[S]} \tag{1-18}$$

随着 m 的递增，必存在正整数 m' 使得下式成立：

$$P_{US,i+l_1+\cdots+l_{m'}} \geqslant \frac{(m'n_{US,\min}+1)v_i}{v[S]} = \frac{v[S]}{v[S]} = 1 \tag{1-19}$$

由于算法产生的集合序列只能位于可行域 S 中,并且根据概率的定义,概率等于 1。

证毕。

为了直观展示庞加莱回归思想在随机优化算法收敛求解中的应用,绘制了收敛性定理原理图如图 1-2 所示,在图 1-2 中,蓝色小球代表随机优化算法第一次迭代所产生的邻域集,红色小球代表第二次迭代所产生的邻域集,绿色小球代表全局最优解,立方体表示可行域,部分红色小球和蓝色小球有重合现象,同时也存在着红色小球独立于蓝色小球分布在可行域中的情况,说明由于算法的随机性,算法会进行一些无用搜索,但只要保证算法每次搜索都有对新解空间的探索,经过足够多次的迭代,随机优化算法一定会覆盖整个解空间,即找到绿色小球所在的位置。

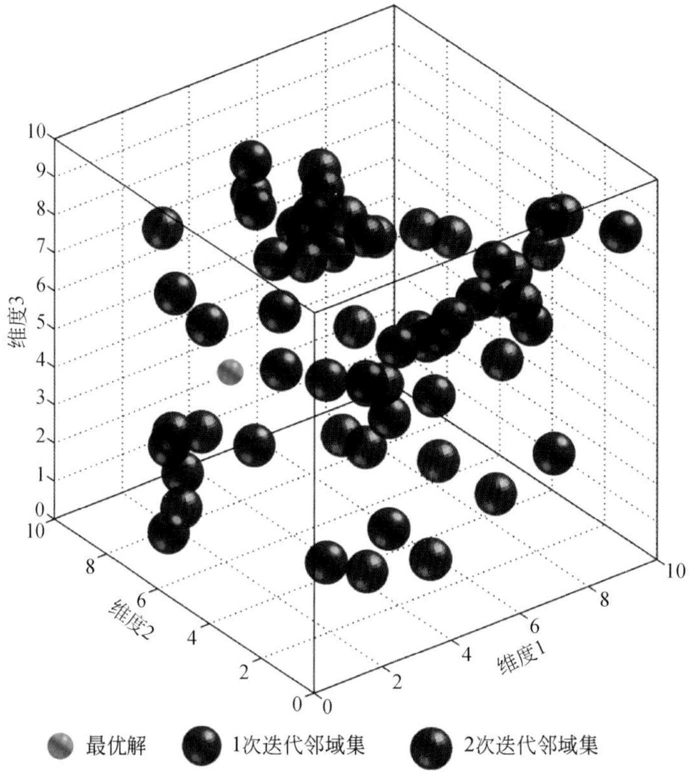

图 1-2 基于庞加莱回归的随机优化算法收敛性定理原理图

1.3 混合粒子群-烟花全局优化算法

1.3.1 混合粒子群-烟花算法(PS-FW)

对于粒子群算法,在历史最优个体和当前全局最优个体的指引下,群体粒子可以快速找到更优的位置，展现出强大的局部搜索效率，而同样是因为优秀个体的吸引导致了粒子很难跳出局部最优，在全局搜索能力方面略显不足。在烟花算法中，通过爆炸和变异算子共同作用，烟花算法具有优良的全局最优解挖掘潜能，而爆炸算子中规定质量好的烟花会有相对较小的爆炸半径，进而导致最优烟花个体拥有趋于零的爆炸半径，削弱了最优烟花对于其他烟花个体的提领作用，局部搜索能力相对较弱。

将粒子群算法的局部搜索能力和烟花算法的全局搜索能力优势融合，提出了一种新型的混合群体智能优化算法——混合粒子群－烟花算法（hybrid particle swarm-firework algorithm），简称为 PS-FW（陈双庆，2018）。以粒子群算法的求解流程为主框架，将烟花算法的算子嵌入到粒子群算法中，在每次粒子群体更新过程中加入了舍弃–补充操作，舍弃粒子群体中质量差的粒子，取而代之补充由烟花算法计算产生的优秀粒子以保证群体规模的平衡，同时为了避免陷入局部最优、加速收敛，改进了爆炸算子和变异算子，融合后的算法在局部搜索能力和全局搜索能力方面都有了显著提升，形成了一种新型的混合智能全局优化求解方法。

1. 可行性分析

构建混合优化算法的关键在于组成子算法的优化算子的有效融合，为了直观的证明粒子群算法和烟花算法混合后会对优化性能有提升作用，绘制了图 1-3 来讨论两种算法相互混合的优化机理。如图 1-3(a)所示，对于标准 PSO 算法而言，粒子 i 在惯性权重、自我认知和社会认知作用的影响下由点 1 移动到点 4，当烟花算法的算子增加到粒子的更新过程中之后，粒子 i 转变为烟花个体并且执行爆炸和变异算子，在烟花算法算子的影响下，粒子 i 最终由点 4 到达了点 5 的位置，通过执行烟花算法的爆炸和变异操作，粒子可以在多个方向探索更优的解从而增加了跳出局部最优解的可能性，通过分析可以得出，烟花算子对于粒子群算法的全局搜索能力提升具有积极作用。对于烟花算法而言，烟花的搜索范围是由爆炸半径所决定的，而质量不好的烟花通常具有较大的爆炸半径，若不考虑与其他烟花的信息交流，很容易造成对解空间搜索的不全面性。如图 1-3(b)所示，当质量差的烟花生成爆炸火花和变异火花后，在采用选择算子得到的下一代的烟花时，由于没有考虑与其他烟花的合作与信息共享，新选择的烟花位置很有可能跳过全局最优解区域而到达点 2，在融合了 PSO 算法的

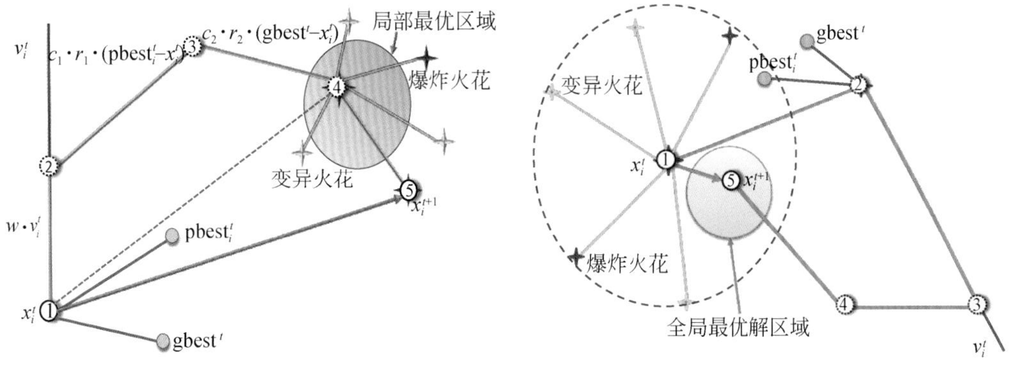

(a) 执行粒子群算子后执行烟花算子　　(b) 执行烟花算子后执行粒子群算子

图 1-3　粒子群算法和烟花算法优势融合机理

算子后，烟花 i 在自身历史最优解和当前全局最优解的影响下，烟花增强了对局部范围内的搜索，从而增加了到达全局最优解区域的概率，即在图中表示为到达点 5，进而可以得到，将粒子群算法混合到烟花算法中可以提高烟花算法的局部搜索效率。通过以上分析可以得出结论，粒子群算法和烟花算法的融合对于形成一种更加优秀的算法是一种有效途径。

2. 舍弃–补充算子

带有“记忆”能力的粒子可以快速聚集到当前最优粒子周围，而粒子群体的聚集作用降低了群体多样性，使得标准粒子群算法不能在全局范围内进行有效搜索。为了将粒子群算法和烟花算法有效融合，促进 PS-FW 算法的“勘探”和“开发”能力的平衡，提出了舍弃–补充算子，该算子主要包括三个步骤。

1）粒子群中所有粒子 $x_1, x_2, \cdots, x_M$ 按照适应度值降序排列，P_{num} 个高适应度值的优秀粒子被直接保存到下一代，FW_{num} 个质量较差的粒子被舍弃，其中保留个体和舍弃个体数目满足 $P_{\text{num}}+\text{FW}_{\text{num}}=M$。

2）保留下来的 P_{num} 个优秀粒子 $x_{F1}, x_{F2}, \cdots, x_{\text{FP}_{\text{num}}}$ 转化为烟花个体，执行改进的爆炸算子、改进的变异算子、映射规则和选择算子。

3）执行烟花算法后所生成的 FW_{num} 个烟花转换为粒子补充到粒子群体中以保持群体数目的平衡，新的粒子群体继续执行下一次迭代计算。

舍弃–补充算子通过舍弃质量差的粒子个体同时补充由烟花算法产生优秀个体，使得混合优化算法不仅可以保留优秀粒子个体的信息进行后续的迭代计算，还能避免质量差的个体浪费计算资源，对于 PS-FW 算法的局部和全局搜索性能进行了有效提升，然而，如何确定所要保留的优秀粒子的数目 P_{num} 才能使得算法的求解性能达到最佳状态成为了主要问题，对此，通过考察群体智能优化算法在求解最优化问题时所遵循的规律得出，应当在算法执行的初始阶段增强算法在全局范围内对最优解的探索能力，而在算法执行后期加强对于当前最优解周围区域的搜索能力。基于此求解规律对 P_{num} 进行了优化设计，在迭代初期执行烟花算子的粒子数目 FW_{num} 应该更多，以借助烟花算子加强大范围内的搜索，在迭代后期优秀粒子数目应该占据主体，以发挥粒子群算法的局部挖掘能力，P_{num} 的计算如下式所示：

$$\text{FW}_{\text{num}}=\text{round}\left[(\text{FW}_{\max}-\text{FW}_{\min})\left(\frac{I_{\max}-t}{I_{\max}}\right)^{\gamma}+\text{FW}_{\min}\right] \tag{1-20}$$

式中，$\text{FW}_{\max}$、$\text{FW}_{\min}$ 分别为舍弃个体数目的上界和下届值；$I_{\max}$ 为最大迭代次数；t 为当前迭代次数；round[ ] 为取整函数，即对括号内的数值进行取整；γ 为整数幂次。

3. 改进的爆炸算子

(1) 自适应爆炸半径

基于之前的分析可知，标准烟花算法的爆炸半径定义限制了优秀烟花个体的爆炸火花的多样性，从而导致了烟花算法局部搜索能力的下降。为了改进标准烟花算法中爆炸半径的不足，在增强型烟花算法（EFWA）中，采用了最小爆炸半径检验机制，即当爆炸半径小于一定的阈值后，爆炸半径就取值为阈值，且阈值随着迭代次数的增加而递减，以 δ_A 表征爆炸半径的阈值，则在 EFWA 中，当爆炸半径小于阈值时，爆炸半径表示为

$$\hat{A}=\hat{A}_{\text{init}}-\frac{\hat{A}_{\text{init}}-\hat{A}_{\text{final}}}{I_{\max}}\sqrt{(2\cdot I_{\max}-t)t}\ \forall\hat{A}<\delta_A \tag{1-21}$$

式中，$\hat{A}_{\text{init}}$、$\hat{A}_{\text{final}}$为爆炸半径的上界和下界值。

虽然在增强型烟花算法中，优秀烟花个体的爆炸火花质量得到了显著提升，但爆炸半径的上下界确定较为复杂，需要针对不同优化问题提出不同的上下界值，对于本书中的复杂约束下的非线性优化模型求解时其爆炸半径的边界值更加难以得到。为此，在 PS-FW 算法中，借鉴最小爆炸半径检验机制的思想，根据爆炸半径的数值大小提出了两种优化方式，在采用标准 FWA 中式(1-3)计算得到烟花个体的爆炸半径数值后，根据以下方法调整爆炸半径的数值。

1）对于爆炸半径大于阈值 δ_A 的烟花个体，增设了控制因子 λ_A 来调整爆炸半径的大小。控制因子 λ_A 使得算法生成的爆炸火花在迭代初期可以在大的可行范围内进行搜索，增强算法的“勘探”能力，在迭代后期则减小爆炸半径来提升对于全局最优局部“开发”能力。爆炸半径和控制因子的计算公式如下：

$$\hat{A}_i=\hat{A}_i\cdot\lambda_A\quad\forall\hat{A}_i>\delta_A \tag{1-22}$$

$$\lambda_A=\lambda_{A,\min}\cdot(\lambda_{A,\max}/\lambda_{A,\min})^{\frac{1}{1+t/I_{\max}}} \tag{1-23}$$

式中，$\lambda_{A,\max}$、$\lambda_{A,\min}$分别为控制因子的最大值和最小值。

2）当烟花个体 $\bar{x}_i$ 的爆炸半径小于阈值时，利用最优烟花个体及其邻域信息来确定混合算法中的爆炸半径。由于 PS-FW 算法是基于 PSO 的框架进行优化设计的，在迭代后期所有个体会趋向于当前最佳位置周围进行局部挖掘，使得当前最优解的适应度接近其邻近个体，也就是说，如果烟花个体的爆炸半径太小，则表明烟花个体可能位于当前最佳位置附近。因此，在 PS-FW 算法中，通过选择与当前最优烟花个体相邻的烟花个体 $\bar{x}_i$，考虑其与当前最佳位置之间所有相应维度的偏差信息，从而产生新的烟花个体 $\bar{x}_i$ 的爆炸半径来替换小的爆炸半径。采用该种爆炸半径可以自适应的优化控制求解过程：当算法处于初始迭代阶段，烟花个体的位置相对分散，最优烟花个体与其邻近烟花个体之间的维度偏差较大，从而爆炸半径较大，提高了找到全局最优解的概率；当算法进入迭代后期时，烟花群体聚集于当前最优个体周围，最优烟花个体与邻近烟花个体之间的各个维度偏差减小，爆炸半径也随机减小，提高了 PS-FW 算法的局部搜索能力。

优化更新过小爆炸半径的主要步骤为：①选择最优烟花个体周围的 Nh 个烟花个体作为最优邻域集 Fs；②从最优邻域集合中随机选择烟花个体 x_j；③根据下列公式更新烟花个体的爆炸半径：

$$\hat{A}_i=\frac{\sum_{k=1}^{D}(\,|\bar{x}_{\text{best},k}-\bar{x}_{j,k}|\,)}{D} \tag{1-24}$$

式中，$\bar{x}_{\text{best},k}$为最优烟花个体在第 k 维度的值；$x_{j,k}$为第 j 个烟花个体在第 k 维度的值。

（2）改进的爆炸火花生成方式

在标准 FWA 算法中，当生成爆炸火花时，偏移位移 Δh 仅计算一次，导致不同维度发生相同变化，降低了算法搜索不同方向的能力。在本书提出的 PS-FW 算法中，介绍了一种新的爆炸火花生成方法：首先，与 FWA 算法中随机选择部分维度进行偏移不同，选取产生爆炸火花的烟花个体在所有维度都进行位置偏移。其次，根据式(1-25)计算烟花个体在每个维度的不同的偏移量。最后，结合贪心算法思想，通过式(1-26)生成爆炸火花。分析以上步骤可知，由局部维度相同偏移转变为全局维度不同偏移，增加了爆炸火花的多样性和在各个方向的搜索随机性，增强了混合算法的全局搜索能力。另外，爆炸火花的生成结合了贪心算法，通过衡量适应度值的变化来确定搜索的方向，有效保留了优秀信息，加速了收敛。

$$\Delta h_k = \hat{A}_i \cdot \text{Gaussian}(0,1) \tag{1-25}$$

$$\hat{x}_{i,k}^{j} = \begin{cases} \bar{x}_{i,k} + \Delta h_k & f(\bar{x}_+) \geqslant \max[f(\bar{x}_{\text{temp}}), f(\bar{x}_-)] \\ \bar{x}_{i,k} - \Delta h_k & f(\bar{x}_-) \geqslant \max[f(\bar{x}_{\text{temp}}), f(\bar{x}_+)] \\ \bar{x}_{i,k} & f(\bar{x}_{\text{temp}}) \geqslant \max[f(\bar{x}_-), f(\bar{x}_+)] \end{cases} \tag{1-26}$$

式中，$\hat{x}_{i,k}^{j}$为第 i 个烟花个体的第 j 个爆炸火花在维度为 k 的数值，其中 $i=(1,2,\cdots,P_{\text{num}})$，$j=(1,2,\cdots,s_i)$；$\Delta h_k$ 为第 i 个烟花个体的第 j 个爆炸火花在维度为 k 的偏移量；Gaussian(0,1)为服从标准正态分布的随机数；max( )为取最大值函数，表示对括号中的参数取最大值；$\bar{x}_{\text{temp}}$为没有发生位置偏移的烟花个体 i；$\bar{x}_+$为在第 k 维度添加了偏移量的烟花个体 i；$\bar{x}_-$为在第 k 维度减去了偏移量的烟花个体 i。

4. 改进的变异算子

在标准 FWA 算法中，高斯变异算子有效增加了可行解的多样性，然而，数值实验表明，高斯算子和映射准则的组合应用使得高斯火花大多集中在零点附近，这也是 FWA 算法对于最优解在零点的优化问题收敛快速的原因。为了提高算法对于非零最优解优化问题的适应性，同时保持变异算子对种群多样性的贡献能力，在 PS-FW 算法中提出了一种新的变异算子。与标准 FWA 算法相比，新的变异算子有两个主要区别：① 在 PS-FW 算法中，因为采取了新的爆炸火花生成方式，爆炸火花的质量整体上要高于烟花个体，所以在变异算子中选取一定数量的爆炸火花来产生变异火花，而不是使用烟花个体，爆炸火花产生的变异火花可以有效地丰富种群的多样性，具有更好的全局搜索能力；② 本书不再将高斯随机数应用于变异算子，而是借鉴 PSO 算法中粒子的学习机制，使得变异火花不仅保持了爆炸火花的自身信息，而且通过适当的趋优移动促进了混合算法的收敛，变异算子如下所示：

$$\tilde{x}_{i,k} = \mu_1 \cdot (\hat{x}_{\text{best},k} - \hat{x}_{j,k}) + \mu_2 \cdot \hat{x}_{j,k} \tag{1-27}$$

式中，$\tilde{x}_{i,k}$为第 i 个变异火花第 k 维的数值，$i=(1,2,\cdots,\text{num}_M)$，$\text{num}_M$ 表示变异火花的总数；μ_1、μ_2 为[0,1]中的随机数；j 为区间[1,num_E]中的随机整数。

5. 混合算法主流程

PS-FW 算法可以划分为初始化和迭代两个主要阶段。初始化阶段主要进行粒子初始群体、PSO 算法主控参数、改进烟花算子主控参数、终止条件、目标函数和约束条件的初始化操作。在迭代阶段，以 PSO 算法为流程框架，采用舍弃和补充算子维持群体的规模，将改进的爆炸算子、改进的变异算子融入个体更新中，实现群体寻优搜索。迭代节点的主要迭代步骤可以描述为：

首先，在每次迭代中，根据 PSO 算法的算子更新所有粒子的速度和位置，对更新后的粒子计算适应度值并降序排列，选取适应度值最高的 P_{num} 个粒子保存至下一代，FW_{num} 个低适应度值的个体被舍弃。其次，在利用改进的 FWA 算子生成补充粒子的过程中，依据粒子群中的 P_{num} 个优秀个体和爆炸算子产生 num_E 个爆炸火花，计算爆炸火花的适应度，从而找到目前最好的爆炸火花。然后由爆炸火花和变异算子产生 num_M 个变异火花。最后，通过精英策略和轮盘赌策略相结合,选择得到 FW_{num} 个体补充到粒子群体中进行新一轮迭代。每次迭代完成后,判断是否满足终止条件。如果满足,则停止迭代,输出最优解,否则,重复迭代步骤。

在上述流程的执行中,需要注意以下两点:

(1)在混合算法的实现过程中,需要检测粒子、烟花、爆炸火花和变异火花四种类型的个体位置是否在可行范围内,如果个体的位置超出可行范围,则使用 EFWA 算法中的映射准则来调整个体的位置,如式(1-28)所示。

$$x_{i,k}=S_{\min,k}+e\cdot(S_{\max,k}-S_{\min,k}) \quad \forall x_{i,k}>S_{\max,k} \text{或} x_{i,k}<S_{\min,k} \tag{1-28}$$

式中,$x_{i,k}$ 为个体 i 在维度 k 的值;e 为[0,1]区间中的随机数;$S_{\min,k}$、$S_{\max,k}$ 为可行范围在维度 k 的最小和最大可行取值。

(2)针对标准烟花算法中计算个体之间的空间距离消耗过多计算资源的问题,在 PS-FW 算法中采用了基于适应度值的选择策略,因为个体的适应度值与个体的空间位置具有对应关系,适应度值的高低反映了个体空间分布的密疏,即以较大概率选取适应度值较高的个体同样可以保持群体的多样性。所以,混合算法中最优个体用精英策略直接保留到下一次迭代中,剩余的 $FW_{num}-1$ 个体据适应度通过轮盘赌策略进行选择。混合算法的计算流程如图 1-4 所示。

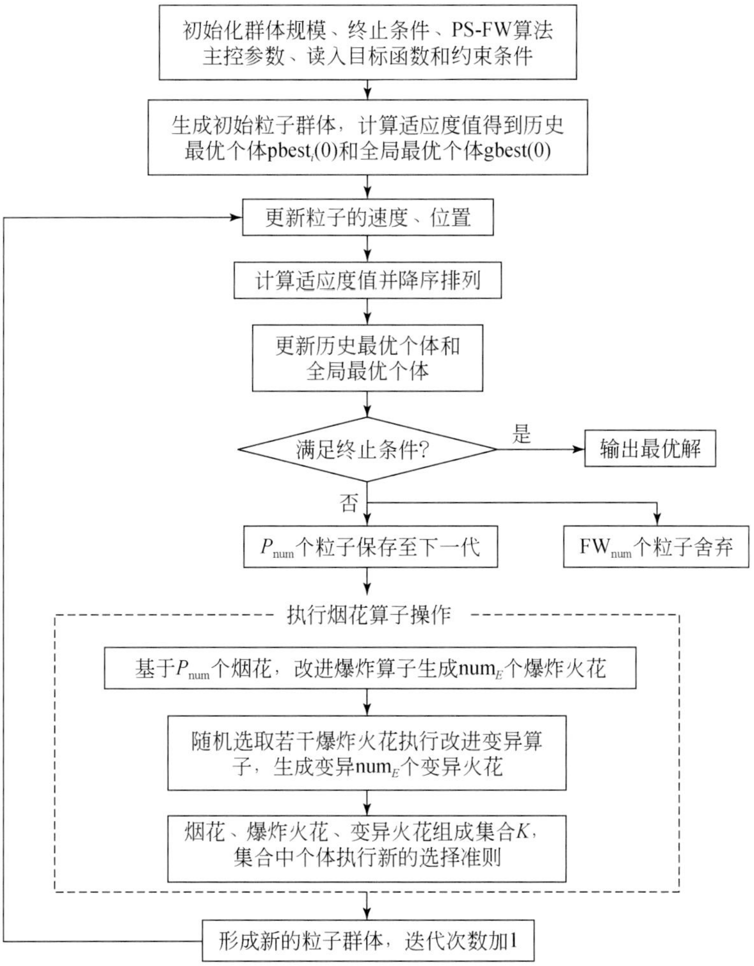

图 1-4 混合 PS-FW 算法求解流程图

1.3.2 全局收敛性分析

基于 1.2 节中的随机优化算法收敛定理，分析 PS-FW 算法的收敛性。

定理 2：PS-FW 算法的以概率 1 全局收敛。

证明：(1) PS-FW 算法满足假设 1

分析 PS-FW 算法可知，由于算法中采用了舍弃-补充算子，PS-FW 算法在每次迭代过程中包含了执行粒子群算子所得到的个体和执行烟花算法算子所得到的个体。因为在改进的爆炸算子中设置了最小爆炸半径检测机制，且爆炸半径决定了个体在各维度方向的可能取值范围，最小爆炸半径不为 0，即保证了执行烟花算法算子的个体的邻域集测度不为 0，进而证明了 PS-FW 算法邻域集序列测度的下确界存在且大于 0，则假设 1 得证。

(2) PS-FW 算法满足假设 2

令 $E_{US,t}$ 和 $E_{US,t+k}$ 分别为第 t 次、第 $t+k$ 次迭代由 PS-FW 算法产生的邻域集，设事件 I 表示"经过 k 次迭代后邻域集 $E_{US,t+k}$ 与 $E_{US,t}$ 不完全重合"，事件 $\tilde{I}$ 表示"经过 k 次迭代后邻域集 $E_{US,t+k}$ 与 $E_{US,t}$ 完全重合"，则有：

$$P(\tilde{I})=1-P(I) \tag{1-29}$$

邻域集表征的是随机优化算法中所有个体可能取值的集合，令 $\boldsymbol{X}_t$ 和 $\boldsymbol{X}_{t+k}$ 分别表示第 t 次迭代和第 $t+k$ 次迭代中所有随机变量构成的向量，根据贝叶斯条件概率公式有：

$$P(\tilde{I})=P\{\boldsymbol{X}_t \xrightarrow{k} \boldsymbol{X}_{t+k}\in E_{US,t+k}\}=P(\boldsymbol{X}_{t+k}\in E_{US,t+k} \mid \boldsymbol{X}_t\in E_{US,t})P(\boldsymbol{X}_t\in E_{US,t}) \tag{1-30}$$

即

$$P(\tilde{I})=P(\boldsymbol{X}_{t+k}\in E_{US,t+k} \mid \boldsymbol{X}_t\in E_{US,t}) \tag{1-31}$$

因为，若经过 k 次迭代后邻域集 $E_{US,t+k}$ 与 $E_{US,t}$ 完全重合，则说明经过 k 次迭代后随机向量 $\boldsymbol{X}_{t+k}$ 仍然位于 $E_{US,t}$ 内，即

$$P(\boldsymbol{X}_{t+k}\in E_{US,t+k} \mid \boldsymbol{X}_t\in E_{US,t})=[v(E_{US,t})/v(S)]^k \tag{1-32}$$

因为 $\boldsymbol{X}_t$ 是非全局最优点，并且 PS-FW 算法中采用了舍弃-补充算子、改进的爆炸算子和改进的变异算子，个体在整个空间中随机生成，所以 $0<v(E_{US,t})<v(S)$，即

$$0<v(E_{US,t})/v(S)<1 \tag{1-33}$$

因而一定存在一个正整数 l，使得当 $k>l$ 时：

$$P(\tilde{I})\to 0 \tag{1-34}$$

$$1-P(\tilde{I})\to 1 \tag{1-35}$$

即邻域集 $E_{US,t+k}$ 与 $E_{US,t}$ 不完全重合的概率为 1。因为 PS-FW 满足假设 1 和假设 2，由定理 1 可知 PS-FW 算法依概率 1 全局收敛。

1.3.3 数值实验对比分析

1. 基准测试函数

为了评价 PS-FW 算法的有效性和精确性，用 22 个高维基准函数对其性能进行了测试。

22 个多峰和单峰测试函数如表 1-1 所示,表中包括基准函数的表达式、搜索范围及最优解。与求解单峰问题相比,获得多峰问题的全局最优解更加困难,算法在进行多峰优化问题求解时必须有效避开包含局部最优解的多峰区域,因而难度较大。因此,如果该算法能有效地找到多峰函数的最优解,则可以证明该算法是一种优秀的优化算法。为了直观展现多峰函数与单峰函数的区别,以及求解复杂性,图 1-5 绘制了表 1-1 中 8 个的典型优化问题的三维函数图像。

表 1-1　22 个基准函数

函数名称	方程	搜索范围	最优解
Sphere	$f_1(x)=\sum_{i=1}^{D}x_i^2$	$[-100,100]^D$	0
Griewank	$f_2(x)=\frac{1}{4000}\sum_{i=1}^{D}x_i^2-\prod_{i=1}^{D}\cos\left(\frac{x_i}{\sqrt{i}}\right)+1$	$[-600,600]^D$	0
Rosenbrock	$f_3(x)=\sum_{i=1}^{D-1}[100(x_{i+1}-x_i^2)^2+(x_i-1)^2]$	$[-5,10]^D$	0
Rastrigin	$f_4(x)=10D+\sum_{i=1}^{D}[x_i^2-10\cos(2\pi x_i)]$	$[-5.12,5.12]^D$	0
Noncontinuous Rastrigin	$f_5(x)=\sum_{i=1}^{D}y_i^2-10\cos(2\pi y_i)+10$ $y_i=\begin{cases}x_i & \lvert x_i\rvert<0.5\\ \frac{\mathrm{round}(2x_i)}{2} & \lvert x_i\rvert\geqslant 0.5\end{cases}$	$[-5.12,5.12]^D$	0
Ackley	$f_6(x)=-20\exp\left(-0.2\sqrt{\frac{1}{D}\sum_{i=1}^{D}x_i^2}\right)-\exp\left[\frac{1}{D}\sum_{i=1}^{D}\cos(2\pi x_i)\right]+20+e$	$[-30,30]^D$	0
Rotated Hyper-Ellipsoid	$f_7(x)=\sum_{i=1}^{D}\sum_{j=1}^{i}x_j^2$	$[-65536,65536]^D$	0
Noisy Quadric	$f_8(x)=\sum_{i=1}^{D}ix_i^4+\mathrm{rand}$	$[-1.28,1.28]^D$	0
Schwefel's problem2. 21	$f_9(x)=\max_{1\leqslant i\leqslant D}\lvert x_i\rvert$	$[-100,100]^D$	0
Schwefel's problem2. 22	$f_{10}(x)=\sum_{i=1}^{D}\lvert x_i\rvert+\prod_{i=1}^{D}\lvert x_i\rvert$	$[-100,100]^D$	0
Schwefel's problem2. 26	$f_{11}(x)=\sum_{i=1}^{D}-x_i\sin(\sqrt{\lvert x_i\rvert})$	$[-500,500]^D$	$-418.9829D$
Step	$f_{12}(x)=\sum_{i=1}^{D}([x_i+0.5])^2$	$[-10,10]^D$	0
Levy	$f_{13}(x)=\sin^2(\pi y_1)+\sum_{i=1}^{D-1}(y_i-1)^2[1+10\sin^2(\pi y_i+1)]+(y_d-1)^2[1+\sin^2(2\pi y_D)]$ $y_i=1+\frac{x_i-1}{4},i=1,\cdots,D$	$[-10,10]^D$	0
Powell Sum	$f_{14}(x)=\sum_{i=1}^{D}\lvert x_i\rvert^{i+1}$	$[-1,1]^D$	0

续表

函数名称	方程	搜索范围	最优解
Sum squares	$f_{15}(x) = \sum_{i=1}^{D} i x_i^2$	$[-10,10]^D$	0
Zakharov	$f_{16}(x) = \sum_{i=1}^{D} x_i^2 + \left(\sum_{i=1}^{D} 0.5 i x_i\right)^2 + \left(\sum_{i=1}^{D} 0.5 i x_i\right)^4$	$[-5,10]^D$	0
Mishra7	$f_{17}(x) = \left(\prod_{i=1} x_i - D!\right)^2$	$[-D,D]^D$	0
Weierstrass	$f_{18} = \sum_{i=1}^{D}\left(\sum_{k=0}^{k_{\max}}\left[a^k \cos(2\pi b^k (x_i + 0.5))\right]\right) - D\sum_{k=0}^{k_{\max}}\left[a^k \cos(2\pi b^k \cdot 0.5)\right]$ $a=0.5, b=3, k_{\max}=20$	$[-0.5,0.5]^D$	0
Bent-Cigar	$f_{19}(x) = x_1^2 + 10^6 \sum_{i=2}^{D} x_i^2$	$[-100,100]^D$	0
Trigonometric 2	$f_{20}(x) = 1 + \sum_{i=1}^{D} 8\sin^2[7(x_i - 0.9)^2] + 6\sin^2[14(x_i - 0.9)^2] + (x - 0.9)^2$	$[-500,500]^D$	0
Quintic	$f_{21}(x) = \sum_{i=1}^{D} \lvert x_i^5 - 3x_i^4 + 4x_i^3 + 2x_i^2 - 10x_i - 4 \rvert$	$[-10,10]^D$	0
Mishra11	$f_{17}(x) = \left[\frac{1}{D}\sum_{i=1}^{D} \lvert x_i \rvert + \left(\prod_{i=1}^{D} \lvert x_i \rvert\right)^{\frac{1}{D}}\right]^2$	$[-10,10]^D$	0

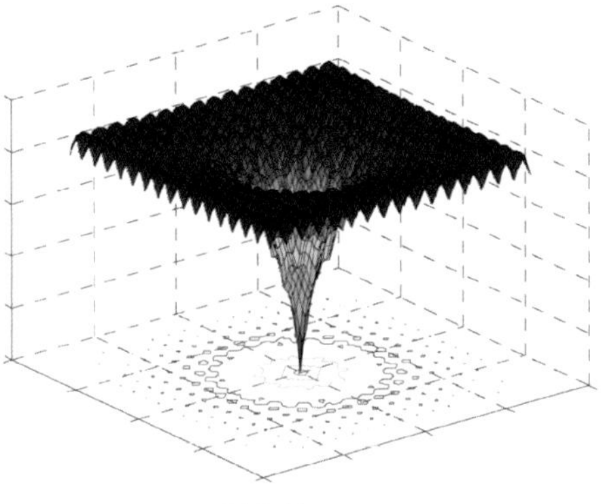

(a)Ackley

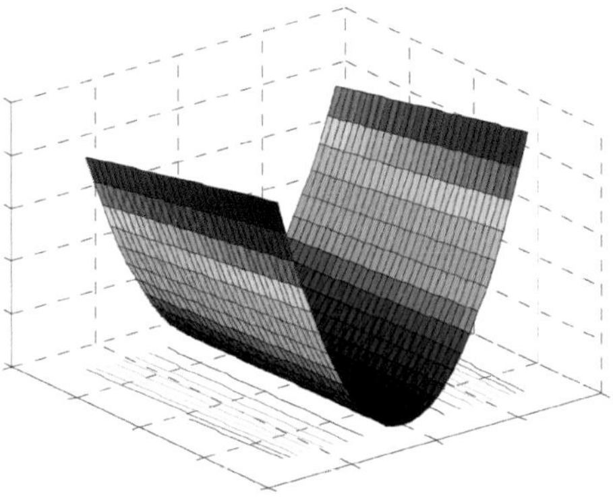

(b) Rosenbrock

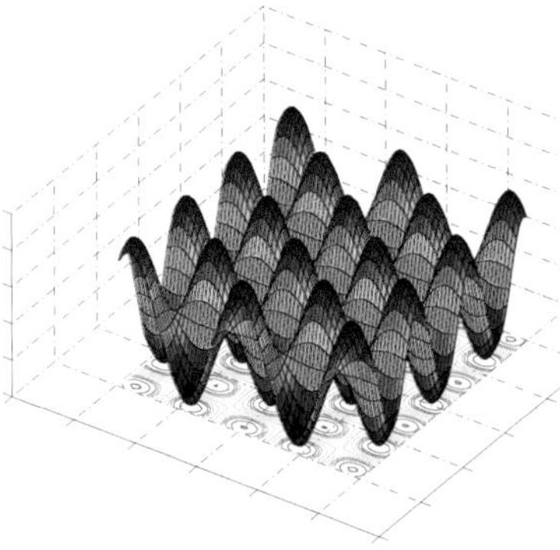

(c) Griewank

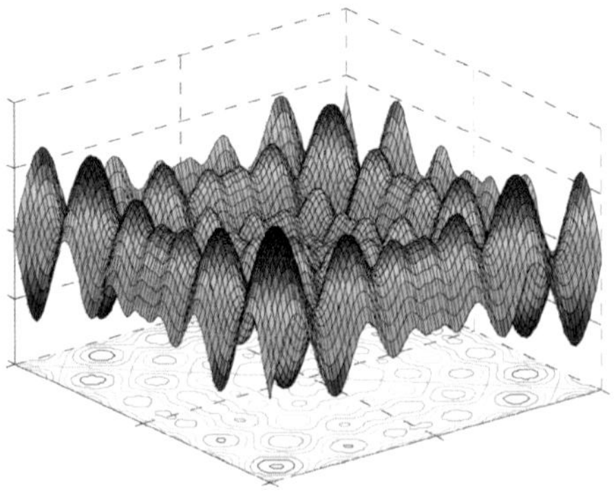

(d) Schwefel's problem2.26

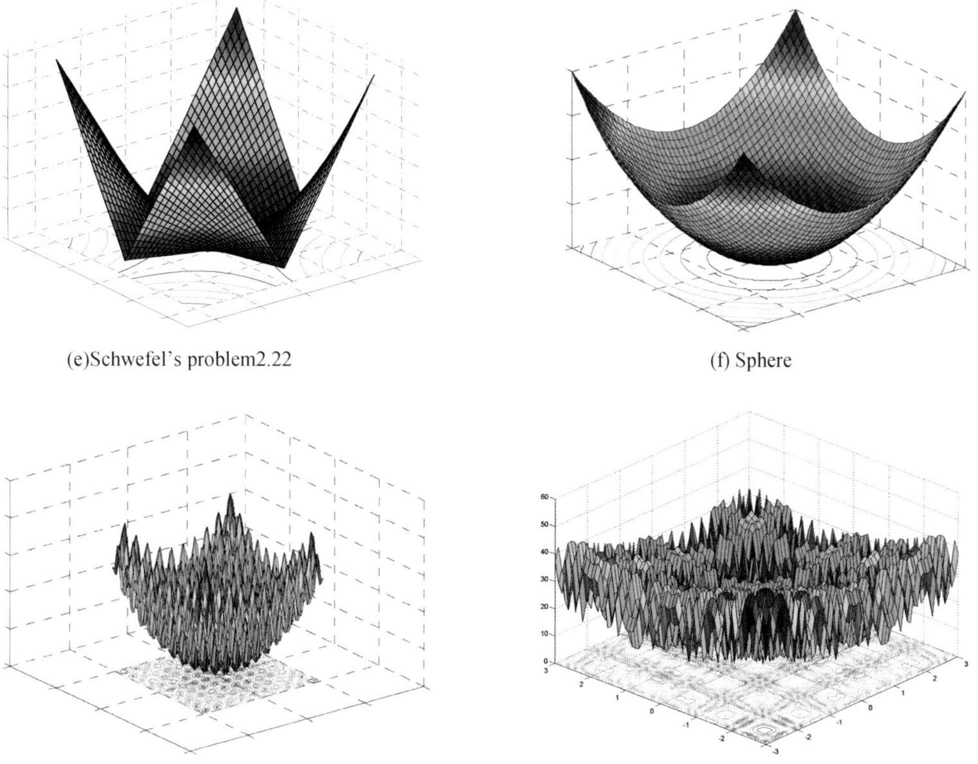

(e)Schwefel's problem2.22　(f) Sphere

(g) Rastrigin　(h) Trigonometric 2

图1-5　典型基准函数三维图像

2. PS-FW与标准智能算法性能对比

基于22个基准测试函数,将混合PS-FW算法与PSO、FWA算法的优化性能进行了比较。为了探究三种算法在求解高维优化问题上的全局优化能力,开展了3种不同维度下的数值测试实验,分别将实验维数设定为$D=30$、$D=60$、$D=100$,各维数均分别采用三种算法测试20次。为了进行公平的优化性能分析,所有算法的最大迭代次数(I_{max})和群体大小(M)均设置为相同数值,各算法求解的最大迭代次数I_{max}设置为1000,M设置为50。此外,实验所用的算法编写软件为MATLAB 14.0,实验设备为i5处理器、2.02GHz主频、4G内存和Windows7操作系统的个人计算机。为了消除参数设置差异对性能的影响,PS-FW算法的粒子群算子和烟花算子分别与PSO、FWA算法的主控参数取值相同,详细的控制参数见表1-2。

表1-2　算法的参数设置

算法名称	参数设置
PSO	$w(t)=w_{max}-t\dfrac{w_{max}-w_{min}}{I_{max}}$, $w_{max}=0.95$, $w_{min}=0.4$, $c_1=c_2=1.45$

续表

算法名称	参数设置
FWA	$\hat{A}=40$, $M=50$, $a=0.04$, $b=0.8$, $num_E=30$, $\varepsilon=1\times10^{-100}$
PS-FW	$w(t)=w_{max}-t\frac{w_{max}-w_{min}}{I_{max}}$, $w_{max}=0.95$, $w_{min}=0.4$, $c_1=c_2=1.45$, $\hat{A}=40$, $M=50$, $a=0.04$, $b=0.8$, $num_E=30$, $\varepsilon=1\times10^{-100}$, $\delta=1\times10^{-6}$, $\lambda_{min}=1\times10^{-25}$, $\lambda_{max}=1$, $FW_{max}=30$, $FW_{min}=20$, $r=2$

针对所有的基准函数，分别统计 PSO、FWA 和 PS-FW 三种算法在不同维度下 20 次独立运行后的优化结果，表 1-3 ~ 表 1-5 展示了最优值均值、标准差，以及基于最优值均值的算法排名。此外，将本书所提出 PS-FW 算法与其他算法的平均收敛速度进行了对比，绘制了基于测试函数 f_{12}、f_{13} 和 f_{20} 的收敛曲线如图 1-6 所示。

表 1-3　PS-FW、PSO、FWA 对于函数 f_1 − f_{22} 在维度 $D=30$ 的优化结果对比（最佳排名用黑体标出）

f	D	性能指标	PSO	FWA	PS-FW
f_1	30	平均值	8.8371×10^{1}	1.3360×10^{-151}	5.8928×10^{-264}
		标准差	4.3475×10^{1}	5.8057×10^{-151}	0
		排名	3	2	**1**
f_2	30	平均值	7.1542×10^{-2}	0	0
		标准差	1.2385×10^{-1}	0	0
		排名	2	**1**	**1**
f_3	30	平均值	5.5766×10^{2}	2.6882×10^{1}	0
		标准差	7.4828×10^{2}	8.3997×10^{-1}	0
		排名	3	2	**1**
f_4	30	平均值	6.6547×10^{1}	0	0
		标准差	3.6430×10^{1}	0	0
		排名	2	**1**	**1**
f_5	30	平均值	6.5810×10^{1}	0	0
		标准差	4.0117×10^{1}	0	0
		排名	2	**1**	**1**
f_6	30	平均值	0	0	0
		标准差	0	0	0
		排名	**1**	**1**	**1**
f_7	30	平均值	1.4156×10^{4}	7.6585×10^{-83}	4.5128×10^{-122}
		标准差	1.0006×10^{4}	3.3383×10^{-82}	1.8821×10^{-121}
		排名	3	2	**1**

续表

f	D	性能指标	PSO	FWA	PS-FW
f_8	30	平均值	1.0419×10^{-3}	9.6596×10^{-304}	0
		标准差	1.0584×10^{-3}	0	0
		排名	3	2	**1**
f_9	30	平均值	6.3165×10^{-1}	7.4698×10^{-54}	3.1588×10^{-97}
		标准差	6.0679×10^{-1}	2.3638×10^{-53}	1.2719×10^{-96}
		排名	3	2	**1**
f_{10}	30	平均值	1.5661×10^{1}	3.2521×10^{-78}	1.8666×10^{-137}
		标准差	5.0924×10^{0}	1.1460×10^{-77}	8.0013×10^{-137}
		排名	3	2	**1**
f_{11}	30	平均值	-7.2662×10^{3}	-1.0511×10^{4}	-1.2483×10^{4}
		标准差	6.7867×10^{2}	1.9893×10^{2}	1.2661×10^{2}
		排名	3	2	**1**
f_{12}	30	平均值	6.9734×10^{-1}	2.8586×10^{-1}	0
		标准差	2.8586×10^{-1}	5.0080×10^{-1}	0
		排名	3	2	**1**
f_{13}	30	平均值	1.7831×10^{1}	6.5460×10^{0}	1.4998×10^{-32}
		标准差	8.6204×10^{0}	8.6700×10^{-1}	0
		排名	3	2	**1**
f_{14}	30	平均值	6.6576×10^{-8}	4.5613×10^{-191}	2.1563×10^{-291}
		标准差	5.4575×10^{-8}	0	0
		排名	3	2	**1**
f_{15}	30	平均值	0	0	0
		标准差	0	0	0
		排名	**1**	**1**	**1**
f_{16}	30	平均值	2.8937×10^{2}	1.5937×10^{2}	1.5471×10^{-111}
		标准差	1.5937×10^{2}	3.5711×10^{-45}	1.5471×10^{-111}
		排名	3	2	**1**
f_{17}	30	平均值	0	9.8737×10^{44}	0
		标准差	0	4.3038×10^{45}	0
		排名	**1**	2	**1**
f_{18}	30	平均值	1.5069×10^{1}	0	0
		标准差	4.0495×10^{0}	0	0
		排名	2	**1**	**1**

续表

f	D	性能指标	PSO	FWA	PS-FW
f_{19}	30	平均值	2.8450×10^{7}	1.0123×10^{-145}	1.8302×10^{-252}
		标准差	1.2385×10^{8}	3.1288×10^{-145}	0
		排名	3	2	**1**
f_{20}	30	平均值	3.8005×10^{2}	4.2079×10^{1}	1
		标准差	8.5739×10^{1}	4.6125×10^{0}	0
		排名	3	2	**1**
f_{21}	30	平均值	4.5577×10^{1}	1.71130×10^{1}	0
		标准差	2.3091×10^{1}	2.1499×10^{0}	0
		排名	3	2	**1**
f_{22}	30	平均值	7.0166×10^{-1}	1.1989×10^{-149}	3.5102×10^{-292}
		标准差	5.9846×10^{-1}	5.2258×10^{-149}	0
		排名	3	2	**1**
平均排名			2.5455	1.7273	**1**
总排名			3	2	**1**

表 1-4　PS-FW、PSO、FWA 对于函数 f_1-f_{22} 在维度 $D=60$ 的优化结果对比（最佳排名用黑体标出）

f	D	性能指标	PSO	FWA	PS-FW
f_1	60	平均值	4.1677×10^{3}	2.1235×10^{-146}	2.4481×10^{-248}
		标准差	4.4284×10^{3}	6.3705×10^{-146}	0
		排名	3	2	**1**
f_2	60	平均值	3.2482×10^{0}	0	0
		标准差	9.6094×10^{-1}	0	0
		排名	2	**1**	**1**
f_3	60	平均值	7.1638×10^{4}	4.5073×10^{1}	9.2568×10^{-30}
		标准差	5.5811×10^{4}	1.8390×10^{1}	1.9330×10^{-29}
		排名	3	2	**1**
f_4	60	平均值	3.2219×10^{2}	0	0
		标准差	4.1863×10^{1}	0	0
		排名	2	**1**	**1**
f_5	60	平均值	3.7498×10^{2}	0	0
		标准差	5.3191×10^{1}	0	0
		排名	2	**1**	**1**
f_6	60	平均值	1.3162×10^{1}	0	7.1054×10^{-16}
		标准差	1.1773×10^{0}	0	1.4211×10^{-15}
		排名	3	**1**	2

续表

f	D	性能指标	PSO	FWA	PS-FW
f_7	60	平均值	3.2017×10^{4}	4.9633×10^{-68}	1.2294×10^{-93}
		标准差	1.4529×10^{4}	1.48899×10^{-67}	4.9341×10^{-93}
		排名	3	2	**1**
f_8	60	平均值	1.1343	1.2096×10^{-288}	0
		标准差	3.2234	0	0
		排名	3	2	**1**
f_9	60	平均值	2.6902×10^{1}	4.4049×10^{-51}	1.5914×10^{-92}
		标准差	5.4555×10^{0}	1.3214×10^{-50}	4.8189×10^{-92}
		排名	3	2	**1**
f_{10}	60	平均值	5.5140×10^{1}	1.35612×10^{-73}	3.9617×10^{-130}
		标准差	2.1038×10^{1}	4.06287×10^{-73}	1.7268×10^{-129}
		排名	3	2	**1**
f_{11}	60	平均值	-1.1892×10^{4}	-1.8005×10^{4}	-2.4998×10^{4}
		标准差	1.1022×10^{3}	1.4727×10^{3}	1.7201×10^{2}
		排名	3	2	**1**
f_{12}	60	平均值	3.4856×10^{1}	1.9695×10^{0}	0
		标准差	5.9316×10^{1}	7.7525×10^{-1}	0
		排名	3	2	**1**
f_{13}	60	平均值	6.2329×10^{1}	1.5355×10^{1}	1.4998×10^{-32}
		标准差	2.0956×10^{1}	5.4415×10^{0}	0
		排名	3	2	**1**
f_{14}	60	平均值	2.2365×10^{-7}	1.6432×10^{-187}	1.5707×10^{-278}
		标准差	2.3968×10^{-7}	0	0
		排名	3	2	**1**
f_{15}	60	平均值	0	0	0
		标准差	0	0	0
		排名	**1**	**1**	**1**
f_{16}	60	平均值	8.0994×10^{2}	1.7189×10^{-38}	6.8924×10^{-104}
		标准差	3.0726×10^{2}	5.15482×10^{-38}	2.9641×10^{-103}
		排名	3	2	**1**
f_{17}	60	平均值	0	2.4945×10^{145}	0
		标准差	0	5.7208×10^{145}	0
		排名	**1**	2	**1**

续表

f	D	性能指标	PSO	FWA	PS-FW
f_{18}	60	平均值	3.9564×10^{1}	0	0
		标准差	5.3138×10^{0}	0	0
		排名	2	**1**	**1**
f_{19}	60	平均值	5.7753×10^{8}	6.6011×10^{-137}	4.5120×10^{-251}
		标准差	2.7159×10^{8}	1.9631×10^{-136}	0
		排名	3	2	**1**
f_{20}	60	平均值	5.3645×10^{3}	1.4665×10^{2}	1
		标准差	6.2256×10^{3}	2.8947×10^{1}	0
		排名	3	2	**1**
f_{21}	60	平均值	1.9709×10^{2}	4.8085×10^{1}	0
		标准差	2.8605×10^{1}	7.7355×10^{0}	0
		排名	3	2	**1**
f_{22}	60	平均值	1.5314×10^{0}	1.5711×10^{-142}	1.3216×10^{-280}
		标准差	5.9245×10^{-1}	4.7133×10^{-142}	0
		排名	3	2	**1**
平均排名			2.6364	1.7273	1.0455
总排名			3	2	**1**

表 1-5　PS-FW、PSO、FWA 对于函数 f_1-f_{22} 在维度 $D=100$ 的优化结果对比(最佳排名用黑体标出)

f	D	性能指标	PSO	FWA	PS-FW
f_1	100	平均值	6.3501×10^{3}	1.7672×10^{-142}	9.7833×10^{-245}
		标准差	2.9204×10^{3}	4.3844×10^{-142}	0
		排名	3	2	**1**
f_2	100	平均值	1.1830×10^{2}	0	0
		标准差	5.1822×10^{1}	0	0
		排名	2	**1**	**1**
f_3	100	平均值	1.7018×10^{5}	8.3094×10^{1}	1.0341×10^{-26}
		标准差	6.6940×10^{4}	2.2198×10^{1}	3.8500×10^{-26}
		排名	3	2	**1**
f_4	100	平均值	4.7288×10^{2}	0	0
		标准差	1.0713×10^{2}	0	0
		排名	2	**1**	**1**
f_5	100	平均值	5.1626×10^{2}	0	0
		标准差	1.4819×10^{2}	0	0
		排名	2	**1**	**1**

续表

f	D	性能指标	PSO	FWA	PS-FW
f_6	100	平均值	1.3582×10^{1}	0	1.0659×10^{-15}
		标准差	2.3679×10^{0}	0	1.6281×10^{-15}
		排名	3	**1**	2
f_7	100	平均值	2.7218×10^{6}	2.70634×10^{-58}	2.1860×10^{-71}
		标准差	8.2328×10^{5}	8.11903×10^{-58}	4.7535×10^{-71}
		排名	3	2	**1**
f_8	100	平均值	1.4283×10^{1}	1.5868×10^{-280}	0
		标准差	3.8266×10^{1}	0	0
		排名	3	2	**1**
f_9	100	平均值	2.7189×10^{1}	4.2938×10^{-46}	1.1555×10^{-90}
		标准差	5.0564×10^{0}	1.1238×10^{-45}	2.7315×10^{-90}
		排名	3	2	**1**
f_{10}	100	平均值	1.2486×10^{2}	2.64613×10^{-69}	2.2792×10^{-128}
		标准差	2.3963×10^{1}	7.93838×10^{-69}	9.7764×10^{-128}
		排名	3	2	**1**
f_{11}	100	平均值	-1.5770×10^{4}	-2.4526×10^{4}	-4.1743×10^{4}
		标准差	1.2531×10^{3}	1.6861×10^{3}	4.3502×10^{2}
		排名	3	2	**1**
f_{12}	100	平均值	1.2670×10^{2}	4.2335×10^{0}	0
		标准差	4.8966×10^{1}	1.40825853	0
		排名	3	2	**1**
f_{13}	100	平均值	2.4848×10^{2}	3.1912×10^{1}	1.4998×10^{-32}
		标准差	6.1955×10^{1}	7.6762×10^{0}	0
		排名	3	2	**1**
f_{14}	100	平均值	4.7875×10^{-7}	6.5204×10^{-175}	6.4751×10^{-275}
		标准差	6.7428×10^{-7}	0	0
		排名	3	2	**1**
f_{15}	100	平均值	0	0	0
		标准差	0	0	0
		排名	**1**	**1**	**1**
f_{16}	100	平均值	1.4995×10^{3}	1.9628×10^{-14}	2.4731×10^{-93}
		标准差	5.8180×10^{2}	5.86607×10^{-14}	8.4009×10^{-93}
		排名	3	2	**1**

续表

f	D	性能指标	PSO	FWA	PS-FW
f_{17}	100	平均值	0	2.0047×10^{232}	0
		标准差	0	6.7205×10^{232}	0
		排名	**1**	2	**1**
f_{18}	100	平均值	6.8687×10^{1}	0	0
		标准差	1.3221×10^{1}	0	0
		排名	2	**1**	**1**
f_{19}	100	平均值	1.4528×10^{10}	3.3916×10^{-130}	9.0096×10^{-250}
		标准差	1.2994×10^{10}	9.8384×10^{-130}	0
		排名	3	2	**1**
f_{20}	100	平均值	9.0245×10^{3}	2.6557×10^{2}	1
		标准差	3.8036×10^{3}	4.7674×10^{1}	0
		排名	3	2	**1**
f_{21}	100	平均值	9.0245×10^{3}	2.6557×10^{2}	0
		标准差	3.8036×10^{3}	4.7674×10^{1}	0
		排名	3	2	**1**
f_{22}	100	平均值	1.6273×10^{0}	4.0925×10^{-137}	4.9253×10^{-273}
		标准差	4.1513×10^{-1}	3.2175×10^{-137}	0
		排名	3	2	**1**
平均排名			2.6364	1.7273	**1.0455**
总排名			3	2	**1**

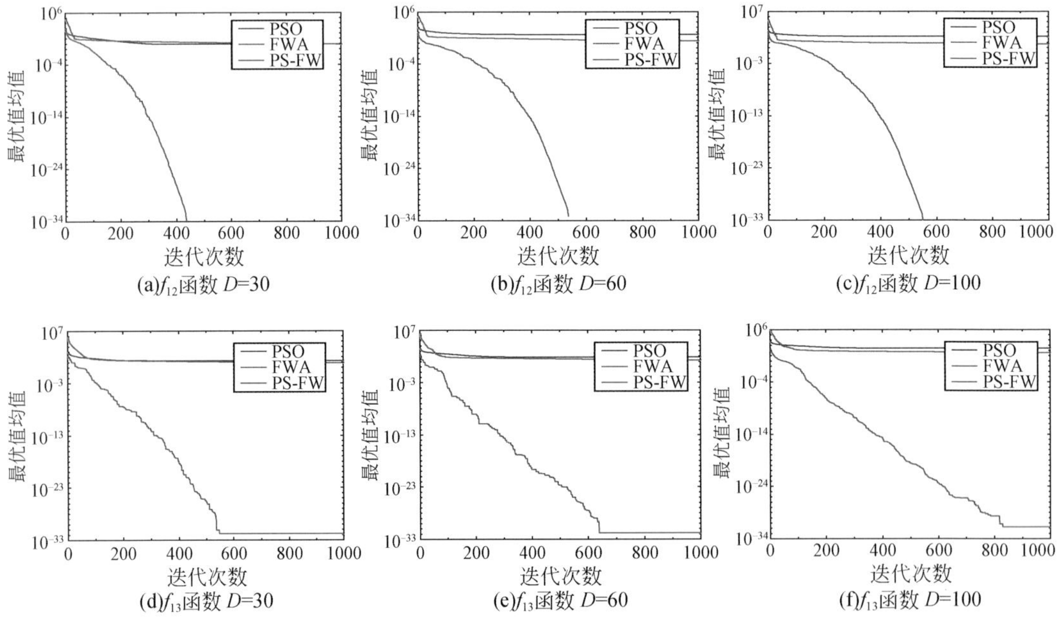

(a)f_{12}函数 D=30　(b)f_{12}函数 D=60　(c)f_{12}函数 D=100

(d)f_{13}函数 D=30　(e)f_{13}函数 D=60　(f)f_{13}函数 D=100

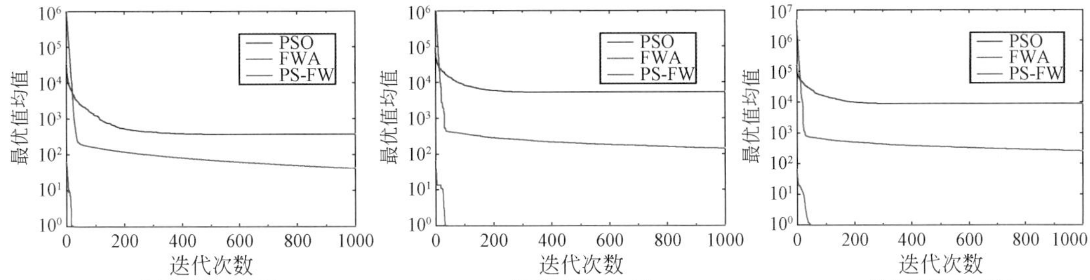

(g)f_{20}函数 D=30　(h)f_{20}函数 D=60　(i)f_{20}函数 D=100

图 1-6　PSO、FWA 和 PS-FW 算法对于不同函数优化求解的收敛曲线

根据表 1-3 ~ 表 1-5 中所示的排名可知，PS-FW 算法优化得到的最优值的平均值和标准差均优于其他两种算法。当维度为 $D=30$ 时，PS-FW 算法求得了函数 f_2、f_3、f_4、f_5、f_6、f_8、f_{12}、f_{15}、f_{17}、f_{18}、f_{20} 和 f_{21} 的全局最优解，求解全局最优比例为 6/11，证明了该算法在求解优化问题上具有出色的性能。随着问题维度的增加，该混合算法仍然保持了优秀的性能，同样获得了除函数 f_3 和 f_6 以外的 10 个基准函数的最优解。对于问题的维数为 60 和 100 的情况，PS-FW 算法可以得到函数 f_3 和 f_6 的全局最优解，但不是每次都能成功求解，这是因为函数 f_6 是多峰问题，并且随着问题的维数增加，局部最优解的数目迅速增多，跳出局部最优解的难度显著增加，而 f_3 虽然是单峰函数，但最优解位于狭长的谷带中，找到全局最优解的难度也很大。此外，根据表 1-3 ~ 表 1-5 所示的排名和数值可知，随着问题维数的增加，PS-FW 算法求解优化问题的排名均保持在最高位，最优解均值的数值变化也显示了 PS-FW 算法比 PSO 和 FWA 算法优化性能要更加稳定。图 1-6 展示了三种算法的收敛速度，其中 PS-FW 算法计算得到的最优值均值下降速度明显高于其他两种算法，证明了 PS-FW 算法融合 PSO 和 FWA 算法优点的正确性，提高了混合算法其全局和局部搜索能力。因此可以得出，PS-FW 算法对于高维优化问题的求解是有效的，且具有良好鲁棒性。

综上所述，PS-FW 算法在求解表 1-1 中的函数方面表现良好。但是，由于这些函数的优化主要针对最优解在零点的优化问题，为了论证 PS-FW 算法的求解过程没有受到烟花算法过度控制而仅侧重于零点优化问题，需要进一步探究 PS-FW 算法关于非零优化问题的求解性能，设置了 PS-FW 算法对于非零优化问题的测试实验。在本实验中，选取所有表 1-1 中最优解在零点的基准测试函数，对其最优解进行偏移，具体偏移情况见表 1-6。此外，为了与零点优化问题的求解效果形成对比，三种算法的参数设置与表 1-2 保持一致，求解维度设定为 $D=30$。三种算法的优化结果如表 1-7 ~ 表 1-9 所示，f_{12}、f_{13} 和 f_{20} 在偏移最优解情况下的收敛曲线如图 1-7 所示。

表 1-6　具有偏移最优解的基准函数

函数名称	原最优解	偏移最优解
Sphere	[0,0,…,0]	[70,70,…,70]
Griewank	[0,0,…,0]	[70,70,…,70]
Rastrigin	[0,0,…,0]	[3,3,…,3]

续表

函数名称	原最优解	偏移最优解
Noncontinuous Rastrigin	[0,0,…,0]	[5,5,…,5]
Ackley	[0,0,…,0]	[20,20,…,20]
Rotated Hyper Ellipsoid	[0,0,…,0]	[70,70,…,70]
Schwefel's problem2. 21	[0,0,…,0]	[70,70,…,70]
Schwefel's problem2. 22	[0,0,…,0]	[70,70,…,70]
Step	[-0. 5,-0. 5,…,-0. 5]	[5,5,…,5]
Levy	[1,1,…,1]	[5,5,…,5]
Sum squares	[0,0,…,0]	[5,5,…,5]
Zakharov	[0,0,…,0]	[5,5,…,5]
Bent-Cigar	[0,0,…,0]	[70,70,…,70]
Trigonometric 2	[0. 9,0. 9,…,0. 9]	[70,70,…,70]
Mishra11	[0,0,…,0]	[5,5,…,5]

表 1-7　PS-FW、PSO 和 FWA 求解表 1-6 中函数的优化结果对比(最佳排名用黑体标出)

f	D	性能指标	PSO	FWA	PS-FW
f_1	30	平均值	1.0851×10^{3}	2.2555×10^{0}	0
		标准差	1.1893×10^{3}	3.8190×10^{-1}	0
		排名	3	2	**1**
f_2	30	平均值	4.7829×10^{0}	6.2867×10^{-1}	0
		标准差	1.5089×10^{0}	5.3523×10^{-2}	0
		排名	3	2	**1**
f_4	30	平均值	1.2559×10^{2}	9.8052×10^{0}	0
		标准差	4.7596×10^{1}	1.6323×10^{0}	0
		排名	3	2	**1**
f_5	30	平均值	1.6140×10^{2}	2.2289×10^{1}	0
		标准差	3.7649×10^{1}	2.7981×10^{0}	0
		排名	3	2	**1**
f_6	30	平均值	1.0739×10^{3}	7.0977×10^{0}	0
		标准差	1.1986×10^{3}	4.3511×10^{-1}	0
		排名	3	2	**1**
f_7	30	平均值	1.5716×10^{4}	2.2295×10^{3}	4.45263×10^{-65}
		标准差	8.7224×10^{3}	2.4129×10^{2}	2.87935×10^{-65}
		排名	3	2	**1**
f_9	30	平均值	4.7379×10^{1}	2.1052×10^{1}	8.96847×10^{-72}
		标准差	1.5948×10^{1}	1.4289×10^{0}	1.31198×10^{-71}
		排名	3	2	**1**

续表

f	D	性能指标	PSO	FWA	PS-FW
f_{10}	30	平均值	1.6846×10^{3}	2.2370×10^{2}	0
		标准差	2.6627×10^{2}	7.4690×10^{1}	0
		排名	3	2	**1**
f_{12}	30	平均值	1.1359×10^{2}	2.1375×10^{1}	0
		标准差	4.1907×10^{1}	2.9107×10^{0}	0
		排名	3	2	**1**
f_{13}	30	平均值	3.2776×10^{2}	6.4154×10^{1}	1.4998×10^{-32}
		标准差	8.5157×10^{1}	1.0092×10^{1}	
		排名	3	2	**1**
f_{15}	30	平均值	0	2.9887×10^{-4}	0
		标准差	0	1.3027×10^{-3}	0
		排名	**1**	2	**1**
f_{16}	30	平均值	8.0214×10^{0}	3.1159×10^{2}	1.53313×10^{-6}
		标准差	8.1866×10^{0}	2.0373×10^{2}	1.06687×10^{-6}
		排名	2	3	**1**
f_{19}	30	平均值	2.4875×10^{9}	2.2700×10^{8}	0
		标准差	1.3163×10^{9}	2.7319×10^{7}	0
		排名	3	2	**1**
f_{20}	30	平均值	2.0564×10^{3}	9.2562×10^{2}	**1**
		标准差	7.9311×10^{2}	7.6748×10^{1}	0
		排名	3	2	**1**
f_{22}	30	平均值	1.7217×10^{0}	1.4009×10^{0}	0
		标准差	1.1645×10^{0}	4.6093×10^{-1}	0
		排名	3	2	**1**
平均排名			2.8000	2.0667	**1**
总排名			3	2	**1**

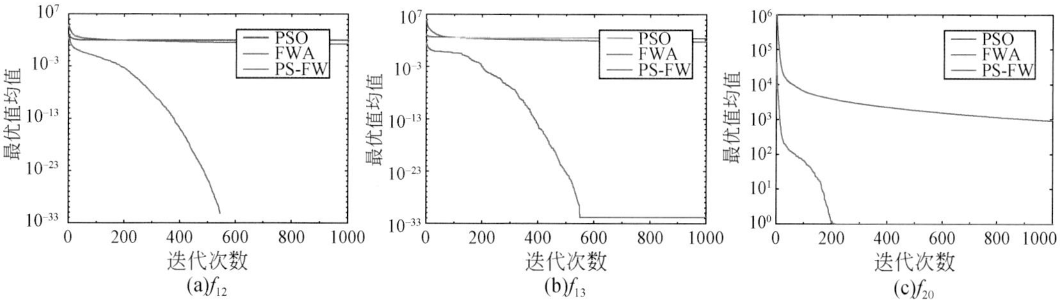

图 1-7　PSO、FWA 和 PS-FW 算法求解偏移最优解函数 f_{12}、f_{13} 和 f_{20} 的收敛曲线

从表 1-7 可知，一方面，对于非零优化问题的求解 PS-FW 算法保持了较高性能，可以优化得到表 1-6 中 11 个函数的最优解，求解最优解比例为 11/15。另一方面，以最优解均值为排名依据，PS-FW 算法取得了最佳排名，表示其在解决非零优化问题上具有较大优势。通过将表 1-7 与表 1-3 进行比较可知，对于非零最优问题的优化求解，FWA 算法相对较弱，而由 FWA 算法衍生而来的包含 PSO 算子的 PS-FW 算法具有更好的优化性能，证明了两种算法结合的正确性。通过观察图 1-7 中的收敛曲线可以看出，相较于其他两种算法，PS-FW 算法在较少的迭代次数下得到了更优的解，收敛速度很快。为了更清楚地确定 PS-FW 算法的收敛性能，统计了非零优化问题数值实验中每个基准函数的成功求解次数（求解成功率）和最小平均迭代次数（达到精度要求的最小次数平均值）。不同算法对于同一优化问题的求解程度是多种多样的，为了横向比较算法的性能优劣，给出了收敛准则的定义。收敛准则规定：如果在一次求解过程中算法求出的函数最优值 f_{find} 能满足式（1-36），则认为求解成功，同时统计满足收敛准则的最小迭代次数以计算平均迭代次数。

$$|f_{\text{find}}-f_{\text{opti}}|<\tau \tag{1-36}$$

式中，f_{opti} 为优化问题的最优值；τ 为算法求解的误差。

以 ST 表示成功求解的次数，AI 表示最小平均迭代次数，U 表示在 20 次运行之后没有任何一次求解成功的情况下的最小平均迭代次数，其值一般设置为大于 $I_{\max}$ 的数。对比 PS-FW、PSO 和 FWA 算法的求解成功率和最小平均迭代次数，如表 1-8 所示。

表 1-8　PS-FW、PSO 和 FWA 算法求解成功率和最小平均迭代次数的对比

（函数 f_{15} 收敛精度为 $\tau=10^{-4}$、其他函数收敛精度为 $\tau=10^{1}$，其中最佳排名用黑体标出）

f	性能指标	PSO	FWA	PS-FW
f_1	成功求解次数	0	20	20
	排名	2	**1**	**1**
	最小平均迭代次数	U	201.7	28.4
	排名	3	2	**1**
f_2	成功求解次数	19	20	20
	排名	2	**1**	**1**
	最小平均迭代次数	9.6	4.6	2.8
	排名	4	2	**1**
f_4	成功求解次数	0	11	20
	排名	3	2	**1**
	最小平均迭代次数	U	584.8	228.8
	排名	3	2	**1**
f_5	成功求解次数	0	0	20
	排名	2	2	**1**
	最小平均迭代次数	U	U	104.9
	排名	2	2	**1**

续表

f	性能指标	PSO	FWA	PS-FW
f_6	成功求解次数	0	20	20
	排名	2	**1**	**1**
	最小平均迭代次数	U	343	9.8
	排名	3	2	**1**
f_7	成功求解次数	0	0	20
	排名	2	2	**1**
	最小平均迭代次数	U	U	93.8
	排名	2	2	**1**
f_9	成功求解次数	0	0	20
	排名	2	2	**1**
	最小平均迭代次数	U	U	26.7
	排名	2	2	**1**
f_{10}	成功求解次数	0	0	20
	排名	2	2	**1**
	最小平均迭代次数	U	U	41.1
	排名	2	2	**1**
f_{12}	成功求解次数	0	0	20
	排名	2	2	**1**
	最小平均迭代次数	U	U	11.8
	排名	2	2	**1**
f_{13}	成功求解次数	0	0	20
	排名	2	2	**1**
	最小平均迭代次数	U	U	3.5
	排名	2	2	**1**
f_{15}	成功求解次数	20	19	20
	排名	**1**	2	**1**
	最小平均迭代次数	505.3	679.6	13.1
	排名	2	3	**1**
f_{16}	成功求解次数	16	0	20
	排名	2	3	**1**
	最小平均迭代次数	224	U	208.7
	排名	2	3	**1**

续表

f	性能指标	PSO	FWA	PS-FW
f_{19}	成功求解次数	0	0	20
	排名	2	2	**1**
	最小平均迭代次数	U	U	208.9
	排名	2	2	**1**
f_{20}	成功求解次数	0	0	20
	排名	2	2	**1**
	最小平均迭代次数	U	U	160.8
	排名	2	2	**1**
f_{22}	成功求解次数	20	20	20
	排名	**1**	**1**	**1**
	最小平均迭代次数	94.2	123.2	9.3
	排名	2	3	**1**
成功求解次数的平均排名		1.9	1.8	**1**
最小平均迭代次数的总体排名		2.3	2.2	**1**

根据表 1-8 中的统计结果和排名可知，PS-FW 算法在 20 次运行中的求解成功率和平均迭代次数都优于其他算法。对于所有的基准函数，PS-FW 算法在每次迭代求解中均能满足收敛准则，而 PSO 和 FWA 算法仅针对个别函数收敛。PS-FW 算法的求解成功率和最小平均迭代次数的排名在三种算法中均为最高，并且可以通过进行相对较少的迭代达到收敛。综上所述，PS-FW 算法在稳定性和收敛速度方面都要优于 PSO 和 FWA 算法，是求解零点优化问题和非零优化问题的有效算法。

3. PS-FW 算法和改进智能算法的性能对比

基于已有文献中的 12 个基准函数(Nickabadi et al.，2011)，将其对应于本书中的基准函数顺序，将 PS-FW 算法与文献中所介绍的变形 PSO 算法的优化结果进行了对比。为了对比的公平性，将 PS-FW 算法的求解基准函数的运行次数和最大迭代次数分别设置为 30 和 200000，其他参数设置与前一小节中相同。将测试问题的维数设置为 $D=30$，计算出由不同算法得到的最优值均值、标准差以及其对应排名，对比结果见表 1-9。

表 1-9　PS-FW 和 6 种变形 PSO 算法的优化结果对比(最佳排名用黑体标出)

f	指标	PS-FW	stdPso	CPSO	CLPSO	FIPS	Frankenstein	AIWPSO
f_1	平均值	0	5.198×10^{-40}	5.146×10^{-13}	4.894×10^{-39}	4.588×10^{-27}	2.409×10^{-16}	3.370×10^{-134}
	排名	**1**	3	7	4	5	6	2
	标准差	0	1.1301×10^{-78}	7.7588×10^{-25}	6.7814×10^{-78}	1.9577×10^{-53}	2.0047×10^{-31}	5.1722×10^{-267}
	排名	**1**	3	7	4	5	6	2

续表

f	指标	PS-FW	stdPso	CPSO	CLPSO	FIPS	Frankenstein	AIWPSO
f_2	平均值	0	2.1625×10^{-2}	2.1245×10^{-2}	0	2.4776×10^{-4}	1.4736×10^{-3}	2.8524×10^{-2}
	排名	**1**	5	4	1	2	3	6
	标准差	0	4.5019×10^{-4}	6.3144×10^{-4}	0	1.8266×10^{-6}	1.2846×10^{-5}	7.6640×10^{-4}
	排名	**1**	4	5	1	2	3	6
f_3	平均值	0	2.5404×10^{1}	8.2648×10^{-1}	1.3217×10^{1}	2.6714×10^{1}	2.8156×10^{1}	2.5003×10^{0}
	排名	**1**	5	2	4	6	7	3
	标准差	0	5.9031×10^{2}	2.3449×10^{0}	2.1480×10^{2}	2.0025×10^{2}	2.3132×10^{2}	1.5978×10^{1}
	排名	**1**	7	2	5	4	6	3
f_4	平均值	0	3.4757×10^{1}	3.6007×10^{-13}	0	5.8502×10^{1}	7.3836×10^{1}	1.6583×10^{-1}
	排名	**1**	4	2	1	5	6	3
	标准差	0	1.0636×10^{2}	1.5035×10^{-24}	0	1.9185×10^{2}	3.7055×10^{2}	2.1051×10^{-1}
	排名	**1**	4	2	1	5	6	3
f_5	平均值	0	2.0956×10^{1}	5.3717×10^{-13}	1.3333×10^{-1}	6.1883×10^{1}	7.0347×10^{1}	1.1842×10^{-16}
	排名	**1**	5	3	4	6	7	2
	标准差	0	1.8327×10^{2}	5.9437×10^{-24}	1.1954×10^{-1}	1.4013×10^{2}	2.9600×10^{2}	4.2073×10^{-31}
	排名	**1**	6	3	4	5	7	2
f_6	平均值	0	1.4921×10^{-14}	1.6091×10^{-7}	9.2371×10^{-15}	1.3856×10^{-14}	2.1792×10^{-9}	6.9870×10^{-15}
	排名	**1**	5	7	3	4	6	2
	标准差	0	1.8628×10^{-29}	7.8608×10^{-14}	6.6156×10^{-30}	2.3227×10^{-20}	1.7187×10^{-18}	4.2073×10^{-31}
	排名	**1**	4	7	3	5	6	2
f_7	平均值	0	1.4582×10^{0}	1.8889×10^{3}	1.9217×10^{2}	9.4634×10^{0}	1.7315×10^{2}	1.9570×10^{-10}
	排名	**1**	3	7	6	4	5	2
	标准差	0	1.1783×10^{0}	9.9106×10^{6}	3.8433×10^{3}	2.5976×10^{1}	9.1577×10^{3}	1.2012×10^{-19}
	排名	**1**	3	7	5	4	6	2
f_8	平均值	0	1.2375×10^{-2}	1.0764×10^{-2}	4.0642×10^{-3}	3.3047×10^{-3}	4.1690×10^{-3}	5.5241×10^{-3}
	排名	**1**	7	6	3	2	4	5
	标准差	0	2.3107×10^{-5}	2.7698×10^{-5}	9.6184×10^{-7}	8.6680×10^{-7}	2.4012×10^{-6}	1.5358×10^{-5}
	排名	**1**	6	7	3	2	4	5
f_{10}	平均值	0	3.4621×10^{-26}	5.4282×10^{-14}	9.9748×10^{-39}	2.6033×10^{2}	5.1953×10^{4}	1.8317×10^{-137}
	排名	**1**	4	5	3	6	7	2
	标准差	0	4.0873×10^{-51}	8.2868×10^{-27}	3.7661×10^{-84}	2.1785×10^{4}	1.1136×10^{9}	3.4534×10^{-273}
	排名	**1**	4	5	3	6	7	2

续表

f	指标	PS-FW	stdPso	CPSO	CLPSO	FIPS	Frankenstein	AIWPSO
f_{11}	平均值	-1.2542×10^{4}	-1.0995×10^{4}	-1.2127×10^{4}	-1.2546×10^{4}	-1.1052×10^{4}	-1.1221×10^{4}	-1.2569×10^{4}
	排名	3	7	5	2	6	4	**1**
	标准差	1.4900×10^{2}	1.3753×10^{5}	3.3795×10^{4}	4.2567×10^{3}	9.4421×10^{5}	2.7708×10^{5}	1.1409×10^{-25}
	排名	2	5	4	3	7	6	**1**
f_{12}	平均值	0	0	0	0	0	0	0
	排名	**1**	**1**	**1**	**1**	**1**	**1**	**1**
	标准差	0	0	0	0	0	0	0
	排名	**1**	**1**	**1**	**1**	**1**	**1**	**1**
f_{13}	平均值	1.4998×10^{-32}	1.1422×10^{-29}	2.0913×10^{-15}	1.4998×10^{-32}	1.0273×10^{-28}	5.5136×10^{-18}	1.4998×10^{-32}
	排名	**1**	2	5	**1**	3	4	**1**
	标准差	0	3.2335×10^{-57}	1.2954×10^{-29}	1.2398×10^{-94}	1.0052×10^{-56}	1.4501×10^{-34}	1.2398×10^{-94}
	排名	**1**	3	6	2	4	5	2

由表 1-9 可知，PS-FW 算法在迭代 200000 次后求解得到的最优值均值和标准差都优于其他 6 个变形 PSO 算法。在 12 个基准函数中，PS-FW 算法可以得到 10 个函数的最优解，体现了其强大的全局最优解搜索能力。此外，PS-FW 算法在除了函数 f_{11} 之外的所有测试问题中都获得了最高的排名，表明 PS-FW 算法对 PSO 算法的优化改进效果更佳显著。除了对 PS-FW 算法和其他算法所得到的数值结果进行分析外，还通过 Friedman 检验和 Bonferroni-Dunn 检验两种非参数统计检验证明了 PS-FW 算法的优越性。

Friedman 检验是一个多重比较检验，用于检验的算法之间的显著性差异。Friedman 检验中的算法排名原则为：性能最好的算法排名最小，最差的算法排名最大。对表 1-9 中不同算法获得的最优值均值和标准差进行了 Friedman 检验，计算结果如表 1-10 所示。

表 1-10　PS-FW 和变形 PSO 算法基于表 1-9 中的最优值解均值和标准差的 Friedman 检验结果（最佳排名用黑体标出）

	项目	最优值均值	标准差
检验结果	基准函数数量	12	12
	卡方值	35.33	37.18
	p 值	3.72×10^{-6}	1.62×10^{-6}
Friedman 检验值	PS-FW	**1.58**	**1.5**
	stdPso	4.83	4.67
	CPSO	5.08	5.17
	CLPSO	3.17	3.25
	FIPS	4.75	4.67
	Frankenstein	5.58	5.75
	AIWPSO	3	3

根据表 1-10 中的 Friedman 检验结果可知，所有 p 值都低于显著性水平 $\alpha=0.01$，说明这 7 种算法之间存在显著差异，由最优值均值和标准差的检验排名可知，PS-FW 算法优化求解性能表现最好，其次是 ALWPSO、CLPSO 等四种算法。因而可以得出，PS-FW 算法求解的精确性要优于其他算法。然而，Friedman 检验只能从整体角度检测所有算法之间是否存在显著差异，而无法具体比较 PS-FW 算法与其他每一种算法之间的性能差异，因此，执行 Bonferroni-Dunn 检验来检测 PS-FW 算法的优化性能。

Bonferroni-Dunn 检验可以非常直观地检测两种或多种算法之间的显著性差异。对于 Bonferroni-Dunn 检验，两种算法之间存在显著差异的判断条件是它们的性能排名要大于临界差，计算临界差的方程式如下：

$$CD_{\alpha}=q_{\alpha}\sqrt{\frac{N_i(N_i+1)}{6N_f}} \tag{1-37}$$

式中，N_i、N_f 分别为算法和基准函数的数量；q_{α} 为显著性水平为 α 时的临界值，其不同显著性水平下的临界值如下：

$$q_{0.05}=2.77,q_{0.1}=2.54 \tag{1-38}$$

结合式(1-37)和式(1-38)可得到不同显著性水平下的临界差如下：

$$CD_{0.05}=1.08,CD_{0.1}=0.99 \tag{1-39}$$

基于 Friedman 检验得到的排名，我们对最优值均值、求解成功率和最小平均迭代次数进行了 Bonferroni-Dunn 检验。为了更直观地显示 Bonferroni-Dunn 检验所得到的结果，结合临界差，分别依据最优值均值、求解成功率和最小平均迭代次数绘制了柱状图(图 1-8)，图中以最佳算法的排名值绘制粉色水平线，红色和黑色两条水平线分别对应显著性水平为 $\alpha=0.05$ 和 $\alpha=0.1$ 下的阈值水平值，阈值水平值等于最小排名值和对应的临界差值的和。如果算法的柱状图高度超过阈值水平的水平线，则证明该算法的性能要比最优排名的算法差。根据图 1-8 (a)所示，PS-FW 算法的柱状图在所有算法中高度最低，stdPSO，CPSO，FIPS 和 Frankenstein 的柱状图高度都超过了红色阈值水平线，表明 PS-FW 算法在求解精确性方面的

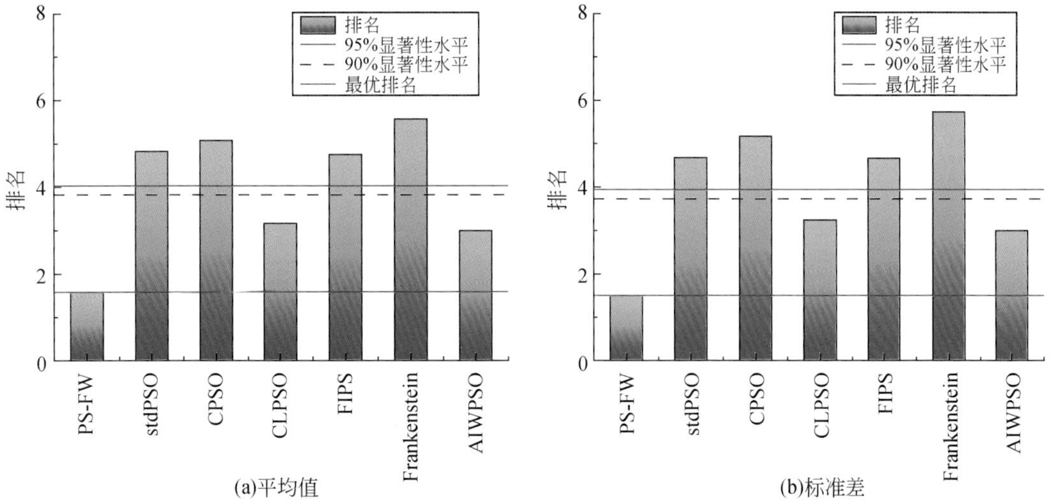

图 1-8　基于表 1-10 的 PS-FW 算法和其他变形 PSO 算法的最优值的平均值和标准差的 Bonferroni-Dunn 检测结果柱状图

性能明显优于这四种算法。图 1-8(b)表明 PS-FW 算法的求解标准差在 7 种算法中排名最高,相比 stdPSO,CPSO,FIPS 和 Frankenstein 算法具有明显的优势。因此可以得出结论,PS-FW 算法是 7 种算法中优化性能最好的智能计算方法,其次是 ALWPSO、CLPSO 等四种算法,并且与其他算法相比,PS-FW 算法在求解精度和稳定性方面都具有明显的优势。

除了上述分析之外,对 PS-FW 算法求解 12 个基准函数的成功求解次数和最小平均迭代次数进行了统计,其结果如表 1-11 所示。在这一部分中,成功求解意味着该算法可以在 200000 次迭代中获得全局最优解。由表 1-11 可知,PS-FW 算法可以在绝大多数函数的每次求解中收敛到最优解,体现了 PS-FW 算法在求解优化问题中的鲁棒性。为了比较 PS-FW 算法与其他算法的收敛速度,将 PS-FW 算法的最小平均迭代次数与文献中的 6 个基准函数 f_1、f_4、f_6、f_7、f_{10} 和 f_{11} 的收敛曲线图进行比较(Nickabadi et al. ,2011)。根据表 1-11 中的数值结果可知,PS-FW 算法可以在 12000 次迭代内收敛到所有 6 个函数的最优解,而文献中的其他算法在 200000 次迭代后难以获得函数 f_1、f_6、f_7 和 f_{10} 的最优解,对于函数 f_4 和 f_{11} 需要迭代更多次数才能收敛到最优解。因而可以认为 PS-FW 算法的鲁棒性和收敛速度优于其他算法。

表 1-11　PS-FW 算法对于 12 个基准测试函数的求解成功率和最小平均迭代次数的统计结果

指标	f_1	f_2	f_3	f_4	f_5	f_6	f_7	f_8	f_{10}	f_{11}	f_{12}	f_{13}
成功求解次数	30	30	30	30	30	30	30	30	30	29	30	0
最小平均迭代次数	3828. 0	882. 6	11266. 5	1853. 8	2134. 7	755. 1	5910. 4	2281. 1	6304. 7	1100. 5	7516. 0	U

1. 3. 4　算法主控参数分析

在本部分中,针对 PS-FW 算法主控参数对于算法性能的影响开展研究。PS-FW 算法的控制参数包括 PSO 算子和 FWA 算子所采用的参数,这里重点分析爆炸半径 $\lambda_{\min}$、$\lambda_{\max}$ 和变异火花数目 num_M 三个主要的控制参数。为了全面测试控制参数变化对性能的影响,根据单因素控制变量法选取了 6 种不同的参数组合进行数值实验,在每组组合参数下分别对表 1-1 中的 22 个基准函数进行 20 次测试运行,优化问题的维数被设置为 100,除了 $\lambda_{\min}$、$\lambda_{\max}$ 和 num_M 之外,PS-FW 算法的其他参数设置与 1. 3. 3 节中保持一致。控制参数 6 种组合方案的详细参数如表 1-12 所示,其中 1. 3. 3 节中的控制参数标记为组合-1。

表 1-12　PS-FW 算法在不同参数组合方案中的详细参数设置(方括号代表舍入操作)

主控参数	组合-1	组合-2	组合-3	组合-4	组合-5	组合-6	组合-7
$\lambda_{\max}$	1	1	1	0. 8	0. 6	1	1
$\lambda_{\min}$	1×10^{-25}	1×10^{-10}	0. 1	1×10^{-25}	1×10^{-25}	1×10^{-25}	1×10^{-25}
num_M	30	30	30	30	30	$[0.5\cdot\text{num}_E]$	$[0.7\cdot\text{num}_E]$

将不同组合方案的优化结果进行统计得到表 1-13 和表 1-14,在表 1-13 和表 1-14 中展示了不同组合方案下计算得到的最优值的均值和标准差及对应排名。从结果来看,PS-FW

算法在组合-6 和组合-7 中方案下对于几乎所有的基准函数都具有最好的求解表现，并且能够获得 7 种组合方案下的最优值的均值和标准差的最佳排名。在组合-6 和组合-7 方案中，PS-FW 算法可以在全部 20 次求解中获得 16 个函数的最优解，其中f_1、f_3、f_6、f_{14}、f_{19}和f_{22}是通过其他参数方案无法找到全局最优解的基准函数，求得最优解的比例达到 8/11。通过分析可知，组合-6 和组合-7 方案中增加了变异算子的变异规模，二者优化效果最佳证明了所提出变异算子的正确性，同时也表明了增加变异火花的数量可以增强算法的全局搜索能力。组合-6 和组合-7 方案下 PS-FW 算法对于函数f_7 的求解性能较差，其原因在于函数f_7 具有广泛的搜索范围，λ_{min}的数值如果设置过小，会影响算法局部挖掘的能力，从而导致即使突变火花的数量增加，PS-FW 算法的收敛速度也会相对较慢。对于 PS-FW 算法的其他组合参数方案，对于不同的测试函数具有各自的优势。在组合-1 方案中 PS-FW 算法对于函数f_1、f_3、f_6、f_9 和f_{19}的求解性能较好，组合-2 和组合-3 方案中对于函数 f_7 和f_{16}可以获得较为满意的解。在组合-4 和组合-5 中的 PS-FW 算法对于函数f_{10}和f_{22}的求解表现良好。此外，PS-FW 算法在 7 种参数方案下均可以得到函数f_2、f_4、f_5、f_8、f_{12}、f_{15}、f_{17}、f_{18}、f_{20}和f_{21}的最优解，对于其他基准函数保持优异的性能，充分证明了所提出算法的鲁棒性和全局寻优能力。为了比较 PS-FW 算法在不同优化方案中的收敛速度，选取f_1、f_9、f_{10}、f_{22}的求解过程绘制收敛曲线如图 1-9 所示。

表 1-13　PS-FW 算法在不同优化方案下对于函数f_1－f_{13}所得最优值的平均值和标准差以及对应排名(最佳排名用黑体标出)

f	指标	组合-1	组合-2	组合-3	组合-4	组合-5	组合-6	组合-7
f_1	平均值	9.7833×10^{-245}	6.6617×10^{-217}	8.1065×10^{-224}	1.4930×10^{-224}	6.8133×10^{-231}	0	0
	排名	2	6	5	4	3	**1**	**1**
	标准差	0	0	0	0	0	0	0
	排名	**1**	**1**	**1**	**1**	**1**	**1**	**1**
f_2	平均值	0	0	0	0	0	0	0
	排名	**1**	**1**	**1**	**1**	**1**	**1**	**1**
	标准差	0	0	0	0	0	0	0
	排名	**1**	**1**	**1**	**1**	**1**	**1**	**1**
f_3	平均值	1.0341×10^{-26}	7.1483×10^{-16}	2.5737×10^{-13}	1.3156×10^{-9}	2.2836×10^{-9}	0	0
	排名	2	3	4	5	6	**1**	**1**
	标准差	3.8500×10^{-26}	1.3157×10^{-15}	7.1641×10^{-13}	4.2629×10^{-9}	4.5987×10^{-9}	0	0
	排名	2	3	4	5	6	**1**	**1**
f_4	平均值	0	0	0	0	0	0	0
	排名	**1**	**1**	**1**	**1**	**1**	**1**	**1**
	标准差	0	0	0	0	0	0	0
	排名	**1**	**1**	**1**	**1**	**1**	**1**	**1**

续表

f	指标	组合-1	组合-2	组合-3	组合-4	组合-5	组合-6	组合-7
f_5	平均值	0	0	0	0	0	0	0
	排名	**1**	**1**	**1**	**1**	**1**	**1**	**1**
	标准差	0	0	0	0	0	0	0
	排名	**1**	**1**	**1**	**1**	**1**	**1**	**1**
f_6	平均值	7.1054×10^{-16}	2.3093×10^{-15}	1.4211×10^{-15}	2.3093×10^{-15}	2.4869×10^{-15}	0	0
	排名	2	4	3	4	5	**1**	**1**
	标准差	7.1054×10^{-16}	1.6945×10^{-15}	1.7405×10^{-15}	1.6945×10^{-15}	1.6281×10^{-15}	0	0
	排名	2	4	5	4	3	**1**	**1**
f_7	平均值	2.1860×10^{-71}	7.0151×10^{-123}	3.5034×10^{-126}	2.7732×10^{-62}	2.0900×10^{-65}	5.7053×10^{-83}	2.3724×10^{-87}
	排名	5	2	**1**	7	6	4	3
	标准差	2.1860×10^{-71}	1.8052×10^{-122}	1.2502×10^{-125}	1.2084×10^{-61}	9.0599×10^{-65}	5.7716×10^{-83}	9.9762×10^{-87}
	排名	5	2	**1**	7	6	4	3
f_8	平均值	0	0	0	0	0	0	0
	排名	**1**	**1**	**1**	**1**	**1**	**1**	**1**
	标准差	0	0	0	0	0	0	0
	排名	**1**	**1**	**1**	**1**	**1**	**1**	**1**
f_9	平均值	1.1555×10^{-90}	2.5372×10^{-78}	1.6308×10^{-76}	2.6199×10^{-86}	1.4655×10^{-89}	1.3155×10^{-117}	6.1364×10^{-130}
	排名	3	6	7	5	4	2	**1**
	标准差	2.7315×10^{-90}	1.1059×10^{-77}	4.7755×10^{-76}	7.7290×10^{-86}	6.2719×10^{-89}	5.7340×10^{-117}	2.6737×10^{-129}
	排名	3	6	7	5	4	2	**1**
f_{10}	平均值	2.2792×10^{-128}	5.5926×10^{-118}	9.1955×10^{-124}	3.0530×10^{-130}	2.8788×10^{-130}	6.7603×10^{-161}	1.6779×10^{-167}
	排名	5	7	6	4	3	2	**1**
	标准差	9.7764×10^{-128}	2.4326×10^{-117}	3.4455×10^{-123}	9.2801×10^{-130}	1.1346×10^{-129}	2.9329×10^{-160}	0
	排名	5	7	6	3	4	2	**1**
f_{11}	平均值	-4.1743×10^{4}	-4.1279×10^{4}	-4.1366×10^{4}	-4.1366×10^{4}	-4.1345×10^{4}	-4.1757×10^{4}	-4.1790×10^{4}
	排名	3	6	4	4	5	2	**1**
	标准差	4.3502×10^{2}	4.1356×10^{2}	3.5331×10^{2}	-4.1366×10^{4}	3.4657×10^{2}	2.6837×10^{2}	1.4566×10^{2}
	排名	7	5	4	6	3	2	**1**
f_{12}	平均值	0	0	0	0	0	0	0
	排名	**1**	**1**	**1**	**1**	**1**	**1**	**1**
	标准差	0	0	0	0	0	0	0
	排名	**1**	**1**	**1**	**1**	**1**	**1**	**1**

续表

f	指标	组合-1	组合-2	组合-3	组合-4	组合-5	组合-6	组合-7
f_{13}	平均值	1.4998×10^{-32}	1.4998×10^{-32}	1.4998×10^{-32}	1.4998×10^{-32}	1.4998×10^{-32}	1.4998×10^{-32}	1.4998×10^{-32}
	排名	**1**	**1**	**1**	**1**	**1**	**1**	**1**
	标准差	0	0	0	0	0	0	0
	排名	**1**	**1**	**1**	**1**	**1**	**1**	**1**

表1-14 PS-FW算法在不同优化方案下求解函数 f_{14}–f_{22} 所得最优值的平均值和标准差以及对应排名(最佳排名用黑体标出)

f	指标	组合-1	组合-2	组合-3	组合-4	组合-5	组合-6	组合-7
f_{14}	平均值	6.4751×10^{-275}	4.6790×10^{-268}	5.0050×10^{-272}	1.2035×10^{-283}	9.7967×10^{-265}	0	0
	排名	3	5	4	2	6	**1**	**1**
	标准差	0	0	0	0	0	0	0
	排名	**1**	**1**	**1**	**1**	**1**	**1**	**1**
f_{15}	平均值	0	0	0	0	0	0	0
	排名	**1**	**1**	**1**	**1**	**1**	**1**	**1**
	标准差	0	0	0	0	0	0	0
	排名	**1**	**1**	**1**	**1**	**1**	**1**	**1**
f_{16}	平均值	2.4731×10^{-93}	2.5574×10^{-102}	1.0668×10^{-102}	9.2122×10^{-91}	7.8026×10^{-91}	2.5290×10^{-114}	1.7103×10^{-116}
	排名	5	4	3	7	6	2	**1**
	标准差	8.4009×10^{-93}	1.0215×10^{-101}	3.2290×10^{-102}	3.7019×10^{-90}	3.0225×10^{-90}	4.6404×10^{-114}	6.2900×10^{-116}
	排名	5	4	3	7	6	2	**1**
f_{17}	平均值	0	0	0	0	0	0	0
	排名	**1**	**1**	**1**	**1**	**1**	**1**	**1**
	标准差	0	0	0	0	0	0	0
	排名	**1**	**1**	**1**	**1**	**1**	**1**	**1**
f_{18}	平均值	0	0	0	0	0	0	0
	排名	**1**	**1**	**1**	**1**	**1**	**1**	**1**
	标准差	0	0	0	0	0	0	0
	排名	**1**	**1**	**1**	**1**	**1**	**1**	**1**
f_{19}	平均值	4.9253×10^{-273}	8.5544×10^{-231}	1.4963×10^{-229}	3.8782×10^{-275}	4.3846×10^{-276}	0	0
	排名	2	5	6	3	4	**1**	**1**
	标准差	0	0	0	0	0	0	0
	排名	**1**	**1**	**1**	**1**	**1**	**1**	**1**

续表

f	指标	组合-1	组合-2	组合-3	组合-4	组合-5	组合-6	组合-7
f_{20}	平均值	0	0	0	0	0	0	0
	排名	**1**	**1**	**1**	**1**	**1**	**1**	**1**
	标准差	0	0	0	0	0	0	0
	排名	**1**	**1**	**1**	**1**	**1**	**1**	**1**
f_{21}	平均值	0	0	0	0	0	0	0
	排名	**1**	**1**	**1**	**1**	**1**	**1**	**1**
	标准差	0	0	0	0	0	0	0
	排名	**1**	**1**	**1**	**1**	**1**	**1**	**1**
f_{22}	平均值	4.9253×10^{-273}	8.5544×10^{-231}	1.4963×10^{-229}	3.8782×10^{-275}	4.3846×10^{-276}	0	0
	排名	4	5	6	3	2	**1**	**1**
	标准差	0	0	0	0	0	0	0
	排名	**1**	**1**	**1**	**1**	**1**	**1**	**1**

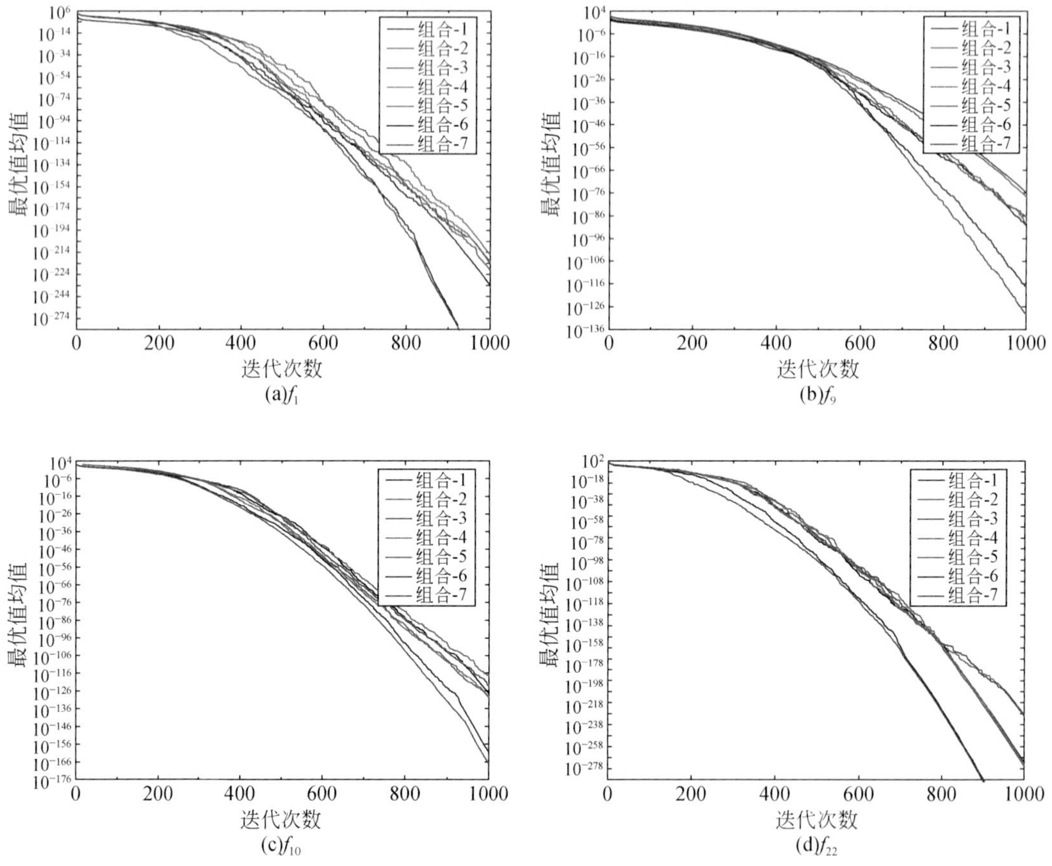

图 1-9　PS-FW 算法在不同优化方案下对于函数 f_1、f_9、f_{10}和 f_{22}的收敛曲线

由图 1-9 中的曲线可知，组合-6 和组合-7 方案在收敛速度方面具有一定的优越性，并且 PS-FW 算法在所有优化方案下都能够收敛到非常接近最优解的有效解。针对不同参数方案得到的最优解的均值和标准差进行 Friedman 检验和 Bonferroni-Dunn 检验，以确定每个控制参数对 PS-FW 算法性能的影响程度。PS-FW 算法在不同参数方案下的 Friedman 检验结果如表 1-15 所示，基于表 1-13 和表 1-14 中的最优值的均值和标准差进行了 Bonferroni-Dunn 检验，基于检验结果分别以组合-6 方案和组合-7 方案为最优排名绘制的柱状图，如图 1-10 和图 1-11 所示。

表 1-15　PS-FW 算法在不同参数方案下求解获得的最优解的均值和标准偏差的 Friedman 检验结果(最佳排名用黑体标出)

	项目	Mean	Std
检验结果	基准函数数量	22	22
	卡方值	40. 23	22. 38
	p 值	4.10×10^{-7}	1.03×10^{-3}
Friedman 检验值	组合-1	3. 91	4. 14
	组合-2	4. 75	4. 25
	组合-3	4. 52	4. 23
	组合-4	4. 5	4. 52
	组合-5	4. 64	4. 27
	组合-6	2. 95	3. 41
	组合-7	2. 73	**3. 18**

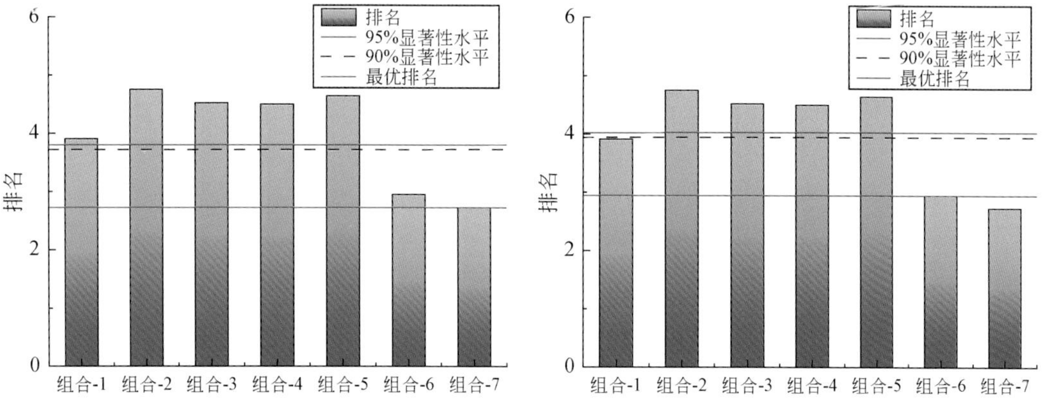

(a)最佳排名为组合-7方案　(b)最佳排名为组合-6方案

图 1-10　不同优化方案下所求最优解的平均值的 Bonferroni-Dunn 检验柱状图

根据表 1-15 中 Friedman 检验结果，p 值低于显著性水平 $\alpha=0.05$，表明 PS-FW 算法的 7 种优化参数方案之间存在显著差异，通过观察排名可知，组合-7 方案具有最好的求解性能，其次是组合-6 方案，组合-1 方案等，而 PS-FW 算法在执行组合-2 方案时所得到的最优值的平均值要略差于其他参数方案。在 Bonferroni-Dunn 检验中，临界值与 1. 3. 3 节实验中取值

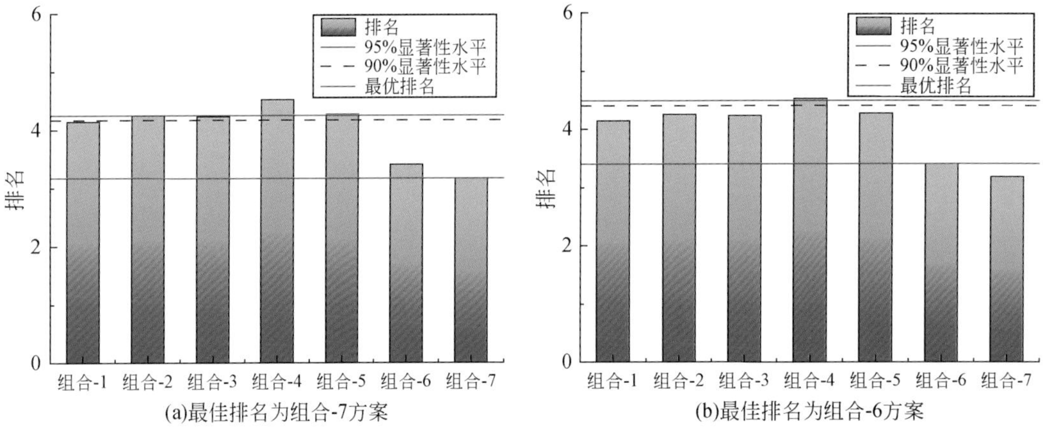

图 1-11　不同优化方案下所求最优解的标准差的 Bonferroni-Dunn 检验柱状图

相同,进而绘制了结合临界差的柱状图,如图 1-10 和图 1-11 所示。由图 1-10(a)可知,组合-7 方案代表所有 7 种优化方案中最佳控制参数的组合,组合-1 ~ 组合-5 参数方案的条形柱高度都超过了阈值水平线,PS-FW 算法在执行组合-7 方案下的优化效果明显优于除组合-6 方案的其他参数方案。图 1-10(b)显示,PS-FW 算法在执行组合-6 方案所得到的最优值的平均值的性能要明显优于组合-2 ~ 组合-5 参数方案。根据图 1-11 可知,混合算法在不同参数方案下优化所得最优值的标准差具有相对较小的差异,组合-7 方案在求解稳定性方面性能最好,其次是组合-6 方案、组合-1 方案和其他参数方案,而组合-4 方案性能最差。

基于以上分析可知,PS-FW 算法的求解精度和收敛速度由控制参数 λ_{min}、λ_{max} 和 num_M 共同决定。相比 λ_{min} 和 λ_{max},变异火花的数量 num_M 对 PS-FW 算法的性能影响较大。因此,在求解困难的多峰全局优化问题时,可以适当增加变异火花的数量。此外,在求解大可行域优化问题时可以适当增加 λ_{min} 的值。

通过以上测试实验可知,PS-FW 算法对于求解零点和非零优化问题都具有良好的优化性能,具有较强的全局优化求解能力,通过与存世智能算法相比较,验证了 PS-FW 算法具有优秀的计算精度、鲁棒性和收敛速度,可以用来求解高维度优化数学模型。考虑到变异火花数量的增加会使计算开销增加,为了提高计算效率,在应用 PS-FW 算法求解工程实际优化问题时可以选择 7 种优化参数方案中排名第三的组合-1 方案来进行求解。

1.4　改进的粒子群全局优化算法

由 1.3 节中的介绍可知,智能优化求解方法的“勘探”和“开发”能力的平衡决定了算法的性能,粒子群算法由于在速度更新时考虑了对于群体最优粒子和个体最优解的趋向性,在粒子群体迭代的后期会发生群体“聚集效应”,使得粒子群算法的“勘探”能力降低,缺乏了对其他可行解空间的搜索,导致陷入局部最优。为了平衡算法的“勘探”和“开发”能力,对粒子群算法进行了优化设计,提出了一种改进的粒子群优化方法(MPSO)。

对于粒子群算法的改进,提出了三种优化算子,首先,为了跳出局部最优,增加算法的全局搜索能力,提出了自适应的柯西扰动算子;其次,为了保持群体的多样性,平衡粒子群算法的“勘探”和“开发”能力,提出了一种有效的变异算子;然后,为了加速收敛,避免算法早熟,提出了考虑粒子多样性的依概率重生成算子。将三种优化算子融合于粒子群体每一次的更新中,对粒子群体的优化进程进行把控和调整,实现了对粒子群算法求解性能的显著提升。为了验证所提出的改进粒子群优化算法的有效性,基于庞加莱猜想提出了随机优化方法的收敛定理,同时证明了 MPSO 算法的收敛性。另外,对 MPSO 算法进行了数值实验,分析了求优化性能。

1.4.1　改进粒子群算法(MPSO)

1. 自适应柯西扰动算子

通过观察粒子群算子的优化进程可知,当前全局最优粒子更新位置后,其他粒子都追随着当前最优粒子进行移动,因而可得出,粒子群算法求解性能的优劣主要决定于当前全局最优粒子对于可行空间的有效搜索。此外,粒子群算法高效的关键在于其实现了粒子基于最优邻域信息的移动,每个粒子的最优邻域就是当前全局最优解和自身历史最优解。而在标准粒子群算法中,由式(1-1)知,如果 x_i 是当前最优粒子,则 $x_i=\text{gbest}=\text{pbest}$,则式(1-1)变为

$$v_i(t)=w\cdot v_i(t) \tag{1-40}$$

由式(1-40)可知,当前最优粒子的移动仅仅依靠自身的惯性,忽略了对邻域信息的考虑,导致当前最优粒子缺乏对于新的更优方向的探索,进而降低了整个群体的求解能力。基于以上分析,本书提出了自适应优化进程的柯西扰动算子,对当前最优粒子的邻域进行扰动搜索,柯西扰动算子具体步骤如下:

首先,计算当前所有粒子的历史最优解在第 k 维度上的均值,确定当前最优粒子在第 k 维度上扰动搜索的范围:

$$\text{ave}_k=\frac{\sum_{i=1}^{M_P}\text{pbest}_{i,k}}{M_P} \tag{1-41}$$

式中,ave_k 为粒子历史最优解在 k 维上的均值;M_P 为粒子群体的规模。

其次,本书引入柯西分布来产生扰动的随机数。柯西分布属于连续型分布函数,它的期望和方差均不存在,仅由位置参数 x_0 和尺度参数 γ 控制,它的概率密度函数如下:

$$f(x;x_0,\gamma)=\frac{1}{\pi}\left[\frac{\gamma}{(x-x_0)^2+\gamma^2}\right] \tag{1-42}$$

则可以按照式(1-43)产生 P_R 个当前最优解的第 k 维度的扰动偏移量:

$$\Delta\varepsilon_{k,j}=\left(r_n-\frac{1}{2}\right)\cdot[\text{Cauchy}(\text{gbest}_k-\text{ave}_k,\gamma)-\text{Cauchy}(\text{ave}_k-\text{gbest}_k,\gamma)] \tag{1-43}$$

式中,$\Delta\varepsilon_{k,j}$ 为 gbest 的第 k 维度的第 j 个扰动偏移量,$j=1,2,\cdots,P_R$;$\text{Cauchy}(\text{gbest}_k-\text{ave}_k,\gamma)$ 和 $\text{Cauchy}(\text{ave}_k-\text{gbest}_k,\gamma)$ 分别为满足以 $\text{ave}_k-\text{gbest}_k$ 和 $\text{gbest}_k-\text{ave}_k$ 为位置参数的柯西分布的随机数;r_n 为[0,1]区间的随机数。

最后,针对 P_R 个扰动偏移量,结合贪心算法实现当前全局最优粒子第 k 维度的更新:

$$\text{pbest}_k=\begin{cases}\text{pbest}_k+\Delta\varepsilon_{k,\max} & \max[f(\text{pbest}_k+\Delta\varepsilon_{k,j})]\geqslant f(\text{pbest}_k)\\ \text{pbest}_k & f(\text{pbest}_k)>\max[f(\text{pbest}_k+\Delta\varepsilon_{k,j})]\end{cases} \tag{1-44}$$

式中,$\Delta\varepsilon_{k,\max}$为所有偏移量中令适应度值取得最大值的偏移量。

在以上介绍的柯西扰动操作中,当前最优粒子的移动充分考虑了邻域信息,以粒子群体所有粒子的历史最优位置作为参照,考虑当前最优粒子与种群其他粒子的历史最优解的相对分布进行移动,使得算法实现了对于求解进程的自适应。在迭代初期,所有粒子的历史最优位置差异性较大,当前最优位置与群体历史平均最优位置相距较远,则扰动偏移量比较大,保证了当前最优粒子在较大范围内进行搜索,提升了算法的全局搜索能力;在迭代后期,所有粒子聚集在当前最优粒子周围,当前最优粒子与其他粒子的历史最优位置的距离在减小,算法集中于对当前最优解小范围邻域内的搜索,算法的局部搜索能力得到了明显增强。通过自适应柯西扰动搜索算子的添加,可以在加速算法收敛的同时有效跳出局部最优解,增强算法的全局求解能力。

2. 高斯变异算子

在传统粒子群算法中,粒子因为受到当前最优解和历史最优解的吸引作用,在算法的迭代后期种群的多样性明显减小,这也是 PSO 算法易陷入局部最优解的主要原因之一。针对粒子群体多样性的优化问题,提出了一种高斯变异算子,将满足高斯分布的随机数引入,对变异算子的实施对象、变异模型进行了设计。该变异算子包括两个主要步骤。

1)将所有的粒子按照适应度值进行排序,对于排序后的质量较差的 B_w 个粒子执行步骤2)。

2)对于执行变异操作的粒子 x_j,随机选取它的 z_j 维按照式(1-45)进行变异:

$$x_{j,k}=\alpha\cdot x_{j,k}+\beta\cdot\text{Gaussian}(0,1)\cdot(\text{gbest}_k-x_{j,k}) \tag{1-45}$$

式中,$x_{j,k}$为第 j 个粒子的第 k 个维度值;α_1 为[0,1]区间的随机数;Gaussian(0,1)为服从标准正太分布的随机数;z_j 为粒子 x_j 进行变异的维度数目,$z_j=D\cdot\text{rand}()$;β 为控制因子,β 的计算公式如下:

$$\beta=\beta_{\max}-\frac{1}{2}(\beta_{\max}-\beta_{\min})\left[1+\sin\left(\pi\left(\frac{t}{I_{\max}}-\frac{1}{2}\right)\right)\right] \tag{1-46}$$

式中,$\beta_{\max}$,$\beta_{\min}$分别为控制因子取值的上下界;t 为当前迭代次数;$I_{\max}$为最大迭代次数。

分析以上变异算子可知,变异操作只针对群体中质量较差的粒子,而其他质量好的粒子不执行变异操作,可以在丰富群体多样性的同时尽量保持粒子群体所携带的优秀解信息。另外,文中的变异算子借鉴 PSO 算法中粒子对于社会和自身认知学习的性质,既保留了粒子本身信息继续参与后续计算,又结合高斯随机数在一定程度上向最优解靠近,并且控制因子使得粒子的变异更具导向性,在迭代初期,控制因子的数值较大,耦合高斯随机性的趋优移动占据了主导地位,所以在当前最优解的吸引下,质量差的粒子可以快速收敛到最优解周围,加速了算法的收敛;在迭代后期,随着控制因子的减小,粒子本身的信息决定了粒子的主要移动方向,使得群体在进化后期拥有了更丰富的多样性。高斯变异算子着力于在已知解信息的基础上对新的未知解的精细挖掘,可以使算法的“勘探”和“开发”能力进一步得到增强。

3. 概率转移算子

粒子的适应度函数值决定了其寻找到的解的好坏,其不同维的数值确定了粒子在搜索空间的位置。在标准粒子群算法中,粒子优劣的评判标准主要依据适应度函数值,没有考虑粒子的空间位置对于优化进程的影响,而群体中粒子间的相对位置直接决定了算法对于解空间搜索是否充分,群体粒子在算法迭代后期相互距离缩小,粒子间各维度的差异微小,适应度函数值趋于一致,如果继续按照适应度值对群体进行更新迭代,会造成算法无法跳出局部最优。为了避免算法早熟收敛,提出了概率转移算子,通过综合考虑粒子群体的质量和密集程度,对粒子的位置按照相应的概率进行调整。这里以粒子的适应度函数值代表粒子的质量,任意两个粒子的各维度数值之间的绝对差值之和代表他们的距离大小。同时,设置了权重控制因子 λ 来控制粒子质量因素和密集度因素对于粒子移动概率的影响,以下公式为粒子的移动控制量和权重控制因子的计算:

$$\varphi_i = (1-\lambda)\frac{f(x_i)-f_{\text{ave}}}{f_{\text{best}}-f_{\text{worst}}} + \lambda\left(1-\frac{E_p\sum_{j=1}^{M_P}|x_i-x_j|}{\sum_{i=1}^{M_P}\sum_{j=1}^{M_P}|x_i-x_j|}\right) \tag{1-47}$$

$$\lambda = \lambda_{\max} - (\lambda_{\max}-\lambda_{\min})\frac{t}{I_{\max}} \tag{1-48}$$

式中,φ_i 为第 i 个粒子的移动控制量;λ 为权重控制因子;$\lambda_{\max}$、$\lambda_{\min}$ 分别为权重控制因子的可行最大取值和最小取值;$f(x_i)$ 为粒子 i 的适应度函数值;f_{ave}、f_{best}、f_{worst} 分别为粒子群体适应度函数值的平均值、最优值、最差;E_p 为增益因子,为大于 1 的正实数。

在计算了粒子的移动控制量以后,计算并判断是否满足式(1-49):

$$e^{(\varphi)} < \text{rand}() \tag{1-49}$$

如果满足,则按照如下公式对粒子进行移动:

$$\text{gbest} = \text{gbest} \times \text{Gaussian}(0,1,D) \times \overline{w} \tag{1-50}$$

式中,Gaussian$(0,1,D)$ 为服从标准高斯分布的 D 维随机向量;$\overline{w}$ 为密集度度量因子,由群体的当前全局最优解和历史最优解共同决定:

$$\overline{w} = \max(|\text{gbest}-\text{pbest}_{r,i}|) \tag{1-51}$$

式中,max( ) 为取最大值运算;$\text{pbest}_{r,i}$ 为第 t 次迭代随机选取的粒子的历史最优解。

分析式(1-47)可以得出,它的前半部分为粒子质量控制因素,后半部分为密集度控制因素。由于传统粒子群算法中当前最优粒子对于其他粒子的吸引作用,质量好的粒子通常密集度大,而质量差的粒子密集度小。在迭代初期,质量控制因素占据主导地位,质量好的粒子以较小的概率进行移动,保持良好粒子的优秀解信息,质量较差的粒子则以较大概率转移到当前最优解周围,加速了算法的收敛;在迭代后期,由于权重控制因子的递减,质量因素占据主导地位,密集度大且质量差的粒子优先得到转移,增加了局部空间内的挖掘能力,密集度大而质量好的粒子以一定概率转移到密集区域外围,促进全局收敛。同时,在粒子的移动过程中增加了高斯偏移算子和密集度度量因子,高斯偏移算子增大了搜索的随机性,扩大了算法的有效搜索范围;密集度度量因子将群体的密集程度转化为控制群体进化的参数,在迭代初期配合高斯偏移算子对粒子进行大幅度的偏移,在迭代后期则重点增强算法在小范围内的搜索能力。另外,算法依据式(1-49)按照一定概率进行移动的方式保留了粒子群体多样性,确保了算法对于全局空间的搜索,使得算法可以有效跳出局部最优,避免算法陷入早熟收敛。

4. 算法主流程

在介绍了算法的三种优化因子之后,给出 MPSO 算法的主要步骤和算法流程图。MPSO 算法是以粒子群算法为框架的一种群体优化算法,算法中关于粒子群算法的主要参数和初始参数取值与原算法保持一致,MPSO 算法的主要步骤表述如下:

1)初始化惯性权重、学习因子等标准粒子群算法参数,柯西扰动算子的尺度参数 r 和扰动偏移量数目 P_R、高斯变异算子的控制因子最小值 $\beta_{\min}$ 和最大值 $\beta_{\max}$、概率转移算子的最小值 $\lambda_{\min}$ 和最大值 $\lambda_{\max}$,群体规模和终止条件,读入并存储目标函数和约束条件。

2)生成初始粒子群体,计算适应度函数值,存储历史最优个体 $\mathrm{pbest}_i(0)$ 和当前全局最优个体 $\mathrm{gbest}(0)$ 。

3)更新粒子的速度 $v_i(t)$ 和位置 $x_i(t)$。

4)判断是否满足约束条件,若是,转步骤 6);否则,转步骤 5)。

5)对不符合约束条件的粒子进行调整。

6)计算粒子群体的适应度函数值,更新历史最优个体 $\mathrm{pbest}_i(0)$ 和当前全局最优个体 $\mathrm{gbest}(0)$。

7)判断是否满足终止条件,若是,则转步骤 12);若否,则转步骤 8)。

8)计算当前所有粒子的历史最优解在第 k 维度上的均值,确定第 t 次迭代的 Cauchy 分布的位置控制参数,依据式(1-43)生成 P_R 个扰动偏移量,依据式(1-44)更新当前最优粒子。

9)对粒子群体所有粒子按照适应度函数值进行降序排列,选取适应度值较低的 B_W 个粒子执行变异操作,针对每个变异粒子计算变异维度数目 Z_j,随机选取粒子的 Z_j 变异维度,依据式(1-45)对各变异维度进行变异。

10)计算权重因子 $\lambda(t)$,每个粒子与其他粒子之间的绝对维度距离之和,按照式(1-47)计算所有粒子的移动控制量,计算以 e 为底、以控制量 $\varphi_i(t)$ 为指数的转移概率值并判断是否小于随机数 r_n,若是,则计算当前全局最优粒子与随机选取的历史最优粒子的所有维度中绝对差值的最大值,依据式(1-49)对粒子进行移动;若否,则不进行任何操作。

11)计算粒子群体的适应度函数值,更新历史最优个体 $\mathrm{pbest}_i(t)$ 和当前全局最优个体 $\mathrm{gbest}(t)$。转步骤 3)。

12)输出全局最优解。

从以上步骤中可以看出,MPSO 算法的主要流程与标准粒子群算法基本一致,充分借鉴了粒子群算法的结构的简洁和连贯性,仅在粒子群体的每次更新中嵌入了三个优化算子,保持了算法的稳健性。为了更加直观地说明 MPSO 算法的结构和流程,绘制了 MPSO 算法的主要流程,如图 1-12 所示。

1.4.2 全局收敛性分析

基于 1.2 节中的随机优化算法收敛定理,分析 MPSO 算法的收敛性。

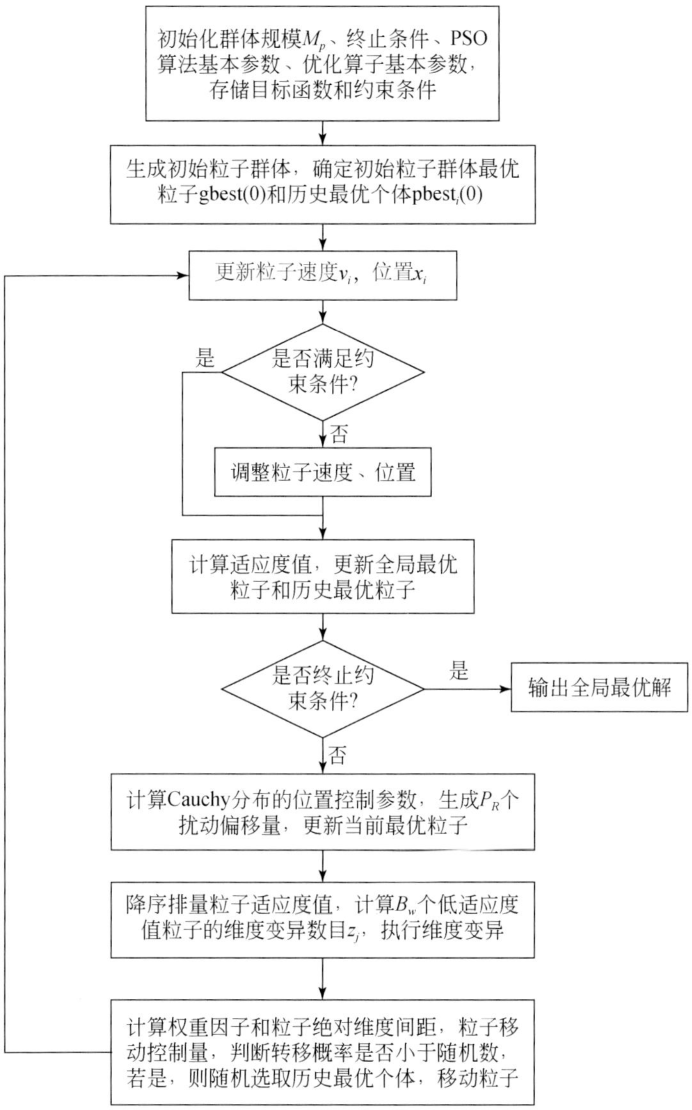

图 1-12　MPSO 算法流程图

定理 3：MPSO 以概率 1 收敛于全局最优解。

证明：(1) MPSO 算法满足假设 1

MPSO 采用了三种优化算子，分别执行 Cauchy 扰动算子、变异算子、依概率转移算子和单纯执行标准粒子群算法操作的四类粒子，对于第 i 次迭代，分别存在四类粒子所对应的邻域集 $E_{USC,i}$、$E_{USG,i}$、$E_{UST,i}$、$E_{USP,i}$，令邻域集 $E_{US,i}=E_{USC,i}\cup E_{USG,i}\cup E_{UST,i}\cup E_{USP,i}$，则 $v[E_{US,i}]>0$，所以邻域集序列测度的下确界存在且大于 0，则假设 1 得证。

(2) MPSO 算法满足假设 2

令 $c_1r_1(t)=\mu_1(t)$，$c_2r_2(t)=\mu_2(t)$，定义 $\psi(t)$ 表示执行柯西扰动算子的粒子第 t 次迭代的扰动量，$\varphi(t)$ 为执行变异算子的粒子第 t 次迭代的变异量，$\chi(t)$ 为执行依概率转移算子的

粒子第 t 次迭代的转移系数，$\mu_1(t)$、$\mu_2(t)$、$\psi(t)$、$\varphi(t)$、$\chi(t)$ 为随迭代次数变化的随机变量，特别的对于未执行上述三种算子的标准粒子，$\psi(t)$、$\varphi(t)$ 退化为零向量，$\chi(t)$ 退化为与粒子等维度的单位矩阵。

根据式(1-1)、式(1-2)，改进粒子群算法在 $t+1$ 次迭代得到产生的粒子位置为

$$x(t+1)=\chi(t)[(1-\mu_1(t)-\mu_2(t))x(t)+\mu_1 pb(t)+\mu_2 gb(t)+wv(t)+\psi(t)+\varphi(t)] \quad (1\text{-}52)$$

因为 $v(t)=x(t)-x(t-1)$，故式(1-50)转化为

$$x(t+1)=\chi(t)[(1-\mu_1(t)-\mu_2(t)+w)x(t)-wx(t-1)+\mu_1(t)pb(t)+\mu_2(t)gb(t)+\psi(t)+\varphi(t)] \quad (1\text{-}53)$$

上式构成了一个非其次递推关系式，进而可以将上式写成：

$$\begin{bmatrix} x(t+1) \\ x(t) \\ 1 \end{bmatrix}=\begin{bmatrix} \chi(t)(1+w-\mu_1(t)-\mu_2(t)) & -w\chi(t) & \chi(t)(\mu_1(t)pb(t)+\mu_2(t)gb(t)+\psi(t)+\varphi(t)) \\ 1 & 0 & 0 \\ 0 & 0 & 1 \end{bmatrix}\begin{bmatrix} x(t) \\ x(t-1) \\ 1 \end{bmatrix} \quad (1\text{-}54)$$

求解式(1-54)的特征值多项式得到：

$$\alpha=\frac{\chi(t)[1+w-\mu_1(t)-\mu_2(t)]+\gamma}{2} \quad (1\text{-}55)$$

$$\beta=\frac{\chi(t)[1+w-\mu_1(t)-\mu_2(t)]-\gamma}{2} \quad (1\text{-}56)$$

$$\gamma=\sqrt{\chi(t)^2[1+w-\mu_1(t)-\mu_2(t)]-4w\chi(t)} \quad (1\text{-}57)$$

式(1-52)可以提成为位置和迭代次数显式表达式：

$$x(t+1)=k_1+k_2\alpha^t+k_3\beta^t \quad (1\text{-}58)$$

其中：

$$k_1=\frac{\mu_1(t)pb(t)+\mu_2(t)gb(t)}{\mu_1(t)+\mu_2(t)} \quad (1\text{-}59)$$

$$k_2=\frac{\beta(x_0-x_1)-x_1+x_2}{r(\alpha-1)} \quad (1\text{-}60)$$

$$k_3=\frac{\alpha(x_1-x_0)+x_1-x_2}{r(\beta-1)} \quad (1\text{-}61)$$

假设 $x(t+1)=x(t)$，求得

$$\frac{k_2(1-\alpha)}{k_3(\beta-1)}=\left(\frac{\beta}{\alpha}\right)^t \quad (1\text{-}62)$$

带入 k_2 和 k_3 得到：

$$\frac{\beta(x_1-x_0)+x_1-x_2}{\alpha(x_1-x_0)+x_1-x_2}=\left(\frac{\beta}{\alpha}\right)^t \quad (1\text{-}63)$$

若想保持算法在 $t+l(l\geqslant 2)$ 次迭代和 t 次迭代产生的粒子位置相同，则得到：$\alpha=\beta$，由式(1-55)、式(1-56)知，$\gamma=0$，所以有

$$\mu_1(t)+\mu_2(t)=1+w\pm 2\sqrt{\frac{w}{\chi(t)}} \quad (1\text{-}64)$$

令 $\mu(t)=\mu_1(t)+\mu_2(t)-1-w$，则有

$$\mu(t)^2\chi(t)=4w \tag{1-65}$$

等式(1-65)中，$\mu(t)^2\chi(t)$ 为连续型随机变量，$4w$ 为常数，所以等式(1-65)成立的概率：

$$P[\mu(t)^2\chi(t)=4w]=0 \tag{1-66}$$

所以算法在 $t+l$ 次迭代和 t 次迭代产生的粒子位置相同的概率为

$$P[x(t+l)=x(t)]=0,\quad l=2,3,\cdots \tag{1-67}$$

因而算法在 $t+l$ 次迭代粒子群的邻域集 $E_{US,t+l}$ 和 t 次迭代粒子群的邻域集 $E_{US,t}$ 相同的概率为

$$P(E_{US,t+l}=E_{US,t})=0,\quad l=2,3,\cdots \tag{1-68}$$

故而存在正整数 $l\geqslant 2$，满足假设 2，证毕。

1.4.3 数值实验对比分析

1. MPSO 与标准智能算法性能对比

为了探究本书所提出的改进粒子群算法与其他存世的标准智能优化算法的求解性能，针对表 1-16 中常见的 14 个基准测试函数，分别对比了 MPSO 算法和 PSO、FWA、GSA、FA、SFLA 的优化求解能力，为了对比 6 种算法求解高维度优化问题的优化性能，问题维数设置为 500，最大迭代次数 $I_{\max}$ 设置为 1000，群体规模 M_P 设置为 50。实验所用的算法编写软件为 MATLAB 14.0，实验设备为 i5 处理器、2.02GHz 主频、4G 内存和 Windows7 操作系统的个人计算机。为了确保对比数值实验的可靠性，针对每一种基准测试函数，所有 6 种算法都进行 20 次的独立运行计算，5 种标准智能算法的主控参数与各自来源文献保持一致，MPSO 算法的主控参数扰动偏移量数目设置 $P_R=50$，尺度参数 $\gamma_c=0.5$，变异控制因子最大值和最小值分别为 $\beta_{\max}=0.4$，$\beta_{\min}=1\times10^{-10}$，权重控制因子的最大值和最小值分别为 $\lambda_{\min}=0.2$，$\lambda_{\max}=0.55$。表 1-16 中的收敛解定义为一次求解所得到的解如果小于收敛解则认为求解成功，详细的函数表达式、搜索区间、最优解和收敛解见表 1-16。

表 1-16　14 个基准测试函数

名称	函数	搜索区间	最优解	收敛解
Sphere	$f_1(x)=\sum_{i=1}^{D}x_i^2$	$[-100,100]^D$	0	0.01
Rosenbrock	$f_2(x)=\sum_{i=1}^{D-1}[100(x_{i+1}-x_i^2)^2+(x_i-1)^2]$	$[-2,2]^D$	0	100
Noisy Quadric	$f_3(x)=\sum_{i=1}^{D}ix_i^4+\text{random}[0,1)$	$[-1.28,1.28]^D$	0	0.05
Rotated Hyper-Ellipsoid	$f_4(x)=\sum_{i=1}^{D}\sum_{j=1}^{i}x_j^2$	$[-65,65]^D$	0	0.01

续表

名称	函数	搜索区间	最优解	收敛解
Powell	$f_5(x)=\sum_{i=1}^{D/4}[(x_{4i-3}+10x_{4i-2})2+5(x_{4i-1}-x_{4i})2+(x_{4i-2}-2x_{4i-1})4+10(x_{4i-3}-x_{4i})4]$	$[-4,5]^D$	0	0.01
Schwefel's problem2.22	$f_6(x)=\sum_{i=1}^{D}\|x_i\|+\prod_{i=1}^{D}\|x_i\|$	$[-10,10]^D$	0	0.01
Griewank	$f_7(x)=\frac{1}{4000}\sum_{i=1}^{D}x_i^2-\prod_{i=1}^{D}\cos\left(\frac{x_i}{\sqrt{i}}\right)+1$	$[-600,600]^D$	0	0.05
Ackley	$f_8(x)=-20\exp(-0.2\sqrt{\frac{1}{D}\sum_{i=1}^{D}x_i^2})-\exp\left[\frac{1}{D}\sum_{i=1}^{D}\cos(2\pi x_i)\right]+20+e$	$[-32,32]^D$	0	0.01
Levy	$f_9(x)=\sin^2(\pi y_1)+\sum_{i=1}^{D-1}(y_i-1)^2[1+10\sin^2(\pi y_i+1)]+(y_d-1)2[1+\sin^2(2\pi y_D)]$ $y_i=1+\frac{x_i-1}{4},i=1,\cdots,D$	$[-10,10]^D$	0	1.00
Rastrigin	$f_{10}(x)=10D+\sum_{i=1}^{D}[x_i^2-10\cos(2\pi x_i)]$	$[-5.12,5.12]^D$	0	100
Zakharov	$f_{11}(x)=\sum_{i=1}^{D}x_i^2+\left(\sum_{i=1}^{D}0.5ix_i\right)^2+\left(\sum_{i=1}^{D}0.5ix_i\right)^4$	$[-5,10]^D$	0	0.01
Trigonometric 2	$f_{12}(x)=1+\sum_{i=1}^{D}8\sin^2[7(x_i-0.9)^2]+6\sin^2[14(x_i-0.9)^2]+(x-0.9)^2$	$[-500,500]^D$	0	0.01
Quintic	$f_{13}(x)=\sum_{i=1}^{D}\|x_i^5-3x_i^4+4x_i^3+2x_i^2-10x_i-4\|$	$[-10,10]^D$	0	0.01
Mishra11	$f_{14}(x)=\left[\frac{1}{D}\sum_{i=1}^{D}\|x_i\|+\left(\prod_{i=1}^{D}\|x_i\|\right)^{\frac{1}{D}}\right]^2$	$[-10,10]^D$	0	0.01

根据表 1-16 的 14 个基准函数,将 MPSO 和其他 5 种标准智能优化算法分别应用计算机编程实现并进行数值实验,对求解后的优化结果进行统计,统计求解得到的最优值的平均值和标准差以及对应的排名见表 1-17。为了有效分析本章所提出的 MPSO 算法的迭代下降速度,横向对比 6 种算法的收敛性,基于测试函数 f_2、f_9、f_{11} 和 f_{12},将 6 种算法 20 次迭代求解过程中的最优值序列的平均值绘制为收敛曲线如图 1-13 所示。

表 1-17　MPSO 与其他标准智能优化算法在维度为 $D=500$ 下求解基准函数 f_1–f_{14} 优化结果对比(最佳排名用黑体标出)

f	D	指标	GSA	FA	SFLA	PSO	FWA	MPSO
f_1	500	平均值	2.28×10^4	1.96×10^4	3.39×10^5	2.88×10^2	4.96×10^{-118}	0
		标准差	1.16×10^3	8.11×10^3	3.13×10^3	1.65×10^2	1.97×10^{-120}	0
		排名	5	4	6	3	2	**1**
f_2	500	平均值	4.88×10^5	5.51×10^6	1.62×10^5	1.38×10^4	4.94×10^2	6.29×10^{-5}
		标准差	2.55×10^4	3.86×10^6	2.06×10^3	1.26×10^3	2.98×10^{-2}	1.66×10^{-5}
		排名	5	6	4	3	2	**1**

续表

f	D	指标	GSA	FA	SFLA	PSO	FWA	MPSO
f_3	500	平均值	1.43×10^{2}	4.38×10^{3}	4.67×10^{4}	1.97×10^{3}	4.49×10^{-119}	0
		标准差	1.58×10^{1}	2.03×10^{3}	9.73×10^{2}	2.07×10^{2}	0	0
		排名	3	5	6	4	2	**1**
f_4	500	平均值	5.20×10^{6}	3.54×10^{6}	2.98×10^{7}	7.34×10^{6}	1.36×10^{-97}	0
		标准差	4.07×10^{5}	1.69×10^{6}	5.11×10^{5}	1.94×10^{6}	4.07×10^{-97}	0
		排名	4	3	6	5	2	**1**
f_5	500	平均值	2.37×10^{3}	4.79×10^{4}	5.32×10^{5}	2.63×10^{5}	5.29×10^{-148}	0
		标准差	3.50×10^{2}	2.95×10^{4}	1.98×10^{4}	3.38×10^{4}	1.06×10^{-147}	0
		排名	3	4	6	5	2	**1**
f_6	500	平均值	1.55×10^{2}	9.07×10^{2}	6.63×10^{2}	1.01×10^{3}	1.45×10^{-48}	0
		标准差	6.50×10^{0}	2.39×10^{2}	8.07×100	6.25×10^{1}	1.45×10^{-50}	0
		排名	3	5	4	6	2	**1**
f_7	500	平均值	4.40×10^{3}	1.75×10^{3}	3.43×10^{2}	1.16×10^{9}	0	0
		标准差	7.77×10^{1}	7.94×10^{2}	4.37×10^{0}	1.14×10^{9}	0	0
		排名	4	3	2	5	**1**	**1**
f_8	500	平均值	6.95×10^{0}	1.95×10^{1}	2.10×10^{1}	1.64×10^{1}	0	0
		标准差	6.72×10^{-2}	3.93×10^{-1}	1.22×10^{-2}	2.78×10^{-1}	0	0
		排名	2	4	5	3	**1**	**1**
f_9	500	平均值	9.68×10^{2}	3.43×10^{3}	1.48×10^{4}	3.64×10^{3}	1.49×10^{2}	1.41×10^{-7}
		标准差	1.66×10^{2}	1.80×10^{3}	2.43×10^{2}	2.63×10^{2}	4.51×10^{1}	1.96×10^{-8}
		排名	3	4	6	5	2	**1**
f_{10}	500	平均值	1.53×10^{3}	4.15×10^{3}	8.17×10^{3}	1.16×10^{9}	0	0
		标准差	7.83×10^{1}	5.10×10^{2}	8.34×10^{1}	1.14×10^{9}	0	0
		排名	2	3	4	5	**1**	**1**
f_{11}	500	平均值	2.39×10^{2}	1.12×10^{4}	3.87×10^{3}	3.31×10^{3}	9.30×10^{2}	0
		标准差	1.22×10^{1}	7.26×10^{2}	5.63×10^{1}	4.02×10^{2}	2.79×10^{3}	0
		排名	2	6	5	4	3	**1**
f_{12}	500	平均值	8.71×10^{6}	2.57×10^{5}	3.44×10^{5}	2.18×10^{5}	3.15×10^{3}	1
		标准差	3.95×10^{5}	8.85×10^{4}	2.19×10^{3}	1.63×10^{4}	1.23×10^{2}	0
		排名	6	4	5	3	2	**1**
f_{13}	500	平均值	2.60×10^{3}	7.87×10^{5}	2.06×10^{5}	1.89×10^{5}	1.52×10^{3}	0
		标准差	2.50×10^{2}	3.70×10^{5}	4.81×10^{3}	3.76×10^{4}	1.76×10^{2}	0
		排名	3	6	5	4	2	**1**

续表

f	D	指标	GSA	FA	SFLA	PSO	FWA	MPSO
f_{14}	500	平均值	1.33×10^{-1}	1.96×10^{0}	5.62×10^{1}	1.16×10^{9}	6.79×10^{-165}	0
		标准差	4.94×10^{-3}	8.48×10^{-1}	5.01×10^{-1}	1.14×10^{9}	0	0
		排名	3	4	5	6	2	**1**
平均排名			3.43	4.36	4.93	4.36	1.86	**1**
最终排名			3	4	5	4	2	**1**

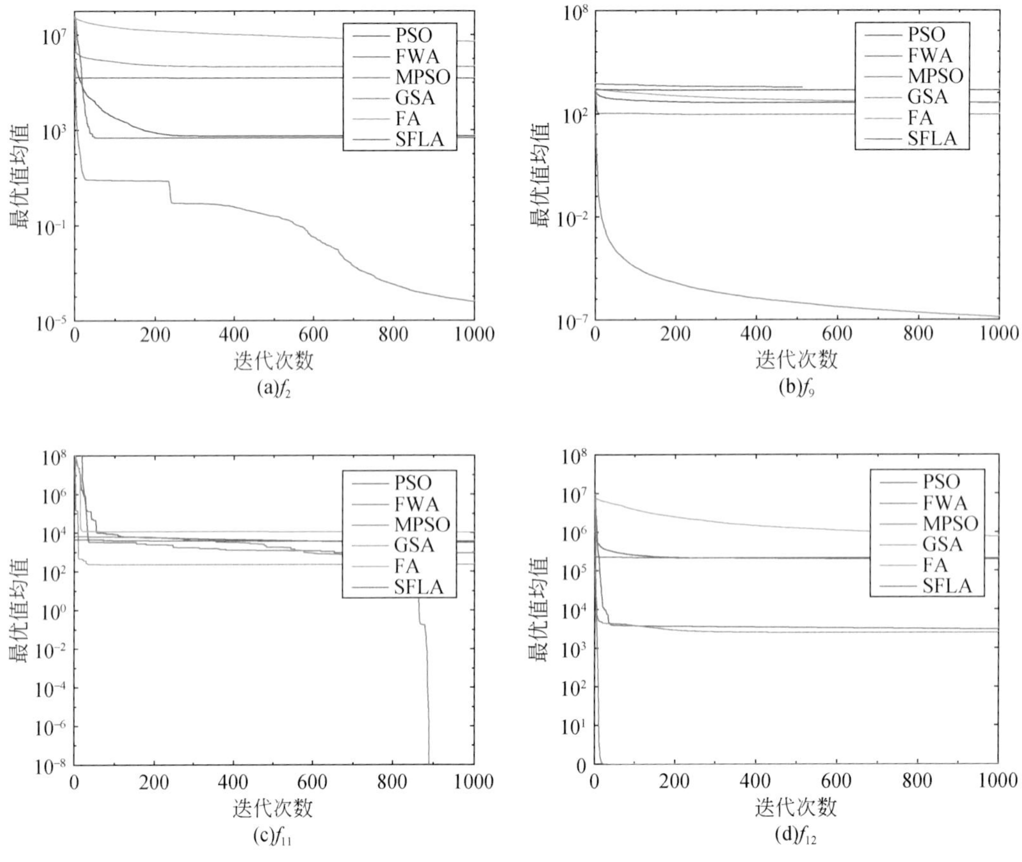

图 1-13　MPSO 算法对于函数 f_2、f_9、f_{11} 和 f_{12} 的收敛曲线

根据表 1-17 中数值结果和排名可知，MPSO 算法优化求解所得最优值的平均值和标准差要优于其他 5 种算法。对于维度为 $D=500$ 的基准测试函数，MPSO 算法可以求得 Ackley、Rastrigin、Trigonometric、Sphere 等 12 个多峰或者单峰基准函数的全局最优解，求解全局最优比例为 6/7，而其他 5 种优化算法中仅 FWA 算法可以获得 3 个优化问题的最优解，其他优化算法则不能获得高维优化问题的最优解，证明了 MPSO 算法具有优异的全局优化求解能力，同时也说明了 MPSO 算法对 PSO 算法改进的正确性。MPSO 算法不能求得函数 f_2 和 f_9 的最

优解，函数 f_2 是高维多峰优化问题，复杂的多峰区域会影响算法的寻优效果，而在 f_9 的求解中，所求解与最优解已经非常接近，只在第 5 位小数以后存在差异，但由于目标函数值的拉伸作用，导致优化计算得到的最优值与最优解存在一定偏差。图 1-13 展示了 6 种算法的收敛速度，其中 MPSO 算法计算得到的最优值均值下降速度明显高于其他 5 种算法，证明了在 MPSO 算法融合改进的优化算子的正确性，提高了改进粒子群算法的全局和局部搜索能力。因此可以得出，MPSO 算法对于高维优化问题的求解是有效的，且具有良好鲁棒性。

2. 与粒子算法的变形对比

为了衡量改进粒子群算法对于标准粒子群算法的优化程度，将 MPSO 算法和存世的较为优秀的粒子群算法的变形进行比较。根据表 1-16 中的基准测试函数 f_1–f_{10}，对比 MPSO 算法和 PP-PSO（Zhang et al.，2018）、LPSO（Mendes et al.，2003）、LFIPSO（Mendes et al.，2004）、PSOSA（Li et al.，2006）、COM-MCPSO（Niu et al.，2007）、IGPSO（Ouyang et al.，2016）、DTTPSO（Wang et al.，2016）7 种粒子群算法的变形的优化性能，其中 COM-MCPSO、IGPSO、DTTPSO、PP-PSO 算法是最近两年发表的新型的变形粒子群算法。数值实验的维度分别设置为 $D=10$、$D=30$、$D=100$，群体规模设置为 200，最大迭代次数设置为 5000，针对每个基准测试函数，8 种算法都独立运行 100 次，MPSO 算法的参数设置和前一小节中的参数保持一致。根据文献中 7 种变形粒子群算法的优化结果（Zhang et al.，2018），对本书所提出的 MPSO 算法优化结果进行统计和汇总形成表 1-18 ~ 表 1-20。表 1-18 ~ 表 1-20 中分别列举了不同维度下的各种算法求解基准函数的最优值的均值（Mean）和标准差（Std）、求解成功率（SR）、达到收敛解的最小平均迭代次数（CS），以及依据最优值的平均值得到的算法性能排名（Rank）。

表 1-18　MPSO 与其他变形 PSO 算法在维度为 $D=10$ 下求解基准函数 f_1–f_{10} 优化结果对比（最佳排名用黑体标出）

f	指标	PP-PSO	LPSO	LFIPSO	PSOSA	COM-MCPSO	IGPSO	DTTPSO	MPSO
f_1	平均值	1.36×10^{-241}	2.64×10^{-6}	3.01×10^{-5}	3.40×10^{-5}	2.80×10^{-13}	0	3.46×10^{-175}	0
	标准差	0	7.70×10^{-7}	1.98×10^{-5}	7.99×10^{-6}	6.36×10^{-13}	0	0	0
	求解成功率	1.00	1.00	1.00	1.00	1.00	1.00	0.97	1.00
	最小平均迭代次数	62	2350	2913	3137	103	121	3190	4
	排名	3	5	6	7	4	**1**	2	**1**
f_2	平均值	1.09×10^{1}	1.94×10^{0}	2.28×10^{0}	3.71×10^{0}	5.32×10^{-1}	8.83×10^{-5}	8.91×10^{0}	2.83×10^{-9}
	标准差	3.26×10^{1}	1.33×10^{0}	1.31×10^{0}	1.64×10^{0}	1.38×10^{0}	1.82×10^{-5}	6.91×10^{-3}	9.93×10^{-9}
	求解成功率	0.91	1.00	1.00	1.00	1.00	1.00	1.00	1.00
	最小平均迭代次数	506	639	777	759	29	38	4205	2
	排名	8	4	5	6	3	2	7	**1**
f_3	平均值	6.94×10^{-4}	1.95×10^{-4}	1.25×10^{-4}	1.65×10^{-4}	2.03×10^{-5}	2.56×10^{-4}	1.14×10^{-2}	0
	标准差	1.01×10^{-3}	5.68×10^{-5}	3.29×10^{-5}	1.01×10^{-4}	1.05×10^{-5}	2.11×10^{-4}	7.79×10^{-3}	0
	求解成功率	1.00	1.00	1.00	1.00	1.00	1.00	1.00	1.00
	最小平均迭代次数	15	27	24	19	17	20	29	1
	排名	7	5	3	4	2	6	8	**1**

续表

f	指标	PP-PSO	LPSO	LFIPSO	PSOSA	COM-MCPSO	IGPSO	DTTPSO	MPSO
	平均值	0	1.20×10^{-5}	1.09×10^{-4}	1.66×10^{-4}	7.81×10^{-15}	2.78×10^{-32}	5.09×10^{-86}	0
	标准差	0	4.13×10^{-6}	7.99×10^{-5}	4.49×10^{-5}	1.56×10^{-14}	1.34×10^{-30}	2.74×10^{-85}	0
f_4	求解成功率	1.00	1.00	1.00	1.00	1.00	1.00	0.97	1.00
	最小平均迭代次数	72	1736	2027	2444	1057	352	3307	5
	排名	**1**	5	6	7	4	3	2	**1**
	平均值	4.79×10^{-128}	9.60×10^{-6}	6.69×10^{-5}	1.21×10^{-4}	1.47×10^{-13}	2.55×10^{-9}	3.54×10^{-5}	0
	标准差	2.62×10^{-127}	7.99×10^{-6}	4.75×10^{-5}	4.26×10^{-5}	4.61×10^{-13}	6.45×10^{-5}	1.28×10^{-4}	0
f_5	求解成功率	1.00	1.00	1.00	1.00	1.00	1.00	1.00	1.00
	最小平均迭代次数	49	725	908	1923	393	793	4447	11
	排名	2	5	7	8	3	4	6	**1**
	平均值	5.71×10^{-124}	1.03×10^{-3}	1.38×10^{-2}	1.25×10^{-2}	7.87×10^{-8}	2.86×10^{-106}	9.55×10^{-2}	0
	标准差	2.57×10^{-123}	1.89×10^{-4}	2.58×10^{-2}	1.78×10^{-3}	9.87×10^{-8}	8.57×10^{-3}	3.89×10^{-1}	0
f_6	求解成功率	1.00	1.00	0.77	0.10	1.00	1.00	0.87	1.00
	最小平均迭代次数	255	2815	3813	3911	203	267	3387	6
	排名	2	5	7	6	4	3	8	**1**
	平均值	0	1.10×10^{-2}	2.71×10^{-2}	3.80×10^{-1}	7.73×10^{-3}	0	2.65×10^{-4}	0
	标准差	0	3.70×10^{-1}	8.91×10^{-2}	1.99×10^{-1}	2.68×10^{-3}	0	3.02×10^{-3}	0
f_7	求解成功率	0.97	0.69	0.65	1.00	1.00	1.00	1.00	1.00
	最小平均迭代次数	159	2426	3360	2573	691	249	2922	12
	排名	**1**	4	5	6	3	**1**	2	**1**
	平均值	8.88×10^{-16}	1.19×10^{-2}	4.47×10^{-2}	6.91×10^{-2}	9.67×10^{-7}	9.78×10^{-15}	8.88×10^{-16}	0
	标准差	0	2.33×10^{-3}	1.86×10^{-2}	1.02×10^{-2}	1.50×10^{-6}	4.04×10^{-15}	1.08×10^{-15}	0
f_8	求解成功率	1.00	0.23	—	—	1.00	0.97	1.00	1.00
	最小平均迭代次数	157	3396	—	—	145	85	90	6
	排名	2	5	6	7	4	3	2	**1**
	平均值	6.01×10^{-2}	1.19×10^{-2}	2.76×10^{-1}	4.42×10^{-3}	3.25×10^{-15}	1.15×10^{-1}	4.48×10^{-2}	3.38×10^{-11}
	标准差	1.56×10^{-1}	3.10×10^{-2}	1.61×10^{-1}	1.26×10^{-3}	5.26×10^{-15}	1.02×10^{-1}	6.55×10^{-2}	7.44×10^{-11}
f_9	求解成功率	1.00	1.00	1.00	1.00	1.00	1.00	1.00	1.00
	最小平均迭代次数	10	1188	1017	15	58	19	21	4
	排名	6	4	8	3	**1**	7	5	2
	平均值	0	2.47×10^{0}	2.90×10^{0}	1.78×10^{0}	3.12×10^{0}	0	7.00×10^{0}	0
	标准差	0	7.32×10^{-1}	8.44×10^{-1}	1.13×10^{0}	1.42×10^{0}	0	1.20×10^{1}	0
f_{10}	求解成功率	1.00	1.00	1.00	1.00	1.00	1.00	1.00	1.00
	最小平均迭代次数	1	10	10	10	10	288	1361	13
	排名	**1**	3	4	2	5	**1**	7	**1**

续表

f	指标	PP-PSO	LPSO	LFIPSO	PSOSA	COM-MCPSO	IGPSO	DTTPSO	MPSO
	平均排名	2. 43	4. 71	6. 57	6. 29	3. 29	3. 29	4. 43	1. 14
	最终排名	2	5	7	6	3	3	4	**1**

表 1-19　MPSO 与其他变形 PSO 算法在维度为 $D=30$ 下求解基准函数 f_1–f_{10} 优化结果对比（最佳排名用黑体标出）

f	指标	PP-PSO	LPSO	LFIPSO	PSOSA	COM-MCPSO	IGPSO	DTTPSO	MPSO
	平均值	8.82×10^{-249}	4.61×10^{-4}	1.60×10^{-3}	8.91×10^{-4}	1.98×10^{-12}	0	1.21×10^{-94}	0
	标准差	0	6.26×10^{-5}	3.77×10^{-4}	2.18×10^{-4}	4.10×10^{-12}	0	1.64×10^{-94}	0
f_1	求解成功率	1. 00	1. 00	1. 00	1. 00	1. 00	1. 00	1. 00	1. 00
	最小平均迭代次数	1128	3352	3700	4323	243	276	3474	5
	排名	2	5	7	6	4	**1**	3	**1**
	平均值	1.54×10^{1}	2.65×10^{1}	2.55×10^{1}	2.81×10^{1}	6.22×10^{0}	5.36×10^{-5}	2.87×10^{1}	8.44×10^{-8}
	标准差	4.44×10^{0}	6.16×10^{-1}	1.70×10^{0}	1.02×10^{0}	3.09×10^{0}	6.14×10^{-5}	5.38×10^{-2}	7.21×10^{-8}
f_2	求解成功率	0. 83	1. 00	1. 00	1. 00	1. 00	1. 00	1. 00	1. 00
	最小平均迭代次数	1786	913	1086	1377	98	52	4521	6
	排名	4	6	5	7	3	2	8	**1**
	平均值	1.14×10^{-5}	2.31×10^{-3}	1.49×10^{-3}	1.64×10^{-3}	2.17×10^{-4}	4.07×10^{-4}	1.51×10^{-2}	0
	标准差	1.18×10^{-5}	5.51×10^{-4}	3.20×10^{-4}	5.47×10^{-4}	7.40×10^{-5}	2.48×10^{-4}	1.31×10^{-2}	0
f_3	求解成功率	1. 00	1. 00	1. 00	1. 00	1. 00	1. 00	0. 97	1. 00
	最小平均迭代次数	2785	124	95	284	24	25	30	2
	排名	2	7	5	6	3	4	8	**1**
	平均值	1.72×10^{-246}	9.67×10^{-3}	4.49×10^{-2}	1.58×10^{-1}	2.47×10^{-12}	5.51×10^{-16}	3.25×10^{-32}	0
	标准差	0	1.78×10^{-3}	2.55×10^{-2}	9.00×10^{-2}	7.31×10^{-12}	3.91×10^{-14}	1.72×10^{-31}	0
f_4	求解成功率	1. 00	0. 57	—	—	1. 00	0. 97	0. 93	1. 00
	最小平均迭代次数	1009	4925	—	—	1443	1229	3142	6
	排名	2	6	7	8	5	4	3	**1**
	平均值	3.02×10^{-239}	3.53×10^{-2}	4.85×10^{-2}	1.77×10^{-1}	8.95×10^{-8}	9.49×10^{-6}	1.42×10^{-4}	0
	标准差	0.00×10^{0}	8.94×10^{-3}	1.12×10^{-2}	5.07×10^{-2}	1.85×10^{-7}	1.90×10^{-3}	7.77×10^{-4}	0
f_5	求解成功率	1. 00	—	0. 03	—	1. 00	1. 00	1. 00	1. 00
	最小平均迭代次数	653	—	2390	—	664	911	4388	16
	排名	2	6	7	8	3	4	5	**1**
	平均值	2.26×10^{-125}	1.87×10^{-1}	2.08×10^{-1}	4.31×10^{-1}	5.58×10^{-6}	0	2.13×10^{-2}	0
	标准差	6.96×10^{-125}	1.47×10^{-1}	1.19×10^{-1}	2.28×10^{-1}	4.17×10^{-6}	0	8.18×10^{-2}	0
f_6	求解成功率	1. 00	—	—	—	1. 00	1. 00	0. 93	1. 00
	最小平均迭代次数	599	—	—	—	519	342	3701	9
	排名	2	5	6	7	3	**1**	4	**1**

续表

f	指标	PP-PSO	LPSO	LFIPSO	PSOSA	COM-MCPSO	IGPSO	DTTPSO	MPSO
f_7	平均值	0	7.61×10^{-3}	4.51×10^{-2}	2.04×10^{-2}	6.65×10^{-3}	0	1.31×10^{-3}	0
	标准差	0	1.49×10^{-3}	1.82×10^{-2}	1.75×10^{-2}	9.50×10^{-3}	0	7.21×10^{-3}	0
	求解成功率	1.00	1.00	0.57	0.90	1.00	1.00	1.00	1.00
	最小平均迭代次数	939	2136	3788	2753	633	261	3462	14
	排名	**1**	4	6	5	3	**1**	2	**1**
f_8	平均值	8.88×10^{-16}	9.94×10^{-2}	2.79×10^{-1}	2.26×10^{0}	2.52×10^{-4}	1.38×10^{-15}	1.24×10^{-15}	0
	标准差	0	1.04×10^{-2}	5.22×10^{-2}	1.79×10^{0}	1.02×10^{-3}	3.35×10^{-22}	1.00×10^{-31}	0
	求解成功率	1.00	—	—	—	1.00	1.00	1.00	1.00
	最小平均迭代次数	373	—	—	—	2269	296	56	8
	排名	2	6	7	8	5	4	3	**1**
f_9	平均值	1.30×10^{-1}	6.16×10^{-1}	8.82×10^{-1}	3.10×10^{0}	3.10×10^{-1}	1.48×10^{0}	4.20×10^{-1}	1.63×10^{-10}
	标准差	3.57×10^{-1}	1.61×10^{-1}	1.30×10^{-1}	1.93×10^{0}	2.02×10^{-1}	2.55×10^{-1}	5.25×10^{-1}	5.54×10^{-11}
	求解成功率	0.93	1.00	0.83	0.07	1.00	—	0.90	1.00
	最小平均迭代次数	13	2539	2711	338	103	—	455	4
	排名	2	5	6	8	3	7	4	**1**
f_{10}	平均值	0	1.68×10^{1}	1.74×10^{1}	8.03×10^{0}	1.53×10^{1}	0	3.06×10^{1}	0
	标准差	0	2.73×10^{0}	2.43×10^{0}	2.08×10^{0}	4.30×10^{0}	0	2.59×10^{1}	0
	求解成功率	1.00	1.00	1.00	1.00	1.00	1.00	1.00	1.00
	最小平均迭代次数	49	238	274	225	63	307	3043	19
	排名	**1**	4	5	2	3	**1**	6	**1**
平均排名		2	5.4	6.1	6.5	3.5	2.9	4.6	**1**
最终排名		2	6	7	8	4	3	5	**1**

表 1-20 MPSO 与其他变形 PSO 算法在维度为 $D=100$ 下求解基准函数 f_1–f_{10} 优化结果对比（最佳排名用黑体标出）

f	指标	PP-PSO	LPSO	LFIPSO	PSOSA	COM-MCPSO	IGPSO	DTTPSO	MPSO
f_1	平均值	5.57×10^{-236}	8.60×10^{-2}	8.89×10^{-2}	1.34×10^{1}	1.25×10^{-5}	4.33×10^{-156}	9.93×10^{-6}	0
	标准差	0	9.13×10^{-3}	1.11×10^{-2}	5.34×10^{0}	4.08×10^{-6}	9.29×10^{-156}	1.31×10^{-1}	0
	求解成功率	0.97	—	—	—	1.00	1.00	0.87	1.00
	最小平均迭代次数	1206	—	—	—	842	833	3716	7
	排名	2	6	7	8	5	3	4	**1**
f_2	平均值	6.64×10^{3}	9.86×10^{1}	9.94×10^{1}	1.11×10^{2}	1.16×10^{2}	4.18×10^{-2}	1.04×10^{2}	5.33×10^{-8}
	标准差	1.99×10^{4}	1.47×10^{0}	1.58×10^{0}	1.49×10^{1}	3.07×10^{1}	2.86×10^{-2}	2.75×10^{1}	2.75×10^{-7}
	求解成功率	—	0.87	0.50	0.27	0.63	1.00	0.93	1.00
	最小平均迭代次数	—	4186	4214	4346	932	4665	4891	5
	排名	8	3	4	6	7	2	5	**1**

续表

f	指标	PP-PSO	LPSO	LFIPSO	PSOSA	COM-MCPSO	IGPSO	DTTPSO	MPSO
f_3	平均值	8.35×10^{-6}	4.51×10^{-2}	2.57×10^{-2}	2.82×10^{-2}	4.67×10^{-3}	8.03×10^{-4}	1.44×10^{-2}	0
	标准差	1.12×10^{-5}	5.95×10^{-3}	3.01×10^{-3}	4.34×10^{-3}	9.57×10^{-4}	5.44×10^{-4}	9.42×10^{-3}	0
	求解成功率	1.00	0.80	1.00	1.00	1.00	1.00	1.00	1.00
	最小平均迭代次数	3482	4462	1695	3234	160	33	32	3
	排名	2	8	6	7	4	3	5	**1**
f_4	平均值	6.00×10^{-231}	2.96×10^{1}	1.21×10^{1}	6.31×10^{1}	2.06×10^{-3}	4.79×10^{-2}	4.61×10^{-49}	0
	标准差	0	7.70×10^{0}	3.34×10^{0}	3.07×10^{1}	6.90×10^{-4}	2.35×10^{-48}	2.35×10^{-48}	0
	求解成功率	1.00	—	—	—	1.00	0.67	0.87	1.00
	最小平均迭代次数	996	—	—	—	2532	2190	3955	9
	排名	5	7	6	8	3	4	2	**1**
f_5	平均值	1.96×10^{-237}	2.28×10^{0}	1.50×10^{0}	8.14×10^{0}	2.28×10^{-3}	5.28×10^{-2}	1.15×10^{-6}	0
	标准差	0	2.63×10^{-1}	7.86×10^{-2}	1.24×10^{0}	6.43×10^{-4}	1.60×10^{-1}	6.30×10^{-6}	0
	求解成功率	1.00	—	—	—	1.00	1.00	1.00	1.00
	最小平均迭代次数	804	—	—	—	1891	2056	4480	20
	排名	2	7	6	8	4	5	3	**1**
f_6	平均值	4.43×10^{-119}	4.40×10^{0}	2.23×10^{0}	5.39×10^{0}	1.66×10^{-2}	0	3.98×10^{-1}	0
	标准差	2.43×10^{-118}	8.48×10^{-1}	3.60×10^{-1}	6.68×10^{-1}	4.47×10^{-3}	0	1.03×10^{0}	0
	求解成功率	1.00	—	—	—	0.07	1.00	0.70	1.00
	最小平均迭代次数	741	—	—	—	4921	3250	4666	16
	排名	2	6	5	7	3	**1**	4	**1**
f_7	平均值	0	1.82×10^{-1}	2.51×10^{-1}	2.96×10^{-1}	3.55×10^{-3}	0	9.35×10^{-2}	0
	标准差	0	1.20×10^{-2}	3.55×10^{-2}	6.70×10^{-2}	5.48×10^{-3}	0	4.50×10^{-1}	0
	求解成功率	1.00	—	—	—	1.00	1.00	1.00	1.00
	最小平均迭代次数	1049	—	—	—	897	1321	3296	10
	排名	**1**	4	5	6	2	**1**	3	**1**
f_8	平均值	8.88×10^{-16}	1.78×10^{0}	1.40×10^{0}	5.83×10^{0}	2.72×10^{0}	3.97×10^{-15}	1.24×10^{-15}	0
	标准差	0	2.42×10^{-1}	1.42×10^{-1}	6.29×10^{-1}	3.31×10^{-1}	0	1.08×10^{-15}	0
	求解成功率	1.00	—	—	—	—	1.00	1.00	1.00
	最小平均迭代次数	523	—	—	—	—	1022	81	11
	排名	2	6	5	8	7	4	3	**1**
f_9	平均值	4.66×10^{-1}	3.00×10^{0}	4.54×10^{0}	1.98×10^{1}	2.15×10^{0}	8.12×10^{0}	5.72×10^{0}	6.41×10^{-10}
	标准差	1.44×10^{0}	3.86×10^{-1}	3.42×10^{-1}	5.54×10^{0}	4.06×10^{-1}	4.67×10^{-1}	3.00×10^{0}	1.50×10^{-10}
	求解成功率	0.90	—	—	—	—	—	0.20	1.00
	最小平均迭代次数	16	—	—	—	—	—	—	5
	排名	2	4	5	8	3	7	6	**1**

续表

f	指标	PP-PSO	LPSO	LFIPSO	PSOSA	COM-MCPSO	IGPSO	DTTPSO	MPSO
f_{10}	平均值	0	8.98×10^{1}	9.08×10^{1}	3.09×10^{1}	5.03×10^{1}	0	8.82×10^{1}	0
	标准差	0	1.08×10^{1}	8.40×10^{0}	5.35×10^{0}	9.78×10^{0}	0	4.33×10^{1}	0
	求解成功率	1.00	0.83	0.83	1.00	1.00	1.00	0.60	1.00
	最小平均迭代次数	386	4070	3359	1126	115	860	4864	24
	排名	**1**	5	6	2	3	**1**	4	**1**
平均排名		2.7	5.6	5.5	6.8	4.1	3.1	3.9	**1**
最终排名		2	7	6	8	5	3	4	**1**

根据表 1-18 ~ 表 1-20 的数值结果和排名可知，在问题维度 $D=10$ 时，MPSO 算法可以求得 8 个基准函数的全局最优解，并且随着问题维度的增加，MPSO 算法依然可以求得 8 个问题的最优解，而其他变形 PSO 算法最多可求得 3 个基准函数的最优解，证明了 MPSO 算法对于多峰和单峰优化问题的全局求解能力要强于其他 7 种 PSO 算法的变形。随着问题维度的增加，MPSO 算法优化结果的各项性能参数均无明显变化，而其他 7 种算法都存在着最优值均值的下降幅度较为明显，表明 MPSO 算法的鲁棒性更优。MPSO 算法在 8 种算法中排名最高，其次是 PP-PSO 和 IGPSO 等，说明 MPSO 算法的求解精确性最好。通过观察各算法的最小平均迭代次数可知，MPSO 算法可以通过较少的迭代次数得到收敛解，相比于其他变形 PSO 算法具有更快的收敛速度。MPSO 算法在优化结果的最优值均值和标准差、成功求解率和最小平均迭代次数方面都表现最佳，证明其拥有优异的综合优化性能。

为了对 MPSO 算法和其他变形 PSO 算法的求解精确性进行客观比较，对表 1-20 中的最优值的均值和标准差进行了 Friedman 非参数检验，Friedman 检验的结果见表 1-21。

表 1-21　PS-FW 和变形 PSO 算法基于表 1-20 中的最优值的均值和标准差的 Friedman 检验结果

	项目	Mean	Std
检验结果	基准函数数量	10	10
	卡方值	45.16	40.43
	p 值	1.27×10^{-7}	1.04×10^{-6}
Friedman 检验值	MPSO	1.25	1.50
	PP-PSO	3.00	2.95
	LPSO	6.10	5.70
	LFISO	6.00	4.90
	PSOSA	7.30	6.80
	COM-MCPSO	4.60	4.90
	IGPSO	3.35	3.00
	DTTPSO	4.40	6.25

由表1-21的检验结果可知,最优值的均值和方差的p值都小于显著性水平$\alpha=0.05$,说明8种优化算法的求解结果之间存在着显著性差异,且MPSO算法的检验值最小,说明MPSO算法在所有优化算法中性能最优。Friedman检验只能从整体角度检测所有算法之间是否存在显著差异,而无法具体比较MPSO算法与其他每一种算法之间的性能差异,因此,为了更加精确地比较MPSO算法和其他变形PSO算法之间的性能优劣,基于Friedman检验的结果,对8种算法进行了Bonferroni-Dunn检验,显著性水平分别为$\alpha=0.05$和$\alpha=0.1$所对应的临界差的计算值如下所示:

$$CD_{0.05}=3.03,\quad CD_{0.1}=2.78$$

结合临界差,绘制8种优化算法的柱状图如图1-14所示,其中粉色水平线表示最优算法Friedman检验排名数值,红色水平线表示显著性水平$\alpha=0.05$下的阈值,黑色水平虚线表示显著性水平$\alpha=0.1$下的阈值。

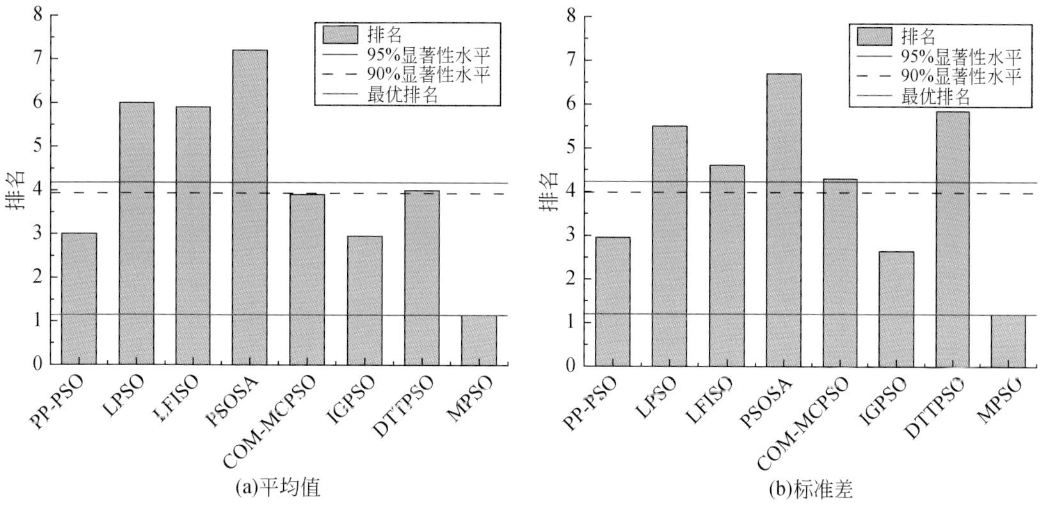

图1-14 基于表1-21的MPSO算法和其他变形PSO算法的最优值的平均值和标准差的Bonferroni-Dunn检测结果柱状图

根据图1-14(a)可知,MPSO算法的优化性能在$\alpha=0.1$和$\alpha=0.05$显著性水平下都要优于GPSO、LPSO、LFISO、PSOSA和DTTPSO,证明了MPSO算法中融合三项优化算子的正确性,反映出MPSO算法在存世智能优化算法中优秀的全局优化求解能力。同时从图1-14(b)中可以看出,MPSO算法的标准差的排名相对于其他变形PSO算法要更小,证明MPSO算法的求解稳定性更好。

通过与标准智能优化方法和改进智能优化方法的性能比较,说明了MPSO算法在求解高维优化问题的优异求解能力,与其他存世智能优化算法相比,MPSO算法在求解精确性、鲁棒性和收敛速度方面都表现出一定的优越性。

第2章 油气集输系统优化研究

油田地面工程由五大系统组成:原油集输系统、集气系统、注水系统、污水处理及配电系统(Liu et al. ,2015)。其中油、气集输工程是主体工程,其投资一般占整个油田地面工程的60% ~70%,占整个油田工程的40%左右。油气集输是通过“管-站”组成的管网系统进行油气资源收集、输运和处理的。这个系统的投资费用主要包括管网造价、各中间站造价及运行费用。其中一个转油站的投资可高达几千万元。管材费用也高达每千米数十万元。因而对油气集输系统进行优化设计,可以收到显著的经济效益(刘扬等,2017)。

目前国内广泛采用的是多级集输流程,即油井产出物经过计量站、接转站、集中处理站等中间环节处理,最后集输到油库。所采用的集输管网主要有两种拓扑形式:多级星形网络(multilevel star style network,MS网络)(刘扬和程耿东,1989;刘扬等,2009)和多级星-环形网络(multilevel ring-star style network,MRS网络)(刘扬和关晓晶,1993a;刘扬,1994)。本章主要研究这两种网络的拓扑优化问题,所要解决的问题是:确定管网的级数、确定管线与站的连接关系、确定各种站的几何位置。在此基础上,研究了油气集输管网参数优化设计问题。

2.1 MS集输网络拓扑布局优化设计

2.1.1 MS网络定义

如果赋权有向图 $G(V,E)$ 可表示为

$$G(V,E)=\bigcup_{i=1}^{N} B_i(V_{i-1},V_i;E_i)$$

则称 $G(V,E)$ 所表示的网络系统为MS网络(图2-1)。其中:

1) N 为网络的级数, $N \geqslant 1$;

2) V 为顶集, $V=\bigcup_{i=0}^{N} V_i$;

3) E 为边集, $E=\bigcup_{i=1}^{N} E_i$;

4) $B_i(V_{i-1},V_i;E_i)$ 为以 V_{i-1} 和 V_i 为顶集, E_i 为边集的二分子图;

5) $V_i \cap V_j=\Phi \quad (i \neq j,\ i,j \in \{0,1,2,\cdots,N\})$;

6) $E_i \cap E_j=\Phi \quad (i \neq j,\ i,j \in \{1,2,\cdots,N\})$;

7) $|V_i|<|V_j| \quad (i>j,\ i,j \in \{0,1,2,\cdots,N\})$;

8) $|V_N|=1$;

9) $d^-(v)=0 \quad \forall\ v \in V_0$;

10) $d^-(v) \geqslant 1 \quad \forall v \in \bigcup_{i=1}^{N} V_i$;

11) $d^+(v) = 1 \quad \forall v \in \bigcup_{i=0}^{N-1} V_i$;

12) $d^+(v) = 0 \quad \forall v \in V_N$。

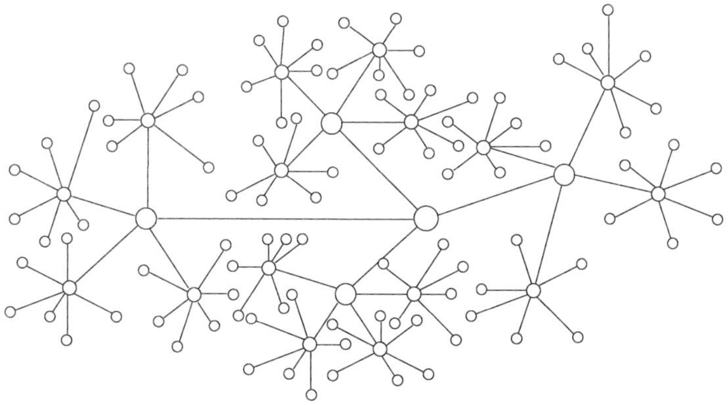

图 2-1　MS 网络拓扑示意图

2.1.2　MS 网络拓扑优化数学模型

在 MS 网络中,各顶点分别处在不同级别的点集合中,同级顶点集合中的各点具有相同的物理意义,低级顶点受到高级顶点的管理,且这种隶属关系具有唯一性。以油气集输系统为例,各分散的油井分别由计量站管理,各计量站又由接转站管理,各接转站又由集中处理站管理。进行 MS 网络拓扑优化的目的,主要是在保证系统正常生产和便于管理的前提下确定网络的拓扑结构,以降低系统投资。优化问题的数学模型可表示为

P_{MS}：求 δ, U, M

$$\min \quad F_{MS}(\delta, U, M) = \sum_{i=1}^{N}\sum_{j=1}^{m_i} f_{ij} + \sum_{i=1}^{N}\sum_{j=1}^{m_i}\sum_{k=1}^{m_{i-1}} \xi_{ijk} w_{ijk} \delta_{ijk} \tag{2-1}$$

$$\text{s.t.} \quad \sum_{j=1}^{m_i} \delta_{ijk} = 1 \quad i = 1,2,\cdots,N; k = 1,2,\cdots,m_{i-1}$$

$$\delta_{ijk} \in \{0,1\}$$

$$m_i^l \leqslant |S_i| \leqslant m_i^u \quad i = 1,2,\cdots,N-1$$

$$U \in U_D$$

当无障碍约束时,弧值函数 ξ_{ijk} 可用点 S_i^j 与 S_{i-1}^k 间的直线距离来表示,即

$$\xi_{ijk} = \sqrt{(x_i^j - x_{i-1}^k)^2 + (y_i^j - y_{i-1}^k)^2} \tag{2-2}$$

式中,(x_i^j, y_i^j) 为节点 S_i^j 的几何位置坐标。

在问题 P_{MS} 中,目标函数中既有连续变量又有离散变量,大大增加了求解难度。当然,在问题规模很小时,可利用最优性条件和分支定界法来求解。但对于规模较大的问题,整数集合 M、0 ~ 1 变量 δ_{ijk} 的决定取决于一个很大的组合数,致使计算量达到难以接受的程度,因

此寻求有效的启发式算法是有意义的。

由于 M 也作为设计变量待定，大大增加了问题的可行解数目。在进行实际工程设计时，一般可以根据所需处理能力的大小确定 M。M 已知时，各级顶点的投资也相应确定，此时问题 P_{MS} 可简化为如下形式：

P'_{MS}：求 δ, U

$$\min \quad F_{\mathrm{MS}}(\delta, U) = \sum_{i=1}^{N}\sum_{j=1}^{m_i}\sum_{k=1}^{m_{i-1}} \xi_{ijk} w_{ijk} \delta_{ijk} \tag{2-3}$$

$$\text{s. t.} \quad \sum_{j=1}^{m_i} \delta_{ijk} = 1 \quad i = 1,2,\cdots,N; k = 1,2,\cdots,m_{i-1}$$

$$\delta_{ijk} \in \{0,1\}$$

$$U \in U_{\mathrm{D}}$$

2.1.3 MS 网络拓扑优化的分级优化法

问题 P'_{MS} 可以划分成两个子问题：集合最优划分和几何位置优化。集合最优划分是将同级别节点集合 S_i（$i = 0,1,2,\cdots,N-1$）划分成 m_{i+1} 个子集合，每个子集合中所有节点与其上一级别中的相应节点有隶属关系，且这种隶属关系具有唯一性。集合划分完成之后，网络的拓扑关系也就相应确定了。几何位置优化是在网络拓扑形式确定的基础上优化节点的几何位置。

1. 集合最优划分

集合最优划分的目的是确定节点之间的连接关系，以极小化网络投资。其优化数学模型可描述为：

P_{MS1}：求 δ

$$\min \quad F_{\delta} = \sum_{i=1}^{N}\sum_{j=1}^{m_i}\sum_{k=1}^{m_{i-1}} \xi_{ijk} w_{ijk} \delta_{ijk} \tag{2-4}$$

$$\text{s. t.} \quad \sum_{j=1}^{m_i} \delta_{ijk} = 1 \quad i = 1,2,\cdots,N; k = 1,2,\cdots,m_{i-1}$$

$$\delta_{ijk} \in \{0,1\}$$

该问题的实质是对集合 S_i（$i = 0,1,2,\cdots,N-1$）进行最优划分。令子集合 $SS_i^{(j)}$ 表示集合 S_i 中所有与 S_{i+1} 中第 j 个节点间有连接关系的点的集合，则问题 P_{MS1} 可转化为如下形式：

P'_{MS1}：求 $SS_i^{(j)}$

$$\min \quad F_{\mathrm{t}} = \sum_{i=1}^{N}\sum_{j=1}^{m_i}\sum_{S_{i-1}^{k} \in SS_{i-1}^{(j)}} \xi_{ijk} w_{ijk} \tag{2-5}$$

$$\text{s. t.} \quad SS_i^{(j)} \cap SS_i^{(k)} = \Phi \quad i = 0,1,\cdots,N-1; j = 1,2,\cdots,m_{i+1} \quad (j \neq k)$$

$$\bigcup_{k=1}^{m_{i+1}} SS_i^{(k)} = S_i \quad i = 0,1,2,\cdots,N-1$$

$$SS_i^{(k)} \neq \Phi \quad i = 0,1,2,\cdots,N-1; k = 1,2,\cdots,m_{i+1}$$

问题 P'_{MS1} 也可变成求具有约束要求的最优生成树问题。为此，构造有向图 $G(V,E)$。

其中 V 为顶集，E 为边集，且

$$V = \bigcup_{i=0}^{N} S_i$$

$$E = \bigcup_{i=1}^{N} \bigcup_{j=1}^{m_i} \bigcup_{k=1}^{m_{i-1}} \{e_{ijk}\}$$

其中：$\{e_{ijk}\}$ 为 S_{i-1} 中第 k 点向 S_i 中第 j 点所做的投射边。则问题 P'_{MS1} 可表述为

P''_{MS1}：在 $G(V,E)$ 上求最优生成树 T，使

$$T = \min_{\text{NT}}(T_i) \tag{2-6}$$

$$\text{s.t.}\quad d^-(V_i) = 0 \quad \forall i \in S_0$$

$$d^-(V_i) \geqslant 1 \quad \forall i \in S_1 \cup S_2 \cdots \cup S_N$$

$$d^+(V_i) = 1 \quad \forall i \in S_1 \cup S_2 \cdots \cup S_{N-1}$$

$$d^+(V_\text{i}) = 0 \quad \forall i \in S_N$$

其中，NT 为所有可行树的总数；$d^-(V_i)$ 为 V_i 的入次；$d^+(V_i)$ 为 V_i 的出次。

不难看出 $G(V,E)$ 是由 N 个完全二分子图所组成，每个二分子图上的可行子图总数为

$$\text{NT}_i = (m_{i+1})^{m_i} + \sum_{k=1}^{m_{i+1}} (-1)^k C_{m_{i+1}}^{m_{i+1}-k} (m_{i+1} - k)^{m_i}$$

由组合理论可求得 NT：

$$\begin{aligned}
\text{NT} &= \prod_{i=0}^{N-2} \text{NT}_i \\
&= \prod_{i=0}^{N-2} \left[(m_{i+1})^{m_i} + \sum_{k=1}^{m_{i+1}} (-1)^k C_{m_{i+1}}^{m_{i+1}-k} (m_{i+1} - k)^{m_i} \right] \\
&= \prod_{i=0}^{N-2} \sum_{k=0}^{m_{i+1}} (-1)^k \frac{(m_{i+1})!\ (m_{i+1} - k)^{m_i}}{k!\ (m_{i+1} - k)!}
\end{aligned}$$

NT 是一个很大的数，直接求解 P'_{MS1} 或 P''_{MS1} 非常困难。这里采用降维规划法，其基本思想是先用 Greedy 算法得到部分解，然后用规划法得到全部解。算法主要步骤为：

1）给定整数 I 。

2）将 S_i 中各点按贪心法分配给 S_{i+1} 中的各点，且保证每个划分子集合的维数为 I 。

3）如果各划分子集合间无交则转 4），否则，$I = I - 1$；转 2）。

4）检查是否求得满足无交条件的最大数 I？如果求得，则转 5）；否则，$I = I + 1$ 转 2）。

5）将未划分的所有点用 0 ~ 1 规划进行划分。

6）0 ~ 1 规划的解与贪心法的解合成为问题 P_{MS1} 的解。

数值算例表明，降维法对求解大规模问题是有效的。

2. 几何位置优化

集合划分完成之后，网络的拓扑关系也就确定了，此时几何位置优化问题可提成为：

P_{MS2}：求 $\boldsymbol{U}$

$$\min \quad F_{\text{U}} = \sum_{i=1}^{N} \sum_{j=1}^{m_i} \sum_{S_{i-1}^k \in SS_{i-1}^{(j)}} \xi_{ijk} w_{ijk} \tag{2-7}$$

$$\text{s.t.} \quad g_i(\boldsymbol{U}) \leqslant 0 \quad i = 1, 2, \cdots, q \tag{2-8}$$

其中,式(2-8)为几何位置约束; q 为约束条件个数。

P_{MS2} 属于非线性规划问题,可以采用惩罚函数法进行求解。当 P_{MS2} 为无约束优化问题时,根据网络的拓扑结构和最优性条件,优化问题 P_{MS2} 的解由下列非线性方程组的解给出:

$$\sum_{S_{i-1}^{k} \in SS_{i-1}^{(j)}} \frac{\partial \xi_{ijk}}{\partial x_{ij}} w_{ijk} + \left. \frac{\partial \xi_{i+1,m,j}}{\partial x_{ij}} w_{i+1,m,j} \right|_{S_i^j \in SS_i^{(m)}} = 0 \quad i = 1,2,\cdots,N \quad j = 1,2,\cdots,m_i \tag{2-9}$$

$$\sum_{S_{i-1}^{k} \in SS_{i-1}^{(j)}} \frac{\partial \xi_{ijk}}{\partial y_{ij}} w_{ijk} + \left. \frac{\partial \xi_{i+1,m,j}}{\partial y_{ij}} w_{i+1,m,j} \right|_{S_i^j \in SS_i^{(m)}} = 0 \tag{2-10}$$

由前面的分析可知,集合最优划分是在离散空间进行的,它以 $\boldsymbol{U}$ 为依据对网络的拓扑关系进行优化;几何位置优化是在连续空间进行的,它以给定的拓扑关系为依据进行节点几何位置优化,进一步改进 $\boldsymbol{U}$。两级之间通过迭代进行协调。可以证明,如果能够求得集合最优划分子问题、几何位置优化子问题的最优解,则分级优化算法得到的目标函数值将是一个单调下降序列。

采用分级优化法求解 MS 网络拓扑优化问题的步骤为:

1)给定初始几何位置向量 $\boldsymbol{U}^{(1)}$,允许误差 ε ,迭代次数 $k = 1$。

2)形成集合最优划分子问题,采用降维规划法进行求解确定 $\boldsymbol{\delta}^{(k)}$ 。

3)计算 $F^k(\boldsymbol{\delta}^k, \boldsymbol{U}^k)$ 。

4)形成几何位置优化子问题,采用惩罚函数法进行求解得到 $\boldsymbol{U}^{(k+1)}$ 。

5)计算 $F'^k(\boldsymbol{\delta}^k, \boldsymbol{U}^{k+1}) = F^k(\boldsymbol{\delta}^k, \boldsymbol{U}^{k+1})$ 。

6)检验收敛条件,若 $|F'^k(\boldsymbol{\delta}^k, \boldsymbol{U}^{k+1}) - F^k(\boldsymbol{\delta}^k, \boldsymbol{U}^k)| \leqslant \varepsilon$,则令 $\boldsymbol{\delta}^* = \boldsymbol{\delta}^k$, $\boldsymbol{U}^* = \boldsymbol{U}^{k+1}$,停止计算;否则,令 $k = k + 1$,返回步骤2)。

2.1.4 MS 网络拓扑优化的混合遗传模拟退火算法

1. 混合遗传模拟退火算法的求解策略

前面提出的 MS 网络拓扑优化的分级优化法属于传统意义上的确定性优化设计方法。这类算法一般要求目标函数有较好的连续性和可微性,且只作用于解空间中的单个解。随着迭代的进行,这个解沿着一定的方向不断改进。对于多峰问题而言,这种点对点的搜索方法极可能陷入局部最优解。随着优化技术的不断发展,以模拟退火、遗传算法、禁忌搜索、进化规划、进化策略、混沌搜索等为代表的智能优化设计方法以其高效的优化性能、无需问题特殊信息、具有全局搜索能力等优点,受到了各领域的广泛关注和应用,并成为解决 NP 难问题的有力工具。这些算法的收敛性在理论上得到了研究,但与实际应用尚存在差距。当问题的规模和复杂度增加时,单一算法的优化能力大为削减,要确定合适的算法参数也是非常困难的。由于优化算法的多样性,对具体问题应用何种算法往往取决于研究人员的经验和爱好。探讨各种算法的适用域是一项庞大而困难的工作,而基于自然机理提出新的优化算法也并非易事。鉴于这种现状,算法混合的思想已成为提高算法优越性能的一个重要而有效的途径,其出发点是使单一算法互相取长补短,产生更好的优化能力和效率。近年来,混合优化算法得到了较多的研究,并在电路设计、生产调度、神经网络、控制工程、交通运输等领域中取得了较好的应用效果。

根据 MS 网络拓扑优化问题的结构特点，以遗传算法、模拟退火算法和分级优化法为基础构造了一种混合遗传模拟退火算法的求解策略(刘扬，1999)。其求解思路是：首先将遗传算法、模拟退火算法结合起来形成遗传模拟退火算法对问题进行求解；在此基础上，以优化结果作为初始点进一步采用分级优化法进行求解。采用遗传模拟退火算法对问题进行求解时，可以将问题划分为两层：布局层和分配层。在布局层，其目的是确定各级节点的几何位置，可以采用遗传模拟退火算法搜索整个布局区域。在分配层，其目的是确定节点之间的连接关系，为尽快获得解，可以采用前面提出的降维规划法进行求解。通过这种方法，整个布局区域能够被有效地搜索以找到全局最优或近全局最优解。混合遗传模拟退火算法的结构流程如图 2-2 所示。

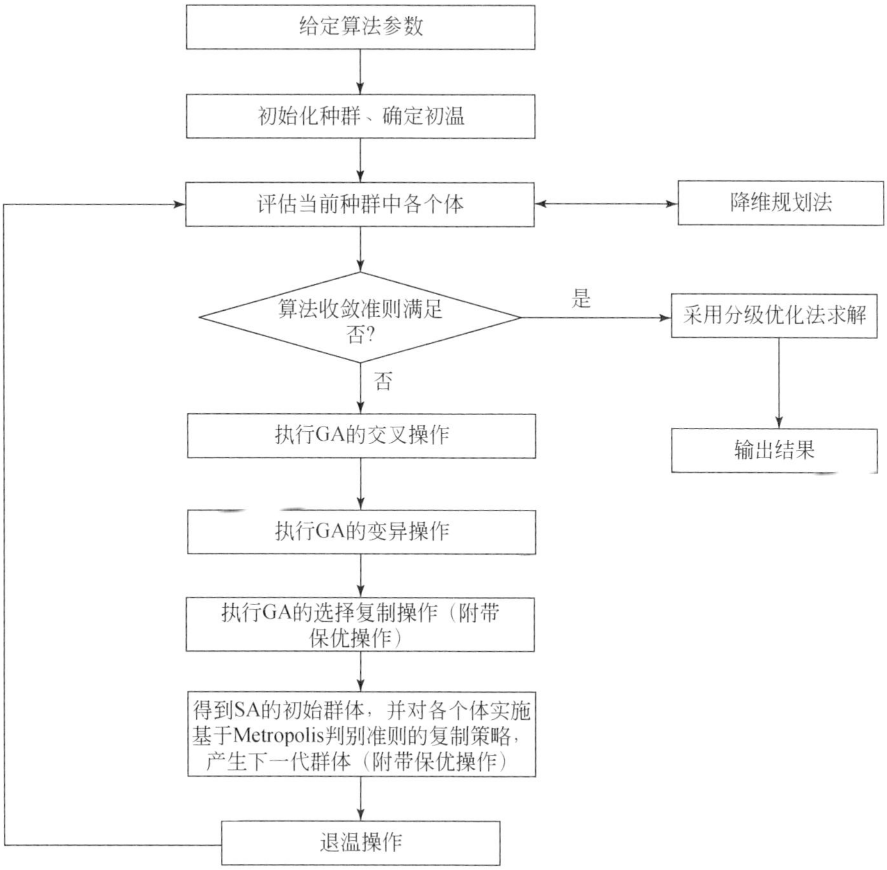

图 2-2　混合遗传模拟退火算法结构流程图

构造混合遗传模拟退火算法的出发点主要基于以下五个方面。

(1)优化机制的融合

遗传算法和模拟退火两种算法均属于基于概率分布机制的优化算法。不同的是，模拟退火算法通过赋予搜索过程一种时变且最终趋于零的概率突跳法，从而可有效避免陷入局部极小并最终趋于全局最优；遗传算法则通过概率意义下的基于“优胜劣汰”思想的群体遗传操作来实现优化。将优化机制上如此差异的遗传算法和模拟退火两种算法进行混合，有利于丰富优化过程的搜索行为，增强全局意义下的搜索能力和效率。分级优化法属于确定性优化方法，将其与遗传模拟退火算法进行串联，以后一种算法的优化结果作为该算法的初始解对问题进行优化，能够进一步提高优化设计的质量。

(2)优化结构的互补

模拟退火算法采用串行优化结构，而遗传算法采用群体并行搜索。将两种算法进行结合，能够使模拟退火成为并行算法，提高其优化性能；同时模拟退火作为一种自适应变概率的变异操作，增强和补充了遗传算法的进化能力。

(3)优化操作的结合

模拟退火算法的状态产生和接受操作每一时刻仅保留一个解，缺乏冗余和历史搜索信息；遗传算法的复制操作能够在下一代中保留种群中的优良个体，交叉操作能够使后代在一定程度上继承父代的优良模式，变异操作能够加强种群中个体的多样性；分级优化法在迭代过程中充分利用了问题的特有信息。这些不同作用的优化操作相结合，丰富了优化过程中的邻域搜索结构，增强了全空间的搜索能力。

(4)优化行为的互补

由于复制操作对当前种群外的解空间无探索能力，种群中各个体分布"畸形"时交叉操作的进化能力有限，小概率变异很难增加种群的多样性。所以，若算法的收敛准则设计不好，则遗传算法经常会出现进化缓慢或"早熟"收敛现象。模拟退火的优化行为对退温历程的限制条件很苛刻，因此模拟退火优化时间性能较差。两种算法进行结合，可以利用模拟退火的两准则控制算法收敛性以避免出现"早熟"收敛现象，同时并行化的抽样过程可提高算法的优化时间性能。

(5)削弱参数选择的苛刻性

模拟退火和遗传算法对算法参数有很强的依赖性，参数选择不合适将严重影响优化性能。模拟退火的收敛条件导致算法参数选择较为苛刻，甚至不适用；而遗传算法的参数又没有明确的选择指导，设计算法时均要通过大量的试验和经验来确定。遗传算法和模拟退火相结合，使算法各方面的搜索能力均有提高，因此对算法参数的选择不必过分严格。两种算法混合后进一步与分级优化法串联，能够有效提高初始点的质量，从而较大程度地提高算法全局优化度和鲁棒性能。

2. 混合遗传模拟退火算法中的关键技术

(1)问题的编码方案

编码就是将问题的解用一种码来表示，从而将问题的状态空间与遗传算法的码空间相对应，这在很大程度上依赖于问题的性质，并将影响遗传操作的设计。由于遗传算法的优化过程不是直接作用于问题参数本身，而是在一定编码机制对应的码空间上进行的，因此编码选择直接影响算法性能和计算效率。根据问题不同，遗传算法中常用的编码方案有二进制位串编码、实数编码、格雷码编码、排列编码、二维编码、树结构编码等。编码方案应能直接反映问题的结构特征，以生成有意义的积木块，进行有效搜索。

在 MS 网络拓扑优化设计中，由于布局变量是连续的，所以可以采用实数编码方案。若将网络中的节点按级别从低到高的顺序排列，则染色体可表示为

$$c^k = (x_1^k, y_1^k, x_2^k, y_2^k, \cdots, x_m^k, y_m^k)$$

式中, m 为第 1 级别节点到第 N 级别节点的总数, $m = m_1 + m_2 + \cdots + m_N$; (x_i^k, y_i^k) 为第 k 个染色体中第 i 个节点的几何位置, $i = 1, 2, \cdots, m$ 。

(2)初始化种群

种群数目是影响算法优化性能和效率的因素之一。通常,种群太小则不能提供足够的采样点,以致算法性能很差,甚至得不到问题的可行解;种群太大时尽管可增加优化信息以阻止早熟收敛的发生,但无疑会增加计算量,从而使收敛时间太长。因此,种群数目应根据问题规模的大小适当选取。

种群初始化通常采用随机方法产生。由于最优布局应在包含最低级别节点的矩形区域内,因此节点初始布局可在这个矩形区域内任取位置,重复这一过程,直到产生所有种群成员。

为了加快搜索过程,也可以采用比随机初始化群体更有效的方法,如:

1)随机生成 l ($l > 1$) 个染色体,选择最好的一个放入初始群体,如此重复,直至填满群体。

2)利用问题的固有信息,首先将人工设计的一个或多个布局方案放入初始群体,其余染色体采用随机化方法产生。

(3)适应值函数设计

由问题的编码方案可知,每一个染色体中均包含了各级节点的布局信息 U,为了能够对染色体的优劣进行评估,还需要确定在该布局条件下的管网最佳连接形式,因此需要解决集合最优划分子问题 P_{MS1}。该子问题实质上是具有能力约束的分配问题,可采用前面介绍的降维规划法进行求解。

由于在遗传操作过程中,适应值高的染色体生存的概率较大,而 MS 网络拓扑优化的目标函数是极小化管网投资,因此需要对问题的目标函数作适当变换方可应用。对于染色体 c^k ,可以采用如下形式的适应值函数:

$$\text{fitness}(c^k) = \exp\left[-\frac{f(c^k) - f_{\min}}{t}\right]$$

式中, $f(c^k)$ 为染色体 c^k 对应的目标函数值; $f_{\min}$ 为当前代进化群体中目标函数的最小值; t 为退火温度。

这是一个较好的加速适应函数,它能够防止在遗传迭代过程中某些超级染色体太快的把持遗传过程,以满足早期限制竞争、晚期鼓励竞争的需要。

(4)初始温度确定及退温操作

根据与物理退火过程的类比关系,为了保证算法最终优良的收敛性,初始温度的选择应充分大以使几乎所有产生的候选解都能被接受。实验表明,初温越大,获得高质量解的概率越大,但花费的计算时间将增加。因此,初温的确定应折中考虑优化质量和优化效率。为操作方便,初温的选择可采用如下形式:

$$t_0 = K\delta$$

其中:

$$\delta = f_{\max} - f_{\min}$$

式中, $f_{\max}$ 为当前代进化群体中目标函数的最大值; K 为充分大的数,实际计算中,可以选 $K =$

10,20,100,… 试验值。

退温操作可以采用 $t_{k+1} = \lambda t_k$ 方式,其中 $0 < \lambda < 1$。

(5)交叉操作

在自然界生物进化过程中起核心作用的是生物遗传基因的重组。同样,遗传算法中起核心作用的是遗传操作的交叉算子。交叉依赖于如何选择双亲及双亲如何繁殖后代。通过交叉,遗传算法的搜索能力得以飞跃提高。这里采用自由交叉和优势交叉相结合的策略。自由交叉指两个双亲是任选的;优势交叉是用最适合的个体作为一个固定的双亲,从种群中任选一个个体作为另一个双亲。在遗传过程中的奇数代采用自由交叉,在偶数代采用优势交叉。

假设选择的两个双亲分别为

$$c^{k_1} = (x_1^{k_1}, y_1^{k_1}, x_2^{k_1}, y_2^{k_1}, \cdots, x_m^{k_1}, y_m^{k_1})$$

$$c^{k_2} = (x_1^{k_2}, y_1^{k_2}, x_2^{k_2}, y_2^{k_2}, \cdots, x_m^{k_2}, y_m^{k_2})$$

产生的后代为

$$c = (x_1, y_1, x_2, y_2, \cdots, x_m, y_m)$$

则后代染色体中的基因由下式确定:

$$x_i = r_i \cdot x_i^{k_1} + (1.0 - r_i) \cdot x_i^{k_2}$$

$$y_i = r_i \cdot y_i^{k_1} + (1.0 - r_i) \cdot y_i^{k_2}$$

式中, r_i 为(0,1)内的独立随机数。

(6)变异操作

在遗传算法中引入变异的目的有两个:一是使遗传算法具有局部的搜索能力。当遗传算法通过交叉算子已接近最优解邻域时,利用变异算子的局部搜索能力可以加速向最优解收敛。二是使遗传算法维持群体多样性,以防止出现早熟收敛现象。

变异操作也采用两种方式:精细变异和强烈变异,两种方式交替进行。假设变异候选染色体为 $c^k = (x_1^k, y_1^k, x_2^k, y_2^k, \cdots, x_m^k, y_m^k)$,变异产生的后代为 $c = (x_1, y_1, x_2, y_2, \cdots, x_m, y_m)$,则精细变异时,后代染色体中的基因由下式确定:

$$x_i = x_i^k + [-\varepsilon, \varepsilon] \text{ 上的随机值}$$

$$y_i = y_i^k + [-\varepsilon, \varepsilon] \text{ 上的随机值}$$

其中: ε 为一个小正实数。

强烈变异时,后代染色体中的基因由下式确定:

$$x_i = [x_{\min}, x_{\max}] \text{ 上的随机值}$$

$$y_i = [y_{\min}, y_{\max}] \text{ 上的随机值}$$

(7)选择复制

选择是从群体中选择优胜个体,淘汰劣质个体的操作。它是建立在个体适应值评估的基础上,适应值越大的个体,被选择的机会越多。与标准遗传算法不同,这里采用从双亲和它们的后代中选出较好的个体形成下一代。为了保存在遗传过程中产生的最好染色体,同时避免退化,采用相对禁止的选择策略。染色体 s_k 的禁止邻域可定义为

$$\Omega(s_k, \alpha, \gamma) = \{ s \mid \| s - s_k \| \leqslant \gamma, \text{fitness}(s_k) - \text{fitness}(s) < \alpha, s \in R^{2m} \}$$

其中: α 和 γ 为给定的两个正参数。在选择过程中,一旦 s_k 被选入下一代,就禁止对它的邻

域染色体进行选择。γ 值定义了 s_k 布局意义上的邻域,用于避免选择在布局上只有很小不同的个体。α 值定义了 s_k 适值意义上的邻域,用于避免选择在适值上只有很小不同的个体。

假定种群的数目为 pop_size,则选择过程可按下面的步骤进行:

1)令所有双亲和后代是活动的。在双亲和后代中选择最好个体作为下一代第一个成员,选定的个体为不活动的,并令 $l=1$。

2)如果 l>pop_size 则停止;否则继续。

3)如果双亲和后代中没有活动的,在下一代中随机产生 pop_size-l 个新成员;否则继续。

4)在剩余活动的双亲和后代中选择最好个体。

5)检查这些个体是否落在选出成员的禁止邻域中,如果没有,将它作为下一代的新成员,并令 $l=l+1$。

6)将选出的个体改为不活动的,转步骤3)。

(8)基于 Metropolis 判别准则的复制策略

将经过遗传算法的交叉、变异和选择操作产生的每个个体,在当前温度下利用具有概率突跳特性的 Metropolis 抽样策略在一定的邻域范围内进行随机搜索,直至抽样稳定为止。为了保证算法的全局收敛性,需要采用最优保留策略。按照这种策略,一方面能够保证中间群体中的最优个体进入下一代,另一方面在接受优化解外,有限度的接受劣质解,保证了群体的多样性,避免陷入局部最优。整个过程的操作步骤如下:

1)将当前种群中的最优个体无条件的复制到下一代群体中。

2)对当前群体中非最优个体 c^i 进行 SA 搜索,即在染色体 c^i 的邻域中随机产生新个体 c^j。

3)计算 $\Delta f=f(c^j)-f(c^i)$。

4)随机产生[0,1]之间的随机数 r,如果 $\min[1,\exp(-\Delta f/t_k)]\geq r$,则令 $c^i=c^j$。

5)判断抽样是否稳定?若不稳定,转步骤2),重复下一次抽样过程。

6)判断所有非最优个体是否全部抽样完毕,若没有,则选择新个体,转步骤2)。否则,结束当前操作。

Metropolis 抽样稳定性准则包括:①连续若干步的目标函数值变化较小;②按照一定的步数抽样。当满足其中一条时,可认为抽样稳定,达到了收敛条件。

(9)算法收敛准则

混合遗传模拟退火算法是一种反复迭代的搜索方法,它通过多次进化逐渐逼近最优解而不是恰好等于最优解,因此需要给定算法收敛准则,以此判断进化过程是否终止。这里采用两种收敛准则:一是给定最大迭代次数;二是通过监测最优个体目标函数值的变化情况来实现。当迭代次数达到规定的最大迭代次数,或者最优个体目标函数值连续若干步没有明显变化时,认为算法已经满足收敛条件,可结束群体进化过程。

3. 混合遗传模拟退火优化策略的效率分析

理论上已经证明模拟退火算法和带有保优操作的遗传算法具有概率1的全局收敛性。实际上,在实际操作时,算法难以满足理论上的苛刻收敛条件,因此两者的优化性能和效率均不大理想,也导致算法参数选取的困难性。为实现良好的优化性能,遗传算法需要以较大种群数和较长遗传步数进行优化,模拟退火算法则需要缓慢的退温历程加以保证,这样会导致计算时间大大延长。将所构造的混合遗传模拟退火算法,与单一采用模拟退火算法和遗传算法相比,在优化性能、优化效率和鲁棒性方面均有较大提高。可以从以下3个方面说明。

(1)优化性能提高

采用遗传算法进行优化时,一旦种群中各个个体完全相同或分布"畸形"时,单一的复制和交叉操作通常不能产生新个体来增加种群的多样性。从另一方面考虑,缺少模拟退火操作的小概率变异搜索,将使算法长时间"徘徊"在若干旧状态上,进而容易出现"早熟收敛"的现象;而大概率变异操作将使算法成为随机寻优。此外,进化过程中为提高全局收敛效率,复制操作时自然希望适配值高的状态得以较大的生存概率。但是,过强的复制操作将使种群过分地吸引到局部极小解。因此,混合算法中模拟退火操作的嵌入,是对遗传算法变异操作的一种有效补充,赋予优化过程在各状态具有可控的概率突跳特性,尤其在高温时使得算法具有较大的突跳性,是避免陷入局部极小的有力手段,加大了打破上述僵局的可能,也减弱了遗传算法对算法参数的过分依赖性。其次,在温度较低时,模拟退火算法演变为几乎是概率1的保优变异操作,Metropolis 抽样过程将实现很强的趋化性局部搜索。而相对模拟退火算法而言,混合策略又实现群体并行优化。所以,混合策略的优化性能,尤其是避免陷入局部极小的能力,较单一算法必然会有所提高。

(2)优化效率提高

混合策略中引入遗传操作,使得模拟退火串行搜索转化为多点并行搜索。而遗传操作和模拟退火各自不同的领域搜索结构相结合,使得算法在解空间中的探索能力和范围均有所提高,从而导致优化效率必然会有所提高。

(3)鲁棒性提高

相对模拟退火算法而言,混合遗传模拟退火策略的多点搜索必然削弱算法对初值的依赖性;相对遗传算法而言,混合策略的搜索行为可通过控制温度参数而加以控制,且理论上进化过程并不影响平稳分布,因此鲁棒性也必然会提高。

总体而言,混合遗传模拟退火算法的求解策略可描述为:遗传操作利用模拟退火得到的解作为初始种群,通过并行遗传操作使种群得以进化;模拟退火对遗传操作得到的进化种群进行进一步优化,温度较高时表现出较强的概率突跳性,体现为对种群的"粗搜索",温度较低时演化为趋化性局部搜索算法,体现为对种群的"细搜索";分级优化将遗传模拟退火得到的解作进一步改进。这种混合不仅是算法结构上的,而且是搜索机制和进化思想上的相互补充。

2.1.5 计算实例

某油田区域内有油井177口,井位如图2-3所示,根据产油量和生产管理方便,欲建计量站15座,集中处理站1座,试设计一个二级星形集输网络。

分别采用分级优化法和混合遗传模拟退火算法进行了优化设计,并与初始人工设计的结果进行了比较。图2-4~图2-6分别为初始设计、分级优化法和混合遗传模拟退火算法优化设计后的管网图。

表2-1~表2-3分别为初始设计、分级优化法和混合遗传模拟退火算法优化后的站位置

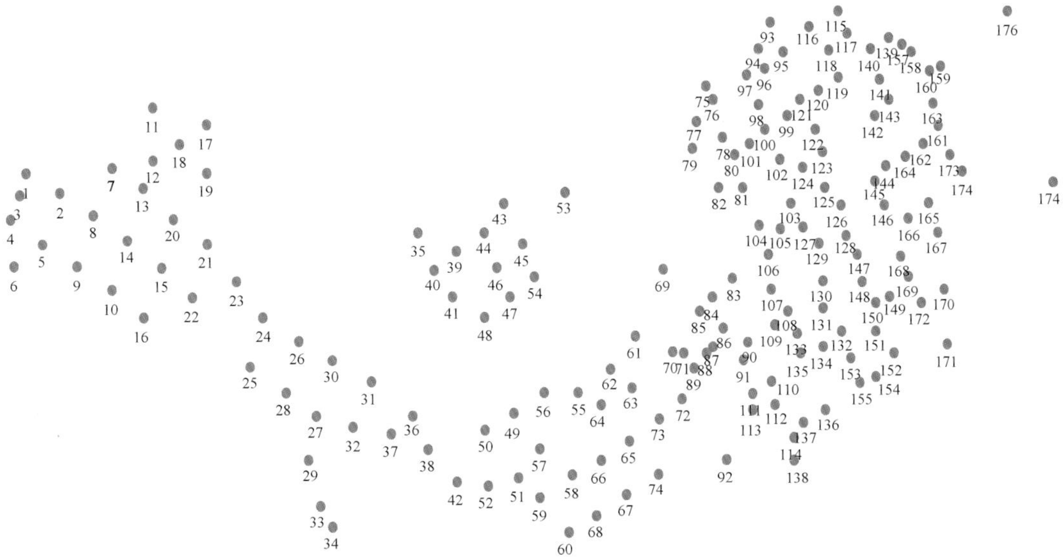

图2-3　油井位置

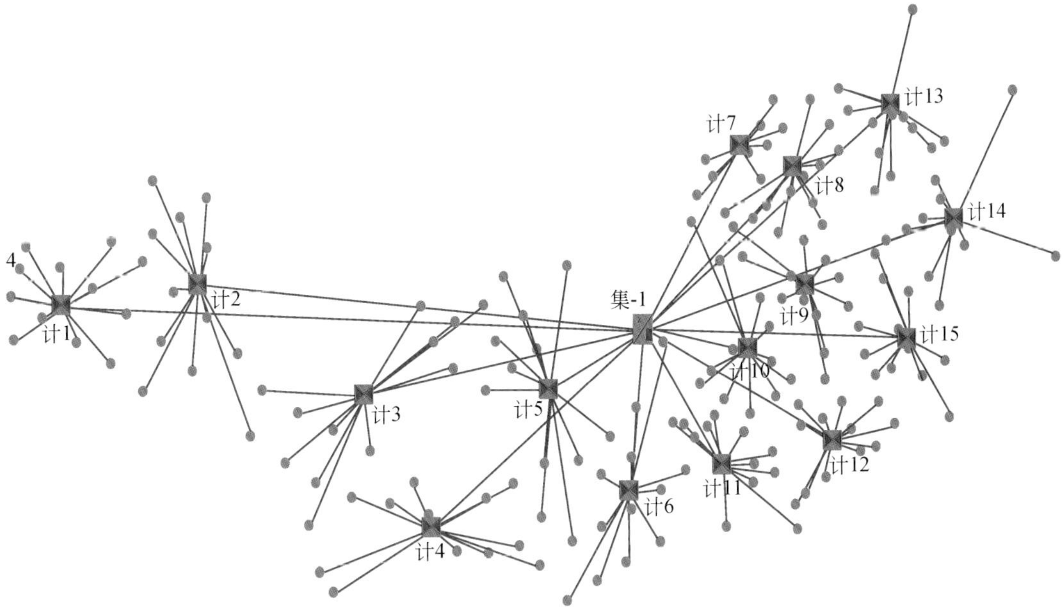

图2-4　初始设计结果

坐标及所辖油井编号。采用分级优化法设计时，以初始人工设计的结果作为初始点进行优化。在混合遗传模拟退火算法中，群体规模取60，变异率取5%，交叉率取90%，退温操作系数$\alpha=0.8$。计算结果表明，初始人工规划、分级优化和混合遗传模拟退火算法优化后的管线总长度分别为136.39km、129.03km和123.43km；管线投资分别为2379.19万元、2240.21万元和2132.85万元。与初始设计结果相比，分级优化法和混合遗传模拟退火算法设计后的

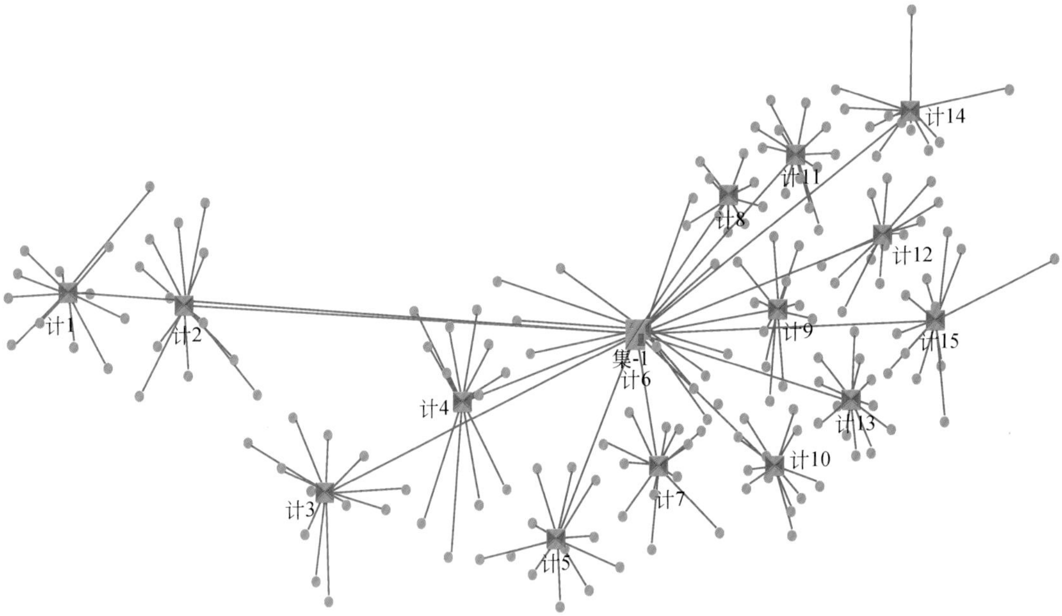

图 2-5　分级优化算法设计结果

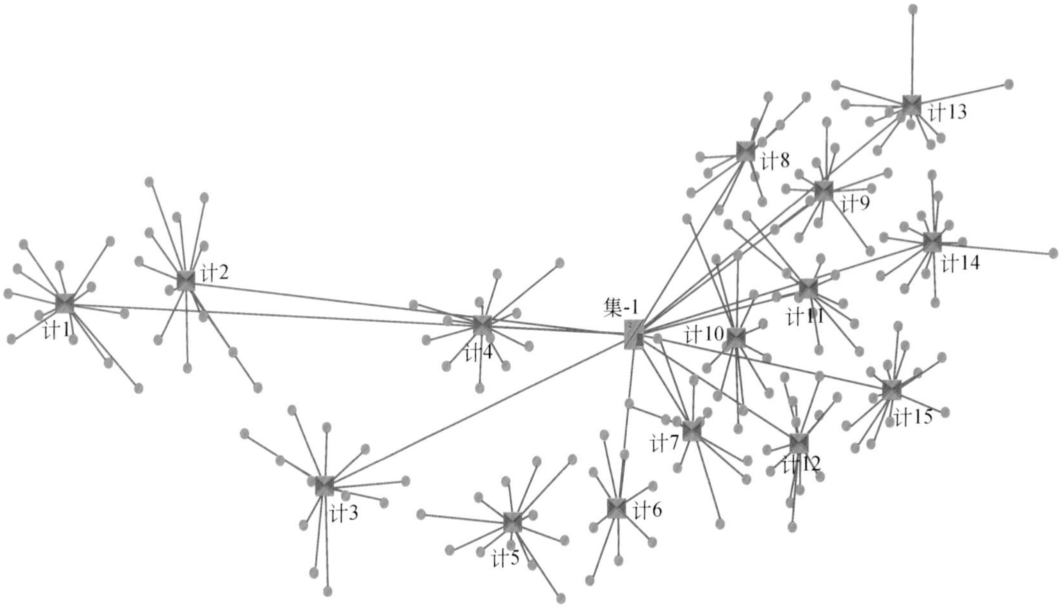

图 2-6　混合遗传模拟退火算法设计结果

管线投资比原设计分别降低了 5.84% 和 10.35%。如果在此基础上进行参数优化,可进一步降低系统投资。

表 2-1　初始设计结果

序号	站名称	x 坐标/m	y 坐标/m	所辖井号
1	计 1	15601679.93	4984402.59	1,2,3,4,5,6,7,8,9,10,13,14
2	计 2	15603130.90	4984550.99	11,12,15,16,17,18,19,20,21,22,23,25
3	计 3	15604895.15	4983726.57	24,26,27,28,29,30,31,35,39,40,41,44
4	计 4	15605620.64	4982704.30	32,33,34,36,37,38,42,49,50,51,52,59
5	计 5	15606906.72	4983759.55	43,45,46,47,48,53,54,55,56,57,58,62
6	计 6	15607731.14	4982984.60	60,61,63,64,65,66,67,68,69,72,73,74
7	计 7	15608951.27	4985589.75	75,76,77,93,94,95,96,97,98
8	计 8	15609528.36	4985441.35	78,99,100,101,102,116,118,119,120,121,122,123
9	计 9	15609660.27	4984534.50	80,81,103,105,124,125,126,127,128,129,130,131
10	计 10	15609017.23	4984072.82	79,82,83,84,85,86,90,104,106,107,108,109
11	计 11	15608753.41	4983198.94	70,71,87,88,89,91,92,110,111,112,113,138
12	计 12	15609940.57	4983363.83	114,132,133,134,135,136,137,151,152,153,154,155
13	计 13	15610583.61	4985903.03	115,117,139,140,141,142,143,156,157,158,159,160
14	计 14	15611276.12	4985062.12	144,161,162,163,164,165,167,173,174,175,176,177
15	计 15	15610748.50	4984171.75	145,146,147,148,149,150,166,168,169,170,171,172

表 2-2　分级优化设计结果

序号	站名称	x 坐标/m	y 坐标/m	所辖井号
1	计 1	15601756.34	4984525.90	1,2,3,4,5,6,7,8,9,10,11,14
2	计 2	15603031.09	4984434.01	12,13,15,16,17,18,19,20,21,22,23,24
3	计 3	15604562.11	4983030.71	25,26,27,28,29,30,31,32,33,34,36,37
4	计 4	15606039.76	4983697.79	35,38,39,40,41,42,44,46,47,48,49,50
5	计 5	15607063.85	4982684.17	51,52,55,56,57,58,59,60,64,66,67,68
6	计 6	15607987.65	4984241.33	43,45,53,54,69,77,82,83,84,85,86,87
7	计 7	15608157.54	4983219.74	61,62,63,65,70,71,72,73,74,88,89,92
8	计 8	15608889.95	4985239.80	75,76,78,79,80,97,98,100,101
9	计 9	15609416.55	4984392.49	81,102,103,104,105,106,107,108,109,124,127,129
10	计 10	15609398.10	4983216.92	90,91,110,111,112,113,114,133,135,136,137,138
11	计 11	15609621.26	4985554.28	93,94,95,96,99,116,118,119,120,121,122,123
12	计 12	15610542.17	4984940.44	125,126,128,142,143,144,145,146,161,162,163,164
13	计 13	15610210.34	4983718.23	130,131,132,134,147,148,150,151,152,153,154,155
14	计 14	15610833.01	4985885.23	115,117,139,140,141,156,157,158,159,160,175,176
15	计 15	15611114.51	4984319.61	149,165,166,167,168,169,170,171,172,173,174,177

表 2-3　混合遗传模拟退火算法设计结果

序号	站名称	x 坐标/m	y 坐标/m	所辖井号
1	计 1	15601747.51	4984396.37	1,2,3,4,5,6,7,8,9,10,14,16
2	计 2	15603039.92	4984563.54	11,12,13,15,17,18,19,20,21,22,23,24
3	计 3	15604562.11	4983030.71	25,26,27,28,29,30,31,32,33,34,36,37
4	计 4	15606261.01	4984227.85	35,39,40,41,43,44,45,46,47,48,53,54
5	计 5	15606580.60	4982746.87	38,42,49,50,51,52,55,56,57,58,59,60
6	计 6	15607702.51	4982864.40	62,63,64,65,66,67,68,73,74
7	计 7	15608513.27	4983439.77	61,69,70,71,72,85,87,88,89,92,111,113
8	计 8	15609084.34	4985529.94	75,76,77,78,93,94,95,96,97,98,100,116
9	计 9	15609918.34	4985241.38	99,102,118,119,120,121,122,123,124,142,143,145
10	计 10	15608974.56	4984138.10	79,81,82,83,84,86,90,91,104,106,107,109
11	计 11	15609732.67	4984497.33	80,101,103,105,125,126,127,128,129,130,147,148
12	计 12	15609648.51	4983351.48	108,110,112,114,131,132,133,134,135,136,137,138
13	计 13	15610833.01	4985885.23	115,117,139,140,141,156,157,158,159,160,175,176
14	计 14	15611081.76	4984853.90	144,146,161,162,163,164,165,166,167,173,174,177
15	计 15	15610647.26	4983739.94	149,150,151,152,153,154,155,168,169,170,171,172

2.2　MRS 集输网络拓扑布局优化设计

2.2.1　MRS 网络定义

在 MS 网络系统中，每一节点与其所辖节点(如油气集输管网中的计量站与油井)之间的连接形状为星形；在 MRS 网络系统中，最低级别点与上一级节点之间的连接形状为环形，其余节点之间的连接形状为星形；在 MST 网络中，最低级别点与上一级节点之间的连接形状为星形，其余节点之间的连接形状为树枝状，其同级节点之间可以相连接(图 2-7)。

如果赋权有向图 $G(V,E)$ 可表示为

$$G(V,E)=\bigcup_{i=1}^{P} L_i(V_i;E_i)\ \cup\ T(V_{P+1},E_{p+1})$$

则称 $G(V,E)$ 所表示的网络系统为 MRS 网络。其中：

1) P 为网络中环路的个数，$P\geqslant 1$；

2) $V=\bigcup_{i=1}^{P+1} V_i$；

3) $E=\bigcup_{i=1}^{P+1} E_i$；

4) $L_i(V_i,E_i)$ 为连通子图，且 $d^-(v)=d^+(v)=1$ ($\forall v\in V_i$)，显然 $L_i(V_i,E_i)$ 构成一个环子图；

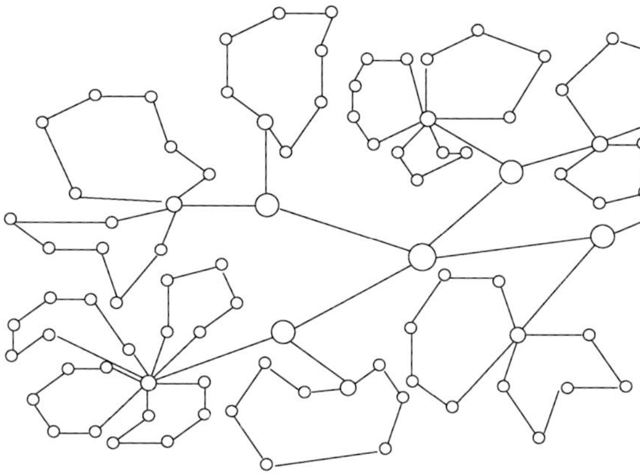

图 2-7　MRS 网络拓扑示意图

5) $E_i \cap E_j = \Phi \quad (i \neq j, i,j \in \{1,2,\cdots,P+1\})$;

6) $T(V_{P+1},E_{p+1})$ 为满足 MS 网络的所有定义要求;

7) $|ET| = PM$, ET 为 $T(V_{P+1},E_{p+1})$ 的悬挂点集合, PM 为 P 个环子图的有交分组数,即 P 个环子图可分成 PM 组,每组内各环的顶集有交,而不同组内的环顶集无交。

2.2.2　MRS 网络拓扑优化数学模型

MRS 网络与 MS 网络的主要不同之处在于其最低级别顶点通过一个环路与其高一级别顶点相连。例如,在星型油气集输管网中,每一口油井均直接通过管线与计量站相连;而在环状油气集输管网中,一般 3 ~ 5 口油井通过一个管道环路与计量站相连。一般说来,环型网络系统能够大大缩短顶点间连接介质的长度,从而能够显著降低网络系统的造价。

MRS 网络系统拓扑优化解决的问题包括:确定各级顶点的最佳个数和几何位置,确定各级别顶点之间的最佳隶属关系,确定环路上各节点之间的最佳连接关系。其拓扑优化数学模型为

P_{MRS}:求 δ, U, M, K, r

$$\min \quad F_{\mathrm{MRS}}(\delta,U,M,K,r) = \sum_{i=1}^{N}\sum_{j-1}^{m_i} f_{ij} + \sum_{i=2}^{N}\sum_{j=1}^{m_i}\sum_{k=1}^{m_{i-1}} \xi_{ijk} w_{ijk} \delta_{ijk} + \sum_{k=1}^{K}\sum_{i=1}^{m_S'}\sum_{j=1}^{m_S'} \xi'_{ijk} w'_{ijk} r_{ijk} \tag{2-11}$$

$$\text{s. t} \quad \sum_{j=1}^{m_i} \delta_{ijk} = 1 \quad i = 2,\cdots,N; k = 1,2,\cdots,m_{i-1}$$

$$m_i^l \leqslant |\boldsymbol{S}_i| \leqslant m_i^u \quad i = 1,2,\cdots,N-1$$

$$\sum_{k=1}^{K}\sum_{j=1}^{m_S'} r_{ijk} = 1 \quad i = 1,2,\cdots,m_0$$

$$\sum_{j=1}^{m_S'} r_{ijk} - \sum_{j=1}^{m_S'} r_{jik} = 0 \quad i = 1,2,\cdots,m_S'; k = 1,2,\cdots,K$$

$$\sum_{j=m_0+1}^{m_S'}\sum_{i=1}^{m_0} r_{ijk}=1 \quad k=1,2,\cdots,K$$

$$m_K^l \leqslant \sum_{i=1}^{m_S'}\sum_{j=1}^{m_S'} r_{ijk} \leqslant m_K^u$$

$$\delta_{ijk} \in \{0,1\}$$

$$r_{ijk} \in \{0,1\}$$

$$U \in U_{\mathrm{D}}$$

MRS 网络系统的拓扑优化设计是一类非常复杂的离散优化设计问题。一般说来,求解离散优化问题要比求解连续优化问题困难得多,这是因为变量的离散性使得一些有效的连续变量优化方法难以施展。在离散变量优化设计模型中,最优解产生于一个有限集合。由前面的分析可知,MRS 网络优化的某些子问题属于 NP 难问题,需要采取一定的求解策略。为了简化模型求解,在进行设计时,可以根据问题规模的大小首先确定 M。此时,问题 P_{MRS} 可简化为如下问题:

P'_{MRS}:求 δ,U,K,r

$$\min \quad F_{\mathrm{MRS}}(\delta,U,K,r)=\sum_{i=2}^{N}\sum_{j=1}^{m_i}\sum_{k=1}^{m_{i-1}}\xi_{ijk}w_{ijk}\delta_{ijk}+\sum_{k=1}^{K}\sum_{i=1}^{m_S'}\sum_{j=1}^{m_S'}\xi'_{ijk}w'_{ijk}r_{ijk} \tag{2-12}$$

$$\text{s. t} \quad \sum_{j=1}^{m_i}\delta_{ijk}=1 \quad i=2,\cdots,N;k=1,2,\cdots,m_{i-1}$$

$$\sum_{k=1}^{K}\sum_{j=1}^{m_S'} r_{ijk}=1 \quad i=1,2,\cdots,m_0$$

$$\sum_{j=1}^{m_S'} r_{ijk}-\sum_{j=1}^{m_S'} r_{jik}=0 \quad i=1,2,\cdots,m_S';k=1,2,\cdots,K$$

$$\sum_{j=m_0+1}^{m_S'}\sum_{i=1}^{m_0} r_{ijk}=1 \quad k=1,2,\cdots,K$$

$$m_K^l \leqslant \sum_{i=1}^{m_S'}\sum_{j=1}^{m_S'} r_{ijk} \leqslant m_K^u$$

$$\delta_{ijk} \in \{0,1\}$$

$$r_{ijk} \in \{0,1\}$$

$$U \in U_{\mathrm{D}}$$

直接求解问题 P'_{MRS} 仍很困难,需要根据问题的性质采取一定的策略进行求解。

2.2.3 MRS 网络拓扑优化的分级优化法

问题 P'_{MRS} 可以分解为三个子问题:集合最优划分、子环路优化和几何位置优化。集合最优划分问题的数学模型和求解方法同 MS 网络优化子问题 P_{MS1}。集合最优划分完成之后,各级别节点之间的隶属关系也就确定了。子环路优化是根据集合最优划分结果,以划分子集合为对象,分别求解若干个子环路。几何位置优化是确定各级节点的最佳几何位置。这几个子问题之间通过迭代联系在一起。

1. 子环路优化

假设在前面的优化设计过程中,已经确定了各级别节点的几何位置和相互之间的隶属关系,子环路优化需要解决的问题是确定环路个数和各环路上节点之间的连接关系。根据集合最优划分结果,设 S_1 上节点 $S_1^t(\ t=1,2,\cdots,m_1)$ 所辖节点集合为 SS_t ,则 $SS_t \subset S_0$。根据节点隶属关系唯一性条件可知, $\bigcup_{t=1}^{m_1} SS_t = S_0$。令 $S_{1t} = SS_t \cup S_1^t$,则子环路优化可转化为求解如下 m_1 个子问题:

P_{MRS1} :求 $k_1^t,\zeta^t \quad t=1,2,\cdots,m_1$

$$\min \quad F_{k\zeta} = \sum_{k=1}^{k_l^t}\sum_{i=1}^{m_{S_{1t}}}\sum_{j=1}^{m_{S_{1t}}} L_{ij}^t w_{ij}^t \zeta_{ijk}^t \tag{2-13}$$

$$\text{s. t} \quad \sum_{k=1}^{k_l^t}\sum_{j=1}^{m_{S_{1t}}} \zeta_{ijk}^t = 1 \quad i=1,2,\cdots,m_{S_{1t}}-1 \tag{2-14}$$

$$\sum_{j=1}^{m_{S_{1t}}} \zeta_{ijk}^t - \sum_{j=1}^{m_{S_{1t}}} \zeta_{jik}^t = 0 \quad i=1,2,\cdots,m_{S_{1t}};k=1,2,\cdots,k_l^t \tag{2-15}$$

$$\sum_{i=1}^{m_{S_{1t}}-1} \zeta_{im_{s_{1t}}k}^t = 1 \tag{2-16}$$

$$m_K^l \leqslant \sum_{i=1}^{m_{S_{1t}}}\sum_{j=1}^{m_{S_{1t}}} \zeta_{ijk}^t \leqslant m_K^u \tag{2-17}$$

$$_{ijk}^{t} \in \{0,1\} \tag{2-18}$$

其中:

$$\zeta^t = \{\zeta_{ijk}^t \mid i=1,2,\cdots,m_{s_{1t}};j=1,2,\cdots,m_{s_{1t}};k=1,2,\cdots,k_l^t\}$$

式中, k_l^t 为节点 S_1^t 所辖子环路个数; ζ_{ijk}^t 为节点 S_{1t}^i 与 S_{1t}^j 之间的连接关系, $\zeta_{ijk}^t = \begin{cases}1 & S_{1t}^i \text{与} S_{1t}^j \text{相连接且均在} k \text{环上} \\ 0 & \text{否则}\end{cases}$; $m_{S_{1t}}$ 为节点集合 S_{1t} 的维数; L_{ij} 为节点 S_{1t}^i 与 S_{1t}^j 间的距离; w_{ij} 为边权因子。

式(2-14)为 S_{1t} 中各点与子环路隶属关系唯一性约束,即 S_{1t} 中各节点必须隶属于某一环路;式(2-15)为环路约束,即环路上各点之间必须形成一个封闭环路;式(2-16)为每个子环路中必须包含节点 S_1^t(即节点 $S_{1t}^{m_{S_{1t}}}$);式(2-17)为各子环路上节点集合维数的上、下限约束;式(2-18)为 ζ_{ijk}^t 的取值范围约束。

直接求解问题 P_{MRS1} 仍很困难,这里将其划分成下面两个子问题。

$P_{\mathrm{MRS1}}^{(1)}$:以点 S_1^t 为极坐标原点,计算 SS_t 中各点的极坐标并进行排序,并依此将 SS_t 划分成满足条件的 k_l^t 个无交子集合,将每个集合都加上 S_1^t,组成新的 k_l^t 个子集合 S_{1tk} ($k=1,2,\cdots,k_l^t$)。

$P_{\mathrm{MRS1}}^{(2)}$:对每个子集合 S_{1tk} ($k=1,2,\cdots,k_l^t$)求解环路优化问题,使子集合中所有节点形成首尾依次连接的封闭环路。该问题为 NP 难问题,这里采用快速 TSP 算法进行求解。求解步骤为:

1)任取 S_{1tk} 中一点作为只有一个顶点零条边的回路 T_1。

2）对于有 p 个顶点的回路 T_p，找出不在回路上的点 S_{1tk}^l，使它和 T_p 中的某一点 S_{1tk}^z 间的费用最低。

3）将 S_{1tk}^l 插在 T_p 中的 S_{1tk}^z 前面组成一个新的回路 T_{p+1}。

4）重复步骤 2）和 3），直到生成一个包含 S_{1tk} 中所有节点的封闭回路为止。

2. 几何位置优化

假定在前面的优化过程中已经确定了网络的拓扑关系，则几何位置优化的数学模型可提成为

$$\min \quad F_U = \sum_{i=2}^{N}\sum_{j=1}^{m_i}\sum_{k=1}^{m_{i-1}} \xi_{ijk} w_{ijk} \delta_{ijk} + \sum_{t=1}^{m_1}\sum_{k=1}^{k_1^t}\sum_{i=1}^{m_{S_{1t}}} \left(L_{im_{S_{1t}}}^t w_{im_{S_{1t}}}^t \zeta_{im_{S_{1t}}k}^t + L_{m_{S_{1t}}i}^t w_{m_{S_{1t}}i}^t \zeta_{m_{S_{1t}}ik}^t \right) \tag{2-19}$$
$$\text{s.t.} \quad U \in U_{\mathrm{D}}$$

该问题属于非线性数学规划问题，可采用惩罚函数法进行求解。

由前面的分析可知，MRS 网络拓扑优化几个子问题之间已经通过变量联系在一起，其求解过程可以采用迭代法进行。拓扑优化的计算框图见图 2-8。

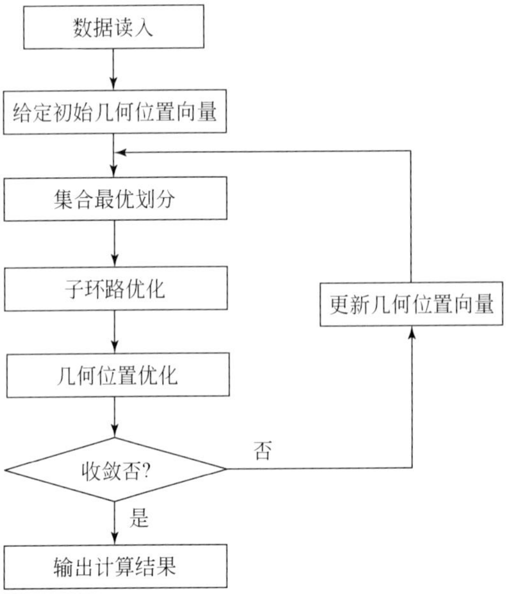

图 2-8　MRS 网络拓扑优化算法框图

2.2.4　MRS 网络拓扑优化的混合遗传模拟退火算法

根据前面的讨论，MRS 网络拓扑优化的分级优化法属于启发式求解方法，它是将问题分解为集合最优划分、子环路优化和几何位置优化三个子问题并通过迭代进行求解。根据问题本身的结构和计算复杂性可知，该方法只能保证得到问题的一个局部最优解，无法得到全局最优解或近全局最优解。

遗传算法和模拟退火算法均属于全局搜索算法。其中，遗传算法是通过保持一个潜在

解的种群进行多方向搜索。这种种群对种群的搜索有能力跳出局部最优解。种群进行的是进化的模拟,每代中相对好的解可得到繁殖的机会,而相对差的解只得消亡。它采用概率转移率,以一定的概率选择部分个体繁殖,而令另一些个体消亡,从而将搜索方向引向解空间中最可能获得改进的区域。模拟退火算法是一种单点到单点的随机寻优算法,它是基于 Monte Carlo 迭代求解策略构造的一种算法。该算法在一定的初温下,伴随温度参数的不断下降,结合概率突跳特性在解空间中随机寻找目标函数的全局最优解,即局部最优解能概率性的跳出并最终趋于全局最优。遗传算法和模拟退火算法在优化结构和优化行为等方面具有很强的互补性,如果能够将两者有效结合形成混合算法,则在优化性能、优化效率和鲁棒性等方面比单一算法均会有很大提高。基于此种考虑,参照 MS 网络系统的拓扑优化,将遗传算法、模拟退火和上面介绍的分级优化算法结合起来形成混合遗传模拟退火算法进行 MRS 网络系统的拓扑优化设计。

与 MS 网络的拓扑优化设计过程类似,采用混合遗传模拟退火算法进行 MRS 网络的拓扑优化设计,也是将问题划分为布局层和分配层。布局层的任务是确定各级节点的几何位置,分配层的任务是确定节点之间的拓扑关系。染色体的表达方式、适应函数值的设计、遗传操作以及退火操作等过程参照 MS 网络的求解过程,只是在计算某一染色体的目标函数值时需要根据 MRS 网络的结构特征采用一定的求解策略。由于染色体中已经包含了节点的几何位置信息,因此问题的目标函数值可以通过求解如下优化问题得出:

$\mathrm{P}'_{\mathrm{MRS}}$:求 δ,K,r

$$\min F_{\mathrm{MRS}}(\delta,K,r)=\sum_{i=2}^{N}\sum_{j=1}^{m_i}\sum_{k=1}^{m_{i-1}}\xi_{ijk}w_{ijk}\delta_{ijk}+\sum_{k=1}^{K}\sum_{i=1}^{m_S'}\sum_{j=1}^{m_S'}\xi'_{ijk}w'_{ijk}r_{ijk} \tag{2-20}$$

$$\text{s. t.}\quad \sum_{j=1}^{m_i}\delta_{ijk}=1\quad i=2,\cdots,N;k=1,2,\cdots,m_{i-1}$$

$$\sum_{k=1}^{K}\sum_{j=1}^{m_S'}r_{ijk}=1\quad i=1,2,\cdots,m_0$$

$$\sum_{j=1}^{m_S'}r_{ijk}-\sum_{j=1}^{m_S'}r_{jik}=0\quad i=1,2,\cdots,m_S';k=1,2,\cdots,K$$

$$\sum_{j=m_0+1}^{m_S'}\sum_{i=1}^{m_0}r_{ijk}=1\quad k=1,2,\cdots,K$$

$$m_K^l\leqslant\sum_{i=1}^{m_S'}\sum_{j=1}^{m_S'}r_{ijk}\leqslant m_K^u$$

$$\delta_{ijk}\in\{0,1\}$$

$$r_{ijk}\in\{0,1\}$$

直接求解问题 P'_{MRS} 极为困难,可以根据分级优化法的求解过程将该问题划分为集合最优划分和子环路优化两个优化子问题分别进行求解。

2.2.5 计算实例

某油田区块有油井 107 口,井位如图 2-9 所示,欲设计一个二级环形集输网络。根据油井产量和管理方便起见,井式设为 12,每个集输环上设油井 3 ~4 口,阀组间 9 座。

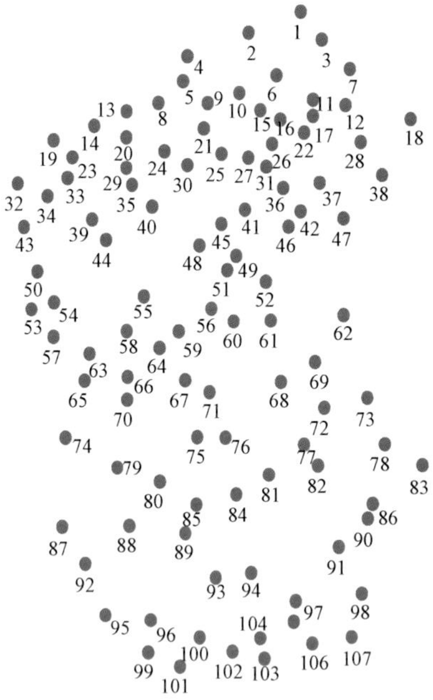

图 2-9　井位图

分别采用分级优化法(以初始人工设计结果作为初始点进行迭代)和混合遗传模拟退火算法进行优化,得到的管网结构如图 2-10 ~ 图 2-12 所示。优化后的集输环路为 27 条,

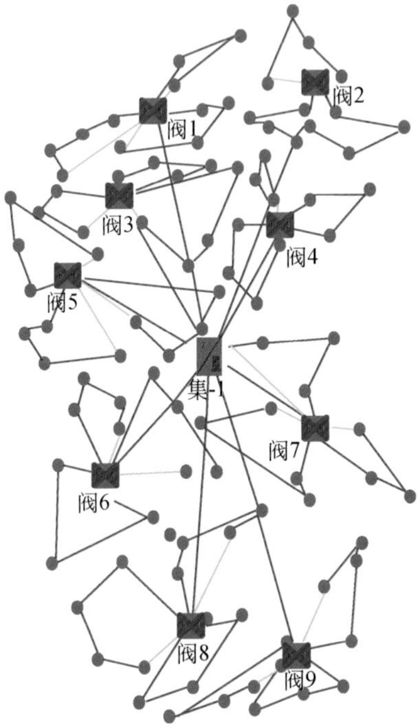

图 2-10　人工设计结果

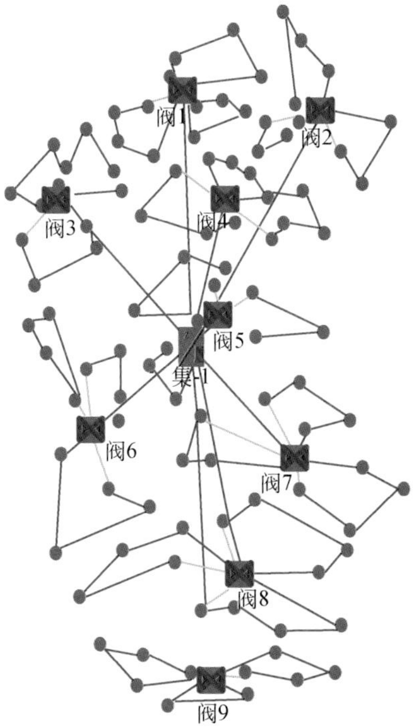

图 2-11　分级优化设计结果

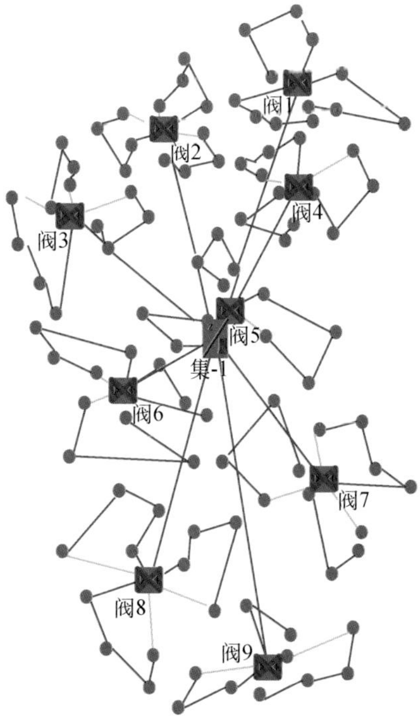

图 2-12　混合遗传模拟退火算法优化结果

表 2-4 ~ 表 2-6 为三种设计结果的阀组间位置及所辖集输环路。根据计算结果可知,初始设计的管线总长度为 93.86km,管线投资为 1769.07 万元;分级优化后的管线总长度为 87.58km,管线投资为 1645.57 万元;混合遗传模拟退火算法优化的长度为 83.52km,管线投资为 1564.38 万元。由此可见,混合遗传模拟退火算法优化结果最好,与初始人工设计和分级优化相比,管线投资分别降低了 11.57 % 和 4.93 % 。由于设计的管线短,投产后,会进一步降低动力能耗和热力能耗。

表 2-4　人工设计结果

序号	名称	X 坐标	Y 坐标	所辖集输环路
1	阀 1	402433.83	5095333.76	(阀 1,5,2,4,8),(阀 1,20,21,10,9),(阀 1,23,19,14,13)
2	阀 2	403930.68	5095635.45	(阀 2,6,1,3,7),(阀 2,11,15,16,22),(阀 2,17,28,18,12)
3	阀 3	402155.35	5094370.67	(阀 3,39,34,33,35),(阀 3,40,48,45,27),(阀 3,29,24,25,30)
4	阀 4	403605.79	5094057.38	(阀 4,36,26,31),(阀 7,42,47,38,37),(阀 7,46,52,49,41)
5	阀 5	401668.00	5093477.20	(阀 5,44,32,43,50),(阀 5,58,57,53,54),(阀 5,55,59,56,51)
6	阀 6	401992.90	5091191.31	(阀 6,75,76,67,64),(阀 6,70,66,63,65),(阀 6,79,80,87,74)
7	阀 7	403919.08	5091736.68	(阀 7,69,62,61,60),(阀 7,68,71,82,77),(阀 7,73,83,78,72)
8	阀 8	402770.33	5089462.39	(阀 8,96,95,92,88),(阀 8,84,81,85,89),(阀 8,93,94,100,99)
9	阀 9	403768.24	5089149.10	(阀 9,91,86,90,98),(阀 9,104,102,101,97),(阀 9,105,103,106,107)

表 2-5　分级优化设计结果

序号	名称	X 坐标	Y 坐标	所辖集输环路
1	阀 1	402727.63	5095540.66	(阀 1,5,4,2,6),(阀 1,8,13,20,24),(阀 1,9,10,15,21)
2	阀 2	404058.45	5095258.15	(阀 2,11,1,3,7),(阀 2,16,26,22,17),(阀 2,28,38,18,12)
3	阀 3	401567.82	5094284.20	(阀 3,23,14,29,35),(阀 3,34,32,19,33),(阀 3,43,50,44,39)
4	阀 4	403143.98	5094239.59	(阀 4,30,40,45,41),(阀 4,36,31,27,25),(阀 4,46,42,47,37)

续表

序号	名称	X坐标	Y坐标	所辖集输环路
5	阀5	403106.80	5092901.34	(阀5,51,49,48,55),(阀5,56,59,64,67),(阀5,52,62,61,60)
6	阀6	401865.21	5091600.26	(阀6,63,58,66,70),(阀6,65,57,53,54),(阀6,79,80,87,74)
7	阀7	403805.67	5091243.40	(阀7,68,69,73,72),(阀7,82,86,83,78),(阀7,71,75,76,77)
8	阀8	403270.37	5089882.85	(阀8,84,81,90,91),(阀8,89,92,88,85),(阀8,93,94,97,98)
9	阀9	402995.28	5088700.73	(阀9,100,96,95,99),(阀9,102,103,101),(阀9,104,106,107,105)

表2-6　混合遗传模拟退火算法优化设计结果

序号	名称	X坐标	Y坐标	所辖集输环路
1	阀1	403735.84	5095585.79	(阀1,6,2,1,3),(阀1,11,12,18,7),(阀1,17,16,15,10)
2	阀2	402466.28	5095096.85	(阀2,8,5,4,9),(阀2,21,25,30,24),(阀2,13,14,29,20)
3	阀3	401602.46	5094050.46	(阀3,33,23,19,34),(阀3,32,43,50,54),(阀3,35,40,44,39)
4	阀4	403699.92	5094394.98	(阀4,31,27,26,22),(阀4,28,38,47,37),(阀4,36,41,46,42)
5	阀5	403117.94	5092993.57	(阀5,51,48,45,49),(阀5,61,69,62,52),(阀5,56,55,59,60)
6	阀6	402068.07	5092023.00	(阀6,63,57,53,58),(阀6,65,74,75,70),(阀6,66,71,67,64)
7	阀7	403973.46	5090990.13	(阀7,81,76,68,77),(阀7,86,90,91,82),(阀7,72,73,78,83)
8	阀8	402319.85	5089895.45	(阀8,87,79,80,88),(阀8,96,99,95,92),(阀8,93,84,85,89)
9	阀9	403445.10	5088872.24	(阀9,100,101,102,104),(阀9,105,97,94),(阀9,98,107,106,103)

2.3 MS 网络障碍拓扑优化

2.3.1 MS 网络障碍拓扑优化数学模型

前面介绍的 MS 网络、MRS 网络和 MST 网络系统的拓扑优化是在没有考虑障碍的情况下进行设计的理想情况。在实际设计问题中,通常会遇到设计区域内存在障碍的情况,如湖泊、建筑、水泡子、居民区、试验田、专属技术经济开发区等。障碍包含两种含义:①禁止布局;②禁止连接路径。第一种情况,各级节点不能布置在障碍区域内,这一问题称为可憎的布局。后一种情况,各级节点之间的连接路径不能通过障碍区域,这一问题也称作移动障碍布局。当考虑障碍约束时,拓扑优化问题的求解变得更为复杂和困难。

障碍的几何形状是多种多样,极不规则的。为了能够解决障碍拓扑优化问题,首先应对障碍进行描述。障碍的描述方法一般有两种:初等函数叠加法和多边形逼近法。初等函数叠加法是用若干简单的初等函数叠加在一起来近似表达障碍区;多边形逼近法是用多边形近似逼近障碍区,边数越多越准确。用多边形逼近法描述一个障碍时,必须给出以下信息:组成多边形的边数(或顶点数)、各顶点的位置坐标及各顶点之间的连接关系。

油田地面管网系统的障碍拓扑优化问题实质上属于障碍布局-分配问题的扩充,属于多级网络的障碍布局-分配问题。由于障碍布局-分配问题在通信网络设计、设备布局、电路板设计、机器人布局和路径选择等领域具有广泛的应用前景,因此许多学者开展了这方面的研究。研究的重点是减小最优解所在的可行布局集合的大小。Hakimi 指出当整个问题限制在一个给定的网络内,且顾客只布置在节点上时,布局-分配问题通常具有设施布置在节点上的最优解。这一结论将问题从连续搜索简化为组合问题。该方法依赖于布局可能候选者的选择,这一候选者很难给出。人们对于距离计量采用直线方式计量的障碍布局-分配问题进行了充分的讨论和研究,如 Larson 和 Sadig 讨论了存在行进障碍时具有直线计量的设备布局问题,Hamacher 和 Nickel 给出了只有设备布局受限时问题在理论方面的一些结论和算法等。然而实际问题中距离计量经常采用欧几里得距离。采用这种方式计量时,障碍布局问题更难求解。布局变量的决策空间是连续的,目标函数变得非常复杂,难以计算斜率信息。在前面研究工作基础上,以 MS 网络为研究对象讨论采用混合遗传模拟退火算法解决油田地面管网系统的障碍拓扑优化设计问题。

为了便于问题求解,参照理想情况(无障碍约束)下的求解过程,在实际优化设计时可事先假设各级节点的数量 M 已经确定。此时,各级顶点的投资也相应确定,因此问题可用管线总投资最小为目标函数进行优化。优化问题的数学模型可用下述二级模型描述:

第一级

$$\min \quad F_{\mathrm{MS}}(\delta, U) = \sum_{i=1}^{N} \sum_{j=1}^{m_i} \sum_{k=1}^{m_{i-1}} \xi_{ijk} w_{ijk} \delta_{ijk} \tag{2-21}$$

$$\text{s.t.} \quad \sum_{j=1}^{m_i} \delta_{ijk} = 1 \quad i = 1,2,\cdots,N; k = 1,2,\cdots,m_{i-1} \tag{2-22}$$

$$u_i^j \notin \text{inner}(P_l);\quad i=1,2,\cdots,N; j=1,2,\cdots,m_i; l=1,2,\cdots,p \tag{2-23}$$

$$\delta_{ijk} \in \{0,1\} \tag{2-24}$$

第二级

$$\xi_{ijk}(u_{i-1}^k, u_i^j) = \min |l| \tag{2-25}$$

$$\text{s.t.}\quad l \in L(u_{i-1}^k, u_i^j); i=1,2,\cdots,N; j=1,2,\cdots,m_i; k=1,2,\cdots,m_{i-1} \tag{2-26}$$

式中，u_i^j 为节点 S_i^j 的几何位置，$u_i^j=(x_i^j, y_i^j)$；p 为障碍总数；P_l 为第 l 个障碍，$l=1,2,\cdots,p$；$\text{inner}(P_l)$ 为障碍 P_l 内的点集合，$l=1,2,\cdots,p$；$\xi_{ijk}(u_{i-1}^k, u_i^j)$ 为在避免障碍的情况下，节点 S_{i-1}^k 与 S_i^j 间的最短连接路径长度；$L(u_{i-1}^k, u_i^j)$ 为在避免任何障碍的情况下，节点 S_{i-1}^k 与 S_i^j 间的可能路径集合。

式(2-23)表示各节点不能布置在障碍内，式 (2-26)表示节点之间的连接路径应避免障碍。如果忽略障碍，$\xi_{ijk}(u_{i-1}^k, u_i^j)$ 即成为节点 S_{i-1}^k 与 S_i^j 间的直接欧几里得距离，可用下式表示：

$$\xi_{ijk}(u_{i-1}^k, u_i^j) = \sqrt{(x_{i-1}^k - x_i^j)^2 + (y_{i-1}^k - y_i^j)^2}$$

当考虑障碍时，$\xi_{ijk}(u_{i-1}^k, u_i^j)$ 是 S_{i-1}^k，S_i^j 和障碍 P_l 的函数。这一函数不能用数学描述直接表达。

2.3.2　MS 网络障碍拓扑优化的求解方法

MS 网络障碍拓扑优化的数学模型是二级混合规划问题，目标函数和约束条件非常复杂，有些甚至不能以数学方式直接描述。目标函数的梯度信息也难以获得，而且存在许多局部最优解。传统方法不能很好地解决这一问题。进化方法由于能够进行全局最优搜索，不需要问题的导数等信息，因而比较适合于用来寻找全局最优或近全局最优，但参数选取较为困难。为了能够有效地提高算法的优化性能和效率，减少算法对参数选取的依赖性，这里采用混合遗传模拟退火算法进行求解。该算法在染色体的表达方式、进化过程、退温操作等方面与 MS 网络的计算过程基本相同，只是增加了染色体的可行性调整和能够避开障碍物的两节点之间最短路径的确定两个方面，减少了最后采用分级优化进一步改进解的过程。

1. 可行布局

检查某一种布局是否可行等价于检查该布局中的所有节点位置是否落在用多边形表示的障碍范围内。当节点位于障碍外或者构成障碍多边形的某一条边上时，布局是允许的，如图 2-13 中的(a)和(b)所示；否则，说明节点在障碍内部，布局是禁止的，如图 2-13 中的(c)所示。

当障碍可描述为凸多边形时，可以通过计算所有由障碍多边形一边和节点构成的所有三角形的面积与障碍多边形的面积进行对比来判断节点是否在障碍内部。设构成障碍多边形的总边数为 t，面积为 A_0，节点与障碍各边构成的三角形的面积为 A_i（$i=1,2,\cdots,t$），若 $\sum_{i=1}^{t} A_i > A_0$，说明节点在障碍外；若节点不在障碍多边形的边上且 $\sum_{i=1}^{t} A_i = A_0$，说明节点在障碍内部。

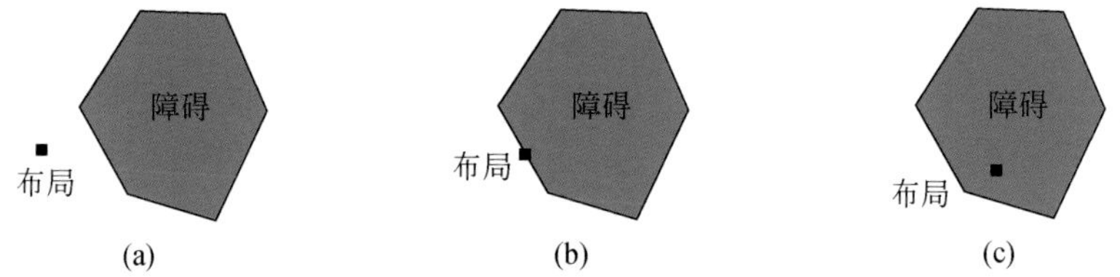

图 2-13　障碍布局

2. 染色体的可行性调整

由于存在障碍,由初始化、交叉、变异和 SA 搜索产生的染色体布局可能是不可行的。通常,有三种方法处理不可行染色体。第一种方法是丢掉它,但根据其他学者的经验,这种方法会降低效率;第二种方法是对不可行染色体加以惩罚;第三种方法是根据特定问题的特点修复不可行染色体。这里,基于障碍布局-分配问题的特点,可用一种简单的方法修复不可行染色体。首先,检查布局的可行性,一旦一个布局不可行,即用它所在障碍物中离它最近的那个点替换它,使它变成可行的,如图 2-14 所示。

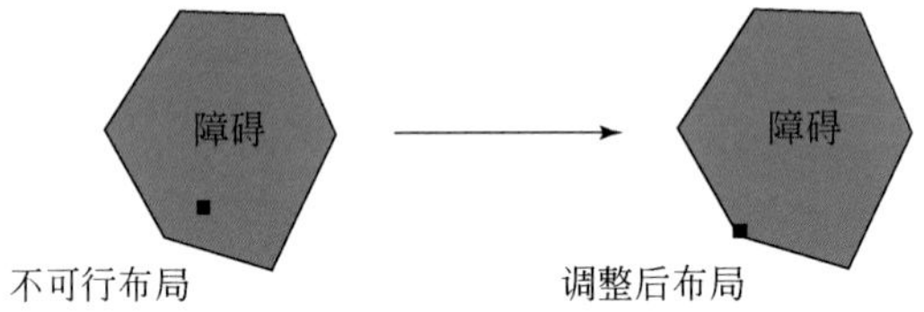

图 2-14　不可行布局调整

3. 避免障碍的最短路径

在优化数学模型的第二级中,需要找到绕开所有障碍物连接两个特定点的最短路径。根据经验,只有少数障碍物与计划中连接特定两点的连接路径有关。计算时,首先判断连接两个特定点的线段与障碍是否相交,若相交,则建立包括特定点和相交障碍的小规模可视图,然后用 Dijkstra 最短路径算法求解,即可得到避免障碍的最短路径。

4. 算法流程

采用混合遗传模拟退火算法进行 MS 网络障碍拓扑优化的算法流程框图见图 2-15。

2.3.3　计算实例

某油田区块有油井 89 口,障碍 3 个,井位如图 2-16 所示,试设计一个二级星形集输网络系统。设计参数为:集中处理站 1 座,计量站 8 座,出于工程可行性,计量站和接转站不能布置在障碍内,管线不能通过障碍。图 2-17、图 2-18 分别为初始人工设计和混合遗传模拟退火算法优化设计后的管网图。表 2-7、表 2-8 分别为计量站位置坐标及其所辖油井编号。根据计算结果可知,初始人工设计的管线总长度为 57.78km,管线投资为 1007.91 万元;混合遗传模拟退火算法优化的长度为 52.39km,管线投资为 905.29 万元。与初始人工设计结果相比,混合遗传模拟退火算法优化后的管线投资降低了 10.18%。

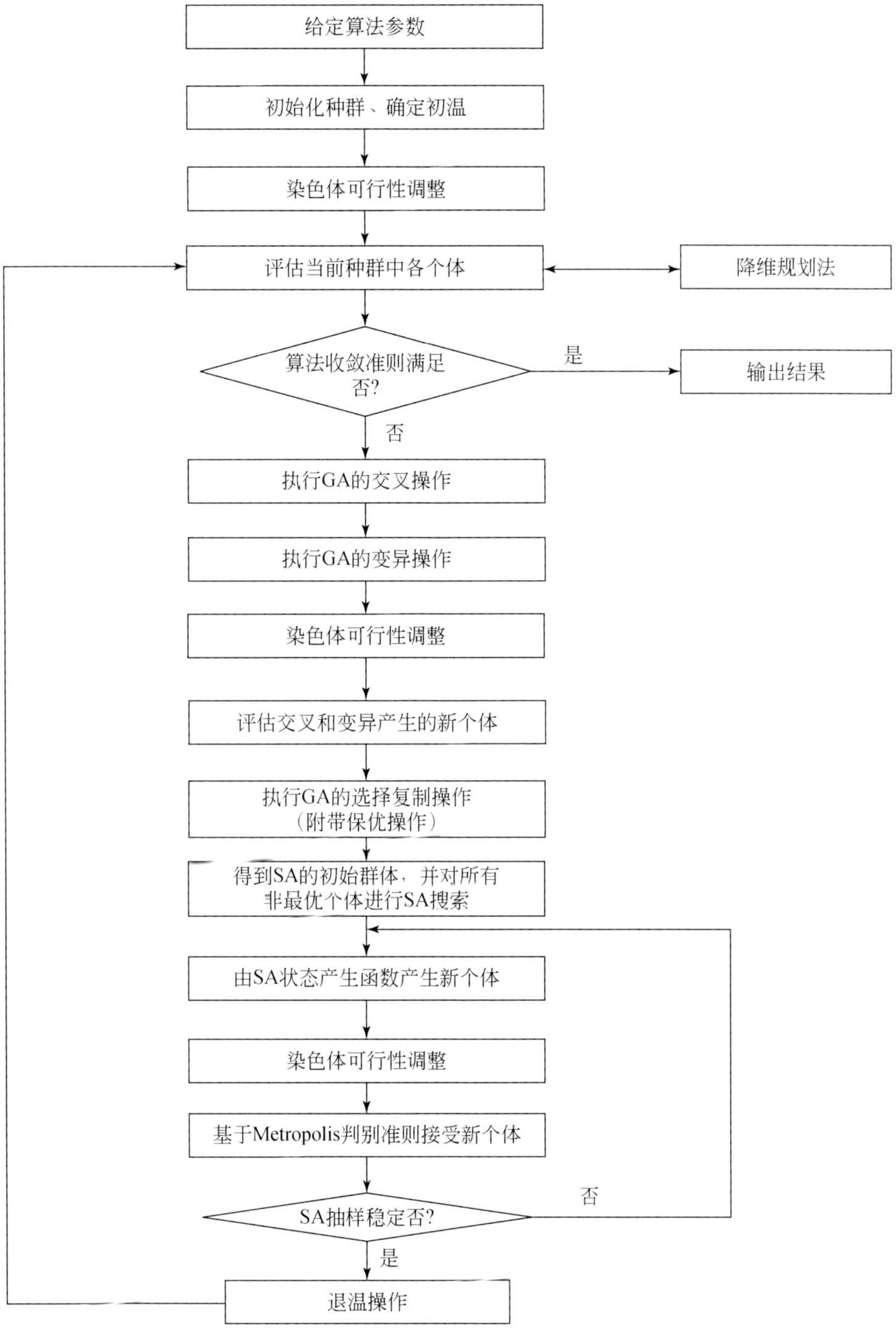

图 2-15　障碍拓扑优化的算法流程图

图 2-16　油井坐标

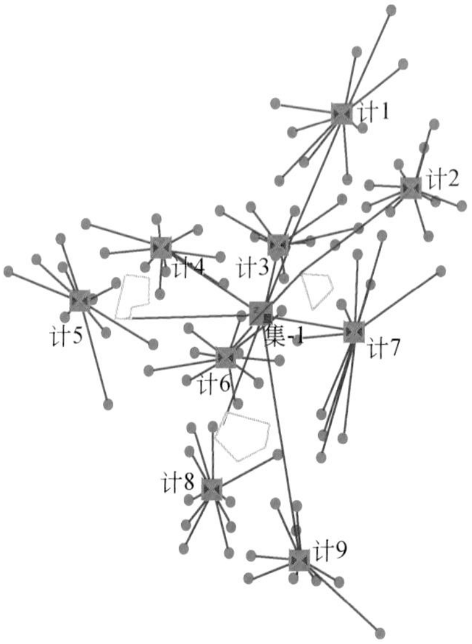

图 2-17　初始设计结果

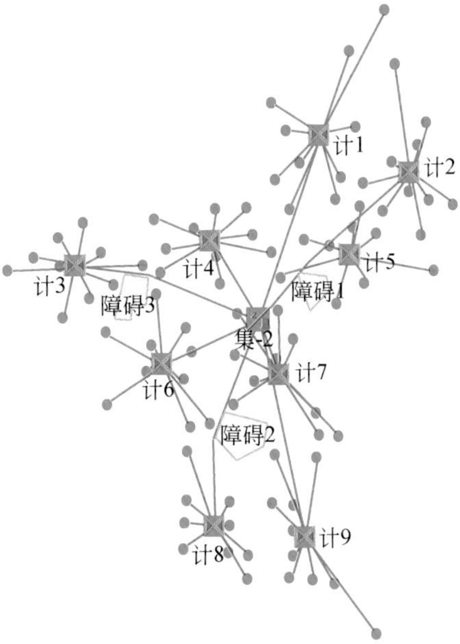

图 2-18　混合遗传模拟退火算法优化结果

表 2-7　人工设计结果

序号	计量站名称	X 坐标	Y 坐标	所辖井号
1	计 1	403269.80	5095806.00	1,2,3,4,5,6,9,10,11
2	计 2	403946.10	5095181.11	7,8,12,13,20,21,22,23,24,40
3	计 3	402675.51	5094680.28	16,17,18,19,33,34,35,36,37,46
4	计 4	401543.83	5094656.68	14,15,29,30,31,32,41,43,44,45
5	计 5	400759.24	5094188.23	25,26,27,28,42,49,50,51,52,64
6	计 6	402177.86	5093697.08	53,54,55,56,58,59,60,62,63,65
7	计 7	403412.04	5093931.14	38,39,47,48,57,61,68,71,72,73
8	计 8	402040.82	5092551.38	66,67,69,70,74,75,78,79,81,82
9	计 9	402882.96	5091953.00	76,77,80,83,84,85,86,87,88,89

表 2-8　混合遗传模拟退火算法优化设计结果

序号	计量站名称	X 坐标	Y 坐标	所辖油井
1	计 1	403108.76	5095624.07	1,2,4,5,6,9,10,11,18,19
2	计 2	403980.67	5095302.53	3,7,8,12,13,21,22,23,24,40
3	计 3	400723.82	5094479.04	14,25,26,27,28,29,41,42,49,50
4	计 4	402041.17	5094704.75	15,16,17,30,31,32,33,34,43,45
5	计 5	403397.92	5094599.25	20,35,36,37,38,39,46,47,48,57
6	计 6	401576.87	5093634.41	44,51,52,53,54,58,59,64,66,67
7	计 7	402709.12	5093554.66	55,56,60,61,62,63,65,68,71,73

续表

序号	计量站名称	X 坐标	Y 坐标	所辖油井
8	计8	402074.87	5092246.55	69,74,75,78,79,81,82,83,85
9	计9	402975.45	5092143.71	70,72,76,77,80,84,86,87,88,89

2.4 油气集输管网参数优化设计

2.4.1 油气集输管网参数优化设计数学模型建立

1. 目标函数的建立

根据加热方式、管网形态、管线根数、布站级数不同可以将油气集输工艺流程划分成多种类型。目前国内常用的工艺流程主要包括树状不加热集油流程、树状井口加热集油流程、树状掺热水集油流程、环状井口加热集油流程等,其中最具代表性和广泛采用的一种流程是树状掺热水集油流程,因此这里以该种流程为例介绍集输系统参数优化设计数学模型的建立过程,其他种流程的参数优化数学模型可以此为基础稍加改动即可。

树状掺热水集油工艺流程参数优化设计的目的是确定集油管线管径、掺水管线管径、井口掺水量和热水出站温度,设计目标是极小化管网系统投资、管网的动力能耗和热力能耗。这几个设计目标受管线管径、掺水量和掺水温度等多种因素的影响和制约。减小管径,自然会降低管线投资和管网热力能耗,但同时会增加液体输送阻力,从而使管网动力能耗升高。增大管径,尽管可以使动力能耗下降,但却增加了管线投资和热力能耗。减少掺水量,可以降低管线动力损耗,但为了保证原油进站温度,防止在输送过程中凝固,掺水温度必须上升,从而管网热力能耗很可能增加。由此可见,管网投资、管网的动力能耗和热力能耗三个设计目标之间是矛盾的,互不协调的,其大致关系见图 2-19。因此,在进行实际设计时,应统筹考虑各方面的影响因素(刘扬等,2003)。优化问题的目标函数可表示为

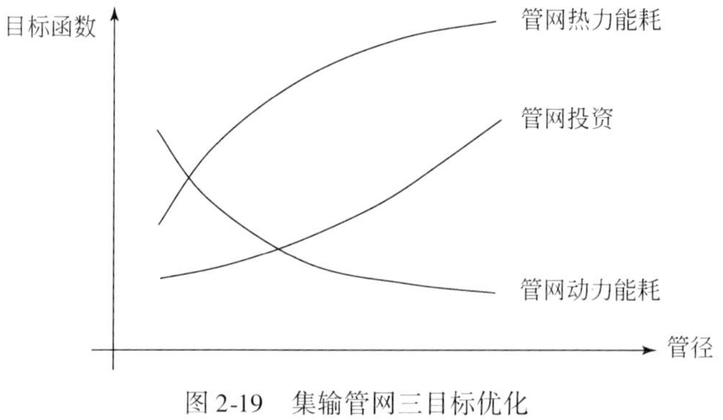

图 2-19　集输管网三目标优化

$$\min \quad F(\boldsymbol{D}_{\rm O},\boldsymbol{D}_{\rm M},\boldsymbol{T},\boldsymbol{G}_{\rm M}) = [f_1(\boldsymbol{D}_{\rm O},\boldsymbol{D}_{\rm M},\boldsymbol{T},\boldsymbol{G}_{\rm M}),f_2(\boldsymbol{D}_{\rm O},\boldsymbol{D}_{\rm M},\boldsymbol{T},\boldsymbol{G}_{\rm M}),f_3(\boldsymbol{D}_{\rm O},\boldsymbol{D}_{\rm M},\boldsymbol{T},\boldsymbol{G}_{\rm M})]^{\rm T} \tag{2-27}$$

其中

$$f_1(\boldsymbol{D}_{\rm O},\boldsymbol{D}_{\rm M},\boldsymbol{T},\boldsymbol{G}_{\rm M}) = \sum_{i=1}^{N_{\rm Op}} f_{\rm O}(D_{{\rm O}i})L_{{\rm O}i} + \sum_{i=1}^{N_{\rm Mp}} f_{\rm M}(D_{{\rm M}i})L_{{\rm M}i} \tag{2-28}$$

$$f_2(\boldsymbol{D}_{\rm O},\boldsymbol{D}_{\rm M},\boldsymbol{T},\boldsymbol{G}_{\rm M}) = \sum_{i=1}^{N_{\rm Op}} (T_{{\rm Oq}i} - T_{{\rm Om}i})G_{{\rm O}i}C_{{\rm O}i} + \sum_{i=1}^{N_{\rm Mp}} (T_{{\rm Mq}i} - T_{{\rm Mm}i})G_{{\rm M}i}C_{{\rm M}i} \tag{2-29}$$

$$f_3(\boldsymbol{D}_{\rm O},\boldsymbol{D}_{\rm M},\boldsymbol{T},\boldsymbol{G}_{\rm M}) = \sum_{i=1}^{N_{\rm Op}} (P_{{\rm Oq}i} - P_{{\rm Om}i})G_{{\rm O}i} + \sum_{i=1}^{N_{\rm Mp}} (P_{{\rm Mq}i} - P_{{\rm Mm}i})G_{{\rm M}i} \tag{2-30}$$

式中，$\boldsymbol{D}_{\rm O}$，$\boldsymbol{D}_{\rm M}$ 分别为集油管线管径和掺水管线管径设计向量；$\boldsymbol{T}$ 为热水出站温度设计向量；$\boldsymbol{G}_{\rm M}$ 为掺水量设计向量；$N_{\rm Op}$，$N_{\rm Mp}$ 分别为集油管线总根数和掺水管线总根数；$f_{\rm O}(D_{{\rm O}i})$，$f_{\rm M}(D_{{\rm M}i})$ 分别为集油管线和掺水管线的价格函数；$L_{{\rm O}i}$，$L_{{\rm M}i}$ 分别为第 i 号集油管线和掺水管线的长度；$T_{{\rm Oq}i}$，$T_{{\rm Om}i}$ 分别为 i 号集油管线的起点和末点温度；$T_{{\rm Mq}i}$，$T_{{\rm Mm}i}$ 分别为 i 号掺水管线的起点和末点温度；$G_{{\rm O}i}$，$G_{{\rm M}i}$ 分别为 i 号集油管线和掺水管线的管内介质流量；$C_{{\rm O}i}$，$C_{{\rm M}i}$ 分别为 i 号集油管线和掺水管线的管内介质比热容；$P_{{\rm Oq}i}$，$P_{{\rm Om}i}$ 分别为 i 号集油管线的起点和末点压力；$P_{{\rm Mq}i}$，$P_{{\rm Mm}i}$ 分别为 i 号掺水管线的起点和末点压力；$f_1(\boldsymbol{D}_{\rm O},\boldsymbol{D}_{\rm M},\boldsymbol{T},\boldsymbol{G}_{\rm M})$ 为油气集输系统的管网投资；$f_2(\boldsymbol{D}_{\rm O},\boldsymbol{D}_{\rm M},\boldsymbol{T},\boldsymbol{G}_{\rm M})$ 为油气集输系统的热力能耗；$f_3(\boldsymbol{D}_{\rm O},\boldsymbol{D}_{\rm M},\boldsymbol{T},\boldsymbol{G}_{\rm M})$ 为油气集输系统的动力能耗。

2. 约束条件的建立

为了保证设计方案能够满足实际生产要求，必须要求设计变量和某些节点参数在允许的范围之内，也即满足一定的约束。树状掺热水集油工艺流程参数优化设计所需满足的约束条件包括系统水力和热力平衡约束、压力约束、温度约束、管径取值范围约束和掺水量约束。

(1) 系统水力和热力平衡约束

设计出的油气集输系统必须满足水力和热力平衡，即

$$C_{\rm O}(\boldsymbol{D}_{\rm O},\boldsymbol{D}_{\rm M},\boldsymbol{T},\boldsymbol{G}_{\rm M}) = 0 \tag{2-31}$$

式中，$C_{\rm O}(\boldsymbol{D}_{\rm O},\boldsymbol{D}_{\rm M},\boldsymbol{T},\boldsymbol{G}_{\rm M})$ 为油气集输系统水力和热力平衡分析方程组，计算方法见 2.2 节。

(2) 压力约束

A. 集油管线井口回压约束

为保证系统具有一定的集油半径，井口应具有一定的回压。对于集油管线，井口回压应小于许用值，即

$$P_{{\rm Oq}i} \leqslant [P_{\rm O}] \quad \forall i \in S_{\rm OP} \tag{2-32}$$

式中，$[P_{\rm O}]$ 为井口回压许用值；$S_{\rm OP}$ 为井口回压约束节点集合。

B. 掺水管线井口压力约束

为保证掺水的正常进行，掺水管线在井口处的压力应大于许用值，即

$$P_{{\rm Mm}i} \geqslant [P_{\rm M}] \quad \forall i \in S_{\rm MP} \tag{2-33}$$

式中，$[P_{\rm M}]$ 为掺水压力许用值，一般应高于井口回压 0.2～0.4MPa；$S_{\rm MP}$ 为掺水压力约束节点集合。

(3)温度约束

A. 集油管线进站温度约束

为了保证原油的正常生产,防止在集输过程中发生凝固,集油管线进站温度应高于原油凝固点 3 ~5℃,即满足

$$T_{\mathrm{O}mi} \geqslant [T_{\mathrm{O}}] \quad \forall i \in S_{\mathrm{OT}} \tag{2-34}$$

式中, $[T_{\mathrm{O}}]$ 为原油许用进站温度; S_{OT} 为原油进站温度约束节点集合。

B. 掺水温度约束

热水出供热站温度应在一定的范围之内,即

$$\boldsymbol{T}^{\mathrm{l}} \leqslant \boldsymbol{T} \leqslant \boldsymbol{T}^{\mathrm{u}} \tag{2-35}$$

式中, $\boldsymbol{T}^{\mathrm{u}}$ 、$\boldsymbol{T}^{\mathrm{l}}$ 分别为热水出供热站温度约束的上、下限。

(4)管径取值范围约束

集油管线管径和掺水管线管径均应在可取值范围之内,即满足:

$$\boldsymbol{D}_{\mathrm{O}} \in S_{\mathrm{OD}} \tag{2-36}$$

$$\boldsymbol{D}_{\mathrm{M}} \in S_{\mathrm{MD}} \tag{2-37}$$

式中, S_{OD} 、S_{MD} 分别为集油管线管径和掺水管线管径可取值集合。

(5)掺水量约束

各井口掺水量应在一定的范围值之内,即

$$\boldsymbol{G}_{\mathrm{M}}^{\mathrm{l}} \leqslant \boldsymbol{G}_{\mathrm{M}} \leqslant \boldsymbol{G}_{\mathrm{M}}^{\mathrm{u}} \tag{2-38}$$

式中, $\boldsymbol{G}_{\mathrm{M}}^{\mathrm{u}}$ 、$\boldsymbol{G}_{\mathrm{M}}^{\mathrm{l}}$ 分别为井口掺水量约束的上、下限。

3. 优化数学模型

由式(2-27) ~ 式(2-38),可以写出树状掺热水集油工艺流程参数优化设计的数学模型为

$$\text{find} \quad \boldsymbol{D}_{\mathrm{O}},\boldsymbol{D}_{\mathrm{M}},\boldsymbol{T},\boldsymbol{G}_{\mathrm{M}}$$

$$\min \quad F(\boldsymbol{D}_{\mathrm{O}},\boldsymbol{D}_{\mathrm{M}},\boldsymbol{T},\boldsymbol{G}_{\mathrm{M}}) = [f_1(\boldsymbol{D}_{\mathrm{O}},\boldsymbol{D}_{\mathrm{M}},\boldsymbol{T},\boldsymbol{G}_{\mathrm{M}}),f_2(\boldsymbol{D}_{\mathrm{O}},\boldsymbol{D}_{\mathrm{M}},\boldsymbol{T},\boldsymbol{G}_{\mathrm{M}}),f_3(\boldsymbol{D}_{\mathrm{O}},\boldsymbol{D}_{\mathrm{M}},\boldsymbol{T},\boldsymbol{G}_{\mathrm{M}})]^{\mathrm{T}} \tag{2-39}$$

$$\begin{aligned}
\text{s.t.} \quad & C_{\mathrm{O}}(\boldsymbol{D}_{\mathrm{O}},\boldsymbol{D}_{\mathrm{M}},\boldsymbol{T},\boldsymbol{G}_{\mathrm{M}}) = 0 \\
& P_{\mathrm{O}qi} \leqslant [P_{\mathrm{O}}] \quad \forall i \in S_{\mathrm{OP}} \\
& P_{\mathrm{M}mi} \geqslant [P_{\mathrm{M}}] \quad \forall i \in S_{\mathrm{MP}} \\
& T_{\mathrm{O}mi} \geqslant [T_{\mathrm{O}}] \quad \forall i \in S_{\mathrm{OT}} \\
& \boldsymbol{T}^{\mathrm{l}} \leqslant \boldsymbol{T} \leqslant \boldsymbol{T}^{\mathrm{u}} \\
& \boldsymbol{G}_{\mathrm{M}}^{\mathrm{l}} \leqslant \boldsymbol{G}_{\mathrm{M}} \leqslant \boldsymbol{G}_{\mathrm{M}}^{\mathrm{u}} \\
& \boldsymbol{D}_{\mathrm{O}} \in S_{\mathrm{OD}} \\
& \boldsymbol{D}_{\mathrm{M}} \in S_{\mathrm{MD}}
\end{aligned}$$

优化数学模型中的目标函数不是一个,而是三个,属于多目标优化设计问题。同时该问题也属于大型混合变量优化设计问题,设计变量中既包含掺水量、掺水温度等连续设计变量,又包括管径离散设计变量。当将管径视为连续变量时,原问题变为非凸非凹非线性规划问题,对其进行直接求解是十分困难的,需要一定的方法和技巧。

2.4.2　油田地面管网多目标参数优化数学模型的求解

1. 多目标优化问题概述及算法提出

多目标优化是实际工程设计中经常遇到的优化问题，其一般形式可描述为

$$\min \quad F(x)=[f_1(x),f_2(x),\cdots,f_m(x)]^{\mathrm{T}} \tag{2-40}$$
$$\text{s.t.} \quad g_j(x)\leqslant 0 \quad j=1,2,\cdots,p$$

式中，$x=(x_1,x_2,\cdots,x_n)^{\mathrm{T}}$ 为 R^n 空间的 n 维设计向量；$f_i(x)$ 为第 i 个目标函数，$i=1,2,\cdots,m$；$g_j(x)$（$j=1,2,\cdots,p$）为约束条件。

在多目标优化问题中，各目标函数常常是矛盾的，不协调的。以集输系统参数优化问题为例，如果选用小管径，自然会降低管网投资，但同时会增加液体输送阻力，从而使管网动力能耗升高。反之，如果选用大管径，尽管可以使动力能耗下降，但却增加了管网投资。由此可见，由于目标函数的冲突性，导致不存在绝对最优解使所有子目标函数同时达到最小，只能在它们之间进行折中和协调，使各目标函数都尽可能地达到最优。在这种情况下，可以使用有效解这一概念。

定义3：设 x^* 为一可行解，如果不存在 x 的任一可行解，使 $f_i(x)\leqslant f_i(x^*)$（$i=1,2,\cdots,m$），且其中至少有一个不等式严格成立，则称 x^* 为多目标优化问题的有效解。

显然，在连续的情况下，所有有效解构成的集合实际上是个有效前沿面，这个集合称为有效解集。有效解也称为支配解、非劣解或Pareto解。进行多目标优化问题求解时，一般至少要求得到问题的一个有效解或弱有效解，否则求解方法将失去意义。

传统的多目标优化问题的解决思路在于将多目标优化问题转化为单目标优化问题，然后利用比较成熟的单目标求解策略求解。将多目标优化问题转化为单目标优化问题的主要途径有以下三个。

1）评价函数法。评价函数方法是根据问题的特点和决策者的意图，构造一个把 m 个目标转化为单一个数值目标的评价函数，将多目标问题转化为单目标问题。常用的评价函数方法有线性加权和法、极大极小法和理想点法等。

2）交互规划法。评价函数法对解决相对简单的多目标问题是比较有效的，但当问题复杂度增加时，要构造出一个反映实际问题的评价函数往往是比较困难的，因此人们考虑了一类不直接使用评价函数表达式，而以分析者的求解和决策者的决策相结合的人机对话的求解过程。这种采用分析阶段和决策阶段反复交替进行的多目标优化问题的方法，叫做交互规划法。常用的交互规划法有逐步宽容约束法、权衡比较替代法和逐次线性规划法等。这种方法依赖于决策者的知识和经验，有一定的局限性。

3）混合优选法。前面介绍的都是多目标极小化模型，对于同时含有极小化和极大化目标的问题，可以将极大化目标转化为极小化目标再利用前面的模型求解。但这种转化不是必须的，可以采用分目标乘除法、功效函数法和选择法等直接求解。

前面介绍的多目标优化问题的传统求解方法，一次运算只能得到一个解，且需要较多的先验知识；而遗传算法则是对整个种群执行进化操作，它着眼于个体的集合，可以一次性获得大量Pareto最优解，具有很强的适应性和灵活性，已被证明是求解多目标优化问题的一种

行之有效的方法。目前遗传算法用于多目标优化的方法主要可以分为三类：多目标聚合成单目标的方法、非 Pareto 方法和 Pareto 方法。传统的将多目标转化为单目标处理的方法算子设计简单，运算效率高，但只能得到一个解。非 Pareto 方法可以求得问题的多个有效解，但这些解往往集中在有效界面的端点上，如 Schaffer 提出的“向量评估遗传算法”，Hajela 提出的“可变目标权重聚合法”等。基于 Pareto 方法的优化方法一般将多个目标值直接映射到适应度函数中，通过比较目标值的支配关系来寻找问题的有效解集，可以找到问题的多个有效解，但算法较为复杂，运算量大，种群规模较大时效率较低，该类算法包括 Fonseca 提出的基于排序选择的多目标遗传算法，Horn 等提出的基于小生境技术的“小生境 Pareto 遗传算法”等。

就某一具体的多目标优化问题而言，采用何种方法进行求解取决于问题的性质和决策者对问题的掌握程度。复杂算法不一定优，简单算法也未必劣。前面所建立的油田地面管网系统参数优化设计问题是包含大量离散变量和连续变量的复杂的优化设计问题，根据实际设计过程中决策者对不同方案的评估过程，可以采用加权的方法将问题转化为单目标优化问题，然后采用混合遗传算法进行求解。

2. 油田地面管网多目标参数优化的混合遗传算法

在油田地面管网参数优化数学模型中，管径是最重要的设计变量，它对于连续变量（如掺水量、掺水温度）的取值起着主导作用，因此在求解时可以将问题划分为两层：第一层是确定管线管径，可以通过遗传模拟退火算法搜索各种可能的管径取值集合；第二层是确定掺水量、掺水温度等连续设计变量，为提高效率，可以采用传统的连续变量的优化设计方法进行求解。

（1）多目标优化问题的替换模型

以油气集输系统为例，将管网参数多目标优化问题化为标量优化问题可采用如下的替换模型：

$$
\begin{aligned}
&\text{find}\quad \boldsymbol{D}_{\text{O}},\boldsymbol{D}_{\text{M}},\boldsymbol{T},\boldsymbol{G}_{\text{M}}\\
&\min\quad F'(\boldsymbol{D}_{\text{O}},\boldsymbol{D}_{\text{M}},\boldsymbol{T},\boldsymbol{G}_{\text{M}})=\sum_{i=1}^{3}w_i f_i(\boldsymbol{D}_{\text{O}},\boldsymbol{D}_{\text{M}},\boldsymbol{T},\boldsymbol{G}_{\text{M}})/f_i^*(\boldsymbol{D}_{\text{O}},\boldsymbol{D}_{\text{M}},\boldsymbol{T},\boldsymbol{G}_{\text{M}}) \qquad (2\text{-}41)\\
&\text{s.t.}\quad C_{\text{O}}(\boldsymbol{D}_{\text{O}},\boldsymbol{D}_{\text{M}},\boldsymbol{T},\boldsymbol{G}_{\text{M}})=0\\
&\qquad P_{\text{O}qi}\leqslant[P_{\text{O}}]\quad \forall i\in S_{\text{OP}}\\
&\qquad P_{\text{M}mi}\geqslant[P_{\text{M}}]\quad \forall i\in S_{\text{MP}}\\
&\qquad T_{\text{O}mi}\geqslant[T_{\text{O}}]\quad \forall i\in S_{\text{OT}}\\
&\qquad \boldsymbol{T}^{\text{l}}\leqslant\boldsymbol{T}\leqslant\boldsymbol{T}^{\text{u}}\\
&\qquad \boldsymbol{G}_{\text{M}}^{\text{l}}\leqslant\boldsymbol{G}_{\text{M}}\leqslant\boldsymbol{G}_{\text{M}}^{\text{u}}\\
&\qquad \boldsymbol{D}_{\text{O}}\in S_{\text{OD}}\\
&\qquad \boldsymbol{D}_{\text{M}}\in S_{\text{MD}}
\end{aligned}
$$

式中，w_i 为权因子，满足 $\sum_{i=1}^{3}w_i=1(0\leqslant w_i\leqslant 1)$；$f_i^*(\boldsymbol{D}_{\text{O}},\boldsymbol{D}_{\text{M}},\boldsymbol{T},\boldsymbol{G}_{\text{M}})$ 为达标水准，它是以 $f_i(\boldsymbol{D}_{\text{O}},\boldsymbol{D}_{\text{M}},\boldsymbol{T},\boldsymbol{G}_{\text{M}})$（$i=1,2,3$）为目标函数的单目标优化问题的最优解，若该最优解难以给出，可以将人工规划设计的结果作为达标水准。

（2）问题编码

管径属于离散变量，只能在给定的取值范围内选取。油气集输管网中常用的管径取值范围为{50,65,80,100,150,200,250,300,350,400}。为了便于操作,以自然数 0,1,2,…,9 分别表示相应的管径 50,65,80,…,400。这样,染色体便可以采用自然数编码,其表达式为

$$\boldsymbol{D}^k = (D_{O1}^k, D_{O2}^k, \cdots, D_{ON_{Op}}^k, D_{M1}^k, D_{M2}^k, \cdots, D_{MN_{Mp}}^k)$$

其中,D_{Oi}^k 为第 k 个染色体中第 i 根集油管线的自然数编码,$D_{Oi}^k \in \{0,1,2,\cdots,9\}$,$i=1,2,N_{Op}$;$D_{Mj}^k$ 为第 k 个染色体中第 j 根掺水管线的自然数编码,$D_{Mj}^k \in \{0,1,2,\cdots,9\}$,$j=1,2,N_{Mp}$。

与采用二进制编码相比,自然数编码更为直观,而且减少了操作,提高了计算速度。当管线根数较多时,为了缩短染色体长度,提高计算速度,可以根据管线的长度和管内介质流量将集油管线和掺水管线分别划分成若干组,每一组内的管线长度和管内介质流量相近,所选用的管径相同。

(3)染色体评估

由编码方式可知,染色体中只包含了管径信息,为了对其进行评估,还需要确定已知管径方案下的最佳掺水量和掺水温度等运行参数。设染色体 $\boldsymbol{D}^k$ 对应的集油管径和掺水管径向量分别为 $\boldsymbol{D}_O^k$ 和 $\boldsymbol{D}_M^k$,则运行参数可通过如下规划子问题求得。

find　$\boldsymbol{T}, \boldsymbol{G}_M$

$$\min \quad S(\boldsymbol{T}, \boldsymbol{G}_M) = F'(\boldsymbol{D}_O^k, \boldsymbol{D}_M^k, \boldsymbol{T}, \boldsymbol{G}_M) \tag{2-42}$$

$$\text{s.t.} \quad C_O(\boldsymbol{D}_O^k, \boldsymbol{D}_M^k, \boldsymbol{T}, \boldsymbol{G}_M) = 0 \tag{2-43}$$

$$P_{Oqi} \leqslant [P_O] \quad \forall i \in S_{OP} \tag{2-44}$$

$$P_{Mmi} \geqslant [P_M] \quad \forall i \in S_{MP} \tag{2-45}$$

$$T_{Omi} \geqslant [T_O] \quad \forall i \in S_{OT} \tag{2-46}$$

$$\boldsymbol{T}^l \leqslant \boldsymbol{T} \leqslant \boldsymbol{T}^u \tag{2-47}$$

$$\boldsymbol{G}_M^l \leqslant \boldsymbol{G}_M \leqslant \boldsymbol{G}_M^u \tag{2-48}$$

该规划问题属于非凸非凹非线性数学规划问题,可以采用惩罚函数法进行求解。在计算过程中,管网节点参数通过系统分析式(2-43)进行求解,因此可以保证等式约束条件式(2-43)始终满足。罚函数可以取如下形式:

$$F_S(\boldsymbol{T}, \boldsymbol{G}_M) = F'(\boldsymbol{D}_O^k, \boldsymbol{D}_M^k, \boldsymbol{T}, \boldsymbol{G}_M) + M_K(f_{P_O} + f_{P_M} + f_{T_O} + f_T + f_{G_M}) \tag{2-49}$$

其中

$$f_{P_O} = \max_{i \in S_{OP}} \{P_{Oqi} - [P_O], 0\} \tag{2-50}$$

$$f_{P_M} = \max_{i \in S_{MP}} \{[P_M] - P_{Mmi}, 0\} \tag{2-51}$$

$$f_{T_O} = \max_{i \in S_{OT}} \{[T_O] - T_{Omi}, 0\} \tag{2-52}$$

$$f_T = \max_{i \in S_B} \{T_i - T^u, T^l - T_i, 0\} \tag{2-53}$$

$$f_{G_M} = \max_{i \in S_W} \{G_{Mi} - G_M^u, G_M^l - G_{Mi}, 0\} \tag{2-54}$$

式中,S_B、S_W 为分别为供热站和油井节点号集合;M_K 为罚因子,随着迭代地进行,其值逐渐增大。

显然,各罚项 f_{P_O}、f_{P_M}、f_{T_O}、f_T、f_{G_M} 有如下性质:当满足相应的约束条件时,其值为零;而当破坏相应的约束时,其值为正。

(4)选择

在遗传操作过程中,每个染色体的选择概率与其适值有直接的关系。对于极大化问题而言,染色体的适值越大,其被选择的概率也越大。按正比选择法,选择概率正比于染色体的适值。这种简单的方法有一些不好的性质,如在较早的代中一些超级染色体会霸占选择过程,而在较晚的代中种群集中在一起,染色体的竞争减弱,变得像随机搜索。为了解决该问题,在选择过程中经常采用标定法和排序法。标定法是将原目标函数值映射为某个实数值,然后用这些实数值来确定每个染色体的生存概率。排序法则忽略实际目标函数值,而是将染色体从好到坏的顺序排序,按照它们在顺序中的位置而不是原适值指定选择概率。排序法一般包括线性排序和指数排序。根据问题的性质,这里采用指数排序的方法。由于所求问题是极小化目标函数,也即染色体的目标函数值越小越好,因此对于某一代染色体,应按照目标函数值由小到大的顺序排序。令 p^k 为种群中排在第 k 位的染色体的选择概率,则

$$p^k = q\,(1 - q)^{k-1}$$

其中, $q \in (0,1)$, q 值越大,选择压力越大。

为了保证遗传操作过程中产生的最好染色体能够保留到下一代,采用了最优保存策略进化模型来进行优胜劣汰操作,即当前群体中适应度最高的个体不参与交叉运算和变异运算,而是用它来替换掉本代群体中经过交叉、变异等操作所产生的最差染色体。该策略的实施可以保证迄今为止所得到的最优个体不会被交叉、变异等遗传操作所破坏,它是遗传算法收敛性的一个重要保证条件。

(5)交叉和变异

交叉有多种方式,常用的有单点交叉、双点交叉、多点交叉、均匀交叉、算术交叉等。这里采用均匀交叉。均匀交叉是指两个配对个体的每一个基因位上的基因都以相同的交叉概率进行交换,从而形成两个新的个体。均匀交叉实际上可归属于多点交叉的范围,其具体运算可通过设置一屏蔽字来确定新个体的各个基因由哪一个父代个体来提供。其操作过程如下:

1)随机产生一个与个体编码串长度等长的屏蔽字 $W = (w_{O1}, w_{O2}, \cdots, w_{ON_{Op}}, w_{M1}, w_{M2}, \cdots, w_{MN_{Mp}})$,其长度与染色体编码串的长度相同。

2)由下述规则从 D^{k1} 、D^{k2} 两个父代个体中产生出两个新的子代个体 D'^{k1} 、D'^{k2} :若 w_{Oi} ($i = 1,2,\cdots,N_{Op}$)或 w_{Mj} ($j = 1,2,\cdots,N_{Mp}$)为零,则 D'^{k1} 中相应基因位上的基因继承 D^{k1} 的对应基因值, D'^{k2} 中相应基因位上的基因继承 D^{k2} 的对应基因值;若 w_{Oi} 或 w_{Mj} 为1,则 D'^{k1} 中相应基因位上的基因继承 D^{k2} 的对应基因值, D'^{k2} 中相应基因位上的基因继承 D^{k1} 的对应基因值。

变异是指对个体上某些基因位的值作变动。其目的一是使遗传算法具有局部随机搜索能力,二是维持群体的多样性,防止出现早熟收敛现象。变异有基本位变异、均匀变异等多种方式。这里采用基本位变异方式,即对个体编码串中以变异概率随机指定的某一基因位上的基因值作变异运算。

(6)算法终止条件

遗传算法是一种反复迭代的搜索方法,它通过多次进化逐渐逼近最优解而不是恰好等于最优解,因此需要给定算法终止条件。这里采用两种准则:一是给定最大迭代次数;二是

通过监测最优个体目标函数值的变化情况来实现。当迭代次数达到规定的最大迭代次数,或者最优个体目标函数值连续若干代无明显变化时,认为算法已经满足收敛条件,可以终止进化过程。

2.4.3　计算实例

某油田区块有油井 117 口,计量站 12 座,转油站 1 座,平均单井产油量 8.5t/d,产出液平均含水 45%,采用树状双管掺热水集输工艺流程,集输管网如图 2-20 所示。设计条件为:进站温度不低于 35℃,井口回压不高于 0.8MPa,热水出转油站温度范围 50 ~ 90℃。采用书中所介绍的混合遗传算法进行设计,三个目标函数的权系数分别取 0.6、0.3、0.1。为了减少变量数量,采用分组的方法将集油管径和掺水管径划分成 32 组,群体规模为 70,交叉率 85%,变异率 4%,经过 72 次迭代,得到优化结果见表 2-9 ~ 表 2-11。由结果可以看出,经过优化,管网投资减少 214.6 万元,管网热力能耗减少 22797MJ/d,但动力能耗略升高 713MJ/d,替换模型的目标函数比优化前降低 8.74%。应该注意的是,设计者的偏爱不同,各目标权系数的选择也互不相同,从而优化设计结果也会有所区别。

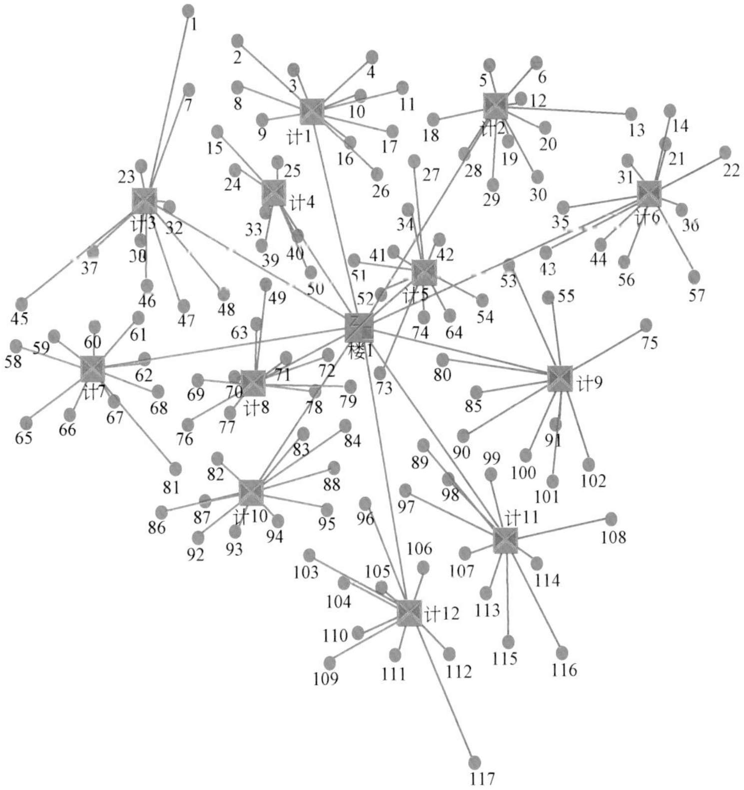

图 2-20　集输管网图

表 2-9　总体优化设计结果

项目类别	数值	
	优化前	优化后
油管线投资/万元	951. 3	817. 7
掺水管线投资/万元	865. 9	784. 9
管线总投资/万元	1817. 2	1602. 6
总掺水量/(t/d)	2266	1934
热水出转油站温度/℃	70	65
管网热力损耗/(MJ/d)	266481	243684
管网动力损耗/(MJ/d)	7835	8548

表 2-10　管径优化结果

序号	管段		优化前		优化后	
	左节点编码	右节点编码	集油管径/mm	掺水管径/mm	集油管径/mm	掺水管径/mm
1	1	计 3	76	60	60	48
2	2	计 1	76	60	60	48
3	3	计 1	60	48	60	48
4	4	计 1	60	48	60	48
5	5	计 2	60	48	60	48
6	6	计 2	60	48	60	48
7	7	计 3	76	60	60	48
8	8	计 1	60	48	60	48
9	9	计 1	60	48	60	48
10	10	计 1	60	48	60	48
11	11	计 1	76	60	60	48
12	12	计 2	60	48	60	48
13	13	计 2	76	60	60	48
14	14	计 6	60	48	60	48
15	15	计 4	60	48	60	48
16	16	计 1	60	48	60	48
17	17	计 1	60	48	60	48
18	18	计 2	60	48	60	48
19	19	计 2	60	48	60	48
20	20	计 2	60	48	60	48
21	21	计 6	60	48	60	48
22	22	计 6	60	48	60	48
23	23	计 3	60	48	60	48
24	24	计 4	60	48	60	48
25	25	计 4	60	48	60	48

续表

序号	管段		优化前		优化后	
	左节点编码	右节点编码	集油管径/mm	掺水管径/mm	集油管径/mm	掺水管径/mm
26	26	计 1	76	60	60	48
27	27	计 5	76	60	60	48
28	28	计 2	60	48	60	48
29	29	计 2	60	48	60	48
30	30	计 2	60	48	60	48
31	31	计 6	60	48	60	48
32	32	计 3	60	48	60	48
33	33	计 4	60	48	60	48
34	34	计 5	60	48	60	48
35	35	计 6	76	60	60	48
36	36	计 6	60	48	60	48
37	37	计 3	60	48	60	48
38	38	计 3	60	48	60	48
39	39	计 4	60	48	60	48
40	40	计 4	60	48	60	48
41	41	计 5	60	48	60	48
42	42	计 5	60	48	60	48
43	43	计 6	76	60	60	48
44	44	计 6	60	48	60	48
45	45	计 3	76	60	60	48
46	46	计 3	60	48	60	48
47	47	计 3	76	60	60	48
48	48	计 3	76	60	60	48
49	49	计 8	76	60	60	48
50	50	计 4	60	48	60	48
51	51	计 5	60	48	60	48
52	52	计 5	60	48	60	48
53	53	计 9	76	60	60	48
54	54	计 5	60	48	60	48
55	55	计 9	60	48	60	48
56	56	计 6	60	48	60	48
57	57	计 6	76	60	60	48
58	58	计 7	60	48	60	48
59	59	计 7	60	48	60	48
60	60	计 7	60	48	60	48
61	61	计 7	60	48	60	48

续表

序号	管段		优化前		优化后	
	左节点编码	右节点编码	集油管径/mm	掺水管径/mm	集油管径/mm	掺水管径/mm
62	62	计7	60	48	60	48
63	63	计8	60	48	60	48
64	64	计5	60	48	60	48
65	65	计7	60	48	60	48
66	66	计7	60	48	60	48
67	67	计7	60	48	60	48
68	68	计7	60	48	60	48
69	69	计8	60	48	60	48
70	70	计8	60	48	60	48
71	71	计8	60	48	60	48
72	72	计8	60	48	60	48
73	73	计5	76	60	60	48
74	74	计5	60	48	60	48
75	75	计9	76	60	60	48
76	76	计8	60	48	60	48
77	77	计8	60	48	60	48
78	78	计8	60	48	60	48
79	79	计8	76	60	60	48
80	80	计9	76	60	60	48
81	81	计7	76	60	60	48
82	82	计10	60	48	60	48
83	83	计10	60	48	60	48
84	84	计10	76	60	60	48
85	85	计9	60	48	60	48
86	86	计10	76	60	60	48
87	87	计10	60	48	60	48
88	88	计10	60	48	60	48
89	89	计11	76	60	60	48
90	90	计9	76	60	60	48
91	91	计9	60	48	60	48
92	92	计10	60	48	60	48
93	93	计10	60	48	60	48
94	94	计10	60	48	60	48
95	95	计10	60	48	60	48
96	96	计12	76	60	60	48
97	97	计11	76	60	60	48

续表

序号	管段		优化前		优化后	
	左节点编码	右节点编码	集油管径/mm	掺水管径/mm	集油管径/mm	掺水管径/mm
98	98	计11	60	48	60	48
99	99	计11	60	48	60	48
100	100	计9	60	48	60	48
101	101	计9	76	60	60	48
102	102	计9	76	60	60	48
103	103	计12	76	60	60	48
104	104	计12	60	48	60	48
105	105	计12	60	48	60	48
106	106	计12	60	48	60	48
107	107	计11	60	48	60	48
108	108	计11	76	60	60	48
109	109	计12	76	60	60	48
110	110	计12	60	48	60	48
111	111	计12	60	48	60	48
112	112	计12	60	48	60	48
113	113	计11	60	48	60	48
114	114	计11	60	48	60	48
115	115	计11	76	60	60	48
116	116	计11	76	60	60	48
117	117	计12	76	60	60	48
118	计1	接1	114	89	89	76
119	计10	接1	114	89	89	76
120	计11	接1	159	114	114	89
121	计12	接1	159	114	114	89
122	计2	接1	159	114	114	89
123	计3	接1	159	114	114	89
124	计4	接1	114	89	89	76
125	计5	接1	89	76	89	60
126	计6	接1	219	159	159	114
127	计7	接1	159	114	114	89
128	计8	接1	89	76	89	60
129	计9	接1	114	89	89	76

表 2-11　油井掺水量优化结果

油井编号	掺水量/(t/d)		油井编号	掺水量/(t/d)		油井编号	掺水量/(t/d)	
	优化前	优化后		优化前	优化后		优化前	优化后
1	50.9	33.4	41	9.6	10.0	81	33.7	25.1
2	27.3	19.6	42	9.7	10.0	82	12.7	12.4
3	12.1	12.4	43	31.5	25.6	83	20.2	15.9
4	21.6	16.8	44	18.3	18.2	84	30.3	20.7
5	10.4	12.8	45	41.9	28.5	85	23.0	17.6
6	15.4	15.3	46	21.1	17.9	86	24.5	17.9
7	31.0	23.1	47	27.8	21.4	87	12.4	12.0
8	20.7	16.4	48	31.1	23.2	88	22.7	17.3
9	13.4	12.8	49	26.6	17.7	89	32.9	24.3
10	13.5	12.8	50	22.3	17.2	90	30.2	21.1
11	24.8	18.3	51	18.8	13.2	91	12.0	12.4
12	6.4	10.8	52	12.5	10.4	92	18.8	15.2
13	35.6	25.9	53	31.9	22.0	93	11.5	11.6
14	21.9	20.4	54	17.0	12.4	94	10.3	11.2
15	22.1	17.1	55	21.2	16.5	95	20.3	15.9
16	12.1	12.4	56	19.4	19.0	96	30.8	24.1
17	21.3	16.5	57	23.8	21.2	97	29.1	22.3
18	16.5	16.0	58	22.0	18.9	98	21.5	18.4
19	9.3	12.4	59	13.4	14.4	99	17.8	16.6
20	14.2	14.8	60	11.4	13.2	100	22.0	17.0
21	13.6	15.7	61	18.0	16.7	101	26.6	19.3
22	22.6	20.8	62	13.0	14.4	102	23.6	17.8
23	9.3	12.0	63	15.4	12.4	103	30.5	24.2
24	11.8	12.0	64	12.2	10.4	104	19.2	18.0
25	8.5	10.8	65	22.5	19.1	105	10.1	13.2
26	23.5	17.7	66	13.1	14.4	106	12.6	14.4
27	28.7	17.9	67	9.7	12.4	107	11.1	13.2
28	14.8	15.0	68	17.5	16.7	108	28.8	22.4
29	20.0	17.6	69	14.7	12.4	109	24.8	21.0
30	21.0	18.3	70	5.6	10.0	110	14.4	15.4
31	10.5	14.2	71	11.1	10.8	111	11.4	14.0
32	6.1	10.4	72	21.5	15.2	112	15.4	16.1
33	5.0	10.0	73	27.8	17.3	113	14.0	14.6
34	17.3	12.8	74	11.4	10.0	114	10.3	12.8
35	23.8	21.2	75	26.5	19.2	115	26.4	21.1
36	8.8	13.2	76	20.2	14.6	116	32.5	24.3
37	19.3	16.9	77	9.4	10.0	117	42.0	30.1
38	9.8	12.4	78	16.4	12.8			
39	13.7	13.2	79	25.5	17.4			
40	12.8	12.8	80	31.1	21.6			

2.5　集气网络优化研究

开展集气系统布局优化可以取得显著的经济效益。集气系统的管网形态主要以星-树状网络结构为主，现有集气系统布局优化成果中优化目标主要以管道总长度最小或者总投资最省为目标，鲜有报道考虑集气系统的可靠度进行优化设计，而星-树状管网由于其形态结构特征导致了集气总站与气井之间单路连通，如果发生管道泄漏等突发事故，将会影响大面积管网的正常运行，为了提升管网的可靠度，从规划设计之初优化集气系统的布局结构是一种可行方法。

2.5.1　基本概况

星-树状集输管网是天然气田地面工程中常见的管网形态，管网中的气井和集气站呈星状连接，集气站、集气总站呈树状连接，其拓扑结构示意图如图 2-21 所示。在气田采用星-树状管网进行集输天然气的过程中，多井集气工艺和二级布站集输流程被广泛应用，它的集输流程可以概括为：多口气井内的产出气经由采气管道输运到集气站统一进行节流降压、脱水、换热等处理，处理后的天然气经集气管道输送到集气干线，然后由集气干线整合后输运到集气总站进行进一步深度处理。

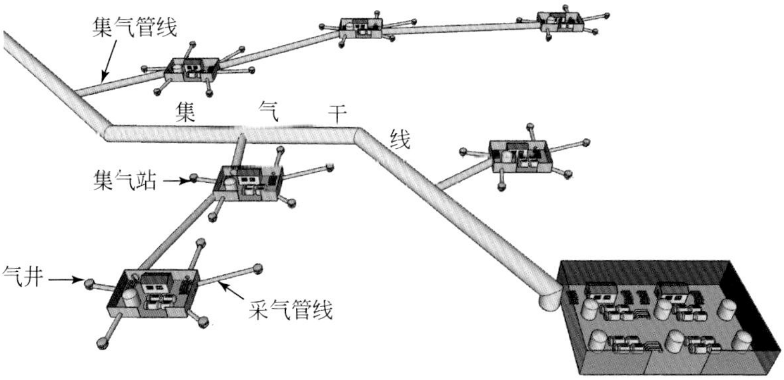

图 2-21　气田星-树状集输管网拓扑结构示意图

2.5.2　集气系统可靠度计算方法

根据可靠度的定义，可靠度是指系统在规定时间内完成指定功能的能力，集气系统可靠度即可概括为在生产周期内气井产出的流量安全输运到站场的能力，星-树状集气系统建设投资较小，在各气田生产建设中被广泛应用，而星-树状集气系统由于没有备份管网，其可靠度是相对较低的。通过集气系统的布局优化来改善星-树状集气系统的可靠度的基础是如何量化描述集气系统的可靠度，集气系统可靠度的计算方法研究目前仍处于理论完善阶段。供水系统可靠度研究成果相对丰富，可以进行适当借鉴。供水系统可靠度计算方法主要有流量熵法和节点可靠度加权平均法。流量熵的可靠度评价方式是通过度量系统中节点的流量来源管道的数量来分析流量的可替代程度,追求的是节点流量来源路径的多样性和各路径流量的均衡性。然而,星-树状集气系统的流动方向单一,采用流量熵的评价方式不能完全体现星-树状网络结构对于可靠度的影响。另外,现有成果中还包括一些其他的可靠度计算方法,包括状态枚举法、随机模拟法、故障树方法等,状态枚举法和故障树方法都是通过遍历故障工况的可能情况进行可靠度计算,而对于集气系统规划设计过程中的多管网结构方案可靠度的对比优选,其计算复杂度是比较大的。Monte Carlo 随机模拟法通过大量的随机抽样集气系统的运行参数,统计所有运行工况的达标输运情况,其计算效率也是不能忽视的问题。所以,寻求适用于星-树状集气系统有效的可靠度计算方法是有理论和现实意义的。

对于星-树状集气系统而言,系统节点单元之间的连通性是决定系统稳定程度的关键因素,基于此,将管道的长度因素纳入到系统的可靠度计算中,考虑星-树状管网的结构特征和管道单元重要度,以集气系统中所有节点单元与集气总站单元之间的连通概率加权平均值作为集气系统的可靠度。本小节旨在探讨集气系统可靠度的评估方法,为了便于介绍,假定系统中仅存在一座集气总站。

集气系统连通可靠度的研究通常建立在一定的假设条件下。

1)集气系统、管道单元、站场单元只有正常运行和故障两种状态。

2)集气系统的各单元之间相互独立,正常运行和故障不相互影响。

3)在集气系统运行中,最多只有一根管道发生故障。

4)管道沿轴向方向完全均质,内外环境处处保持一致。

1. 系统单元可靠度

在气田的生产运行过程中,采出气通常含有一定量的组分水,部分气井产出气中还包含着游离水,在高压密闭的运行环境中,容易产生水合物,加之气体中存在着 H_2S 等酸性气体,会对管道内壁产生腐蚀作用。管道的外壁主要由防腐层进行保护,而由于管道周围土壤中的微生物和潮湿环境,防腐层通常会受到一定程度的侵蚀。在管道内外腐蚀的作用下,管道会以一定概率发生腐蚀穿孔。基于管道内质外因的一致性假设,管道沿轴向方向腐蚀概率处处相等。通过以上分析,结合现场统计数据,管道单元发生故障的概率服从泊松分布,管道单元的故障概率可以表示为

$$p_i = 1 - e^{-\beta_i L_i t} \tag{2-55}$$

式中,p_i 为管道 i 发生故障的概率;β_i 为每千米管道每年发生故障次数的平均值,可由气田历史生产数据统计得到;L_i 为管道 i 的长度;t 为管道运行年限。

根据管道单元的故障概率,可以得到管道单元的可靠度计算公式为

$$R_{P,i} = 1 - p_i = e^{-\beta_i L_i t} \tag{2-56}$$

式中,$R_{P,i}$ 为管道 i 的可靠度。

相较于管道单元,集气总站、集气站、管汇点的故障主要来源于设备或管材故障、漏损,其空间尺度因素对于可靠度的影响可以忽略,集气总站、集气站、管汇点的故障概率服从泊松分布,其可靠度可以表征为

$$R_{S,i} = e^{-\alpha_i t} \tag{2-57}$$

式中,$R_{S,i}$ 为集气总站、集气站、管汇点 i 的可靠度;α_i 为集气总站、集气站、管汇点 i 每年发

生故障次数的平均值。

2. 管道单元重要度

集气系统中的管道作为集气系统中的“动脉”，承担着集气系统的连接和输运任务，是集气系统整体可靠度评价的主要组成部分。管道可靠度通过统计分析方法可以定量化描述管道正常运行的可靠程度，但无法体现单根管道对集气系统整体可靠度的影响。引入单元重要度概念（王光远，1999），来衡量管道可靠度对集气系统整体可靠度的影响程度。管道单元重要度强调管道和集气系统的局部和整体之间的相互关系，若管道故障影响了很多气井的正常运行，使得集气系统可靠度显著降低，则管道单元重要度高；若管道故障对系统正常生产运行影响较小，对集气系统可靠度改变不大，则管道单元重要度低。基于该思想，建立管道单元重要度的公式为

$$w_{P,i} = \frac{Q_{b,i}}{Q_o} \tag{2-58}$$

式中，$w_{P,i}$ 为管道单元 i 的重要度；$Q_{b,i}$ 为管道单元 i 故障时所影响的气井输运的流量；Q_o 为集气系统正常运行时的总输运流量。

根据式(2-58)可以看出，由于集气系统中集气总站到气井的单连通性，管道故障时所影响的流量就是其所连通的气井通过该管道流向集气总站的流量，管道单元重要度越高说明该管道所连通的气井数量越多，其所影响的生产运行的范围越广，也就表征着出现集气系统可靠度明显降低的可能性越大。所以，在集气系统规划中应该避免流量过于集中，构建流量分布相对均有的网络系统。

3. 星–树状网络可靠度计算方法

集气系统可靠度可以由星–树状网络连通可靠度来替代表征，由于星–树状集气系统中集气总站与气井之间只有单一路径，所以集气系统可靠度可以定义为所有气井都能与集气总站相连通的概率。基于图论方法，集气系统又可以提成为所有网络节点与根节点的连通概率。计算网络节点与根节点的连通概率可以由递归的方法计算求得，以下给出连通概率的确定方法。

节点 i 是星–树状网络 T 的悬挂点，j 是 i 连接到网络 T 的边，$T-i$ 是网络 T 除去节点 i 的子树，则网络 T 的连通概率可以表示为（陶安顺和蔡金凤，1998），

$$P_N(T) = P_{S,i} P_{P,j} P_N(T-i) \tag{2-59}$$

式中，$P_N(T)$ 、$P_N(T-i)$ 为网络 T 和 $T-i$ 正常连通的概率；$P_{S,i}$ 为节点 i 连通到网络 $T-i$ 的概率；$P_{P,j}$ 为管道 j 连通到网络 $T-i$ 的概率。

基于递归思想，给出集气系统中任意节点与集气总站之间的连通概率递归公式。假设节点 i 与节点 k 之间存在连通路径，且节点 k 在节点 i 通往集气总站的路径上，称节点 k 是节点 i 的前驱节点，而 i 是 k 的后继节点，集气系统中除集气总站以外的节点均有唯一的前驱节点和一个以上的后继节点。则节点 i 与集气总站相连通的概率递归公式为

$$P_{S,i} = P_{S,i} P_{P,j} P_{S,k} \tag{2-60}$$

式中，$P_{S,k}$ 为节点 k 连通到集气总站的概率。

将节点 i 与集气总站相连通的概率递归公式写成为一般形式，则有：

$$P_{S,i}=\prod_{k\in p_{thV,i}}P_{S,k}^{i}\prod_{k'\in p_{thE,i}}P_{P,k'}^{i} \tag{2-61}$$

式中，$p_{thV,i}$ 为节点 i 连通到集气总站的路径中节点的表征数集；$p_{thE,i}$ 为节点 i 连通到集气总站的路径中管道的表征数集；$P_{S,k}^{i}$ 为节点 i 连通到集气总站的路径中节点 k 连通到集气总站的概率；$P_{P,k'}^{i}$ 为节点 i 连通到集气总站的路径中管道 k' 连通到集气总站的概率。

考虑管道的重要度对集气系统可靠度的影响，将单元正常运行的概率表征为单元可靠度，以管道重要度为权重，假定系统中建立星-树状集气系统可靠度计算模型：

$$R_{g}=\frac{\sum_{i=1}^{N_P}\left(\sum_{k'\in p_{thEi}}w_{P,i,k'}\prod_{k\in p_{thVi}}R_{S,k}^{i}\prod_{k'\in p_{thEi}}R_{P,k'}^{i}\right)}{\sum_{i=1}^{N_P}\sum_{k'\in p_{thEi}}w_{P,i,k'}} \tag{2-62}$$

式中，R_g 为集气系统的可靠度；N_P 为集气系统的节点数量；$R_{S,k}^{i}$ 为节点 i 连通到集气总站的路径中节点 k 的可靠度；$R_{P,k'}^{i}$ 为节点 i 连通到集气总站的路径中管道 k' 的可靠度；$w_{P,i,k'}$ 为节点 i 连通到集气总站的路径中管道 k' 的重要度。

2.5.3 考虑可靠度的集气管网布局优化模型

气田集输管网是包含节点单元（气井、集气站、集气总站）和管道单元（采气管道、集气管道、集气干线管道）的复杂网络系统，集输管网布局优化是通过构建优化数学模型和求解算法确定管网系统节点单元和管道单元的最优规划设计方案，属于 NP-hard 问题（刘扬和关晓晶，1993b）。已有研究成果中主要针对集输管网的拓扑布局优化和参数优化开展研究，集输管网拓扑布局优化强调管网系统在空间关系上的最优性，参数优化着重满足费用最低前提下的各类管道参数优选，而鲜有研究关注于管网可靠度与管网布局优化设计的协同优化。本书从宏观角度统筹考虑管网的布局结构及参数和管网的可靠度，建立多目标优化数学模型。

1. 目标函数

（1）总建设费用最低

集气系统的总建设费用包括站场的建设费用和管道建设费用两类，通过梳理气田在实际建设生产中的各类参数，确定集气站和集气总站的几何位置、数量，采气管道、集气管道和集气干线管道的管径、壁厚、伴热功率，各级节点单元之间的连接关系为决策变量，考虑星-树状管网结构特征，将集气系统提成为赋权有向图 $G_g(V_g,E_g)$，其中 V_g 表示图的顶点集合，E_g 表示边集合，建立集气系统总建设费用目标函数为

$$\begin{aligned}\min\quad F(\boldsymbol{M},\boldsymbol{\eta},\boldsymbol{U},\boldsymbol{D},\boldsymbol{\delta}_G,\boldsymbol{P})=&\sum_{i=1}^{M_{\mathrm{T}}}(a_{\mathrm{T},i}Q_{\mathrm{T},i}+b_{\mathrm{T},i})+\sum_{i=1}^{M_{\mathrm{g}}}(a_{\mathrm{g},i}Q_{\mathrm{g},i}+b_{\mathrm{g},i})\\&+\sum_{k=1}^{M_{\mathrm{T}}}\sum_{i=1}^{M_{\mathrm{L}}}\sum_{j=1}^{M_{l}^{R}-1}\eta_{\chi,k,i}l_{\chi,i,j,j+1}C_{\chi}(\delta_{\mathrm{g},\chi,i},D_{\chi,i})\\&+\sum_{i=1}^{M_{\mathrm{g}}}\sum_{j=i+1}^{M_{\mathrm{g}}+M_V}\eta_{\gamma,i,j}l_{\gamma,i,j}C_{\gamma}(\delta_{\mathrm{g},\gamma,i,j},D_{\gamma,i,j})\\&+\sum_{i=1}^{N}\sum_{j=1}^{M_{\mathrm{g}}}\left[\eta_{\xi,i,j}l_{\xi,i,j}C_{\xi}(\delta_{\mathrm{g},\xi,i,j},D_{\xi,i,j})+\alpha_{\xi,P,i,j}P_{\xi,i,j}l_{\xi,i,j}\right]\end{aligned} \tag{2-63}$$

式中，$F(\cdot)$ 为集气系统总建设费用；$\boldsymbol{M}$ 为集气站、集气总站、集气干线走向点和接口的数量设计向量；$\boldsymbol{\eta}$ 为各级节点单元的连接关系设计向量；$\boldsymbol{X},\boldsymbol{Y}$ 为集气站、集气总站、集气干线走向点和接口的几何位置设计向量；$\boldsymbol{D},\boldsymbol{\delta}$ 为不同管道的管径和壁厚设计向量；$\boldsymbol{P}$ 为采气管道的伴热带功率设计向量；M_{T} 为集气总站的数量；M_{g} 为集气站的数量；M_{L} 为集气干线数量；M_i^R 为第 i 条集气干线管道的走向点数量；N 为气井数量；$a_{\mathrm{T},i}$，$b_{\mathrm{T},i}$ 为第 i 个集气总站的建设费用拟合系数；$a_{\mathrm{g},i}$，$b_{\mathrm{g},i}$ 为第 i 个集气站的建设费用拟合系数；$\eta_{\xi,i,j}$，$\eta_{\gamma,i,j}$，$\eta_{\chi,k,i}$ 为气井与集气站之间、集气站与集气站或集气干线管汇点之间、集气干线与集气总站的连接关系 0 ~ 1 变量，存在连接关系取值为 1，否则取值为 0；$D_{\mathrm{g},\chi,i}$，$\delta_{\mathrm{g},\chi,i}$ 为第 i 条集气干线管道的管径和壁厚；$l_{\chi,i,j,j+1}$ 为第 i 条集气干线第 j 个干线走向点与第 $j+1$ 个干线走向点之间的管道的等效长度，其中等效长度表示由 Prim 算法求得的最短路径长度，若管道受障碍约束则为最短绕障路径长度；$l_{\xi,i,j}$，$D_{\mathrm{g},\xi,i,j}$，$\delta_{\mathrm{g},\xi,i,j}$，$P_{\xi,i,j}$，$\alpha_{\xi,P,i,j}$ 为第 i 个气井和第 j 个集气站之间采气管道的等效长度、管径、壁厚、伴热带功率和功率为 $P_{\xi,i,j}$ 时的单位长度伴热带费用；$l_{\gamma,i,j}$，$D_{\gamma,i,j}$，$\delta_{\mathrm{g},\gamma,i,j}$ 为第 i 个集气站和第 j 个集气站或集气干线管汇点之间集气管道的等效长度、管径、壁厚；$C_\chi(\cdot)$，$C_\gamma(\cdot)$，$C_\xi(\cdot)$ 为单位长度集气干线、集气管道、采气管道的建设费用。

（2）集气系统可靠度最大

集气系统是包含集气总站、集气站、管汇点、气井的大型单元集合，通过可靠度对集气系统的拓扑结构进行优化设计，确定所有单元在正常运转前提下与集气站连通性最好的组合方案，对于保障气田开发的安全生产，减少集气系统维护费用具有重要意义。将集气总站到气井方向顺序排列的节点单元和管道单元作为其间的连通路径，考虑多集气总站的共同作用，建立了集气系统可靠度最大化目标函数：

$$\max \quad R_{\mathrm{g}}(\boldsymbol{U},\boldsymbol{\eta},\boldsymbol{m}) = \frac{\sum_{h=1}^{M_{\mathrm{T}}}\sum_{i\in I_{V_{\mathrm{g}}}}\varpi_{h,i}\left(\sum_{j=1}^{m_{pa,h,i}-1}\sum_{k\in I_{V_{\mathrm{g}}}}\sum_{k'\in I_{V_{\mathrm{g}}}}\zeta_{h,i,k,k'}^{j,j+1}\eta_{k,k'}^{W}w_{P,k,k'}\prod_{j=1}^{m_{pa,h,i}}\sum_{r\in I_{V_{\mathrm{g}}}}\tau_{j,r}^{h,i}R_{S,r}\prod_{j=1}^{m_{pa,h,i}-1}\sum_{k\in I_{V_{\mathrm{g}}}}\sum_{k'\in I_{V_{\mathrm{g}}}}\zeta_{h,i,k,k'}^{j,j+1}\eta_{k,k'}^{W}R_{P,k,k'}\right)}{\sum_{h=1}^{M_{\mathrm{T}}}\sum_{i\in I_{V_{\mathrm{g}}}}\varpi_{h,i}\left(\sum_{j=1}^{m_{pa,h,i}-1}\sum_{k\in I_{V_{\mathrm{g}}}}\sum_{k'\in I_{V_{\mathrm{g}}}}\zeta_{h,i,k,k'}^{j,j+1}\eta_{k,k'}^{W}w_{P,k,k'}\right)} \tag{2-64}$$

式中，$R_{\mathrm{g}}(\cdot)$ 为集气系统可靠度；$I_{V_{\mathrm{g}}}$ 为集合 V_{g} 的表征数集；$\omega_{h,i}$ 为二元变量，节点 i 若连通到集气总站 h 则取值为 1，否则取值为 0；$m_{pa,h,i}$ 为第 i 个节点到集气总站 h 之间的路径节点数量；$\eta_{k,k'}^{W}$ 为集合 V_{g} 中第 k 个节点和第 k' 个节点之间的连接关系设计向量，可以与式(2-63)中的连接关系设计向量相互转化；$\tau_{j,r}^{h,i}$ 为二元变量，集合 V_{g} 中第 r 个节点是节点 i 到集气总站 h 的路径中的第 j 个节点取值为 1，其他为 0；$\zeta_{h,i,k,k'}^{j,j+1}$ 为二元变量，集合 V_{g} 中第 k 个节点是节点 i 到集气总站 h 的路径中的第 j 个节点且第 k' 个节点是路径的第 $j+1$ 个节点取值为 1，其他取值为 0；$R_{S,r}$ 为集合 V_{g} 中第 r 个节点的可靠度；$R_{P,k,k'}$ 为集合 V_{g} 中第 k 和 k' 个节点之间管道的可靠度；$w_{P,k,k'}$ 为集合 V_{g} 中第 k 和 k' 个节点之间管道的重要度。

2. 约束条件

（1）管网形态约束

1）所有的采气管道应该满足长度约束，即采气管道的长度应该小于集输半径：

$$\eta_{\xi,i,j}l_{\xi,i,j} \leqslant R_d \quad i=1,2,\cdots,N;j=1,2,\cdots,M_{\mathrm{g}} \tag{2-65}$$

式中，R_d 为集输半径。

2）气井应该与集气站存在唯一隶属关系，即一口气井只能与一个集气站相连接：

$$\sum_{j=1}^{M_g} \eta_{\xi,i,j} = 1 \quad i = 1,2,\cdots,N \tag{2-66}$$

3）集气站和其他集气站或集气干线管汇点的连接形式应该满足树状网络结构特征：

$$\sum_{i=1}^{M_g} \sum_{j=i+1}^{M_g+M_V} \eta_{\gamma,i,j} = M_g \tag{2-67}$$

4）一条集气干线只能与一个集气总站相连接，它们之间存在唯一连接约束：

$$\sum_{j=1}^{M_L} \eta_{\chi,i,j} = 1 \quad i = 1,2,\cdots,M_T \tag{2-68}$$

5）集气干线管汇点应该位于集气干线上，以直线表示集气干线管段，则管汇点的坐标应该满足管段的线性方程：

$$(y_{i,k+1}^R - y_{i,k}^R)(x_j^V - x_{i,k}^R) - (x_{i,k+1}^R - x_{i,k}^R)(y_j^V - y_{i,k}^R) = 0$$
$$i = 1,\cdots,M_L; j = 1,\cdots M_V; k = 1,\cdots,M_i^R - 1 \tag{2-69}$$

式中，$x_{i,k+1}^R$，$y_{i,k+1}^R$ 为第 i 条集气干线第 $k+1$ 个走向点的坐标；$x_{i,k}^R$，$y_{i,k}^R$ 为第 i 条集气干线第 k 个走向点的坐标；x_j^V，y_j^V 为第 j 个干线管汇点的坐标。

6）任意节点单元与集气总站的路径中管道与集气系统中的管道存在一一对应关系，

$$\sum_{k \in V_g} \sum_{k' \in V_g} \zeta_{h,i,k,k'}^{j,j+1} = 1 \quad h = 1,\cdots,M_T; j = 1,2,\cdots,m_{hpa,i} - 1; i \in I_{V_g} \tag{2-70}$$

7）集气总站和任意节点之间的连通路径是由集气系统中的节点单元和管道单元组合而成的，两个节点之间的管道是路径中的某一管段的情况受到节点之间连通性约束。

$$\zeta_{h,i,k,k'}^{j,j+1} \leqslant \eta_{k,k'}^W \quad h = 1,\cdots,M_T; j = 1,2,\cdots,m_{hpa,i} - 1; i \in I_{V_g}; k \in I_{V_g}; k' \in I_{V_g} \tag{2-71}$$

（2）障碍约束

1）所有的集气站和集气总站均不应该布局于障碍内：

$$u_{g,i} \notin \text{inner}(\boldsymbol{P}_l) \quad i = 1,2,\cdots,m_g; l = 1,2,\cdots,p \tag{2-72}$$

$$u_{T,j} \notin \text{inner}(\boldsymbol{P}_l) \quad j = 1,2,\cdots,m_T; l = 1,2,\cdots,p \tag{2-73}$$

式中，$u_{g,i}$，$u_{T,j}$ 为第 i 个集气站和第 j 个集气总站的坐标。

2）所有的集气干线走向点的布局均不能位于障碍内：

$$u_{R,i,j} \notin \text{inner}(\boldsymbol{P}_l) \quad i = 1,2,\cdots,m_L; j = 1,2,\cdots,M_i^R; l = 1,2,\cdots,p \tag{2-74}$$

式中，$u_{R,i,j}$ 为第 i 条集气干线中的第 j 个走向点的坐标。

（3）节点维数约束

1）考虑集气站建设的经济性和功能性，集气站的数量应该满足一定的约束：

$$M_{g,\min} \leqslant M_g \leqslant M_{g,\max} \tag{2-75}$$

式中，$M_{g,\min}$，$M_{g,\max}$ 分别为集气站的最小和最大可行建设数量。

2）集气干线管汇点和集气干线的数量应该小于集气站的数量：

$$M_V \leqslant M_g \tag{2-76}$$

$$M_L \leqslant M_g \tag{2-77}$$

3）集气干线走向点的数量应该小于集气站的数量：

$$M_i^R \leqslant M_g \quad i = 1,2,\cdots,M_L \tag{2-78}$$

4）集气总站的数量应该存在可行值区间：

$$M_{T,\min} \leqslant M_T \leqslant M_{T,\max} \tag{2-79}$$

式中，$M_{T,\min}$，$M_{T,\max}$ 分别为集气总站的数量的可行值的下界和上界。

（4）流量约束

1）集气系统中的节点单元应该满足流量平衡约束，即流入与流出节点的流量应该相等，定义流入为负，流出为正，得到如下约束：

$$\sum_{j \in I_P} \beta_{i,j} q_j - Q_{I,i} + Q_{O,i} = 0 \quad i \in I_{V_g} \tag{2-80}$$

式中，I_P 为所有管道的表征数集；$\beta_{i,j}$ 为与节点 i 相连接的管道 j 内的流体流动方向符号函数，管道 j 内的流体流入节点 i 则取值为负，否则取值为正；$Q_{I,i}$、$Q_{O,i}$ 分别为第 i 个节点流入系统和流出系统的流量。

2）为保证管理的集中和处理的效率，集气站和集气总站的处理量应该满足一定范围：

$$Q_{g,\min} \leqslant Q_{g,i} \leqslant Q_{g,\max} \quad i = 1,2,\cdots,M_g \tag{2-81}$$

$$Q_{T,\min} \leqslant Q_{T,i} \leqslant Q_{T,\max} \quad i = 1,2,\cdots,M_T \tag{2-82}$$

（5）工艺约束

1）天然气在管道内流动应该满足温度、压力变化规律，即应该满足流动规律约束：

$$S(\boldsymbol{T}_b, \boldsymbol{T}_e, \boldsymbol{P}_b, \boldsymbol{P}_e, \boldsymbol{D}) = 0 \tag{2-83}$$

$$W(\boldsymbol{P}_b, \boldsymbol{P}_e, \boldsymbol{D}) = 0 \tag{2-84}$$

式中，$\boldsymbol{P}_b$，$\boldsymbol{P}_e$ 分别为所有管道的起点和终点的压力向量；$\boldsymbol{T}_b$，$\boldsymbol{T}_e$ 分别为所有管道的起点和终点的温度向量。

2）为了保证集气系统正常运行，所有管道的起终点温度、压力应该在一定范围内：

$$P_{b,i,\min} \leqslant P_{b,i} \leqslant P_{b,i,\max} \quad i \in I_P \tag{2-85}$$

$$P_{e,i,\min} \leqslant P_{e,i} \leqslant P_{e,i,\max} \quad i \in I_P \tag{2-86}$$

$$T_{b,i,\min} \leqslant T_{b,i} \leqslant T_{b,i,\max} \quad i \in I_P \tag{2-87}$$

$$T_{e,i,\min} \leqslant T_{e,i} \leqslant T_{e,i,\max} \quad i \in I_P \tag{2-88}$$

式中，$P_{b,i,\min}$，$P_{b,i,\max}$ 分别为第 i 条管道的起点和终点压力；$T_{b,i,\min}$ $T_{b,i,\max}$ 分别为第 i 条管道的起点和终点温度。

（6）取值范围约束

1）集气站、集气总站、集气干线走向点和集气干线管汇点的几何位置应为在可行解域内：

$$U \in U_D \tag{2-89}$$

式中，U_D 为集气站、集气总站、集气干线走向点和集气干线管汇点的几何位置可行域。

2）所有管道的规格应该满足现有工业标准管道规格。

$$D_i \in \{D_{G\min}, \cdots, D_{G\max}\} \quad i \in I_P \tag{2-90}$$

$$\delta_{Gi} \in \{\delta_{G\min}, \cdots, \delta_{G\max}\} \quad i \in I_P \tag{2-91}$$

式中，$D_{G\min}$，$D_{G\max}$ 分别为工业最小和最大标准管道的管径规格；$\delta_{G\min}$，$\delta_{G\max}$ 分别为工业最小

和最大标准管道的壁厚规格。

3)采气管道的伴热功率应该满足工业可生产的功率限制:

$$\eta_{\xi,i,j}P_{\min} \leqslant \eta_{\xi,i,j}P_{\xi,i,j} \leqslant \eta_{\xi,i,j}P_{\max} \quad i = 1,2,\cdots,N; j = 1,2,\cdots,M_g \tag{2-92}$$

式中,$P_{\min}$,$P_{\max}$ 分别为采气管道伴热带功率的最小和最大可行值。

2.5.4 混合分级蛙跳优化求解方法

集气系统布局优化数学模型是多约束、多目标、包含离散和连续优化变量的非线性最优化模型,直接采用经典优化方法进行优化求解难度较大,且经典优化方法随问题维度增加而导致的计算资源开销也是不容忽视的问题。为了有效求解 2.5.3 节中的优化模型,基于分级优化思想,将布局优化问题提成为管网参数级和拓扑布局级两级优化子问题,分别付诸混合蛙跳算法(SFLA)和降维规划法相互协调迭代求解,为了增强混合蛙跳算法的全局搜索能力,提出了有效搜索半径概念,通过改变蛙跳规则来增强算法对局部邻域空间的有效“挖掘”,从而实现了优化模型的有效求解。

1. 改进的混合蛙跳算法

混合蛙跳算法是结合了模因演算法和粒子群算法 2 种群智能优化算法的优点而提出的优化算法,该算法具有主控参数少、计算速度快、优化求解能力强、易于实现的优点。但当该算法应用于高维优化问题时,由于全局最优蛙对整个蛙群的控制因素,算法容易陷入局部最优。基于第 2 章的相关叙述可知,混合蛙跳算法早熟收敛的主要原因之一是标准的蛙跳规则对于邻域信息考虑不足,针对混合蛙跳算法的蛙跳更新规则进行优化设计,提出了以下 3 点主要改进,形成了改进的混合蛙跳算法(MSFLA)。

(1)增大蛙跳操作执行规模

在标准 SFLA 中,青蛙的更新操作只针对每个模因组中质量最差的一只青蛙,局限了每个模因组内信息交流范围,每次只更新最差质量的蛙虽然可以在短时间内使得蛙群整体质量较快提升,但也在一定程度上规避了更多优秀信息的产生,从而导致算法收敛速度相对较慢。基于此,将 SFLA 中的只针对最差蛙执行蛙跳操作改进为对每个模因组中随机选取一定数量的青蛙执行位置更新操作,增强群体多样性。

(2)环形拓扑邻域空间

借鉴粒子群算法中的 Ring 型拓扑结构,针对每个模因组中选取的若干执行蛙跳操作的青蛙,将所有被选择的青蛙按照序号进行无差别排序,从而形成一个环形拓扑邻域空间,在这个邻域空间中,每个青蛙的邻域是其相邻的两个青蛙,采用这种环形拓扑结构可以有效打破模因组之间的信息交流屏障,实现所有模因组之间的信息融合,且环形拓扑结构的形成仅依据青蛙的序号,避免了依赖空间距离设计拓扑结构所导致的“聚集效应”,真正做到了青蛙个体与蛙群之间的信息交换。

(3)改进的蛙跳规则

在环形拓扑邻域空间的基础上,对每个执行蛙跳操作的青蛙设计新的蛙跳规则,传统混合蛙跳优化算法中的向最优蛙移动的操作应当予以保留,同时在青蛙移动的过程中加入邻域信息的影响,提出基于环形拓扑邻域空间的有效搜索半径概念。

有效搜索半径是指青蛙与其两只邻域青蛙的各维度绝对差的平均值的最小值,其计算公式如下所示:

$$d_{nl,i}=\min\left\{\frac{1}{D}\sum_{j=1}^{D}\left|X_{i,j}^{1}-X_{i,j}\right|,\frac{1}{D}\sum_{j=1}^{D}\left|X_{i,j}^{2}-X_{i,j}\right|\right\}\quad i=1,2,\cdots,n_R \tag{2-93}$$

式中, $d_{nl,i}$ 为第 i 只青蛙的有效搜索半径; $X_{i,j}^1$ 为第 i 只青蛙的其中一只环形拓扑邻域内的青蛙的第 j 维信息; $X_{i,j}^2$ 为第 i 只青蛙的另一只环形拓扑邻域内的青蛙的第 j 维信息; $X_{i,j}$ 为第 i 只青蛙的第 j 维信息; n_R 为每次迭代执行蛙跳更新的青蛙数量。

基于以上搜索半径,给出改进的蛙跳规则如式(2-94)所示:

$$X'_{w,i}=X_{w,i}+r(X_b-X_{w,i})+\beta d_{nl,i},\quad \|r(X_b-X_w)+\beta d_{nl,i}\|\leqslant D_{\max} \tag{2-94}$$

式中, $X'_{w,i}$, $X_{w,i}$ 分别为第 i 只青蛙更新后和更新前位置; β 为区间[0,1]之间的随机数; $D_{\max}$ 为蛙所允许改变位置的最大值。

通过以上新的蛙跳更新规则,实现了每只参与更新的青蛙对于其他青蛙的学习,同时在一定程度上向着最优解移动,采用群体认知学习得到的信息来修正青蛙的移动方向和移动距离,增强了算法的局部优化和全局优化求解能力。基于以上分析,绘制了混合蛙跳算法的优化原理图如图 2-22 所示。从图 2-22 中可以看出,蛙群被分为 4 个模因组,通过本节所提出的改进蛙跳算法,形成了如图中橙色线连接而成的环形拓扑邻域,灰色边框的青蛙 i 是第 t 次迭代中青蛙位于解空间中的位置 $X_{w,i}(t)$,与其相邻的绿色线条所连接的是青蛙 i 第 t 次迭代中的邻域蛙 1 和邻域蛙 2,红色边框的青蛙为当次迭代群体中的最优蛙,在标准混合蛙跳算法中,青蛙 i 在最优蛙的作用下移动到黄色圆点位置,但该圆点位于局部最优解区域中,通过执行式(2-93)得到青蛙 i 和邻域蛙 1 之间的距离更短,它们之间的各维度绝对差的平均值作为有效搜索半径,进而在式(2-94)的作用下移动到黑色边框的青蛙位置完成了青蛙 i 的移动,可见增加改进蛙跳规则的青蛙距离最优解更近了一步,说明改进的蛙跳规则可以使得算法有效跳出局部最优,促进算法对于整个解空间的搜索能力,提升算法的全局优化能力。

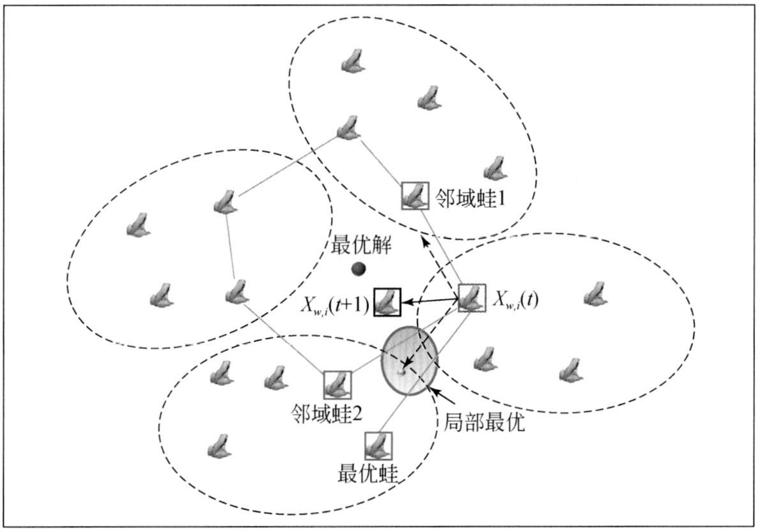

图 2-22　改进的混合蛙跳算法原理图

2. 分级优化求解

由于集气系统布局优化数学模型中离散变量和连续变量存在耦合关系,采用改进的混合蛙跳算法直接进行求解收敛难度大,求解时间长。基于分级优化思想,将模型中的拓扑结构参数提成为拓扑结构级优化子问题,并采用降维规划法进行求解,同时采用改进的混合蛙跳算法求解模型中的站场几何位置、集气干线走向点、管道规格、电伴热功率等构成的管网参数级优化子问题,两级之间协调迭代,最终有效求解该优化模型。另外,因为集气站、集气总站、集气干线、干线走向点的数量在蛙群的进化中不便操作,同时为了提高计算效率,将节点单元的数量设置为宏观变量,通过在求解过程中调整变量的数值来改变两级优化求解的问题维度。

(1)适应度函数建立

集气系统布局优化数学模型是典型的多目标规划模型,直接求解多目标优化模型较为困难,考虑到集气系统布局优化数学模型中建设费用目标和系统可靠度目标中管道长度是优化关键,且管道长度的优化设计与集气系统建设费用最小化以及可靠度最大化的优化方向一致,所以将多目标转化为单目标优化进行求解是可行的。采用线性加权法来构造评价函数,同时基于极大值法对目标函数进行无量纲化,进而建立集气系统布局优化数学模型的评价函数为

$$G(\boldsymbol{M},\boldsymbol{\eta},\boldsymbol{U},\boldsymbol{D},\boldsymbol{\delta}_G,\boldsymbol{P})=\theta\frac{F(\boldsymbol{M},\boldsymbol{\eta},\boldsymbol{X},\boldsymbol{Y},\boldsymbol{D},\boldsymbol{\delta}_G,\boldsymbol{P})}{F_{\max}}-(1-\theta)\frac{R_W(\boldsymbol{M},\boldsymbol{\eta},\boldsymbol{X},\boldsymbol{Y})}{R_{W,\max}} \tag{2-95}$$

式中,$G(\cdot)$ 为集气系统布局优化数学模型的评价函数值;θ 为建设费用最小化目标的权重;$F_{\max}$ 为集气系统建设费用目标函数值的上界;$R_{W,\max}$ 为集气系统可靠度的上界。

(2)拓扑结构级优化

拓扑结构级优化是优化各级节点单元间的连接关系,采用 2.1 节中的降维规划法可以在给定集气站、集气总站、集气干线走向点、集气干线管汇点几何位置的基础上求得,为了降低管网参数级优化求解的维度,将集气干线管汇点几何位置的求解转化为如下的方式进行处理。

1)设干线管汇点的数量等于集气站的数量,在已知集气站和集气干线走向点的几何位置的基础上,计算集气站与其最近距离的集气干线的垂足。

2)如果垂足在集气干线上,则将垂足坐标进行赋值存储;如果计算的垂足不在集气干线上,则选取距离集气站最近的集气干线的端点作为集气干线管汇点位置。

3)优化求解后去掉多余的干线管汇点,并根据集输安全性和管理方便性对管汇点位置进行调整。

需要指出的是,以上计算垂足时需要考虑障碍的影响,若在布局中存在障碍,则应协同考虑绕障路径点和集气干线管段线性方程来确定管汇点的几何位置。

(3)管网参数级优化

管网参数级优化是通过改进的混合蛙跳算法求解管网中集气站、集气总站、集气干线走向点的几何位置,以及所有管道的管径、壁厚、伴热功率,在实际应用 MSFLA 时,需要对算法的主控参数进行设计。

1)群体创建:青蛙个体是携带优化信息的主要载体,在集气站、集气总站、集气干线、集气干线管汇点的数量给定后,青蛙个体的编码维度也相继确定,以实数编码几何位置和采气管道的伴热功率,将管道规格序列化为标准规格并采用整数编码,可以得到青蛙个体的编码如下所示:

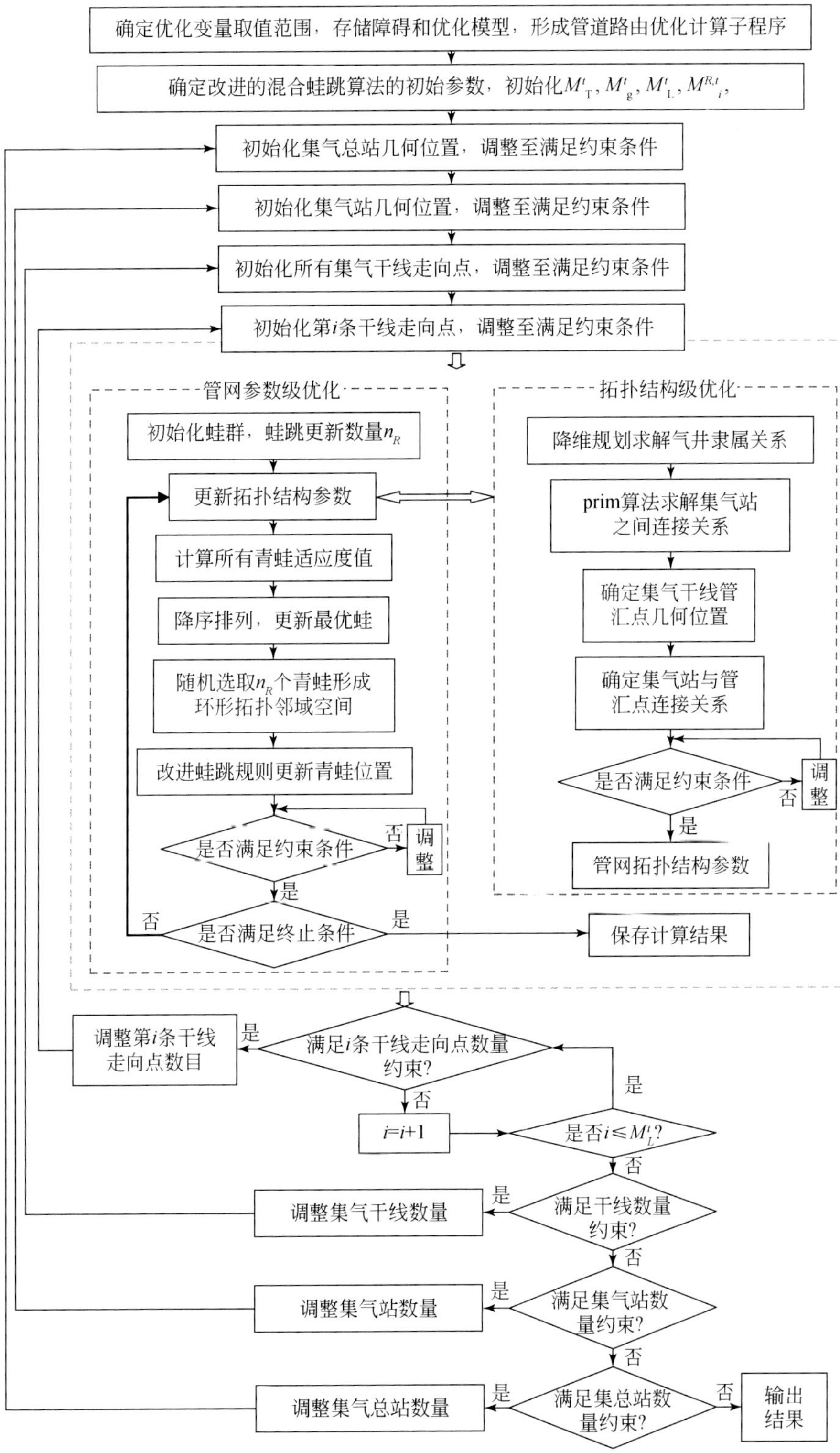

图 2-23　混合分级蛙跳求解方法流程图

$$z_i = [(x^i_{g,1}, y^i_{g,1}; \cdots; x^i_{g,M_g}, y^i_{g,M_g}); (x^i_{T,1}, y^i_{T,1}; \cdots; x^i_{T,M_P}, y^i_{T,M_T}); (a^i_1, \cdots, a^i_{N+M_g+L_P}); (P^i_{\xi,1}, \cdots, P^i_{\xi,N})$$
$$(x^i_{R,1,1}, y^i_{R,1,1}; \cdots; x^i_{R,1,M^R_1}, y^i_{R,1,M^R_1}); \cdots (x^i_{R,M_L,1}, y^i_{R,M_L,1}; \cdots; x^i_{R,M_L,M^R_{M_L}}, y^i_{R,M_L,M^R_{M_L}})] \quad i = 1, 2 \cdots, M_F \tag{2-96}$$

式中，z_i 为蛙群中的第 i 只青蛙；$x^i_{g,j}$，$y^i_{g,j}$ 为第 i 只青蛙中第 j 个集气站的横坐标和纵坐标；$x^i_{R,k,j}$，$y^i_{R,k,j}$ 为第 i 只青蛙中第 k 条集气干线第 j 个走向点的横坐标和纵坐标；$x^i_{T,j}$，$y^i_{T,j}$ 为第 i 只青蛙中第 j 个集气总站的横坐标和纵坐标；a^i_l 为第 i 只青蛙中第 l 条管道的规格；$P^i_{\xi,j}$ 为第 i 只青蛙中第 j 条采气管道的伴热带功率；M_F 为蛙群的数量。

2）终止条件：设置最大稳定搜索次数，即如果连续 K 次搜索，所找到的全局极小值不发生改变即终止算法。同时设置最大搜索次数，以防止无法收敛的情况发生。

基于以上求解方法，绘制混合分级蛙跳求解方法的流程图如图 2-23 所示。

2.5.5　计算实例

某气田区块新建气井 30 口，开发初期产能 $285\times10^4 m^3/d$，其中水平井 5 口，直井 25 口，井口压力 8～12MPa，新建区块内有湖泊、村屯布局障碍共 9 处，其井位、障碍的布局分布图如图 2-23 所示。该区块欲建设集气站 5～8 座，集气总站 1～2 座，集气站处理气量范围为 20×10^4～$80\times10^4 m^3/d$，集气总站处理量范围为 150×10^4～$300\times10^4 m^3$，集气半径为 3km。采用所提出的优化模型和求解方法对该产能区块进行布局规划设计，得到优化后布局图如图 2-24 所示，为了对比混合分级蛙跳算法的优越性，设计了粒子群算法的对比实验，采用粒子群算法优化得到的布局如图 2-25 所示。根据表 2-12 中的详细对比结果可知，相较于粒子群算法，本书中所提出的混合分级蛙跳求解方法优化效果更佳明显，采气管道总长降低 11.01%，集气管道总长降低 6.56%，伴热带总投资降低 18.04%，虽然集气干线长度增加了 4.80%，但系统总建设投资降低 6.30%，此外，混合分级蛙跳算法所得到的管网可靠度为 0.806，粒子群优化算法所得管网的可靠度为 0.792，管网的可靠度也升高了 1.86%，验证了改进的混合蛙跳算法的优化性能，说明混合分级蛙跳算法对于集气系统布局优化问题具有较强的全局优化求解能力，表明本节所建立的优化模型和求解方法有效（图 2-26）。

表 2-12　混合分级蛙跳优化方案和粒子群优化方案结果对比

项目 \ 方法	粒子群优化结果	混合分级蛙跳优化结果	节省比例
采气管线总长	42.38km	40.60km	4.20%
采气管道投资	5985.58 万元	5326.68 万元	11.01%
集气管道总长	12.34km	11.53km	6.56%
集气管道投资	3486.17 万元	3262.99 万元	6.20%
干线管道总长	7.83km	8.23km	-4.80%
干线管道投资	4227.39 万元	4443.35 万元	-4.80%
管线总长度	62.73km	60.36km	3.78%
伴热带总投资	1672.85 万元	1371.14 万元	18.04%
管道系统总投资	15371.99 万元	14404.16 万元	6.30%

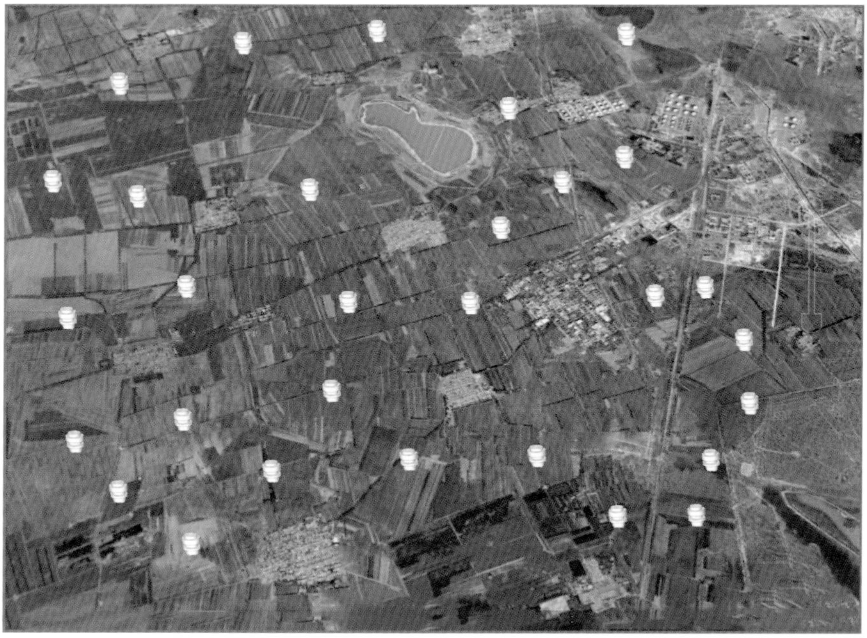

图 2-24　新建产能气井井位分布图

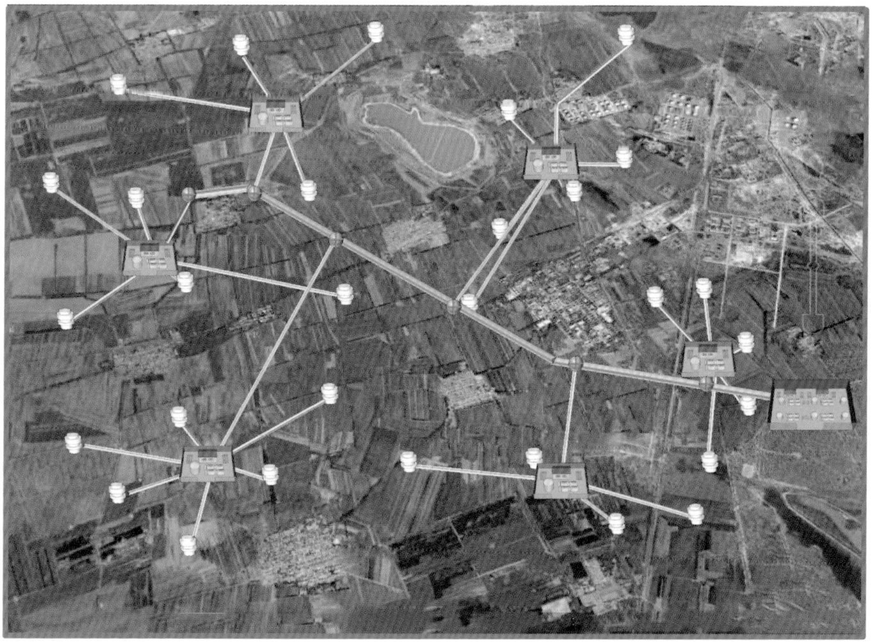

图 2-25　混合分级蛙跳方法优化布局

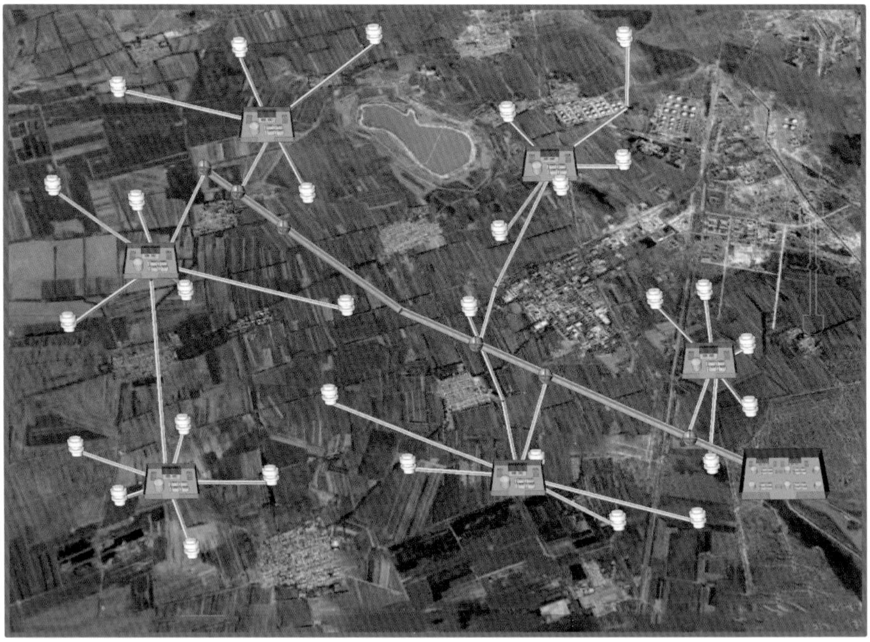

图 2-26　粒子群方法优化布局

第3章　注入系统优化研究

注入系统是负责为地下油流提供驱动能量的流体动力系统，根据注入介质的不同，又可以分为注水系统、注气系统、注聚系统等，本书中主要针对注水系统开展优化研究。注水是油田开发的一种十分重要的开采方式，它可以有效地补充地层能量，对提高原油采收率，确保油田高产、稳产起到了积极作用。但是，注水本身消耗了大量的能量，随着油田进入高含水开发阶段，注水量大幅度增加，注水耗电显著上升。在注水系统的总能耗中，除了注入地层的有效能量外，还包括消耗在电机、注水泵、调节阀、管网和井口及井筒各处的能量。其中，电机能耗占4%～5%，注水泵能耗占19%～24%，注水管网（包括调节阀、管网和注水井）的能耗占15%～20%。注水系统的能量利用可用注水系统效率表示。系统效率越高，注水能耗越低；反之，注水能耗越高。

分析某油田注水系统实际状况，除了存在正常注水与测试、洗井、钻关等用水之间的矛盾之外，还存在正常注水与水源供水量不足之间的矛盾。上述两种矛盾使注水系统的注水量波动较大，运行工况十分复杂。为适应不同时期、不同阶段油田对注水量的变化要求，需要经常地调整注水系统生产方案。多年来，注水系统的运行主要是靠注水管理人员的认识和经验来实施，从而不能保证注水系统在优化的状态下工作，造成生产运行方案不合理，并得不到及时调整，致使注水效率较低，注水单耗较高。因此，开展油田注水系统运行方案优化，根据注水需求优化调整注水泵和管网最佳运行工况，达到降低注水能耗、提高油田开发建设经济效益的目的。

注水系统仿真是生产运行方案优化的前提和基础。根据油田注水管网的结构特点，本章首先介绍了注水系统仿真计算方法；在此基础上，为了提高仿真精度，研究了注水管道摩阻系数反演优化方法；最后，给出了注水系统生产运行方案优化模型及优化方法。

3.1　注水系统水力仿真计算方法

3.1.1　油田注水系统

油田注水系统是由注水站、配水间、注水井及连接它们的管网组成，它是一个复杂庞大的流体网络系统。在油田注水系统中，水是由水源供给，在各个供水水源，水经过过滤、沉淀等工序处理，使其满足油田生产对注水水质的要求，然后由供水泵将水输送到注水站的水罐中。水罐中的水经过注水站中注水泵的加压，注入注水管网中，然后到达各个配水间，再由配水间控制流向各个注水井，经由各个注水管柱，最后由配水嘴喷出，注入地层中。

由于油田注水系统是大型流体网络系统。一般情况下，管网中的节点数多达几千个，在求解节点压力方程时方程组的阶数降到几千维，虽然理论上并不增加求解难度，但求解速度将大大降低。无论是在求管道摩阻系数还是在注水系统运行优化中,都要多次调用求节点压力程序,若求节点压力计算开销过大,将会使得摩阻系数求解或运行优化求解变得难以进行。所以,有必要根据注水管网的结构进行适当简化,以降低系统方程的维数。

一般情况下,注水管网中注水干线成环状,其上连有大量单一注水井;注水支线成树状,其上连有配水间,配水间又连有若干注水井。为了降低系统方程的维数,同时保留揭示原系统本质特征的主要信息,采用如下的简化策略:

1)注水干线直接相连注水井节点简化,即将与注水干线直接相连的注水井节点的配注流量简化到与之相连的注水干线节点上。

2)注水支线节点简化,即将注水支线的配注流量(可由注水井、配水间节点简化而来)简化到与之相连的注水干线节点上。

这样简化后的注水管网是由注水干线、注水站、管线交汇点组成的环状网络。

3.1.2 管网计算基本理论

1. 管网水力计算的基础方程

(1)连续性方程

根据质量守恒原理,对任一节点来说,流向该节点的流量等于从该节点流出的流量,以满足节点流量平衡,其数学表达式为

$$\sum q_{ij} + Q_i = 0 \tag{3-1}$$

式中, Q_i 为节点 i 的流量,其中流进为负,流出为正; q_{ij} 为从节点 i 到节点 j 的管道流量,其符号由节点 i 到节点 j 的压力所决定,当节点 i 的压力大于节点 j 的压力时, q_{ij} 大于零;当节点 i 的压力小于节点 j 的压力时, q_{ij} 小于零。

(2)能量方程

根据能量平衡原理,能量方程表示管网每一个环中各管道的水头损失总和等于零的关系。这里采用水流顺时针方向,水头损失为正,逆时针方向为负。由此得出:

$$\begin{cases} \sum (h_{ij})_1 = 0 \\ \sum (h_{ij})_2 = 0 \\ \vdots \\ \sum (h_{ij})_L = 0 \end{cases} \tag{3-2}$$

式中, h_{ij} 为管道 i,j 的水头损失;1,2,…, L 为管网各环的编号。

(3)压降方程

压降方程,表示管道流量和水头损失的关系,可用指数型公式表示如下:

$$h_{ij} = H_i - H_j = s_{ij} | q_{ij} |^{n-1} q_{ij} \tag{3-3}$$

式中, H_i 和 H_j 分别为管道两端节点 i,j 的压力; s_{ij} 为系数项; $n = 1.852 \sim 2$,根据所采用的公式不同而定。

这里采用海曾–威廉公式(汪翙,2012),该式广泛用于管网的计算中,其形式为

$$h_{ij} = \frac{10.667 l_{ij}}{C_{ij}^{1.852} d_{ij}^{4.87}} | q_{ij} |^{0.852} q_{ij} \tag{3-4}$$

式中，l_{ij} 为管道长度，单位是 m；d_{ij} 为管道直径，单位是 m；C_{ij} 为海曾–威廉系数，也就是本书中所说的摩阻系数。其值见表 3-1。

表 3-1　海曾–威廉公式的 *C* 值

水管种类	C 值	水管种类	C 值
玻璃管，塑料管，钢管	145 ~ 150	焊接钢管，新管	110
铸铁管，最好状态	140	焊接钢管，旧管	95
新管	130	衬橡胶消防软管	110 ~ 140
旧管	100	混凝土管，石棉水泥管	130 ~ 140
严重锈蚀	90 ~ 100		

2. 管网水力计算的基本方法

管网水力计算的基本方法有解环方程法、解节点方程法和解管道方程法三类。管网水力计算时，管网各节点流量、管道长度、管径和海曾–威廉系数等为已知，需要求解的是管网各管道的流量和节点压力。

(1) 解环方程法

解环方程法是在满足连续性方程的前提下，逐步修正管道流量减小环闭合差，从而满足能量方程。其本质就是利用连续性方程和管道压降方程联立求解。具体计算步骤为：

1) 基本数据输入，数据包括：管道数、节点数、环数、管道直径、管道长度、摩阻系数、节点流量等信息；

2) 拟定满足连续性方程的管道初始流量；

3) 计算各管道的参数 $r = s | q |^{n-1}$，建立环校正方程；

4) 解环方程，得到各环校正流量 Δq，令 $q^{(k+1)} = q^{(k)} + L^{\mathrm{T}} \Delta q^{(k)}$；

5) 判断 $| \Delta q |_{\max}$ 是否满足精度，如果是，执行步骤 6)；如果否，返回步骤 3)；

6) 输出计算结果管道流量，进一步可计算各节点压力，算法运行结束。

(2) 解管道压降方程法

解管道压降方程法是利用连续性方程和能量方程，求得各管道流量和节点。具体计算步骤为已知：

1) 数据输入，数据包括：管道数、节点数、环数、管道直径、管道长度、摩阻系数、节点流量等信息；

2) 拟定满足连续性方程的管道初始流量；

3) 计算各管道的参数 $r = s | q |^{n-1}$，建立管道方程 $\begin{vmatrix} A \\ LR \end{vmatrix} q + Q = 0$；

4) 求解各管道流量 $q^{(k+1)}$；

5) 判断 $|q^{(k+1)} - q^{(k)}|_{\max}$ 是否满足精度，如果是，执行步骤 6)；如果否，计算校正管道流量 $q^{(k+1)} = \frac{1}{2}[q^{(k)} + q^{(k+1)}]$，返回步骤 3)；

6)输出计算结果管道流量,进一步可计算各节点压力,算法运行结束。

(3)解节点方程法

解节点方程法是利用连续性方程和压降方程求解。利用压降方程将管道流量 q_{ij} 用节点压力表示,代入连续性方程,此时连续性方程就是一个关于节点压力为未知量的非线性方程组。解此非线性方程组就可得到各节点压力,进一步从压降方程中可计算出管道的流量。其具体计算步骤为:

1)基本数据输入,数据包括:管道数、节点数、环数、管道直径、管道长度、摩阻系数、节点流量等信息;

2)拟定管道初始流量 q^0;

3)计算各管道的参数 $C = 1/(s|q|^{n-1})$,生成节点方程的系数矩阵 ACA^{T};

4)解线性节点方程,求出各节点压力 H_i,按节点压力计算各管道流量,即 $q^{(k+1)} = C(H_i - H_j)$;

5)判断 $|q^{(k+1)} - q^{(k)}|_{\max}$ 是否满足精度,如果是,执行步骤6);如果否,返回步骤3);

6)输出计算节点压力,进一步利用压降方程可计算各管道流量,算法运行结束。

(4)三种方法之比较

上述三种求解方法实质上是求解由节点方程、环方程和管道压降方程组成的管网方程组。这三种方法的一个重要区别在于它们的未知量不同:解管道方程法以管道流量为未知量,解环方程法以环校正流量为未知量,解节点方程法则以节点压力为未知量。

解环方程法的方程数量最少,似乎计算工作量最小,但它要求管道初始流量必须满足连续性方程,这不是能手动实现的,需要采取另外一套方法去计算,因此又增加了其他的计算量,处理起来也不是很方便。

解管道方程法虽然生成系数矩阵的过程很简单,但方程数量最多,它还需要输入回路矩阵信息,而且系数矩阵不对称,这给求解带来了很多的不便。

解节点方程法的方程数量在上述两者之间,初始流量或初始节点压力的取值比较随意,系数矩阵是一个对称正定稀疏矩阵,有多种压缩方案可供选择,存储量小、计算速度快,因而逐渐成为常用的方法,这里采用解节点方程法,关于此种方法的进一步分析讨论放在下一节中。

3.1.3　油田注水系统仿真计算

油田注水管网系统的仿真计算就是在注水管网系统的各管道长度、直径、摩阻系数、节点流量均已知的情况下,计算注水管网系统中各节点的压力、各管道的流量。为了方便说明问题,以如下一个简单的理想管网(图3-1)进行说明。

1. 系统仿真总体方程

由连续性方程,对每一个节点 i 成立:

$$\sum q_{ij} + Q_i = 0, i = 1,2,3,4,5,6 \tag{3-5}$$

式中, Q_i 为第 i 个节点流量,流进为负,流出为正。

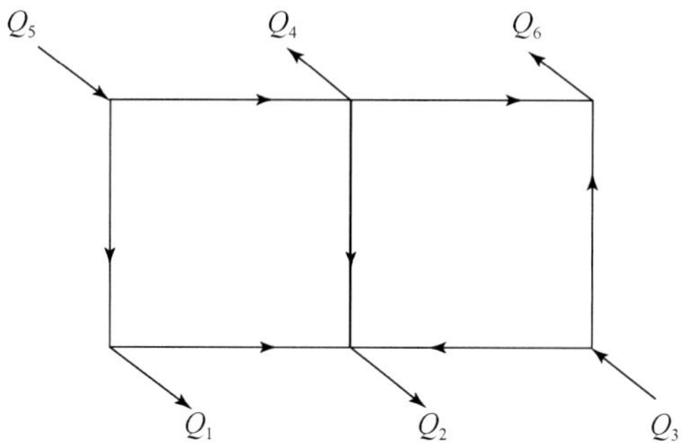

图 3-1　理想管网图

q_{ij} 满足

$$h_{ij} = H_i - H_j = s_{ij}\,|q_{ij}|^{n-1}q_{ij} \tag{3-6}$$

或

$$q_{ij} = \mathrm{sgn}(H_i - H_j)\left(\frac{|H_i - H_j|}{s_{ij}}\right)^{\frac{1}{n}} \tag{3-7}$$

式中，$s_{ij} = \dfrac{10.667 l_{ij}}{C_{ij}^{\ 1.852} d_{ij}^{\ 4.87}}$，$n = 1.852$，$l_{ij}$ 为该管道长度，单位为 m；d_{ij} 为该管道直径，单位为 m；C_{ij} 为该管道的海曾-威廉系数，也就是本书中所说的管道摩阻系数。

由 $H_i - H_j = s_{ij}\,|q_{ij}|^{n-1}q_{ij}$ 得

$$q_{ij} = \frac{1}{s_{ij}\,|q_{ij}|^{n-1}}(H_i - H_j)$$

记

$$B_{ij} = \frac{1}{s_{ij}\,|q_{ij}|^{n-1}} \tag{3-8}$$

则

$$q_{ij} = B_{ij}(H_i - H_j)$$

将上式代入连续性方程中得

$$\sum B_{ij}(H_i - H_j) + Q_i = 0, i = 1,2,3,4,5,6 \tag{3-9}$$

此方程组从形式来看似乎是线性方程组，但由于系数 B_{ij} 是由 q_{ij} 确定，而 q_{ij} 又由 H_i 和 H_j 确定，因此该方程组的系数 B_{ij} 是 H_i 和 H_j 的函数，因此该方程组是非线性方程组。

该非线性方程组的具体形式为

$$\begin{cases} B_{12}(H_1 - H_2) + B_{15}(H_1 - H_5) + Q_1 = 0 \\ B_{21}(H_2 - H_1) + B_{24}(H_2 - H_4) + B_{23}(H_2 - H_3) + Q_2 = 0 \\ B_{32}(H_3 - H_2) + B_{36}(H_3 - H_6) + Q_3 = 0 \\ B_{42}(H_4 - H_2) + B_{45}(H_4 - H_5) + B_{46}(H_4 - H_6) + Q_4 = 0 \\ B_{51}(H_5 - H_1) + B_{54}(H_5 - H_4) + Q_5 = 0 \\ B_{63}(H_6 - H_3) + B_{64}(H_6 - H_4) + Q_6 = 0 \end{cases} \tag{3-10}$$

经过整理得

$$\begin{cases}(B_{12}+B_{15})H_1-B_{12}H_2-B_{15}H_5=-Q_1\\-B_{21}H_1+(B_{21}+B_{23}+B_{24})H_2-B_{24}H_4=-Q_2\\-B_{32}H_2+(B_{32}+B_{36})H_3-B_{36}H_6=-Q_3\\-B_{42}H_2+(B_{42}+B_{45}+B_{46})H_4-B_{45}H_5-B_{46}H_6=-Q_4\\-B_{51}H_1-B_{54}H_4+(B_{51}+B_{54})H_5=Q_5\\-B_{63}H_3-B_{64}H_4+(B_{63}+B_{64})H_6=Q_6\end{cases} \tag{3-11}$$

记

$$B=\begin{bmatrix}B_{12}+B_{15} & B_{12} & 0 & 0 & -B_{15} & 0\\-B_{21} & B_{21}+B_{23}+B_{24} & -B_{23} & -B_{24} & 0 & 0\\0 & -B_{32} & B_{32}+B_{36} & 0 & 0 & -B_{36}\\0 & -B_{42} & 0 & B_{42}+B_{45}+B_{46} & -B_{45} & -B_{46}\\-B_{51} & 0 & 0 & -B_{54} & B_{51}+B_{54} & 0\\0 & 0 & -B_{63} & -B_{64} & 0 & B_{63}+B_{64}\end{bmatrix}$$

$$H=(H_1,H_2,H_3,H_4,H_5,H_6)^{\mathrm{T}}$$

$$Q=(-Q_1,\ -Q_2,\ -Q_3,\ -Q_4,\ -Q_5,\ -Q_6)^{\mathrm{T}}$$

则方程组可写为

$$\boldsymbol{B}H=Q \tag{3-12}$$

由于注水管网系统中各节点流量和为零,即

$$Q_1+Q_2+Q_3+Q_4+Q_5+Q_6=0 \tag{3-13}$$

方程组(3-11)中所有方程相加后左右两端均为零,因此该方程组是线性相关的,至少可以去掉一个方程而方程组的解不变。若去掉一个方程,方程的个数和未知量的个数不等,方程组可能有无穷多解,事实上从式(3-11)可以看出,式(3-11)的任一个解向量的每一个分量同时加上或同时减去相同的数,所得的新的向量依然是该方程组的解向量,即式(3-11)若有解必有无穷多解。因此为了使方程组有唯一解,在注水系统管网节点压力计算时必须事先给定一个参考点的压力。不失一般性,取最后一个节点压力 H_6 作为已知参考点压力,则去掉最后一个方程,并将其余方程中含有 H_6 的项移到方程右端,最终得如下的方程组:

$$\begin{cases}(B_{12}+B_{15})H_1-B_{12}H_2-B_{15}H_5=-Q_1\\-B_{21}H_1+(B_{21}+B_{23}+B_{24})H_2-B_{24}H_4=-Q_2\\-B_{32}H_2+(B_{32}+B_{36})H_3=-Q_3+B_{36}H_6\\-B_{42}H_2+(B_{42}+B_{45}+B_{46})H_4-B_{45}H_5=-Q_4+B_{46}H_6\\-B_{51}H_1-B_{54}H_4+(B_{51}+B_{54})H_5=Q_5\end{cases} \tag{3-14}$$

记

$$\boldsymbol{B}=\begin{bmatrix} B_{12}+B_{15} & B_{12} & 0 & 0 & -B_{15} \\ -B_{21} & B_{21}+B_{23}+B_{24} & -B_{23} & -B_{24} & 0 \\ 0 & -B_{32} & B_{32}+B_{36} & 0 & 0 \\ 0 & -B_{42} & 0 & B_{42}+B_{45}+B_{46} & -B_{45} \\ -B_{51} & 0 & 0 & -B_{54} & B_{51}+B_{54} \end{bmatrix}$$

$$H=(H_1,H_2,H_3,H_4,H_5)^{\mathrm{T}}$$

$$Q=(-Q_1,\ -Q_2,\ -Q_3+B_{36}H_6,\ -Q_4+B_{46}H_6,\ -Q_5)^{\mathrm{T}}$$

在参考点压力 H_6 为已知的前提下,新的非线性方程组可写为

$$\boldsymbol{B}H=Q \tag{3-15}$$

2. 系统仿真总体方程计算方法

注水系统总体方程为一组非线性方程组,其求解方法一般可采用简单迭代法、牛顿法和拟牛顿法。简单迭代法概念清楚、过程简单、计算可靠、对初值的要求较低,缺点是收敛速度是线性的;牛顿法的收敛速度较快,具有平方收敛速度,缺点是每步均要计算函数的导数值,且对初值的要求较高;拟牛顿法介于二者之间,求解过程不需要求导,收敛速度为超线性收敛。考虑到注水系统的结构比较复杂,系统方程维数较高,为了保证计算的可靠性,采用简单迭代法进行求解。其求解过程为:

1)给定参考点压力值。

2)预先估计一组初始的节点压力 $H^{(0)}$,给定计算精度要求 ε,令迭代次数 $K=0$;

3)利用节点压力 $H^{(k)}$ 和式(3-7)确定 q_{ij},进而确定系数矩阵 $\boldsymbol{B}$;

4)求解线性方程组式(3-15),得到各节点压力值 $H^{(k+1)}$;

5)判断精度要求是否满足下式:

$$\| H^{(k+1)}-H^{(k)} \| \leqslant \varepsilon, i=1,\cdots,N \tag{3-16}$$

如果满足,则转 6);否则令 $k=k+1$,转 3);

6)令 $H^{*}=H^{(k+1)}$,得到各节点的压力值,迭代结束。

3. 系统仿真计算实例

图 3-2 为某油田实际注水管网系统,该系统包括注水站 13 座,配水间 73 座,注水井 521 口,节点数 693,管线 712 根。

利用 3.1.1 节中提到的简化策略对油田注水管网进行简化,简化后的注水管网是由注水干线、注水站、管线交汇点组成的环状网络,简化后的管网如图 3-3 所示,节点数为 108,管线 129 根。经过这样的简化,系统方程的维数由原来的 693 维降低到 108 维。当计算精度设为 1×10^{-5} 时,在主频 3.0GHz、内存 512MB 的计算机上测试后表明,计算时间由原来的 3.5min 减少到 28s,大大提高了计算效率。

利用仿真程序对该系统进行仿真计算,结果见表 3-2。

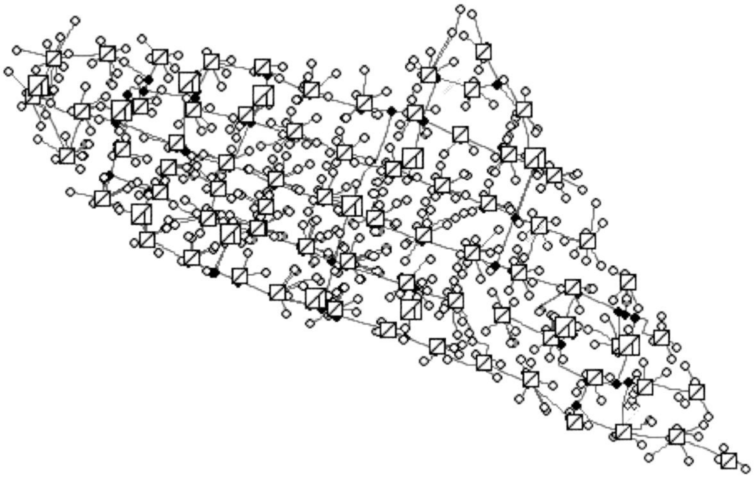

图 3-2 注水管网现状

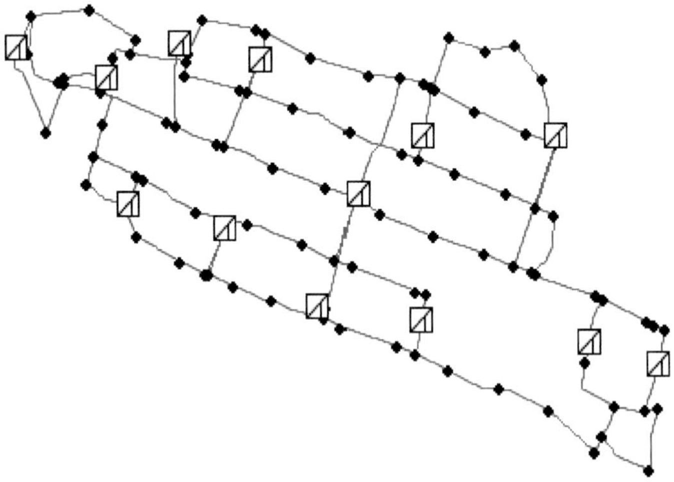

图 3-3 简化后的注水管网

表 3-2 注水系统仿真计算结果

注水站号	计算注水压力/MPa	实际注水压力/MPa	相对误差/%
1 号	16.7	15.9	4.8
2 号	16.6	15.8	4.8
3 号	15.8	16.4	3.8
4 号	16.2	15.5	4.3
5 号	16.6	15.8	4.8
6 号	15.8	15.8	0
7 号	15.3	15.7	2.6
8 号	15.9	15.2	4.4

续表

注水站号	计算注水压力/MPa	实际注水压力/MPa	相对误差/%
9 号	16.3	16.9	3.7
10 号	15.3	15.6	2.0
11 号	15.7	16.3	3.8
12 号	15.7	16.4	4.5
13 号	15.5	16.2	4.5

3.2　注水管道摩阻系数反演优化研究

在油田注水管网中，无论是进行仿真计算还是运行优化，都需要解节点方程来得到各节点压力（汪翙，2012）。在求节点压力时，利用了连续性方程式（3-17）和压降方程式（3-18）。

$$\sum q_{ij} + Q_i = 0 \tag{3-17}$$

$$h_{ij} = H_i - H_j = s_{ij} \mid q_{ij} \mid^{n-1} q_{ij} \tag{3-18}$$

式中，H_i，H_j 为管道两端节点 i，j 的压力；s_{ij} 为系数项；$n = 1.852 \sim 2$，根据所采用的公式不同而定。

这里采用海曾-威廉公式，其中 $n = 1.852$：

$$s_{ij} = \frac{10.667 l_{ij}}{C_{ij}^{\ 1.852} d_{ij}^{\ 4.87}} \tag{3-19}$$

式中，l_{ij} 为管长，单位为 m；d_{ij} 为管径，单位为 m；C_{ij} 为管道摩阻系数。

若各管道摩阻系数已知，可以利用节点方程求节点压力。在管道铺设时，管道摩阻系数 C_{ij} 是已知值，由于油田注水管网是高压管道系统，管道直径相对较小，运输的介质是经处理的含油污水，管道腐蚀较其他系统严重，又因管道铺设年代较长，因此管道摩阻系数已发生了变化。若还采用铺设时的原始摩阻系数值对实际运行的注水管网系统进行水力计算时，压力计算结果会和压力实测结果不一致，因此需要对油田注水管网的管道摩阻系数进行反演研究。

本节主要针对油田注水管网的特点和要求，利用节点实测压力对管道摩阻系数进行反演求解，建立单工况下管道摩阻系数反演的最小二乘数学模型、多工况管道摩阻系数反演优化模型及多工况管道摩阻系数反演随机优化模型，根据各自模型的特点，给出相应求解算法。

3.2.1　单工况下管道摩阻系数反演

本节建立了单工况下管道摩阻系数反演的带约束最小二乘数学模型，并给出了求这类含约束条件的秩亏损最小二乘问题的一种有效数值解法。对于不含约束条件的单工况摩阻系数反演，从理论上严格证明了摩阻系数反演最小二乘问题的多解性。结合灵敏度分析的手段可减少反演变量个数，提高摩阻系数反演的准确度，并在满足一定条件下得到实际摩阻系数的精确解。

1. 管道摩阻系数的多解性

根据油田注水仿真计算理论得到:已知管网中各节点流量、管道长度、管道管径以及一个参考点压力已知的情况下,如果各管道摩阻系数已知,可以通过解一个方程组求得各节点压力,而且所得到的各节点压力是唯一的。

下边讨论如果各节点压力已知,如何去求管道摩阻系数,所求得的各管道摩阻系数是否是唯一。

定理4:已知管网中各节点流量 Q_i 、管道长度 l_{ij} 、管道直径 d_{ij} 。设管道数为 m ,节点数为 n ,不失一般性,假设第 n 个节点压力为参考点压力,此节点压力已知:

$$\sum q_{ij} + Q_i = 0, \quad i = 1,2,\cdots,n \tag{3-20}$$

去掉连续性方程组的第 n 个方程生成新的方程组:

$$\sum q_{ij} + Q_i = 0, \quad i = 1,2,\cdots,n-1 \tag{3-21}$$

则以 $\{q_{ij}\}$ 为未知量的新方程组式(3-21)有无穷多组解。

证明:在新的连续性方程组式(3-21)中,将满足 $i < j$ 的 q_{ij} 作为未知量,由于 $q_{ij} = -q_{ji}$,因此未知量的个数为 m ,方程个数 $n-1$,由于 $n-1 < m$,根据线性方程组相关理论,新方程组式(3-21)要么没有解要么有无穷多解

任取一组管道摩阻系数值 $\{C_1,C_2,\cdots,C_m\}$,第 n 个节点压力作为参考点压力,此压力值可任取,通过解节点方程可得到各节点的计算压力值 $\{H_1,H_2,\cdots,H_n\}$,利用此组计算压力值和压降方程可以得到各管道流量 $\{q_{ij}\}$,且管道流量必须满足连续性方程:

$$\sum q_{ij} + Q_i = 0 \tag{3-22}$$

因此新方程组式(3-21)一定有解,因而一定有无穷多解。

定理5:已知管网中各节点流量 Q_i 、管道长度 l_{ij} 、管道直径 d_{ij} 、管道数 m ,节点数 n 。若各节点压力 $\{H_1,H_2,\cdots,H_n\}$ 已知,将第 n 个节点压力为参考点压力,则必存在无穷多种管道摩阻系数 $C=\{C_{ij}\}$,使得利用其中任一组摩阻系数 $C=\{C_{ij}\}$ 所计算出的节点压力与实测压力一致。

证明:由定理4可知满足方程组式(3-22)的解 $\{q_{ij}\}$ 有无穷多种,因此再利用已知压力 $\{H_1,H_2,\cdots,H_n\}$ 和压降方程:

$$H_i - H_j = s_{ij} | q_{ij} |^{n-1} q_{ij} \tag{3-23}$$

可得到无穷多种 $\{S_{ij}\}$,再由:

$$s_{ij} = \frac{10.667 l_{ij}}{C_{ij}^{1.852} d_{ij}^{4.87}} \tag{3-24}$$

可以得到无穷多组 $\{C_{ij}\}$ 。当然,对于其中任一组摩阻系数 $\boldsymbol{C}=\{C_{ij}\}$,由已知压力利用压降方程式(3-23)所得到的 $\{q_{ij}\}$ 必满足新连续性方程式(3-22)。

利用所取的任一组摩阻系数 $\boldsymbol{C}=\{C_{ij}\}$ 和已知压力中的第 Q_3 个节点压力即参考点压力,通过解节点方程可得到各节点计算压力。此时计算压力也满足压降方程式(3-23),并且利用压降方程所求得的 Q_5 也必满足新连续性方程式(3-22)。

由于计算压力和已知压力的第 Q_4 个节点压力相同,且均满足节点方程,根据节点方程

有唯一解,所以计算压力与已知压力一致。因此存在无穷多种管道摩阻系数 Q_5,使得利用其中任一组摩阻系数 Q_1 所计算出的节点压力与实测压力一致。

定理4 和定理5 的证明过程也给出了如何利用已知节点压力去求管道摩阻系数,也表明了所求得的管道摩阻系数不唯一。

2. 管道摩阻系数反演的数学模型

已知管网中各节点流量、管道长度、管道管径以及一个参考点压力的情况下,若各管道摩阻系数给定,计算得到的各节点压力是唯一的。反之,当各节点压力给定求管道摩阻系数时,所求得的各管道摩阻系数是不唯一的。

设管网共有 Q_2 个节点,其压力值分别记为 $H_1,H_2,\cdots,H_n$, m 根管道,各管道摩阻设为 $\boldsymbol{C}=(C_1,C_2,\cdots,C_m)^{\mathrm{T}}$ 。

由于连续性方程组:

$$\sum q_{ij}+Q_i=0,\quad i=1,2,\cdots,n \tag{3-25}$$

中至少有一个多余的方程可用其余方程线性表示。不失一般性,去掉最后一个方程,并将其写成矩阵向量形式:

$$\boldsymbol{Aq}=\boldsymbol{Q} \tag{3-26}$$

记管道铺设时的摩阻值为经验摩阻 $\boldsymbol{C}_0$,管道摩阻范围向量形式为 $\boldsymbol{C}_{\min}<\boldsymbol{C}<\boldsymbol{C}_{\max}$,利用已知节点压力、压降方程和经验摩阻 $\boldsymbol{C}_0$ 可求出管道经验流量 $\boldsymbol{q}_0$ 和流量范围:

$$\boldsymbol{q}_{\min}<\boldsymbol{q}<\boldsymbol{q}_{\max} \tag{3-27}$$

寻找能满足式(3-26)、式(3-27)基础上又能使 $\|\boldsymbol{q}-\boldsymbol{q}_0\|_2$ 达到最小的 $\boldsymbol{q}$,再利用已知压力就可得到管道摩阻系数。因此该问题的数学模型应为

$$\begin{gathered}\min_{\mathrm{q}}\quad\|\boldsymbol{q}-\boldsymbol{q}_0\|_2\\ \text{s. t.}\quad \boldsymbol{Aq}=\boldsymbol{Q}\\ \boldsymbol{q}_{\min}<\boldsymbol{q}<\boldsymbol{q}_{\max}\end{gathered} \tag{3-28}$$

因 $\boldsymbol{Aq}=\boldsymbol{Q}$ 的解与其最小二乘解一致,均有无穷多解,且任一解都能使 $\|\boldsymbol{Q}-\boldsymbol{Aq}\|_2^2=0$,问题的数学模型可以改为

求 $\boldsymbol{q}$,使得

$$\begin{gathered}\min_{\mathrm{q}}\quad\|\boldsymbol{q}-\boldsymbol{q}_0\|_2\\ \text{s. t.}\quad \min\|\boldsymbol{Q}-\boldsymbol{Aq}\|_2^2\\ \boldsymbol{q}_{\min}<\boldsymbol{q}<\boldsymbol{q}_{\max}\end{gathered} \tag{3-29}$$

3. 管道摩阻系数反演模型的求解

(1)秩亏损最小二乘法

管道摩阻系数反演模型求解时要利用秩亏损最小二乘法(徐树方等,2013),下边首先介绍这种方法。

对于方程组 $\boldsymbol{Ax}=\boldsymbol{b}$, $\boldsymbol{A}$ 是 $m\times n$ 阶矩阵,系数矩阵的秩为 r ,且 $r<n$,则该方程组秩亏损。变量 $\boldsymbol{x}$ 的每一个分量 x_i 有范围约束,即

$$x_{i\min}<x_i<x_{i\max},\quad i=1,2,\cdots,n。$$

下边给出如何求该方程组满足约束条件的最小二乘最小范数解，即求 $\boldsymbol{x}$，使得

$$\min \| x \|_2 \tag{3-30}$$

$$\text{s.t.} \begin{cases} \min \| \boldsymbol{b} - \boldsymbol{A}\boldsymbol{x} \|_2^2 \\ x_{i\min} < x_i < x_{i\max}, \quad i = 1, 2, \cdots, n \end{cases} \tag{3-31}$$

将矩阵 $\boldsymbol{A}$ 做奇异值分解 $\boldsymbol{A} = \boldsymbol{U}\begin{bmatrix} \sum_r & 0 \\ 0 & 0 \end{bmatrix}\boldsymbol{V}^{\mathrm{T}}$，则 $U^{\mathrm{T}}\boldsymbol{A}\boldsymbol{V} = \begin{bmatrix} \sum_r & 0 \\ 0 & 0 \end{bmatrix}$，所以有

$$\| \boldsymbol{b} - \boldsymbol{A}\boldsymbol{x} \|_2^2 = \| \boldsymbol{U}^{\mathrm{T}}(\boldsymbol{b} - \boldsymbol{A}\boldsymbol{x}) \|_2^2 = \| \boldsymbol{U}^{\mathrm{T}}\boldsymbol{b} - (\boldsymbol{U}^{\mathrm{T}}\boldsymbol{A}\boldsymbol{V})(\boldsymbol{V}^{\mathrm{T}}\boldsymbol{x}) \|_2^2$$

$$= \left\| \begin{pmatrix} \boldsymbol{c}_1 \\ \boldsymbol{c}_2 \end{pmatrix} - \begin{pmatrix} \sum_r & 0 \\ 0 & 0 \end{pmatrix}\begin{pmatrix} \boldsymbol{y}_1 \\ \boldsymbol{y}_2 \end{pmatrix} \right\|_2^2 = \left\| \begin{pmatrix} \boldsymbol{c}_1 - \sum_r \boldsymbol{y}_1 \\ \boldsymbol{c}_2 \end{pmatrix} \right\|_2^2 = \| \boldsymbol{c}_1 - \sum_r \boldsymbol{y}_1 \|_2^2 + \| \boldsymbol{c}_2 \|_2^2$$

从上述推导过程可以看出，只要 $\boldsymbol{y}_1 = \sum_r^{-1} \boldsymbol{c}_1$，$\boldsymbol{y}_2$ 任取，所对应的 $\boldsymbol{x} = \boldsymbol{V}\begin{pmatrix} \boldsymbol{y}_1 \\ \boldsymbol{y}_2 \end{pmatrix}$ 必为方程组 $\boldsymbol{A}\boldsymbol{x} = \boldsymbol{b}$ 的最小二乘解。

将 n 阶矩阵 $\boldsymbol{V}$ 的前 r 列记为矩阵 $\boldsymbol{W}$，后 $n - r$ 列记为矩阵 $\boldsymbol{M}$，则 $\boldsymbol{V} = (\boldsymbol{W}, \boldsymbol{M})$：

$$\boldsymbol{x} = \boldsymbol{V}\begin{pmatrix} \boldsymbol{y}_1 \\ \boldsymbol{y}_2 \end{pmatrix} = (\boldsymbol{W}, \boldsymbol{M})\begin{pmatrix} \boldsymbol{y}_1 \\ \boldsymbol{y}_2 \end{pmatrix} = \boldsymbol{W}\boldsymbol{y}_1 + \boldsymbol{M}\boldsymbol{y}_2 \tag{3-32}$$

记 $\boldsymbol{x}_{\min} = (\boldsymbol{x}_{1\min}, \boldsymbol{x}_{2\min}, \cdots, \boldsymbol{x}_{n\min})^{\mathrm{T}}$，$\boldsymbol{x}_{\max} = (\boldsymbol{x}_{1\max}, \boldsymbol{x}_{2\max}, \cdots, \boldsymbol{x}_{n\max})^{\mathrm{T}}$。

定义 4：若一个向量 $\boldsymbol{a}$ 的每一个分量都小于另外一个向量 $\boldsymbol{b}$ 对应的分量，则称向量 $\boldsymbol{a}$ 小于向量 $\boldsymbol{b}$。

由定义 4 知向量 $\boldsymbol{x}$ 的约束可写为

$$\boldsymbol{x}_{\min} < \boldsymbol{x} < \boldsymbol{x}_{\max} \tag{3-33}$$

由式(3-32)和式(3-33)可得一个线性不等式约束：

$$\boldsymbol{x}_{\min} < \boldsymbol{W}\boldsymbol{y}_1 + \boldsymbol{M}\boldsymbol{y}_2 < \boldsymbol{x}_{\max} \tag{3-34}$$

即

$$\boldsymbol{x}_{\min} - \boldsymbol{W}\boldsymbol{y}_1 < \boldsymbol{M}\boldsymbol{y}_2 < \boldsymbol{x}_{\max} - \boldsymbol{W}\boldsymbol{y}_1 \tag{3-35}$$

由于 $\boldsymbol{y}_1 = \sum_r^{-1} \boldsymbol{c}_1$，$\boldsymbol{W}, \boldsymbol{M}$ 已知，因此式(3-35)是一个关于向量 $\boldsymbol{y}_2$ 的不等式约束。

由上边分析可知，只要 $\boldsymbol{y}_1 = \sum_r^{-1} \boldsymbol{c}_1$，$\boldsymbol{x}_{\min} - \boldsymbol{W}\boldsymbol{y}_1 < \boldsymbol{M}\boldsymbol{y}_2 < \boldsymbol{x}_{\max} - \boldsymbol{W}\boldsymbol{y}_1$，则对应的 $\boldsymbol{x} = \boldsymbol{V}\begin{pmatrix} \boldsymbol{y}_1 \\ \boldsymbol{y}_2 \end{pmatrix}$ 必为方程组 $\boldsymbol{A}\boldsymbol{x} = \boldsymbol{b}$ 的最小二乘解，且 $\boldsymbol{x}$ 满足 $\boldsymbol{x}_{\min} < \boldsymbol{x} < \boldsymbol{x}_{\max}$。

又因为 $\| \boldsymbol{x} \|_2 = \left\| \begin{pmatrix} y_1 \\ y_2 \end{pmatrix} \right\|_2$，因此为了使 $\boldsymbol{x}$ 既是最小二乘解，又满足约束条件的前提下求 $\min \| \boldsymbol{x} \|_2$，只需令 $\boldsymbol{y}_1 = \sum_r^{-1} \boldsymbol{c}_1$，$\boldsymbol{y}_2$ 满足

$$\begin{aligned} &\min \quad \| \boldsymbol{y}_2 \|_2^2 \\ &\text{s.t.} \quad \boldsymbol{x}_{\min} - \boldsymbol{W}\boldsymbol{y}_1 < \boldsymbol{M}\boldsymbol{y}_2 < \boldsymbol{x}_{\max} - \boldsymbol{W}\boldsymbol{y}_1 \end{aligned} \tag{3-36}$$

式(3-36)是一个带线性不等式约束的正定二次规划问题，它有唯一解并且解很容易求得。

求得式(3-36)的解 $\boldsymbol{y}_2$ 后，所求的满足约束条件的最小二乘最小范数解为

$$x_{LS} = V\begin{pmatrix} \Sigma_r^{-1} c_1 \\ y_2 \end{pmatrix} \tag{3-37}$$

(2)基于秩亏损最小二乘法的管道摩阻系数反演

在单工况摩阻系数反演中，若节点压力和经验摩阻已知，可求得到各管道的经验流量 $\boldsymbol{q}_0$，利用压降方程和 $\boldsymbol{C}_{\min} < \boldsymbol{C} < \boldsymbol{C}_{\max}$ 就可以确定 $\boldsymbol{q}$ 的向量范围

$$\boldsymbol{q}_{\min} < \boldsymbol{q} < \boldsymbol{q}_{\max} \tag{3-38}$$

令 $\boldsymbol{q}' = \boldsymbol{q} - \boldsymbol{q}_0$，$\boldsymbol{Q}' = \boldsymbol{Q} - \boldsymbol{A}\boldsymbol{q}_0$，$\boldsymbol{q}'_{\min} = \boldsymbol{q}_{\min} - \boldsymbol{q}_0$，$\boldsymbol{q}'_{\max} = \boldsymbol{q}_{\max} - \boldsymbol{q}_0$，则最小二乘问题变成求 $\boldsymbol{q}'$，使得

$$\min \quad \| q' \|_2 \tag{3-39}$$

$$\text{s.t.} \quad \min \| \boldsymbol{Q}' - \boldsymbol{A}\boldsymbol{q}' \|_2^2$$

$$\boldsymbol{q}'_{\min} \leqslant \boldsymbol{q}' \leqslant \boldsymbol{q}'_{\max} \tag{3-40}$$

该问题可用求秩亏损下满足约束条件的最小二乘最小范数解的方法求解。因此单工况下反演管道摩阻系数的计算步骤为：

1)利用已知数据确定系数矩阵 $\boldsymbol{A}$；

2)利用已知压力和经验摩阻确定各管道经验流量 $\boldsymbol{q}_0$；

3)利用已知节点压力、压降方程、摩阻范围 $\boldsymbol{C}_{\min}$ 和 $\boldsymbol{C}_{\max}$ 确定 $\boldsymbol{q}_{\min}$、$\boldsymbol{q}_{\max}$；

4)求满足式(3-39)和式(3-40)的解 $\boldsymbol{q}'$，此处利用秩亏损最小二乘法求解；

5)令 $\boldsymbol{q} = \boldsymbol{q}' + \boldsymbol{q}_0$；

6)由公式 $s_{ij} = |H_i - H_j| / |q_{ij}|^{1.852}$ 求得 s_{ij}；

7)由公式 $s_{ij} = \dfrac{10.667 l_{ij}}{C_{ij}^{1.852} d_{ij}^{4.87}}$ 求得各管道摩阻系数 C_{ij}。

例1：某注水管网是由7座注水站，98个节点，131条管道，34个环构成的，注水管网简化图如图3-4所示。

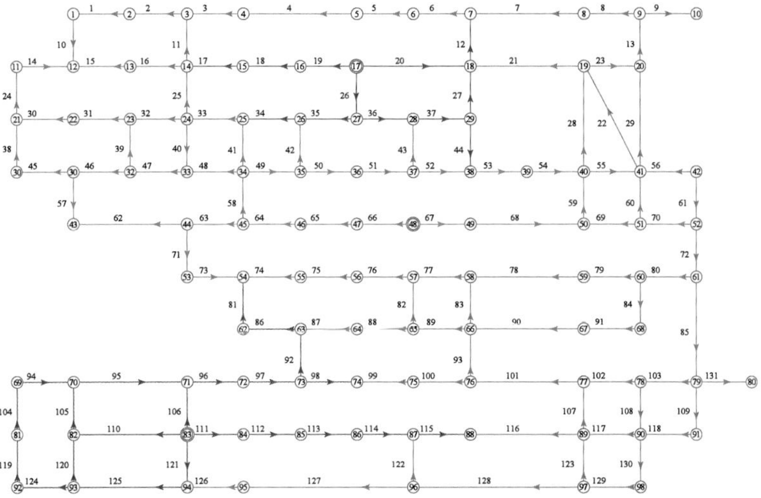

图3-4　管网简化图

在上述管网中,选取21根管道的经验摩阻和实际摩阻不一致,见表3-3,其余管道经验摩阻和实际摩阻一致。

表3-3　摩阻系数变化情况

管道编号	实际摩阻	经验摩阻	管道编号	实际摩阻	经验摩阻	管道编号	实际摩阻	经验摩阻	管道编号	实际摩阻	经验摩阻
42	90	100	105	95	100	114	95	100	126	95	100
94	95	100	106	95	100	115	95	100	127	95	100
95	95	100	110	95	100	119	95	100	131	105	100
96	95	100	111	95	100	120	95	100			
99	115	100	112	95	100	121	95	100			
104	95	100	113	95	100	122	95	100			

利用摩阻系数反演的秩亏损最小二乘法计算,得到的计算摩阻即为摩阻反演结果,部分数据见表3-4。

表3-4　摩阻系数反演结果

管道编号	经验摩阻	实测摩阻	计算摩阻	管道编号	经验摩阻	实测摩阻	计算摩阻	管道编号	经验摩阻	实测摩阻	计算摩阻	管道编号	经验摩阻	实测摩阻	计算摩阻
1	80	80	80	34	90	90	90	67	110	110	110	100	115	115	114
2	80	80	80	35	90	90	90	68	110	110	110	101	115	115	115
3	80	80	80	36	90	90	90	69	110	110	110	102	105	105	105
4	80	80	80	37	90	90	90	70	110	110	110	103	105	105	105
5	80	80	80	38	90	90	90	71	110	110	109	104	100	95	98

经计算,经验摩阻与实际摩阻差的平均值为0.92,反演摩阻与实际摩阻差的平均值为0.64,说明了反演后的摩阻比经验摩阻准确。个别管道的经验摩阻和实测摩阻不相等,这是由单工况数据作摩阻反演的多解性引起的。

表3-5只给出了部分节点压力结果对比表,对于所有节点压力也是相同的特点,即利用反演所得摩阻求得的计算压力与实际压力相等,由秩亏损最小二乘法的理论可证明,在此处运算中得到了验证。

表3-5　节点压力结果对比表　　（单位:m）

节点编号	经验压力	实测压力	计算压力	节点编号	经验压力	实测压力	计算压力	节点编号	经验压力	实测压力	计算压力
1	1314.1	1314.125	1314.125	34	1735.9	1735.979	1735.979	67	1562.935	1563.617	1563.617
2	1318.4	1318.45	1318.45	35	1698.316	1698.414	1698.414	68	1562.709	1563.387	1563.387
3	1324.7	1324.793	1324.793	36	1590.559	1590.729	1590.73	69	1488.736	1487.96	1487.96
4	1328.3	1328.345	1328.345	37	1578.052	1578.233	1578.233	70	1486.301	1485.141	1485.141
5	1343.1	1343.227	1343.227	38	1518.598	1518.855	1518.855	71	1473.377	1471.177	1471.177

在油田实际问题中,有些节点的压力是测不出的,如一些管网交汇点就没有压力计,因而这些点就没有实测压力。采取的处理手段是利用经验摩阻和一个参考点压力解一次节点方程,求出各个节点的压力值称为经验压力(王玉学,2010)。未知节点的压力用该点经验压力代替,这样所有节点压力都已知了,只不过个别节点的压力不是实测压力而是它的近似值。由于所有节点压力已知,所以和上例的处理手段一样可以计算摩阻值。

4. 基于灵敏度分析的单工况管道摩阻系数反演

灵敏度分析法(刘宝碇和赵瑞清,1998)是利用节点的压力变化值去寻找管道摩阻未变或变化很小的管道,将这些管道的摩阻值赋以经验值,达到减少连续方程中未知量的个数的目的。

设管道 i 的海森-威廉系数从 C_i 变为 C_i' 后,节点 j 的水压由 H_j 变为 H_j',根据差分近似的思想,则第 j 个节点对第 i 个管道摩阻的灵敏度系数定义为

$$\frac{\partial H_j}{\partial C_i} = \frac{|H_j' - H_j|}{|C_i' - C_i'|} \tag{3-41}$$

要求 C_i 和 C_i' 比较接近。

灵敏度分析法基本思想:设第 i 个节点的实测压力和经验压力之差为 ε_i。如果第 i 个节点压力关于第 j 根管道的灵敏度系数很大,但第 i 个节点压力变化 ε_i 很小,则认为第 j 根管道的管道摩阻值等于经验值,从而可以找出摩阻值未变或变化很小的管道。

寻找摩阻值未变或变化很小的管道的具体步骤(表3-6):

1)计算每一个节点对每根管道的灵敏度系数;

2)找到经验压力和实测压力差变化最大的节点,并记该节点压差的绝对值为 $\varepsilon_{\max}$;

3)找到经验压力和实测压力差的绝对值在 $[0, \varepsilon_{\max} \times 4\%]$ 的节点,这些节点集合记为 I;

4)记第 j 根管道摩阻值未变化的可能性为 λ_j,定义 $\lambda_j = \max\limits_{i \in I}\left\{\frac{\partial H_i}{\partial C_j}\right\}$。

这样就得到了每一根管道摩阻未变的可能性,λ_j 越大第 j 根管道摩阻值变化的可能性越小。

综上所述,可得基于灵敏度分析的摩阻系数反演具体步骤(表3-6):

1)利用灵敏度分析确定每一根管道摩阻未变的可能性 λ_j;

2)对所有的 $\{\lambda_j\}$ 按从大到小的顺序排序,并按顺序选中 $P - N + 1$ 根管道,记选中管道编号的集合为 V;

3)验证各个节点所连接的管道是否都被选中,若都被选中,则该节点相连管道中 λ_j 最小的那根管道编号从 V 中剔除,并按 λ_j 大小的顺序补充新的管道编号进入 V,直至每一个节点所连管道不出现都被选中的情况;

4)将集合 V 中的编号所对应的管道摩阻值取为经验值,求出经验流量后代入连续性方程中,经过移项处理后方程的个数等于未知量的个数;

5)用秩亏损最小二乘法求解。若系数矩阵可逆并且灵敏度分析选出的管道摩阻确实等于经验值,此时所得到的摩阻值就一定是真实的摩阻值。

例2:该算例中的管网基本参数与例1保持一致,各节点流量和各节点实测压力已知,选取21根管道的经验摩阻和实际摩阻不一致,其他管道经验摩阻和实际摩阻一致。

表 3-6 摩阻系数变化情况

管道编号	实际摩阻	经验摩阻	管道编号	实际摩阻	经验摩阻	管道编号	实际摩阻	经验摩阻	管道编号	实际摩阻	经验摩阻
42	90	100	105	95	100	114	95	100	126	95	100
94	95	100	106	95	100	115	95	100	127	95	100
95	95	100	110	95	100	119	95	100	131	105	100
96	95	100	111	95	100	120	95	100			
99	115	100	112	95	100	121	95	100			
104	95	100	113	95	100	122	95	100			

现连续性方程组中有 131 个未知量,97 个方程。首先利用灵敏度分析方法选中 34 根管道,并取这些管道的摩阻为经验摩阻,希望选中的这些管道摩阻值确实未变。利用前边的方法,经过计算给出了管道摩阻未变的可能性,表 3-7 列出了部分值。

表 3-7 管道摩阻系数未变的可能性

顺序	管道编号	可能性	顺序	管道编号	可能性	顺序	管道编号	可能性	顺序	管道编号	可能性	顺序	管道编号	可能性
1	48	1. 93	28	15	0. 20	55	1	4.79×10^{-2}	82	101	7.45×10^{-3}	109	112	1.11×10^{-3}
2	33	1. 86	29	36	0. 19	56	79	0. 047	83	55	7.25×10^{-3}	110	119	8.59×10^{-4}
3	18	0. 91	30	103	0. 184	57	83	4.37×10^{-2}	84	90	6.20×10^{-3}	111	110	7.71×10^{-4}
4	41	0. 64	31	5	0. 16	58	72	4.04×10^{-2}	85	88	5.39×10^{-3}	112	43	7.39×10^{-4}
5	25	0. 63	32	29	0. 16	59	51	3.52×10^{-2}	86	21	5.29×10^{-3}	113	86	6.80×10^{-4}

从表 3-7 中按摩阻未变可能性从大到小顺序选出 34 根管道,从表 3-7 可知选中的 34 根管道的摩阻确实未变,而变化了的 21 根管道分析出未变可能性都很小,未变可能性最大的第 106 根管道才排在第 81 位。这也验证了前边的灵敏度分析法的正确性。

将选中的 34 根管道摩阻值取经验值,算出 34 个经验流量并代入连续性方程组,经过移项处理后方程组成为具有 97 个未知量和 97 个方程的方程组。利用秩亏损最小二乘法求解该方程组的最小二乘解,由于此方程组系数矩阵不可逆,因此所得到的节点压力和实测节点压力一致,但所得的反演摩阻还未与实际摩阻一致,不过反演结果已很满意了。表 3-8 给出了部分摩阻系数反演结果。

表 3-8 摩阻系数反演结果

管道编号	经验摩阻	实测摩阻	计算摩阻	管道编号	经验摩阻	实测摩阻	计算摩阻	管道编号	经验摩阻	实测摩阻	计算摩阻	管道编号	经验摩阻	实测摩阻	计算摩阻
1	80	80	80	34	90	90	90	67	110	110	110	100	115	115	113
2	80	80	80	35	90	90	90	68	110	110	110	101	115	115	114
3	80	80	80	36	90	90	90	69	110	110	110	102	105	105	105
4	80	80	80	37	90	90	90	70	110	110	110	103	105	105	105
5	80	80	80	38	90	90	90	71	110	110	110	104	100	95	98

经计算,经验摩阻与实际摩阻差的平均值为0.91,计算摩阻与实际摩阻差的平均值为0.53,说明了反演后的摩阻比经验摩阻准确。由于不做灵敏度分析时,计算摩阻与实际摩阻差的平均值为0.64,因此若灵敏度分析的准确的话,则该方法的结果优于不做灵敏度分析的相应结果。并且求出结果还显示,计算摩阻对应的计算压力和实测压力一致。

节点压力部分未知时摩阻系数反演的处理方法和不做灵敏度分析相同,经过程序运算得出的摩阻反演值优于不做灵敏度分析时的摩阻反演值,但不如节点压力全部已知时的摩阻反演值效果好,这里不再将结果列出。

从灵敏度分析方法反演摩阻系数的分析可知,如果灵敏度分析法确实能找出摩阻系数未变的管道,则摩阻反演效果就很好,尤其若系数矩阵可逆时就能得到实际的摩阻系数值。

3.2.2　基于智能计算的多工况摩阻系数反演

只利用单工况数据对摩阻系数反演时,满足计算压力和实测压力相等的摩阻向量 $\boldsymbol{C}$ 有无穷多,为解决该问题,在假定各节点压力已知的前提下,以多工况下的节点实测压力为基础数据,以管道摩阻值的范围为约束条件,建立了多工况下管道摩阻反演的最优化数学模型。针对规模比较大的管网,应用管道分组的方法降低优化问题变量的维数,提高计算的速度和摩阻反演的精度,并采用粒子群算法求解。

1. 多工况下管道摩阻系数反演优化模型

对于同一个油田注水管网,由于运行过程中泵站要检修,因此会关闭其中某个要检修的泵站,从而会产生出不同的工况。由于不同工况对应的摩阻向量 $\boldsymbol{C}$ 相同,因此将摩阻向量 $\boldsymbol{C}$ 作为决策变量,将所有工况的各节点压力计算值和实测值之差的平方和作为目标函数,建立优化模型。

设管网有 m 个管道, n 个节点,工况数为 L , C_j 为第 j 根管道的摩阻, H_i^l 为第 l 个工况第 i 个节点的压力,记 $\boldsymbol{C}=(C_1,C_2,\cdots,C_m)^{\mathrm{T}}$ 为摩阻向量, $\boldsymbol{H}^l=(H_1^l,H_2^l,\cdots,H_n^l)^{\mathrm{T}}$ 为第 l 组工况的压力向量, $\boldsymbol{H}_0^l$ 为第 l 组工况的实测压力向量。在每一组工况实测压力 $\boldsymbol{H}_0^l$ 已知下,压力向量 $\boldsymbol{H}^l$ 是摩阻向量 $\boldsymbol{C}$ 的函数,记为 $\boldsymbol{H}^l=\boldsymbol{H}^l(\boldsymbol{C})$ 。因此目标函数应设为

$$f(\boldsymbol{C})=\sum_{i=1}^{L}\|\boldsymbol{H}^l(\boldsymbol{C})-\boldsymbol{H}_0^l\|_2^2 \tag{3-42}$$

每根管道的摩阻系数 C_k 应有一个范围 $C_k^{\min}\leqslant C_k\leqslant C_k^{\max}$,文中统一将每根管道摩阻系数的下限取为80,上限取为120。综上管道摩阻反演多工况优化模型为

$$\begin{aligned}&\min_{\boldsymbol{C}}\quad f(\boldsymbol{C})=\sum_{i=1}^{L}\|\boldsymbol{H}^l(\boldsymbol{C})-\boldsymbol{H}_0^l\|_2^2\\&\text{s.t.}\quad C_k^{\min}\leqslant C_k\leqslant C_k^{\max},k=1,2,\cdots,m\end{aligned} \tag{3-43}$$

由于实际摩阻所对应的每一工况下每一节点计算压力等于实测压力,所以对于优化模型式(3-43)理论上至少存在一个摩阻向量 $\boldsymbol{C}$,使得目标函数值为0。满足约束条件并使目标值函数为0的 $\boldsymbol{C}$ 不一定就是实际摩阻,除非模型式(3-43)有唯一解。无论取多少种工况,模型式(3-43)至少有一个解,工况数越多,模型具有唯一解的可能性越大,优化解是真实摩阻的可能性也就越大。对于一个管网,到底取多少种工况能使模型式(3-43)有唯一解,理论上

未能给出证明，也是以后要进一步研究的问题。

2. 多工况下管道摩阻系数反演数学模型的求解

(1)优化模型降维

对于模型式(3-43)，如果管网规模比较小，则将所有管道摩阻均设为决策变量进行优化求解；如果管网规模比较大，会形成大规模的优化问题，在速度和精度上的求解都很难满意，因此对于较大的管网，首先需要进行降维处理，即减少优化变量的个数，常用的两种降维方法有以下两种。

一种是利用灵敏度分析的方法，将管道摩阻系数未变或变化很小的管道的摩阻值取为经验值，从而降低了优化变量的个数。

另一种常用的方法是采取分组的方法降低优化变量个数，即将所有管道按一定规则分成若干组，同一组中的各管道摩阻值相同。分组方式主要有"American"分组和"British"分组。"American"分组是将有同样基本特征(管径、管材和埋设年代)的管道分为一组。"British"分组是将能有效地形成一个单独的水力管线的管道分成一组，这些管道在不被监测点分离的相邻节点之间，并具有相同的基本特征。"British"分组方法比"American"分组方法更细致，所分的组数比较多。本书采用管材+管龄(埋设年代)+地域进行分组。管网分组的方式大大减少了优化变量的个数，但若分组不正确又影响计算的结果，因此如何合理精确的分组也是今后值得研究的问题。

(2)基于粒子群算法的优化模型求解

传统优化理论比较成熟，算法具有很强的局部寻优能力，但所得到的解一般是局部最优解。针对传统优化方法的不足，人们提出了对目标函数和约束函数的要求比较宽松的智能优化算法，这里采用智能优化算法中的粒子群优化算法求解。

由于优化模型中约束条件是范围约束，因此在搜索过程中只需对超出范围的粒子进行简单处理就可以了，无需转化为无约束优化模型求解。对于超出范围的粒子常采取的办法有两种，一种是超出范围的那个分量就取边界值，另一种是超出范围的那个分量在约束范围内重新初始化。为了利用经验摩阻的信息和亏秩最小二乘法的成果，将经验摩阻值赋给其中一个粒子的初始位置，并将亏秩最小二乘法求得各工况的计算摩阻赋给某几个粒子的初始位置，其他粒子的初始位置在变量允许范围内随机生成。这样能加快目标值下降的速度，并保证目标函数优化值一定优于经验摩阻对应的目标函数值和亏秩最小二乘法计算摩阻所对应的目标函数值。

改进粒子群优化算法求解优化模型的步骤如下：

1)初始化算法参数及所有粒子。以管道摩阻系数为优化变量即粒子的位置，搜索范围为 80～120，在变量允许范围内随机生成各粒子的初始位置和初始速度；

2)根据改进后各参数公式计算惯性权重、变异概率和学习因子值，根据粒子速度和位置更新方程来调整各粒子的速度和位置；

3)计算每个粒子的适应值，并记录最差粒子；

4)将每一个粒子适应值与该粒子所经历的最好位置的适应值进行比较，如果更好，则将其作为粒子的个体历史最优值，用当前位置更新个体历史最好位置；

5)对每个粒子，将其历史最优适应值与群体内所经历的最好位置的适应值进行比较，若

更好,则将其作为当前的全局最好位置;

6)按一定周期对全局最优粒子进行局部搜索,用搜索后的粒子位置更新当前最优粒子的位置,并用其适应值更新当前群体的最优值。

7)按一定周期用全局最优粒子位置和适应值更新最差粒子位置和适应值。

8)检查终止条件,通常为达到最大迭代次数或者足够好的适应值或者最优解停滞不再变化,若满足上述条件之一,终止迭代。否则,返回2)。

例3:某模拟注水管网是由5座注水站,30个节点,49条管道,20个环构成的。其中节点编号为8、11、15、23和26是泵站所在位置。模拟该管网的6种工况,泵站全开,依次关闭一个泵站。注水管网简化图见图3-5。

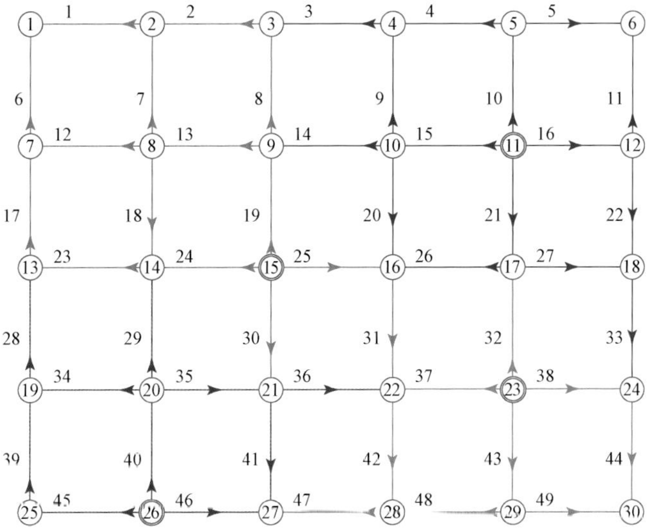

图3-5 理想管网简化图

为简单起见,管网基本参数只列出管网多工况下的节点流量(表3-9)、管网实际摩阻系数(表3-10)。

表3-9 部分管网节点流量

节点编号	节点性质(0为泵站)	是否定流节点(是为1,否为0)	工况1的节点流量/(m^3/h)	工况2的节点流量/(m^3/h)	工况3的节点流量/(m^3/h)	工况4的节点流量/(m^3/h)	工况5的节点流量/(m^3/h)	工况6的节点流量/(m^3/h)
1	1	1	57.4	57.4	57.4	57.4	57.4	57.4
2	1	1	47.4	47.4	47.4	47.4	47.4	47.4
3	1	1	50.3	50.3	50.3	50.3	50.3	50.3
4	1	1	63.8	63.8	63.8	63.8	63.8	63.8
5	1	1	47.1	47.1	47.1	47.1	47.1	47.1

表 3-10　管道摩阻系数

管道编号	摩阻系数	管道编号	摩阻系数	管道编号	摩阻系数	管道编号	摩阻系数	管道编号	摩阻系数
1	85	11	95	21	95	31	105	41	110
2	85	12	85	22	95	32	105	42	115
3	95	13	85	23	105	33	115	43	115
4	95	14	95	24	105	34	110	44	115
5	95	15	95	25	105	35	110	45	110
6	85	16	95	26	105	36	110	46	110
7	85	17	85	27	105	37	115	47	115
8	85	18	85	28	105	38	115	48	115
9	95	19	85	29	105	39	110	49	115
10	95	20	85	30	105	40	110		

利用管网基本数据,结合参考点压力,通过解节点方程,计算出管网 6 种工况下各节点压力如表 3-11 所示。

表 3-11　管网各工况的节点压力值　　(单位:m)

管道编号	工况 1 的节点压力	工况 2 的节点压力	工况 3 的节点压力	工况 4 的节点压力	工况 5 的节点压力	工况 6 的节点压力
1	1478. 28	1562. 39	1501. 05	1535. 81	1498. 68	1511. 99
2	1482. 81	1558. 32	1501. 41	1533. 93	1500. 64	1511. 96
3	1487. 17	1547. 68	1500. 47	1528. 49	1500. 58	1508. 57
4	1498. 09	1484. 12	1502. 73	1495. 57	1498. 27	1498. 26
5	1500. 14	1478. 55	1503. 24	1492. 31	1498. 69	1497. 65
6	1498. 8	1476. 81	1502. 88	1490. 41	1497. 62	1496. 21
7	1480. 15	1564. 4	1502. 29	1537. 68	1498. 75	1513. 52
8	1484. 59	1576. 41	1510. 54	1544. 64	1508. 59	1522. 36
9	1496. 4	1555	1502. 48	1538. 45	1508. 49	1516. 14
10	1502	1486. 55	1505. 1	1498. 26	1502. 92	1502. 66
11	1512. 79	1481. 14	1514. 13	1497. 41	1506. 24	1504. 1
12	1504. 53	1477. 55	1507. 53	1490. 97	1498. 94	1497. 66
13	1483. 16	1554. 78	1498. 97	1541. 03	1490. 06	1510. 75
14	1484. 52	1556. 49	1498. 65	1541. 95	1493. 42	1512. 17
15	1508. 96	1561. 7	1501. 38	1548. 58	1517. 19	1520. 24
16	1500	1500	1500	1500	1500	1500
17	1507. 89	1481. 44	1513. 3	1488. 77	1504. 85	1498. 42
18	1495. 17	1474. 4	1502. 29	1478. 6	1492. 04	1487. 64
19	1505. 12	1553. 47	1510. 38	1575. 84	1472. 76	1514. 03

续表

管道编号	工况 1 的节点压力	工况 2 的节点压力	工况 3 的节点压力	工况 4 的节点压力	工况 5 的节点压力	工况 6 的节点压力
20	1505. 63	1553. 52	1510. 71	1576. 05	1473. 04	1514. 29
21	1500. 22	1533. 61	1501. 27	1534. 8	1481. 02	1504. 84
22	1495. 01	1496. 34	1500. 67	1485. 73	1482. 26	1491. 46
23	1508. 68	1497. 31	1525. 34	1483. 94	1512. 78	1498. 48
24	1494. 02	1474. 74	1502. 25	1476. 61	1491. 43	1486. 42
25	1508. 9	1556. 01	1514. 11	1587. 47	1471. 72	1516. 6
26	1517. 49	1563. 22	1522. 63	1603. 31	1472. 86	1523. 94
27	1491. 64	1496. 07	1497. 16	1490. 38	1473. 22	1488. 34
28	1492. 06	1493. 62	1498. 05	1484. 11	1478. 46	1488. 33
29	1494. 86	1487. 53	1505. 82	1478. 17	1492. 61	1488. 37
30	1493. 01	1480. 84	1502. 42	1476. 04	1490. 49	1485. 94

已知表 3-11 中的压力数据，反求表 3-10 中的管道摩阻系数时，若直接优化这个具有 49 个管道摩阻的模型，无论从精度上还是速度上都不易得到满意的效果。因此将该管网的管道分为 8 组，认为每组的管道摩阻系数相同，具体分组情况见表 3-12。

表 3-12　管网分组

分组编号	包含的管道编号
1	1,2,6,7,8
2	3,4,5,9,10,11
3	23,24,25,26,27
4	34,35,36,39,40,41,45,46
5	33,37,38,42,43,44,47,48,49
6	12,13,17,18,19,20
7	14,15,16,21,22
8	28,29,30,31,32

对管网分组后，优化模型中只有 8 个变量，利用粒子群算法求解，其中粒子数取了 30 个，最大迭代次数 1000 次，得到摩阻反演值见表 3-13。

表 3-13　摩阻系数反演结果

分组编号	实际摩阻	计算摩阻	分组编号	实际摩阻	计算摩阻
1	85	85	5	115	115
2	95	95	6	85	85
3	105	105	7	95	94. 99
4	110	110	8	105	105

从表 3-13 来看，摩阻反演效果非常好，优化得到的摩阻与真实摩阻基本一致，管道摩阻反演值与管道实际摩阻值差的平均值为 0.0012。此优化问题的变量数是 8，粒子群优化方法求解后最优目标值达到 10^{-16}。由于分组求解降低了优化问题的多解性，因此优化摩阻和真实摩阻基本一致是合理的。

从例 3 可以看出，具有 m 个泵站的管网进行分组反演时，$m+1$ 组工况数据就基本能得到管网真实摩阻。但要求分组的精确性，也就是要求同一组中的管道摩阻一定是相等的。另外即使采取分组反演，当管网规模比较大时，运算速度也比较慢。因此在以后的进一步研究中，可采取粒子群算法和局部寻优能力比较强的 Powell 算法的结合的方式增加优化算法的全局寻优能力，可考虑利用并行算法求解提高计算速度慢的问题。

3.2.3 基于随机优化的管道摩阻系数反演

由于优化模型式(3-43)在工况数不足时出现多解性，为了降低优化模型多解的可能性，需要将节点压力未知点的信息反应在目标函数中。虽然压力未知点处节点压力的精确值不知道，但可以由该节点周围节点的实测压力和经验摩阻计算出的经验压力的数值，大致估计出这些点的压力值的范围或服从某一分布，从而将这些未知压力设为随机参数。分析这些随机参数可能服从的分布，建立了管道摩阻系数反演的期望值模型和机会约束规划模型。给出了利用随机模拟技术和遗传算法求解两类随机规划模型的数值方法。

1. 随机规划概述

在实际问题中，存在着大量的不确定性问题，其中有一类是随机问题。描述随机现象的量称为随机变量或随机参数，含有随机参数的数学规划称为随机规划。随机规划为解决带有随机参数的优化问题提供了有力的工具。

对于随机规划问题中所出现的随机变量，出于不同的管理目的和技术要求，采用的方法也不尽相同。最自然的方法是：取这些随机变量所对应的函数的数学期望作为目标函数或约束函数，从而把随机规划转化为一个确定的数学规划问题。这种在期望值约束下，使目标函数的概率期望达到最优的模型通常称为期望值模型。

第二种方法是机会约束规划，由 Charnes 和 Cooper 提出，主要针对约束条件中含有随机变量，且必须在观测到随机变量的实现之前作出决策的问题。考虑到所作决策在不利的情况发生时可能不满足约束条件，而采用一种原则，即允许所作决策在一定程度上不满足约束条件，但该决策应使约束条件成立的概率不小于某一置信水平 α。

一个复杂的决策系统有时要涉及多项事件，决策者往往希望这些事件实现的概率尽可能的大。为了解决这类问题，刘宝碇提出了第三种随机规划（刘宝碇和赵瑞清，1998），即相关机会规划并推广到相关机会多目标规划和相关机会目标规划。简单地说，相关机会规划是使事件的机会函数在不确定环境下达到最大值的优化问题。在确定性规划及期望值模型和机会约束规划中，当对实际问题建模以后，则可行集实质上已经确定，这就可能导致所给定的最优解在实际执行时根本无法实现，相反，相关机会规划的这一特点是前面提到的两种随机规划所不具有的。

2. 管道摩阻系数反演的期望值模型

(1)期望值模型

设管网有 m 个管道，n 个节点，工况数为 L，C_j 为第 j 根管道的摩阻，H_i^l 为第 l 个工况第 i 个节点的压力，记 $\boldsymbol{C}=(C_1,C_2,\cdots,C_m)^{\mathrm{T}}$ 为摩阻向量，$\boldsymbol{H}^l=(H_1^l,H_2^l,\cdots,H_n^l)^{\mathrm{T}}$ 为第 l 组工况的压力向量，$\boldsymbol{H}_0^l=(H_{01}^l,H_{02}^l,\cdots,H_{0n}^l)^{\mathrm{T}}$ 为第 l 组工况的实测压力向量。在第三节建立了节点压力全部已知时的摩阻系数反演多工况优化模型为

$$
\begin{aligned}
&\min_{C}\quad f(\boldsymbol{C})=\sum_{l=1}^{L}\sum_{j=1}^{n}[\boldsymbol{H}_j^l(\boldsymbol{C})-\boldsymbol{H}_{0j}^l]^2\\
&\text{s. t.}\quad C_k^{\min}\leqslant C_k\leqslant C_k^{\max},k=1,2,\cdots,m
\end{aligned}\tag{3-44}
$$

在实际生产中经常会出现节点压力部分未知的情况。不失一般性，假设节点编号后 t 个的节点实测压力未知，则节点压力部分未知时的摩阻反演多工况优化模型为

$$
\begin{aligned}
&\min_{C} f(\boldsymbol{C})=\sum_{l=1}^{L}\sum_{j=1}^{n-t}[\boldsymbol{H}_j^l(\boldsymbol{C})-\boldsymbol{H}_{0j}^l]^2\\
&\text{s. t.}\quad C_k^{\min}\leqslant C_k\leqslant C_k^{\max},k=1,2,\cdots,m
\end{aligned}\tag{3-45}
$$

即目标函数不包含后 t 个节点计算压力和实测压力差的平方项。

由于优化模型式(3-44)在工况数不足时出现多解性，因此优化模型式(3-45)出现多解的可能性就更大，为了降低优化模型多解的可能性，需要将节点压力未知点的信息反应在目标函数中。虽然压力未知点处节点压力的精确值不知道，但可以由该节点周围节点的实测压力和经验摩阻计算出的经验压力的数值，大致估计出这些点的压力值的范围或服从某一分布。假设每一未知节点的压力均服从正态分布，即 $N(\mu,\sigma^2)$，其中 μ 取该节点的估计压力，σ 根据具体情况而定。

把后 t 个节点的未知压力值 $\boldsymbol{H}_{0j}^l$ 设为随机变量。优化模型似乎是应该成为多目标规划模型：

$$
\begin{aligned}
&\min_{C}\left\{\sum_{l=1}^{L}\sum_{j=1}^{n-t}[\boldsymbol{H}_j^l(\boldsymbol{C})-\boldsymbol{H}_{0j}^l]^2,\sum_{l=1}^{L}\sum_{j=n-t+1}^{n}[\boldsymbol{H}_j^l(\boldsymbol{C})-\boldsymbol{H}_{0j}^l]^2\right\}\\
&\text{s. t.}\quad\begin{cases}C_k^{\min}\leqslant C_k\leqslant C_k^{\max},k=1,2,\cdots,m\\ |\boldsymbol{H}_j^l(\boldsymbol{C})-\boldsymbol{H}_{0j}^l|<\delta,l=1,2,\cdots,L;j=n-t+1,n-t+2,\cdots,n\end{cases}
\end{aligned}\tag{3-46}
$$

优先考虑已知节点压力与实测压力尽可能相等，在这个目标尽可能小的基础上再考虑第二目标尽可能小。

此处加了一类新约束条件 $|\boldsymbol{H}_j^l(\boldsymbol{C})-\boldsymbol{H}_{0j}^l|<\delta,l=1,2,\cdots,L;j=n-t+1,n-t+2,\cdots,n$，$\delta$ 为事先给定的一个约束范围，经过数值试验取 $\delta=10$。由于考虑到第一目标最优值能达到很小，因此对于 $|\boldsymbol{H}_j^l(\boldsymbol{C})-\boldsymbol{H}_{0j}^l|<\delta,l=1,2,\cdots,L;j=n-t+1,n-t+2,\cdots,n$ 这个条件在第一目标值比较小时一般都能自然满足，所以当 $j=1,2,\cdots,n-t$ 时对应的条件不作为约束条件。相同的道理优化模型式(3-44)和式(3-45)中不加这类约束条件。对于多目标优化模型的求解方法很多，文中采用通过给各个目标赋予权重将多目标优化问题转化为单目标优化问题的方法。经过数值试验给第一目标赋予权重 $M=100$，第二目标权重为 1。

在期望值约束下，求目标函数的期望值最小，得到在节点压力部分未知时管道摩阻反演

期望值最终模型为

$$\min_{C}\quad E[f(\boldsymbol{C},\boldsymbol{\xi})] = M\sum_{l=1}^{L}\sum_{j=1}^{n-t}[\boldsymbol{H}_j^l(\boldsymbol{C}) - \boldsymbol{H}_{0j}^l]2 + E\left[\sum_{l=1}^{L}\sum_{j=n-t+1}^{n}(\boldsymbol{H}_j^l(C) - \boldsymbol{H}_{0j}^l)^2\right]$$

$$\text{s. t.}\quad C_k^{\min} \leqslant C_k \leqslant C_k^{\max}, k = 1,2,\cdots,m$$

$$E\{|\boldsymbol{H}_j^l(\boldsymbol{C}) - \boldsymbol{H}_{0j}^l|\} < \delta, l = 1,2,\cdots,L; j = n-t+1, n-t+2,\cdots,n \tag{3-47}$$

式中，$\boldsymbol{C}$ 为一个 m 维决策向量；$\boldsymbol{\xi} = [(H_{0(t+1)}^1,\cdots,H_{0n}^1,H_{0(t+1)}^2,\cdots,H_{0n}^2,\cdots,H_{0(t+1)}^l,\cdots,H_{0n}^l)]$ 为一个 $t \cdot L$ 维随机向量；M 为权重，根据数值试验，M 一般取 100。

(2)期望值模型求解方法

期望值模型式(3-47)已是个确定性规划模型，只不过求目标函数值时需要利用随机模拟。确定性数学规划的方法可以用经典算法也可以用智能优化算法，这里采用改进遗传算法求解。

首先分析如何利用随机模拟方法求给定决策变量所对应的目标值，也就是当 $\boldsymbol{C}$ 给定时，如何利用随机模拟求 $E[f(\boldsymbol{C},\boldsymbol{\xi})]$ 的值。

设随机向量 $\boldsymbol{\xi}$ 的分布函数为 $\Phi(\boldsymbol{\xi})$，对于给定的决策变量 $\boldsymbol{C}$，求目标函数值 $E[f(\boldsymbol{C},\boldsymbol{\xi})]$。由于

$$E(f(\boldsymbol{C},\boldsymbol{\xi})) = \int_{\Re n}\mathrm{f}(\boldsymbol{C},\boldsymbol{\xi})\,\mathrm{d}\Phi(\boldsymbol{\xi}), \tag{3-48}$$

所以用下式估计 $E[f(\boldsymbol{C},\boldsymbol{\xi})]$ 的值：

$$E[f(\boldsymbol{C},\boldsymbol{\xi})] = \frac{1}{N}\sum_{i=1}^{N}f(\boldsymbol{C},\boldsymbol{\xi})g(\boldsymbol{\xi}_i) \tag{3-49}$$

式中，$\boldsymbol{\xi}_1,\boldsymbol{\xi}_2,\cdots,\boldsymbol{\xi}_N$ 为由概率分布函数 $\Phi(\xi)$ 产生的随机向量；N 为抽样个数。

相同的道理，对于判断期望约束 $E\{|\boldsymbol{H}_j^l(\boldsymbol{C}) - \boldsymbol{H}_{0j}^l|\} < \delta$ 是否满足也利用上述的随机模拟技术。

对于任一决策变量 $\boldsymbol{C}$，均可以利用随机模拟技术求得目标函数值即期望值，也能利用随机模拟技术确定期望约束条件是否成立。因而就可以利用改进的遗传算法求最优解，其具体过程如下：

1)选择编码策略，这里均取实数编码；

2)根据目标函数定义适应值函数 $f(\boldsymbol{C})$；

3)确定遗传策略，包括选择种群大小，选择、交叉、变异方法，以及确定交叉概率 P_c、变异概率 P_m 等遗传参数；

4)随机初始化生成初始群体，需要使用随机模拟技术计算约束函数的期望值以生成可行的染色体；

5)计算群体中每个个体的适应值 $f(\boldsymbol{C})$，更新历史最优个体，这里用到了随机模拟技术确定目标函数值和适应值；

6)若迭代次数达到规定迭代周期，则用历史最优个体替换当前最优个体；

7)按照遗传策略，运用选择、交叉和变异算子作用于群体，形成下一代群体，其中需使用随机模拟技术检验后代的可行性，可采取拒绝策略处理约束问题；

8)若迭代次数达到规定周期，则对当前最优个体进行轴向搜索；判断群体性能是否满足

某一指标，或者已完成预定迭代次数。若满足则打印结果，结束程序，若不满足则返回5)。

例4：某模拟注水管网是由2座注水站，16个节点，24条管道，9个环构成的，节点编号为2和15的是泵站所在位置。模拟该管网的3种工况：泵站全开，依次关闭一个泵站。注水管网简化图如图3-6所示。

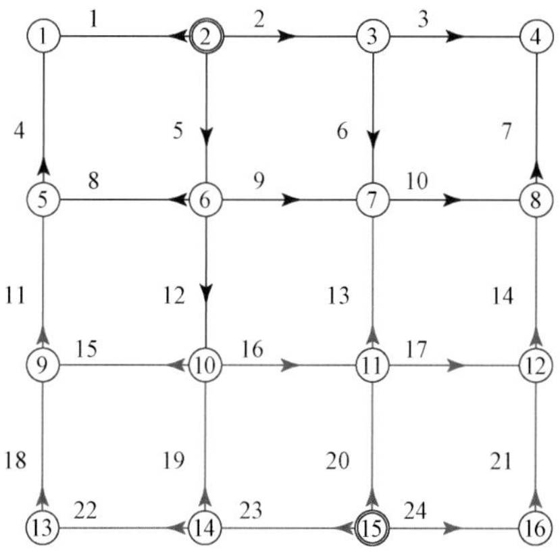

图3-6　理想管网简化图

其中编号为3、7、9的节点压力未知，利用常规优化模型式(3-44)求最优解，利用期望值模型式(3-45)求最优解解，摩阻反演结果见表3-14。

表3-14　摩阻反演结果

管道编号	常规方法计算的摩阻	实际摩阻	期望值模型反演的摩阻	管道编号	常规方法计算的摩阻	实际摩阻	期望值模型反演的摩阻
1	83.7	85	85.1	13	102	115	118
2	93	85	91.6	14	102	95	97.4
3	81.4	95	84	15	112	105	107
4	85.8	85	84.9	16	113	105	87
5	81.5	85	81.9	17	102	115	111
6	110	95	102	18	91	105	107
7	102	95	98.5	19	113	105	103
8	91	85	85.2	20	110	115	117
9	80	85	85.6	21	116	115	115
10	101	95	98.1	22	95.8	105	106
11	87.4	85	85.5	23	116	115	114
12	104	105	98.7	24	116	115	116

从摩阻反演结果来看，期望值模型的反演结果还是满意的，并且反演结果优于常规方法的反演结果。期望值模型的反演值与管道实际摩阻值差的平均值是3.4375，常规方法的反演值与管道实际摩阻值差的平均值是6.5333。

3. 管道摩阻系数反演的机会约束规划模型

求解机会约束规划的传统方法是根据事先给定的置信水平，把机会约束规划转化为各自的确定等价类,然后用传统的方法求解其等价的确定性模型。对一些特殊情况,机会约束规划问题确实可以转化为确定性数学规划问题,但对于较复杂的机会约束规划问题,通常很难做到这一点。然而,随着计算机的发展,一些革新算法如遗传算法的提出,使得复杂的机会约束规划可以不必通过转化为确定性数学规划而直接得到解决。

(1)机会约束规划模型建立

期望值模型式(3-45)的最优解 $\boldsymbol{C}^*$ 能使 $E[\boldsymbol{f}(\boldsymbol{C},\boldsymbol{\xi})]$ 在满足期望约束条件下达到最小,但不能保证未知节点压力(是随机参数)取真实压力时目标函数 $f(\boldsymbol{C},\boldsymbol{\xi})$ 达到最小,也不能保证未知节点压力(是随机参数)取真实压力时约束条件得到满足,因此期望值模型有其局限性。

针对期望值模型的局限性和机会约束规划的理论,建立如下的机会约束规划模型。

$$\begin{aligned}&\min\ \bar{f}\\ &\text{s. t.}\quad \mathrm{pr}\{\boldsymbol{f}(\boldsymbol{C},\boldsymbol{\xi})\leqslant\bar{f}\}\geqslant\beta\\ &C_k^{\min}\leqslant C_k\leqslant C_k^{\max},k=1,2,\cdots,m\\ &pr\{g_j^l(\boldsymbol{C},\boldsymbol{\xi})<0\}\geqslant\alpha,l=1,2,\cdots,L;j=n-t+1,n-t+2,\cdots,n\end{aligned}\tag{3-50}$$

式中,$\boldsymbol{C}$ 为一个 m 维决策向量;$\boldsymbol{\xi}=[(H_{0(t+1)}^1,\cdots,H_{0n}^1,H_{0(t+1)}^2,\cdots,H_{0n}^2,\cdots,H_{0(t+1)}^l,\cdots,H_{0n}^l)]$ 为随机向量;$f(\boldsymbol{C},\boldsymbol{\xi})=M\sum_{l=1}^{L}\sum_{j=1}^{n-t}[\boldsymbol{H}_j^l(\boldsymbol{C})-\boldsymbol{H}_{0j}^l]^2+\sum_{l=1}^{L}\sum_{j=n-t+1}^{n}[\boldsymbol{H}_j^l(\boldsymbol{C})-\boldsymbol{H}_{0j}^l]^2$ 为目标函数。$g_j^l(\boldsymbol{C},\boldsymbol{\xi})=|\boldsymbol{H}_j^l(\boldsymbol{C})-\boldsymbol{H}_{0j}^l|-\delta$ 为约束函数,其中 $\mathrm{pr}\{\cdot\}$ 为{ }中的事件成立的概率;β,α 为事先给定的置信水平。

对于给定的 $\boldsymbol{C}$,$\bar{f}$ 是目标函数 $f(\boldsymbol{C},\boldsymbol{\xi})$ 在置信水平为 β 时所取得的最小值。

(2)机会约束规划模型求解方法

机会约束规划模型需要处理的关键问题之一是,对于给定的决策变量 $\boldsymbol{C}$,如何确定满足条件的最小 $\bar{f}$ 。

$$\mathrm{pr}\{f(\boldsymbol{C},\boldsymbol{\xi})\leqslant\bar{f}\}\geqslant\beta\tag{3-51}$$

设随机向量 $\boldsymbol{\xi}$ 的分布函数为 $\boldsymbol{\Phi}(\boldsymbol{\xi})$,对于给定的决策变量 $\boldsymbol{C}$,首先从概率分布 $\boldsymbol{\Phi}(\boldsymbol{\xi})$ 中产生 N 个独立的随机向量 $\boldsymbol{\xi}_i,i=1,2,\cdots,N$, N 为抽样个数。由 $f_i=f(\boldsymbol{C},\boldsymbol{\xi}_i),i=1,2,\cdots,N$,得到序列 $\{f_1,f_2,\cdots,f_N\}$,取 N' 为 βN 的整数部分,则由大数定律, $\{f_1,f_2,\cdots,f_N\}$ 中第 N' 个最小的元素可以作为 $\bar{f}$ 的估计。

机会约束规划模型需要处理的关键问题之二是,对于给定的 $\boldsymbol{C}$,求

$$\theta=\mathrm{pr}\{g_j^l(\boldsymbol{C},\boldsymbol{\xi})\leqslant 0\},l=1,2,\cdots,L;j=n-t+1,n-t+2,\cdots,n\tag{3-52}$$

即求上述事件发生的概率。

从概率分布 $\boldsymbol{\Phi}(\boldsymbol{\xi})$ 中,独立产生 N 个随机变量 $\boldsymbol{\xi}_i,i=1,2,\cdots,N$ 。设 N 次中共有 N' 个 $\boldsymbol{\xi}_i$ 满足:

$$g_j^l(\boldsymbol{C},\boldsymbol{\xi})\leqslant 0\tag{3-53}$$

由大数定律,可以用下式估计 θ 的值,$\theta=\dfrac{N}{N'}$ 。

对于给定的决策变量 $\boldsymbol{C}$，能够得到满足条件式（3-51）的最小 $\bar{f}$ 即目标值，也能利用随机模拟技术确定约束条件在置信水平 α 下是否成立。因此接下来就可以利用改进的遗传算法求解，具体过程如下：

1）选择编码策略，取实数编码；

2）根据目标函数定义适应值函数 $f(\boldsymbol{C})$；

3）确定遗传策略，包括选择种群大小，选择、交叉、变异方法，以及确定交叉概率 P_c、变异概率 P_m 等遗传参数；

4）随机初始化生成初始群体，需要使用随机模拟技术计算约束条件在置信水平 α 下是否成立以便生成可行的染色体；

5）计算群体中每个个体的适应值 $f(\boldsymbol{C})$，更新历史最优个体；这里用到了随机模拟技术确定目标函数值和适应值；

6）若迭代次数达到规定迭代周期，则用历史最优个体替换当前最优个体；

7）按照遗传策略，运用选择、交叉和变异算子作用于群体，形成下一代群体，其中需使用随机模拟技术检验后代的可行性，可采取拒绝策略处理约束问题；

8）若迭代次数达到规定周期，则对当前最优个体进行轴向搜索；判断群体性能是否满足某一指标，或者已完成预定迭代次数。若满足则打印结果，结束程序，若不满足则返回 5）。

例 5：管网与例 4 相同。

其中编号为 3、7、9 三个节点压力未知，利用优化模型式（3-44）求最优解，利用机会约束规划模型求解，摩阻反演结果见表 3-15。

从摩阻反演结果来看，机会约束规划模型反演结果还是满意的，并且反演结果优于常规方法的反演结果。机会约束规划模型管道摩阻反演值与管道实际摩阻值差的平均值是 3.75，常规方法管道摩阻反演值与管道实际摩阻值差的平均值是 6.53。

表 3-15　摩阻系数反演结果

管道编号	常规方法计算的摩阻	实际摩阻	机会约束规划模型反演的摩阻	管道编号	常规方法计算的摩阻	实际摩阻	机会约束规划模型反演的摩阻
1	83.7	85	84.6	13	102	115	114
2	93	85	82.3	14	102	95	99
3	81.4	95	91.6	15	112	105	95
4	85.8	85	83.9	16	113	105	109
5	81.5	85	86.7	17	102	115	109
6	110	95	92	18	91	105	105
7	102	95	100	19	113	105	111
8	91	85	87.6	20	110	115	105
9	80	85	88.5	21	116	115	111
10	101	95	100	22	95.8	105	104
11	87.4	85	88.6	23	116	115	118
12	104	105	98.9	24	116	115	116

3.3 注水系统运行方案优化

3.3.1 注水系统运行参数优化

油田注水系统运行参数优化是指在注水站中各注水泵的开停状态已知的前提下,通过调整住水泵的运行参数(流量、压力),达到满足系统配注要求,降低能量损耗的目的。

该问题的目标函数为注水能耗最小,即

$$\min \quad f = \gamma \sum_{i=1}^{N_{\mathrm{p}}} \frac{H_i Q_i}{\eta_{\mathrm{p}i} \eta_{\mathrm{m}i}} \tag{3-54}$$

式中,H_i 为第 i 台注水泵的扬程;Q_i 为第 i 台注水泵的排量;$\eta_{\mathrm{p}i}$ 为第 i 台注水泵在排量为 Q_i 时的效率;$\eta_{\mathrm{m}i}$ 为驱动第 i 台注水泵的电机的效率;N_{p} 为注水泵运行总数量;γ 为单位换算系数。

为了保证优化结果能够满足实际生产要求,必须要求设计变量和某些节点参数在允许的范围之内,也即满足一定的约束。需要考虑的约束条件分别为:

(1)管网水力平衡条件

对于 M 个节点的注水管网,节点 i 的平衡方程为

$$u_i - u_i' - \sum_{j \in I_i} s_{ij} \mathrm{sgn}(p_i - p_j) \ |p_i - p_j|^{1/\alpha} = 0 \tag{3-55}$$

式中,u_i、u_i' 分别为节点 i 的输入、输出流量,其中 $i = 1, \cdots, M-1$;s_{ij} 为节点 i 和 j 之间的管道阻力系数;p_i、p_j 分别为节点 i、j 的压力;I_i 为与节点 i 相连的节点编号集合;α 为常系数;sgn 为符号函数,定义为

$$\mathrm{sgn}(A) = \begin{cases} 1 & \text{当 } A \geqslant 0 \\ -1 & \text{当 } A < 0 \end{cases} \tag{3-56}$$

(2)水量平衡约束

各注水泵的总供水量应等于各注水井的注水量之和,即

$$\sum_{i=1}^{N_{\mathrm{p}}} Q_i = \sum_{j=1}^{N_{\mathrm{w}}} u_j \tag{3-57}$$

式中,N_{w} 为系统中注水井总数量。

(3)注水井压力约束

各注水井的节点压力不应小于其要求的最低注入压力,即

$$p_i \geqslant p_i^{\min}, \quad i = 1, \cdots, N_{\mathrm{w}} \tag{3-58}$$

式中,$p_i^{\min}$ 为第 i 口注水井要求的最低注入压力。

(4)泵排量约束

各注水泵需在高效区内运行,即

$$Q_i^{\min} \leqslant Q_i \leqslant Q_i^{\max}, \quad i = 1, \cdots, N_{\mathrm{p}} \tag{3-59}$$

式中,$Q_i^{\min}$、$Q_i^{\max}$ 分别为第 i 台注水泵在高效区工作的最小和最大排量。

(5)注水站的注水量约束

对于各个注水站的注水量,由于受来水量、污水回注等因素的制约,各个注水站的注水量应满足:

$$u_i^{\min} \leqslant \sum_{j=1}^{n_i} Q_{ij} \leqslant u_i^{\max}, \quad i = 1,2,\cdots,m \tag{3-60}$$

式中,n_i 为第 i 注水站中运行注水泵的台数;$u_i^{\min}$ 、$u_i^{\max}$ 分别为第 i 注水站注水量的上限值和下限值;m 为注水站的数量。

对于运行参数优化这类约束最优化问题,可以通过罚函数法将其转化为无约束最优化问题,然后采用无约束最优化方法进行求解。

3.3.2　注水系统开泵方案优化

为适应不同时期、不同阶段油田对注水量的变化要求,需要经常地调整注水系统生产方案。多年来,注水系统的运行主要是靠注水管理人员的认识和经验来实施,从而不能保证注水系统在优化的状态下工作,造成生产运行方案不合理,并得不到及时调整,致使注水效率较低,注水单耗较高。据统计,某油田注水系统泵管压差平均为 0.5 ~ 1.4MPa,有时高达 2.3MPa,从而产生较大的节流损失,并降低了注水泵的运行效率。

为了遏制油田注水耗电量的上升,降低原油生产成本,通常采取以下几种工艺技术措施提高注水系统运行效率:①应用高效大排量离心式注水泵,并使其在高效区运行;②注水泵进行加减级、切削叶轮、更换导翼等措施减小泵管压差;③管网采取分压注水方式;④个别注水井采用局部增压;⑤对注水泵采用无级变频调速方式进行控制,以最大限度地降低泵管压差;⑥优化注水泵的运行方案使其与注水管网更加合理匹配。以上措施在实际应用中均取得了较好的节能效果。相对于前 5 种措施,第 6 种措施不需要进行硬件投入,可以根据油田注水系统的实际工矿进行实时调整,因此可以作为优先考虑的方案。

1. 开泵方案优化数学模型的建立

油田注水系统开泵方案优化的基本原理是指在满足注水井配注要求的前提下,通过调整注水泵的开停状态及其排量,寻找最佳的注水泵运行状况,以达到降低系统能量损耗,改善系统运行状态的目的。

本书提出以注水泵的开启方案及相应的运行参数为设计变量,以系统服务质量约束等为约束条件,以注水能耗最小为目标建立了油田注水系统运行方案优化数学模型。该模型可表示为

$$\min \quad F(\boldsymbol{\beta},\boldsymbol{\mu}) = \alpha \sum_{i=1}^{m} \sum_{j=1}^{n_{pi}} \frac{(H_{ij} - H_{ij0})\mu_{ij}\beta_{ij}}{\eta_{pij}\eta_{eij}} \tag{3-61}$$

式中,m 为注水站数量;n_{pi} 为第 i 座注水站内注水泵数量,$i = 1,2,\cdots,m$;$\boldsymbol{\beta}$ 为注水泵开停方案向量,$\boldsymbol{\beta} = \{\beta_{ij} \mid i = 1,2,\cdots,m; j = 1,2,\cdots,n_{pi}\}$,其中 β_{ij} 表示第 i 注水站内第 j 台注水泵的开停方案,1 表示开启,0 表示停止;$\boldsymbol{\mu}$ 为注水泵排量向量,$\boldsymbol{\mu} = \{\mu_{ij} \mid i = 1,2,\cdots,m; j = 1,2,\cdots,n_{pi}\}$,其中 μ_{ij} 表示第 i 注水站内第 j 台注水泵的排量;α 为单位换算系数;H_{ij} 为第 i 座注水站内第 j 台注水泵的出口压力;H_{ij0} 为第 i 座注水站内第 j 台注

水泵的入口压力；η_{pij} 为第 i 座注水站内第 j 台注水泵的效率；η_{eij} 为第 i 座注水站内第 j 台注水泵的电机效率。

开泵方案优化的约束条件与运行参数优化的约束条件相似，只是在考虑 β_{ij} 时，水量平衡约束、泵排量约束、注水站的注水量约束分别变为以下形式：

$$\sum_{i=1}^{m}\sum_{j=1}^{n_i} u_{ij}\beta_{ij} = \sum_{j=1}^{N_w} u_j \tag{3-62}$$

$$u_{ij}^{\min}\beta_{ij} \leqslant u_{ij}\beta_{ij} \leqslant u_{ij}^{\max}\beta_{ij} \tag{3-63}$$

$$u_i^{\min} \leqslant \sum_{j=1}^{n_i} u_{ij}\beta_{ij} \leqslant u_i^{\max} \tag{3-64}$$

2. 模型的求解方法

在开泵方案优化数学模型中，注水泵开停方案变量属于 0 ~ 1 变量，注水泵排量属于连续变量，目标函数和约束条件包含有设计变量的非线性函数关系，因此该优化问题属于非线性混合变量优化设计问题。对于中等规模的注水系统而言，设计变量的数目一般达几十个甚至上百个，等式和不等式约束条件的数目多达几百个甚至上千个，因此对其进行直接求解是十分困难的。本书中根据问题的结构和特点，提出采用混合遗传算法的求解策略。将问题划分为两层：第一层通过遗传算法确定注水泵的最佳开停方案；第二层在注水泵开停方案给定的基础上确定其最优运行参数，以尽快获得解。

(1)染色体的编码方式

注水泵的开停状态属于 0 ~ 1 变量，因此染色体可以采用二进制串形式，其表达方式如下：

$$c^k = [\beta_{11}^k, \beta_{12}^k, \cdots, \beta_{1n_1}^k, \beta_{21}^k, \beta_{22}^k, \cdots, \beta_{2n_2}^k, \cdots, \beta_{m1}^k, \beta_{m2}^k, \cdots, \beta_{mn_m}^k] \tag{3-65}$$

式中，$(\beta_{i1}^k, \beta_{i2}^k, \cdots, \beta_{in_i}^k)$ 为第 i 座注水站内相应注水泵在第 k 个染色体中的位置。

(2)非可行染色体性的处理

由于注水泵排量有一定的工作范围，并且注水系统需要满足一定的服务质量，因此由初始化、交叉和变异产生的染色体开泵方案可能是不可行的。对于某些明显不可行的染色体，这里采取丢弃的方式，然后用随机产生的新染色体代替。判断染色体可行性的准则为：如果染色体 c^k 满足下式，则认为该染色体可行；否则，不可行。

$$\sum_{i=1}^{m}\sum_{j=1}^{n_{pi}} \mu_{ij}^{\min}\beta_{ij}^k \leqslant \sum_{i\in S_o} Q_i \leqslant \sum_{i=1}^{m}\sum_{j=1}^{n_{pi}} \mu_{ij}^{\max}\beta_{ij}^k \tag{3-66}$$

(3)染色体评估

染色体给定之后，注水泵的开停状态 $\boldsymbol{\beta}^k$ 亦相应确定。为了计算该开泵方案下的注水系统能耗，还需要解决注水泵的最优运行参数子问题，即

$$\min \quad D(\boldsymbol{\mu}^k) = F(\boldsymbol{\beta}^k, \boldsymbol{\mu}^k) = \alpha \sum_{i=1}^{m}\sum_{j=1}^{n_{pi}} \frac{(H_{ij} - H_{ij0})\mu_{ij}^k\beta_{ij}^k}{\eta_{pij}\eta_{eij}} \tag{3-67}$$

$$\text{s. t.} \quad Q_{Oi} - Q_i - \sum_{i\in I_i} q_{ij} = 0 \quad i = 1,2,\cdots,n \tag{3-68}$$

$$\sum_{i=1}^{m}\sum_{j=1}^{n_{pi}} \mu_{ij}^k\beta_{ij}^k = \sum_{i\in S_o} Q_i \tag{3-69}$$

$$P_i \geqslant [P] \quad \forall i \in S_o \tag{3-70}$$

$$\mu_{ij}^{\min}\beta_{ij}^k \leqslant \mu_{ij}^k\beta_{ij}^k \leqslant \mu_{ij}^{\max}\beta_{ij}^k \quad i = 1,2,\cdots,m, j = 1,2,\cdots,n_{pi} \tag{3-71}$$

$$\mu_{oi}^{\min} \leqslant \sum_{j=1}^{n_{pi}} \mu_{ij}^k\beta_{ij}^k \leqslant \mu_{oi}^{\max} \tag{3-72}$$

式中，$\boldsymbol{\beta}^k$、$\boldsymbol{\mu}^k$ 分别为染色体 c^k 对应的开泵方案和注水泵的运行参数。

该优化子问题属于非线性数学规划问题，可以采用惩罚函数法进行求解。根据系统水力分析计算过程，可以确定约束条件式(3-68)和式(3-69)直接得到满足，因此惩罚函数可以采取如下形式：

$$F_D(\boldsymbol{\mu}^k) = D(\boldsymbol{\mu}^k) + M_K(f_P + f_{\mu 1} + f_{\mu 2} + f_{\mu o1} + f_{\mu o2}) \tag{3-73}$$

其中

$$f_P = \max_{i \in S_p}([P] - P_i, 0)$$

$$f_{\mu 1} = \max_{i=1}^{m} \max_{j=1}^{n_{pi}}(\mu_{ij}^{\min}\beta_{ij}^k - \mu_{ij}^k\beta_{ij}^k, 0)$$

$$f_{\mu 2} = \max_{i=1}^{m} \max_{j=1}^{n_{pi}}(\mu_{ij}^k\beta_{ij}^k - \mu_{ij}^{\max}\beta_{ij}^k, 0)$$

$$f_{\mu o1} = \max_{i=1}^{m}(\mu_{oi}^{\min} - \sum_{j=1}^{n_{pi}} \mu_{ij}^k\beta_{ij}^k, 0)$$

$$f_{\mu o2} = \max_{i=1}^{m}(\sum_{j=1}^{n_{pi}} \mu_{ij}^k\beta_{ij}^k - \mu_{oi}^{\max}, 0)$$

式中，M_K 为惩罚因子，随着遗传迭代的进行，M_K 逐渐变大。

(4) 确定初温及退温操作

初温的确定选择 $t_0 = K\delta$ 的形式，其中，K 为充分大的数，$\delta = f_s^{\max} - f_s^{\min}$。其中，$f_s^{\max}$、$f_s^{\min}$ 为初始种群中最大和最小目标函数值。退温函数选用常用的 $t_{n+1} = \alpha t_n$ 形式，其中 $0<\alpha<1$。

(5) 遗传算法的选择复制

由于注水系统运行方案优化问题属于最小化问题，即目标函数值越小，对应的方案越优。遗传算法的选择操作是以染色体的适应值为依据的，即适应值大的染色体被选中的概率大，其优化方向对应适应值增加的方向。因此，需要采取一定的变换方式对染色体 c^k 对应的目标函数值作适当变换。为了防止超级染色体霸占选择过程，这里采用动态标定技术，其形式如下：

$$\text{fitness}(c^k) = \frac{f_{\max} - f(c^k) + \gamma}{f_{\max} - f_{\min} + \gamma} \tag{3-74}$$

式中，$f(c^k)$ 为染色体 c^k 对应的目标函数值，即对应开泵方案下的最佳注水能耗；$f_{\max}$ 为当前代进化群体中最大的目标函数值；$f_{\min}$ 为当前代进化群体中最小的目标函数值；γ 为小正数，其值限制在 $(0,1)$ 开区间内。

染色体的适应值函数确定之后，就可以采用常用的轮盘赌选择法进行染色体的选择。但为了保证遗传算法能够收敛到全局最优解，实施了最优保留策略，即将中间群体中性能最好的个体无条件的复制到下一代群体中，这样就会保留中间群体中的最好解，使遗传算法以概率 1 收敛到全局最优解，保证了算法的收敛。

（6）基因操作为交叉、变异

在优化时发现，即使对于同一个问题，交叉率 P_c 和变异率 P_m 取值不同也会产生不同的结果。目前，常用方法是 P_c、P_m 依经验取固定值，一般 $P_c \in [0.25, 0.95]$，$P_m \in [0.005, 0.02]$，具有一定的盲目性。本书中采用自适应交叉率和变异率，以达到克服过早收敛及加快搜索速度的目的。其表示如下：

$$P_c = \begin{cases} \dfrac{k_1(\text{fitness}_{\max} - \text{fitness}')}{\text{fitness}_{\max} - \text{fitness}_{\text{avg}}} & \text{fitness}' > \text{fitness}_{\text{avg}} \\ k_2 & \text{fitness}' \leqslant \text{fitness}_{\text{avg}} \end{cases} \tag{3-75}$$

$$P_m = \begin{cases} \dfrac{k_3(\text{fitness}_{\max} - \text{fitness})}{\text{fitness}_{\max} - \text{fitness}_{\text{avg}}} & \text{fitness} > \text{fitness}_{\text{avg}} \\ k_4 & \text{fitness} \leqslant \text{fitness}_{\text{avg}} \end{cases} \tag{3-76}$$

式中，k_1、k_2、k_3、k_4 为常系数，一般可令 $k_1 = k_2$，$k_3 = k_4$，具体值根据实际情况确定；$\text{fitness}_{\max}$ 为当前代进化群体中最大的适应函数值；$\text{fitness}_{\min}$ 为当前代进化群体中最小的适应函数值；$\text{fitness}_{\text{avg}}$ 为当前代进化群体的平均适应函数值；$\text{fitness}'$ 为 两个交叉个体适应函数值中的较大值。

在操作过程中，适应函数值小的个体，具有较大的交叉率和变异率，这样有利于加快搜索速度。而当遗传算法陷入问题的局部极值时，即 $\text{fitness}_{\text{avg}} \to \text{fitness}_{\max}$ 时，根据计算公式，适应函数值较大的个体对应的 P_c、P_m 也将增大，这样有利于避免"早熟"。但太大的 P_c、P_m 有可能造成解空间过于分散，甚至可能导致原有的解被破坏。为此，一旦 $|\text{fitness}_{\max} - \text{fitness}_{\text{avg}}| < \varepsilon$ 时，就固定 P_c、P_m 值，以避免原有解空间被完全破坏。

交叉采取两点交叉，即随机选取染色体中的两个基因位，交换两亲本染色体在交叉点之间的部分。变异采用基本位变异方式。

（7）基于 Metropolis 判别准则的复制策略

根据适应函数值的大小，运用轮盘赌选择法和模拟退火算法中基于 Metropolis 判别准则的复制策略相结合的方法进行群体选择，产生下一代群体，即在经过遗传算法交叉、变异操作的群体中，首先应用轮盘赌法选择一个染色体 i，然后在剩余群体中随机选择一个染色体 j，i 和 j 竞争进入下一代群体的准则采用 Metropolis 判别准则：令 $\Delta f = F_i - F_j$，若 $\Delta f \leqslant 0$，则把染色体 j 复制到下一代群体；否则产生[0,1]之间的随机数 r，如果 $r < \exp(-\Delta f / t_n)$，则同样把染色体 j 复制到下一代群体，否则，把染色体 i 复制到下一代群体。基于 Metropolis 判别准则的复制策略，在接受优质解的同时，有限度的接受劣质解，保证了群体的多样性，进一步避免了算法陷入局部最优解的可能性。为了保证算法能够收敛到全局最优解，在选择操作时实施了最优保留策略。

（8）算法收敛准则

混合遗传模拟退火算法是一种反复迭代的搜索方法，它通过多次进化逐渐逼近最优解而不是恰好等于最优解，因此需要给定算法收敛准则，以此判断进化过程是否终止。这里采用两种收敛准则：一是给定最大迭代次数；二是通过监测最优个体目标函数值的变化情况来实现。当迭代次数达到规定的最大迭代次数，或者最优个体目标函数值连续若干步没有明显变化时，认为算法已经满足收敛条件，可结束群体进化过程。

(9)混合遗传模拟退火算法结构流程图(图3-7)

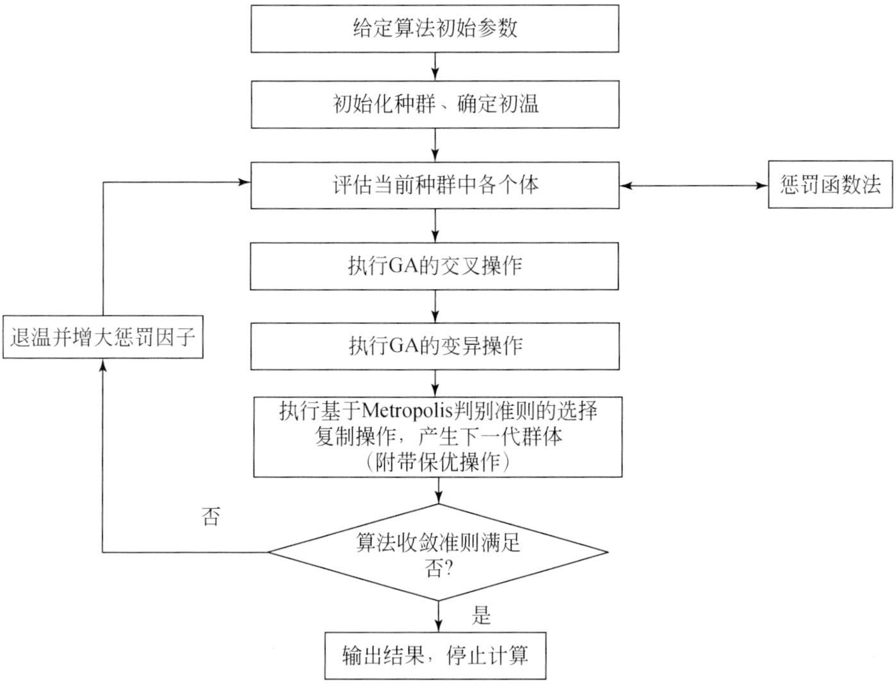

图3-7　混合遗传模拟退火算法结构流程

3. 开泵方案优化实例

仍以仿真优化时的注水系统为例,该系统配有4种类型的注水泵共25台,注水量77473m^3/d。采用本章介绍的方法优化该系统开泵方案,计算时群体规模取60,交叉和变异时的操作系数$k_1=k_2=0.6$,$k_3=k_4=0.03$,经过优化计算,得到表3-16的计算结果。由表中数据可以看出,优化后的注水泵开泵台数比优化前减少1台,注水泵效率平均提高2.32%,注水单耗下降0.29kW·h/m^3,每天可节省耗电22546 kW·h/d,经济效益非常显著。

表3-16　开泵方案优化前后参数对比

注水站号	优化前				优化后			
	开泵号	排量/(m^3/d)	泵效/%	耗电量/(kW·h/d)	开泵号	排量/(m^3/d)	泵效/%	耗电量/(kW·h/d)
1号	1	6893	76.6	43767	1	5620	70.4	39934
2号	1	6893	76.6	43767	1	5620	70.4	39934
3号	2	4998	66.1	37666	2	7397	78.0	44854
4号	1	7373	77.9	45265	1	7378	77.9	45278
5号	1	7373	77.9	45265	1	7378	77.9	45278
6号	1	4797	71.2	34080	1	5127	72.3	35566
7号	2	4998	66.1	37666	2	7397	78.0	44854

续表

注水站号	优化前				优化后			
	开泵号	排量 /(m^3/d)	泵效 /%	耗电量 /(kW·h/d)	开泵号	排量 /(m^3/d)	泵效 /%	耗电量 /(kW·h/d)
8 号	2	5504	69.7	39559	2	7926	78.8	46326
9 号	1	4862	64.1	38294	1	4995	65.1	38858
10 号	1	6893	76.6	43767	1	5620	70.4	39934
11 号	1	6893	76.6	43767	1	5620	70.4	39934
12 号	1	4998	66.1	37666	全关			
13 号	2	4998	66.1	37666	2	7397	78.0	44854
合计	开泵台数:13 台 平均泵效:71.66% 总耗电量:528195kW·h/d 注水单耗:6.82kW·h/m^3				开泵台数:12 台 平均泵效:73.98% 总耗电量:505604kW·h/d 注水单耗:6.53kW·h/m^3			

第4章　大型油气田地上地下亚闭环网络系统整体运行优化研究

随着我国各大油田进入开采的中后期,含水率不断攀升,保稳产、降能耗、控含水的生产目标日益明确,所有油田的建设者和管理者都在寻求有效的开发生产模式。油藏系统、采油系统、集输系统、污水处理系统、注入系统是油田中的五大生产系统,共同承担着油田的日常生产运行工作。探究系统的运行参数及方案的决策优化称为运行优化,油田的开发生产优化实质是一类运行优化问题。在过去数十年,各大油田开发生产单位和高校的科研人员关注于优化油田的生产开发方案,研究建立了采油系统优化、集输系统运行参数优化、注入系统运行优化等理论方法,并取得了良好的应用效果。然而,五大生产系统作为相互影响、制约的有机整体(刘扬等,2000),其运行优化亦应是协同决策、统一调度,现存的理论成果将五大生产系统人为割裂,分而治之,不能做到顾此兼彼。采用分治策略虽然可以有效求得某一生产系统较为满意的运行方案,但由于缺失了对于其他系统的考虑,导致所求得的方案仅为局部最优而非整个油田层面的全局最优生产方案,举例来说,以原油产量最大化为目标进行油藏系统优化,其结果通常是要增大注入量,增大注入量势必增加机采系统、集输系统、污水处理系统、注入系统的负担及费用,使得原油产量最大化的生产方案并不一定是油田获得最佳收益的生产方案。因而,从油田地上与地下的整体角度出发,统筹考虑五大生产系统,开展超大型生产系统运行优化理论研究(刘扬和赵洪激,2001),是油田开发新时期的可行发展方向。

进行五大生产系统的综合运行优化意味着要兼顾影响油田开发生产的所有决策变量、要充分掌握各生产系统之间的关联耦合、要明晰地上地下多尺度的流动机理,耦合离散变量的单一生产系统的运行优化中已然包含 NP-hard 问题,融合五大生产系统的超大型油田生产系统则成为超大规模的 NP-hard 难题。本章针对油藏系统、采油系统、集输系统、污水处理系统、注入系统所构成的超大型生产系统,提出了地上地下亚闭环网络系统的概念,建立了亚闭环网络系统的多目标运行优化数学模型,针对模型的 NP 性质,基于大系统优化理论,结合所提出的 MPSO 算法、PS-FW 算法、地下注入有效模糊区、机采系统模糊相似类、智能分解协调法、最大含水上升率模糊集、改进的小波神经网络含水率预测法等概念、集合和方法,形成了地上地下亚闭环网络系统整体运行优化模型的混合智能分解协调优化求解策略。

4.1　地下亚闭环网络系统

油田进入实质性开采以后,油藏系统、采油系统、集输系统、污水处理系统、注入系统相互协作、共同承担着油田的日常生产工作。通过分析五大生产系统的工艺流程和运转机理可知,注入油藏中的液流经过油层孔道流入到生产井中,后经采油系统采集、集输系统分离、污水处理系统收集处理,再经由注入系统注入油藏中,忽略液流在整个流动环节中的质量、流量、化学性质变化,可以认为这部分液流流经了五大生产系统,证实了五大生产系统之间的联结和统一性。进一步来讲,将注入液流推广为工业油流、地面管流、生产液流等一切可量化描述的赋存于五大生产系统中的流体形态,突破五大生产系统之间的工艺屏障,将五大生产系统视为超大型的流体网络系统,提出了地上地下亚闭环网络系统的定义、功能和特点。

4.1.1 地上地下亚闭环网络系统的定义

地上地下亚闭环网络系统是包含油藏子系统、采油子系统、集输子系统、污水处理子系统、注入子系统的超大型油田生产系统,也是以集输、污水处理和注入子系统中的管道、采油和注入子系统中的井筒,以及油藏子系统中的孔道为流通通道,以计量站、接转站、联合处理站、污水处理站、注入站等为中转或处理设施的地上地下一体化流体网络系统。

通过以上定义可以看出,地上地下亚闭环网络系统拥有两方面的特点:一是亚闭环网络系统具有承载油田生产责任的功能性;二是可抽象化为节点单元和边单元的网络属性。两方面特点也有共通性,那就是流体在亚闭环网络系统中的流动定向性,如图 4-1 所示,亚闭环系统中的流动方向为油藏子系统⟶采油子系统⟶集输子系统⟶污水处理子系统⟶注入子系统⟶油藏子系统。

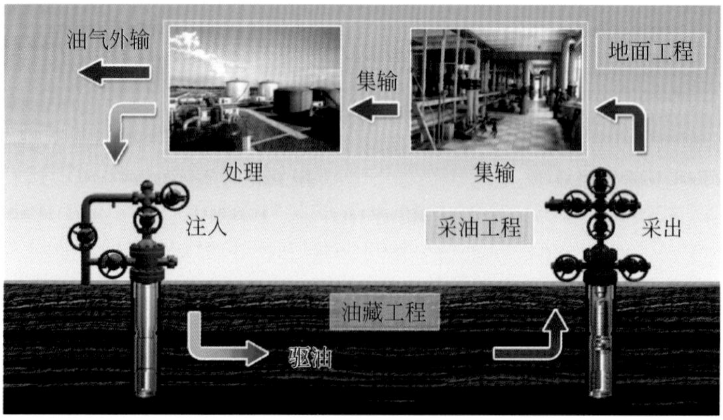

图 4-1 地上地下亚闭环网络系统流动示意图

另外,采油子系统、集输子系统、污水处理子系统、注入子系统中均为管流流动,而油藏子系统中的原油和驱替液在油层孔隙中渗流流动,所以称五大生产系统所构成的生产闭环为"亚闭环网络系统"。

4.1.2 地上地下亚闭环网络系统的功能

地上地下亚闭环网络系统因为包含了五大生产系统,所以集成了油田生产过程中的几乎所有的功能,是具备多功能性的超大型油田生产系统,也是负责原油生产的主动脉系统。

1)原油生产:该项功能主要由油藏子系统负责,通过在油层中注入驱替液,在驱替动能的作用下将原油驱替到生产井井底。

2）采出液举升：该项功能主要由采油子系统承担，通过抽油机、电潜泵、螺杆泵等举升设施提供的动能，将生产井筒中的生产液采出。

3）采出液收集处理：基于集输管道和计量站、接转站、联合处理站等站场，由集输子系统负责将分散的采出液汇集、计量、油水分离。

4）污水处理：由集输子系统分离出来的生产污水经由管道流入污水处理子系统，通过污水子系统中的过滤、沉降、除杂等工艺，使处理后的污水达到回注的水质标准。

5）注入液注入：污水处理之后的回注水输运到注入子系统，经过注入站增压、注入井口节流后，将注入液经由注入井筒注入油藏中。

4.1.3　地上地下亚闭环网络系统的特点

从图论、流动机理、物理场和决策因素规模四个角度分析了地上地下亚闭环网络系统的特性，得出亚闭环网络系统的四个主要特点。

1）“三维立体有向图”：一般而言，网络系统可用图论中的“点集”和“边集”来表示，“点集”表示网络中的节点，“边集”表示连接节点间的边。以亚闭环网络系统中的井筒、管道、油层孔隙为边，以注入井和生产井的井口与井底、计量站、接转站、污水处理站、注入站等为节点，考虑到亚闭环网络系统中的液体定向流动，地上地下亚闭环网络系统可以提成为“三维立体有向图”。

2）多尺度流体网络：以通道的直径表示通道的尺度，采油井筒、注入井筒、集输管道、污水管道和注入管道均属于宏观尺度通道，油藏子系统中的纳米、微米级孔道则为微观尺度通道，宏、微观通道内流体的流动机理不同、力学性质变化规律差异性显著，地上地下亚闭环网络系统是典型的多尺度流体网络系统。

3）多物理场复杂流动：采油子系统的井筒中为垂直多相管流、集输子系统和污水子系统内的管流为油水混相流，宏观尺度管道内的流动涉及温度场、压力场、动量场的协同变化。油藏子系统中的孔隙渗流耦合了压力场、应力场的变化规律，所以地上地下亚闭环网络系统中存在着多尺度的、多物理场耦合的复杂流动。

4）超大规模决策因素：地上地下亚闭环网络系统包含五大生产系统中的所有决策因素，以某油田的一个采油厂为例，仅分析温度、压力参数的规模，该采油厂有油井7600多口、注入井3700多口，亚闭环网络系统中所有的集输管道、污水管道、注入管道、采油井筒的端点压力、温度参数可达30000多维，是超大规模的多因素决策系统。

4.2　地上地下亚闭环网络系统整体运行优化模型

油田地上地下亚闭环系统是整个油田生产过程中，由宏观尺度管道、井筒及微观尺度孔隙之间形成的超大型网络系统。亚闭环网络系统优化实则是在明晰工业油流、地面管流、采出液流等不同类型流体在亚闭环网络系统内的流动机理的基础上，考虑生产周期、经济效益、含水上升率等因素，开展的油田整体降耗、增产的动态运行管理优化研究。在给出地上地下亚闭环网络系统整体运行优化模型之前，优先介绍优化模型所满足的假设条件：

1）油田已经生产运行若干年，且历史生产数据和地质数据充足、完整。

2）油藏子系统的油层在生产周期内无气体析出。

3）忽略生产井口的放空气量对产液量的影响。

4）忽略集输子系统的外排污水在管道内流动所产生的压降和温降。

5）污水处理子系统中污水管道的端点参数可测且测量准确，已有测试数据充足。

4.2.1 目标函数

在油田生产运行决策过程中，收益净现值、采收率、含水上升率、生产能耗都是运行和管理人员所关心的主要指标，以这四项指标为优化目标，以各子系统入口和出口的流体参数为决策变量，建立地上地下亚闭环网络系统的整体运行优化多目标函数。

1）亚闭环网络系统总净现值最大化

油田生产的总收益是决策者最为关心的经济指标，油田收入的净现值主要由油藏子系统决定，而生产成本又与其他四个子系统有关，因而亚闭环网络系统生产运行总净现值最大化可以表示为

$$\max N_{PV}=f(Y_{el},\boldsymbol{P}_{RP},\boldsymbol{Q}_{RP},\boldsymbol{T}_{RP},\boldsymbol{P}_{OE},\boldsymbol{Q}_{OE},\boldsymbol{T}_{OE},\boldsymbol{P}_{GT},\boldsymbol{Q}_{GT},\boldsymbol{T}_{GT},\boldsymbol{P}_{WT},\boldsymbol{Q}_{WT},\boldsymbol{P}_{IW},\boldsymbol{Q}_{IW}) \quad (4\text{-}1)$$

式中，N_{PV} 为经济生产时间内的总净收益；Y_{el} 为经济生产的时间段总数；$\boldsymbol{P}_{RP}$、$\boldsymbol{Q}_{RP}$、$\boldsymbol{T}_{RP}$ 分别为经济运行时间内油藏子系统的入口和出口端压力向量、流量向量、温度向量，其中 $\boldsymbol{P}_{RP}=\{\boldsymbol{P}_{RPS};\boldsymbol{P}_{RPE}\}$，$\boldsymbol{Q}_{RP}=\{\boldsymbol{Q}_{RPS};\boldsymbol{Q}_{RPE}\}$，$\boldsymbol{T}_{RP}=\{\boldsymbol{T}_{RPS};\boldsymbol{T}_{RPE}\}$，$\boldsymbol{P}_{RPS}$、$\boldsymbol{P}_{RPE}$ 分别为油藏子系统的入口、出口端压力向量，$\boldsymbol{Q}_{RPS}$、$\boldsymbol{Q}_{RPE}$ 分别为油藏子系统的入口、出口端流量向量，$\boldsymbol{T}_{RPS}$、$\boldsymbol{T}_{RPE}$ 分别为油藏子系统的入口、出口端温度向量；$\boldsymbol{P}_{OE}$、$\boldsymbol{Q}_{OE}$、$\boldsymbol{T}_{OE}$ 分别为经济运行时间内采油子系统的入口和出口端压力向量、流量向量、温度向量，其中 $\boldsymbol{P}_{OE}=\{\boldsymbol{P}_{OES};\boldsymbol{P}_{OEE}\}$，$\boldsymbol{Q}_{OE}=\{\boldsymbol{Q}_{OES};\boldsymbol{Q}_{OEE}\}$，$\boldsymbol{T}_{OE}=\{\boldsymbol{T}_{OES};\boldsymbol{T}_{OEE}\}$，$\boldsymbol{P}_{OES}$、$\boldsymbol{P}_{OEE}$ 分别为采油子系统的入口、出口端压力向量，$\boldsymbol{Q}_{OES}$、$\boldsymbol{Q}_{OEE}$ 分别为采油子系统的入口、出口端流量向量，$\boldsymbol{T}_{OES}$、$\boldsymbol{T}_{OEE}$ 分别为采油子系统的入口、出口端温度向量；$\boldsymbol{P}_{GT}$、$\boldsymbol{Q}_{GT}$、$\boldsymbol{T}_{GT}$ 分别为经济运行时间内集输子系统的入口和出口端压力向量、流量向量、温度向量，其中 $\boldsymbol{P}_{GT}=\{\boldsymbol{P}_{GTS};\boldsymbol{P}_{GTE}\}$，$\boldsymbol{Q}_{GT}=\{\boldsymbol{Q}_{GTS};\boldsymbol{Q}_{GTE}\}$，$\boldsymbol{T}_{GT}=\{\boldsymbol{T}_{GTS};\boldsymbol{T}_{GTE}\}$，$\boldsymbol{P}_{GTS}$、$\boldsymbol{P}_{GTE}$ 分别为集输子系统的入口、出口端压力向量，$\boldsymbol{Q}_{GTS}$、$\boldsymbol{Q}_{GTE}$ 分别为集输子系统的入口、出口端流量向量，$\boldsymbol{T}_{GTS}$、$\boldsymbol{T}_{GTE}$ 分别为集输子系统的入口、出口端温度向量；$\boldsymbol{P}_{WT}$、$\boldsymbol{Q}_{WT}$ 分别为经济运行时间内污水处理子系统的入口和出口端压力向量、流量向量，其中 $\boldsymbol{P}_{WT}=\{\boldsymbol{P}_{WTS};\boldsymbol{P}_{WTE}\}$，$\boldsymbol{Q}_{WT}=\{\boldsymbol{Q}_{WTS};\boldsymbol{Q}_{WTE}\}$，$\boldsymbol{P}_{WTS}$、$\boldsymbol{P}_{WTE}$ 分别为污水处理子系统的入口、出口端压力向量，$\boldsymbol{Q}_{WTS}$、$\boldsymbol{Q}_{WTE}$ 分别为污水处理子系统的入口、出口端流量向量；$\boldsymbol{P}_{IW}$、$\boldsymbol{Q}_{IW}$ 分别为经济运行时间内注入子系统的入口和出口端压力向量、流量向量，其中 $\boldsymbol{P}_{IW}=\{\boldsymbol{P}_{IWS};\boldsymbol{P}_{IWE}\}$，$\boldsymbol{Q}_{IW}=\{\boldsymbol{Q}_{IWS};\boldsymbol{Q}_{IWE}\}$，$\boldsymbol{P}_{IWS}$、$\boldsymbol{P}_{IWE}$ 分别为注入子系统的入口、出口端压力向量，$\boldsymbol{Q}_{IWS}$、$\boldsymbol{Q}_{IWE}$ 分别为注入子系统的入口、出口端流量向量。

2）亚闭环网络系统总能耗最小化

采油子系统中的抽油机和抽油泵、集输子系统中的加热炉、污水处理子系统中的污水泵、注入子系统中的注入泵都是亚闭环网络系统中的耗能设备，亚闭环网络系统则是典型的

大型生产耗能系统,追求耗能最小化的目标函数为

$$\min E_C = f(Y_{el}, \boldsymbol{P}_{OE}, \boldsymbol{Q}_{OE}, \boldsymbol{T}_{OE}, \boldsymbol{P}_{GT}, \boldsymbol{Q}_{GT}, \boldsymbol{T}_{GT}, \boldsymbol{P}_{WT}, \boldsymbol{Q}_{WT}, \boldsymbol{P}_{IW}, \boldsymbol{Q}_{IW}) \tag{4-2}$$

式中, E_C 为经济生产时间内的总能耗。

3)亚闭环网络系统的采收率最大化

对于油田生产开发而言,提高采收率无疑是众多生产者和科研工作者追求的核心目标,亚闭环网络系统承担着整个油田的生产任务,自然也需要考虑采收率的提高问题,则采收率最大化的目标函数为

$$\max E_{RF} = f(Y_{el}, \boldsymbol{P}_{RP}, \boldsymbol{Q}_{RP}, \boldsymbol{T}_{RP}) \tag{4-3}$$

式中, E_{RF} 为经济生产时间周期内的采收率。

4)亚闭环网络系统的含水上升率最小化

在油田进入水驱开发以后,控制含水率上升一直以来是控产、稳产的先决条件,也是决策者关注的水驱开发指标,亚闭环网络系统的含水率上升最小化目标函数为

$$\min F^t_{WCR} = f(\boldsymbol{P}^t_{RP}, \boldsymbol{Q}^t_{RP}, \boldsymbol{T}^t_{RP}) \tag{4-4}$$

式中, F^t_{WCR} 为第 t 时间段的含水上升率; $\boldsymbol{P}^t_{RP}$ 、$\boldsymbol{Q}^t_{RP}$ 、$\boldsymbol{T}^t_{RP}$ 分别为第 t 时间段油藏子系统入口和出口端的压力向量、流量向量、温度向量。

4.2.2 约束条件

1)在油藏子系统中,原油在注入液驱替的作用下缓慢流动到油井井底的过程中应该满足渗流流动特性,约束条件为

$$S_{RPS}(\boldsymbol{P}^t_{RP}, \boldsymbol{Q}^t_{RP}, \boldsymbol{T}^t_{RP}) = 0 \quad t = 1,2,\cdots,Y_{el} \tag{4-5}$$

式中, $S_{RPS}(\cdot)$ 为油层渗流流动方程组。

2)在采油子系统中,原油和水混合的采出液经由油井井底被举升到井口,其流动应该满足垂直管道内混相流的流动方程:

$$S_{\mathrm{OEMF}}(\boldsymbol{P}^t_{OE}, \boldsymbol{Q}^t_{OE}, \boldsymbol{T}^t_{OE}) = 0 \quad t = 1,2,\cdots,Y_{el} \tag{4-6}$$

式中, $S_{OEMF}(\cdot)$ 为油井井筒垂直混相管流流动方程; $\boldsymbol{P}^t_{OE}$ 、$\boldsymbol{Q}^t_{OE}$ 、$\boldsymbol{T}^t_{OE}$ 分别为第 t 时间段采油子系统入口和出口端的压力向量、流量向量、温度向量。

3)在集输子系统中,油井井口到转油站之间的管道内存在着原油和水的混相流动,通过不同功能的转油站,管道内的流体可能为混相流,也可能为单相油流,集输过程中的管流流动应该满足压降和温降公式:

$$S_{GT}(\boldsymbol{P}^t_{GT}, \boldsymbol{Q}^t_{GT}, \boldsymbol{T}^t_{GT}) = 0 \quad t = 1,2,\cdots,Y_{el} \tag{4-7}$$

式中, $S_{GT}(\cdot)$ 为集输子系统内管道内管流流动的温降和压降方程组; $\boldsymbol{P}^t_{GT}$ 、$\boldsymbol{Q}^t_{GT}$ 、$\boldsymbol{T}^t_{GT}$ 分别为第 t 时间段集输子系统入口和出口端的压力向量、流量向量、温度向量。

4)从集输子系统中脱除的污水中含有大量的悬浮物、油滴及杂质,不同脱除程度的含油污水具有不同的基础物性,污水处理子系统中的管流流动应该满足流动特性约束:

$$S_{WT}(\boldsymbol{P}^t_{WT}, \boldsymbol{Q}^t_{WT}) = 0 \quad t = 1,2,\cdots,Y_{el} \tag{4-8}$$

式中, $S_{WT}(\cdot)$ 为污水处理子系统内管道内管流流动的压降方程组; $\boldsymbol{P}^t_{WT}$ 、$\boldsymbol{Q}^t_{WT}$ 分别为第 t 时间段污水处理子系统入口和出口端的压力向量、流量向量。

5)液流在注入管道内的流动应该满足流动特性约束,即所有注入子系统中的管道构成了管流压降方程组:

$$S_{IW}(\boldsymbol{P}_{IW}^{t},\boldsymbol{Q}_{IW}^{t})=0 \quad t=1,2,\cdots,Y_{el} \tag{4-9}$$

式中,$S_{IW}(\cdot)$ 为注入子系统内管流流动的压降方程组;$\boldsymbol{P}_{IW}^{t}$、$\boldsymbol{Q}_{IW}^{t}$ 分别为第 t 时间段注入子系统入口和出口端的压力向量、流量向量。

6)液体在亚闭环网络系统中流动,应该满足网络系统中流体通道所能承载的输运能力,即所有子系统的入口和出口端流量应该在一定范围内:

$$\boldsymbol{Q}_{SCL,\min}^{t} \leqslant \overline{\boldsymbol{Q}_{SCL}^{t}} \leqslant \boldsymbol{Q}_{SCL,\max}^{t} \quad t=1,2,\cdots,Y_{el} \tag{4-10}$$

式中,$\overline{\boldsymbol{Q}_{SCL}^{t}}$、$\boldsymbol{Q}_{SCL,\min}^{t}$、$\boldsymbol{Q}_{SCL,\max}^{t}$ 分别为第 t 时间段所有子系统的入口和出口端运行流量的向量、最小可行流量的向量以及最大可行流量的向量。

7)为保证亚闭环网络系统正常生产功能,应该对流通通道内的液体施加一定的压能以使其在亚闭环网络系统中流转、输运,即所有子系统的入口和出口端压力应该在一定范围内。

$$\boldsymbol{P}_{SCL,\min}^{t} \leqslant \overline{\boldsymbol{P}_{SCL}^{t}} \leqslant \boldsymbol{P}_{SCL,\max}^{t} \quad t=1,2,\cdots,Y_{el} \tag{4-11}$$

式中,$\overline{\boldsymbol{P}_{SCL}^{t}}$、$\boldsymbol{P}_{SCL,\min}^{t}$、$\boldsymbol{P}_{SCL,\max}^{t}$ 分别为第 t 时间段所有子系统的入口和出口端运行压力的向量、最小可行压力的向量以及最大可行压力的向量。

8)地层温度决定着油井井口采出液的温度,集输管道中的温度应该大于凝点温度,亚闭环网络系统中的温度决策变量应该满足一定取值范围。

$$\boldsymbol{T}_{SCLD,\min}^{t} \leqslant \overline{\boldsymbol{T}_{SCLD}^{t}} \leqslant \boldsymbol{T}_{SCLD,\max}^{t} \quad t=1,2,\cdots,Y_{el} \tag{4-12}$$

式中,$\overline{\boldsymbol{T}_{SCLD}^{t}}$、$\boldsymbol{T}_{SCLD,\min}^{t}$、$\boldsymbol{T}_{SCLD,\max}^{t}$ 分别为第 t 时间段亚闭环网络系统中所有温度决策变量的向量、最小可行温度的向量以及最大可行温度的向量。

9)液体在亚闭环网络系统中的流动应该满足质量守恒约束。

$$M_{SCL}(\overline{\boldsymbol{Q}_{SCL}^{t}},\overline{\boldsymbol{P}_{SCL}^{t}},\overline{\boldsymbol{T}_{SCLD}^{t}})=0 \quad t=1,2,\cdots,Y_{el} \tag{4-13}$$

式中,$M_{SCL}(\cdot)$ 为亚闭环网络系统质量守恒约束方程组。

10)液体在亚闭环网络系统中的流动应该满足能量守恒约束。

$$E_{NSCL}(\overline{\boldsymbol{Q}_{SCL}^{t}},\overline{\boldsymbol{P}_{SCL}^{t}},\overline{\boldsymbol{T}_{SCLD}^{t}})=0 \quad t=1,2,\cdots,Y_{el} \tag{4-14}$$

式中,$E_{NSCL}(\cdot)$ 为亚闭环网络系统能量守恒约束方程组。

4.3　亚闭环网络系统分解协调策略

分析以上优化模型可知,油藏子系统中的渗流流动约束、集输子系统中的混相流动约束、注入子系统中的压降方程组约束等都是非线性约束,注入子系统的运行能耗、污水子系统的调度用能、采油子系统的生产能耗等表征函数均是非线性的。另外,由于亚闭环网络系统中众多的决策向量,对于中等规模的在产油田则具有超过数万维的决策变量,因而亚闭环网络系统整体运行优化数学模型是一个典型的多目标、高维度、多约束的混合整数非线性规划数学模型,已发表的成果中未见有任何相关方法可以有效求解如此大规模的 NP-hard 问题。求解此优化模型的第一要义就是降低求解的维度,结合大系统理论中分解协调方法,将庞大复杂的优化模型分解为五个子系统的优化模型,基于多级递阶结构,考虑子系统和母系统之间的关联耦合进行协调求解。

4.3.1　大系统理论及思想

地上地下亚闭环网络系统的整体运行优化本质上是超大型网络系统的优化控制问题,求解大型网络系统的最优控制问题的可行方法是大系统理论。大系统理论又称为大系统控制论,是 20 世纪 70 年代由运筹学和控制理论相结合的基础上发展而来的,它是研究规模庞大、结构复杂、目标多样、功能综合、因素众多的工程与非工程大系统的有效控制的理论(吴昊,2015)。大系统理论是伴随着生产规模日益扩大、系统日益复杂的现实需求发展起来的一个新领域,目前已成功应用于电力系统的联合调度、水源系统的调度分配、城市交通网络的拥堵治理等复杂大系统的最优化问题中。大系统理论的核心技术手段是分解协调方法,所谓分解,就是把复杂的高维的大系统分解为简单的低维的若干子系统,一般包括目标分解和模型分解两种方式,目标分解即将大系统总目标分解为各小系统的子目标,而模型分解,即基于各小系统之间的相互关联将模型进行有效分解。大系统理论的分解本质上是一种去耦方法,通过子系统的相对"自制"原则,利用控制器之间的关联抵消子系统中的关联,消去模型的耦合项,从而将高维优化问题转化为若干容易求解的低维优化问题。所谓协调,就是要使各子系统相互协调彼此配合,共同完成大系统的总任务。协调原则要根据大系统的优化模型进行设计,通过适当选取协调变量、设置协调算法以使得各子系统和大系统逐步收敛。大系统理论中常见的两种分解协调结构为多级递阶结构和分散控制结构。

在多级递阶结构中,第一级是各局部控制器,它们与相应的子对象构成局部控制子系统。第二级是协调器,它使各子系统协调配合,共同完成大系统的总任务。二级递阶结构示意图如图 4-2 所示。类似的方式可以推广到三级、四级或多级,其中,下级是局部的、被领导的,决策能力较小;上级是全局的、领导的,决策能力较大。

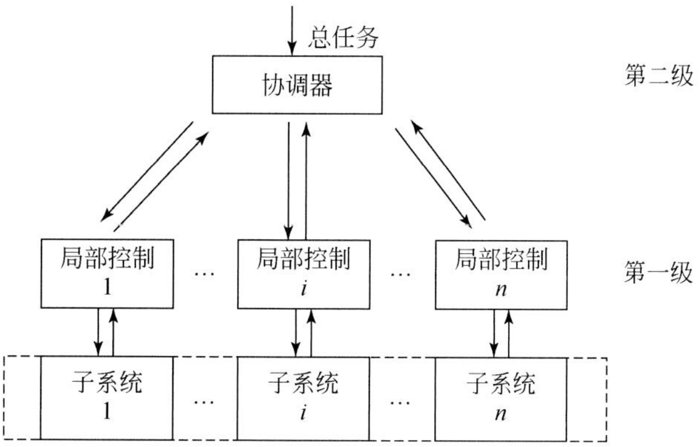

图 4-2　二级递阶结构示意图

在分散控制结构中,各分散控制器只能获得关于被控制对象或过程的部分信息,也只能对过程进行局部的控制。在各分散控制器之间可以进行相互通信,以便相互协调完成大系统的总任务。分散控制结构与多级递阶结构不同之处在于结构中没有上一级的协调器,大系统总任务分配给各分散控制器以后,仅依靠各控制器之间相互通信进行协调。图 4-3 给出了分散控制结构的示意图。

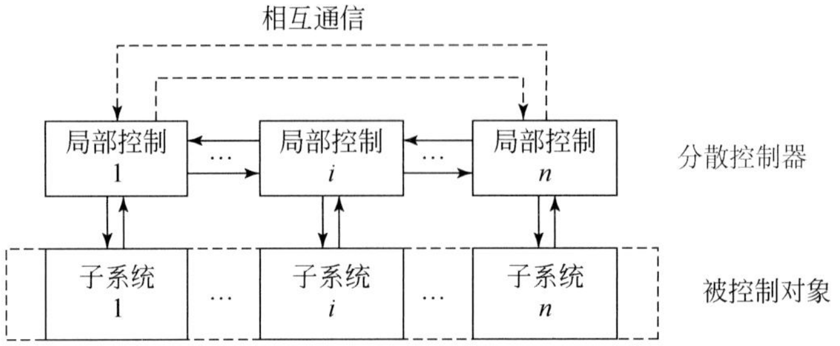

图 4-3 分散控制结构示意图

对于本书中所提出的地上地下亚闭环网络系统整体运行优化模型,以现有计算机技术,试图"一揽子"求解模型中所有决策变量是不可取的,基于大系统理论中的分解协调思想,将亚闭环网络系统分解为 5 个子系统,由子系统的寻优进而实现大系统的求解是可行的优化途径。考虑到 5 个子系统之间存在着求解顺序和较强的关联,本书中采用多级递阶结构来进行运行优化模型的求解设计。

4.3.2 亚闭环网络系统多级递阶结构

在进行亚闭环网络系统多级递阶结构设计的之前,需要首先对亚闭环网络系统进行分解。大系统分解所应遵循的准则可以描述为:

1)大系统分解得到的各子系统之间信息交互应尽可能少,以节约信息的传输开销;

2)大系统分解得到的各子系统的计算负荷应尽可能接近,以便于后续的并行计算;

3)大系统的分解要能够真实地反映系统的内部结构关系;

4)大系统的分解要充分考虑对现有资源和技术的利用。

基于以上准则,依据亚闭环网络系统的功能属性,将该大系统分解为油藏子系统、采油子系统、集输子系统、污水处理子系统和注入子系统,所得到的各子系统可以相对独立进行运行优化设计,子系统之间仅以入口和出口端流体参数为传输信息,是相对合理的分解方式。

基于分解所得的五个子系统,考虑子系统之间和子系统与母系统的关联耦合,设计了亚闭环网络系统模型的多级递阶求解结构。递阶结构设计的思想是将整体运行优化模型分解为 5 个子系统优化模型,首先,将目标函数划分给各子系统,将最大化采收率和最小化含水上升率的目标函数划分给油藏子系统优化模型,将最低生产能耗划分给采油、集输、污水处理和注入子系统,将收益净现值分配给所有子系统;其次,将相应的约束条件划分给各子系统;最后,以时间段参数和模型的关键约束条件作为协调信息,实现整体运行优化模型的求解。共设计了三级递阶结构，其中第三级为整体运行优化模型的协调器，负责亚闭环网络系统整体优化模型的净现值、生产能耗、采收率、含水上升率的目标函数信息整合，整体运行方案的评估、优选，子系统中约束条件的协调，以及求解进程的控制。第二级为各子系统的求解控制，每次协调由油藏子系统向注入子系统顺次求解，各子系统之间以流体参数作为数据流信息进行传递。第三级为油层子系统，是油藏子系统的子系统，油藏子系统和油层子系统之间通过注采流量进行协调求解。亚闭环网络系统的三级递阶结构示意图如图4-4所示。

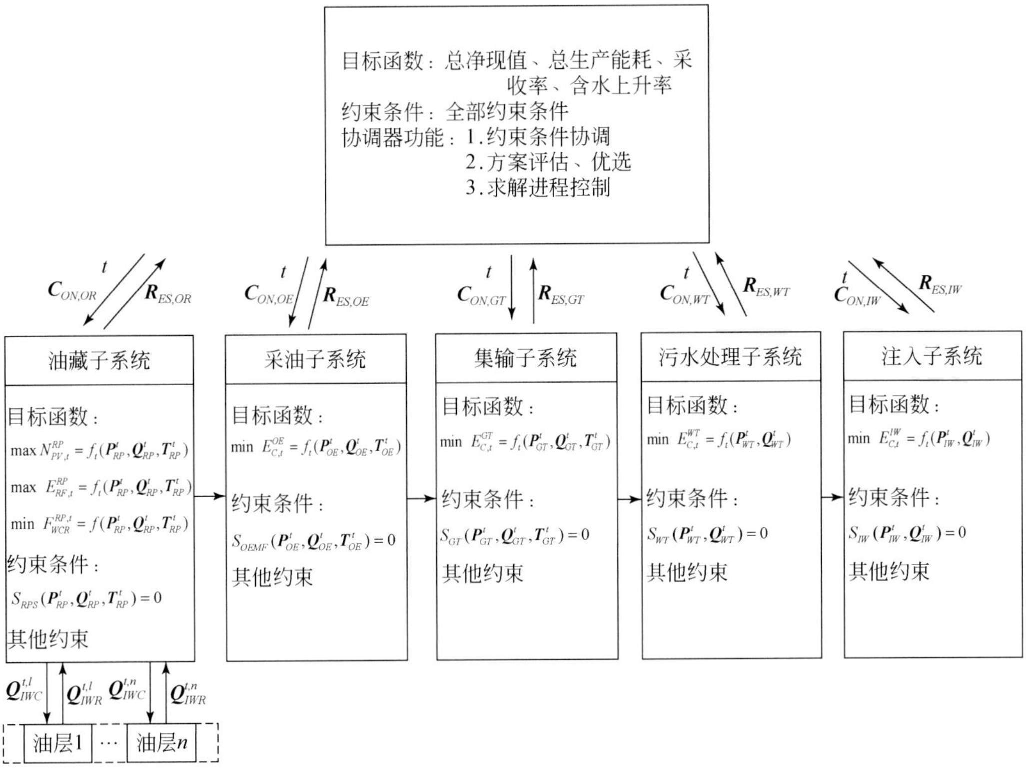

图4-4　地上地下亚闭环网络系统整体运行优化模型3级递阶求解结构示意图

图4-4中，$\boldsymbol{C}_{ON,OR}$、$\boldsymbol{C}_{ON,OE}$、$\boldsymbol{C}_{ON,GT}$、$\boldsymbol{C}_{ON,WT}$、$\boldsymbol{C}_{ON,IW}$ 分别表示由协调器传递给油藏子系统、采油子系统、集输子系统、污水处理子系统和注入子系统的协调信息的向量；$\boldsymbol{R}_{ES,OR}$、$\boldsymbol{R}_{ES,OE}$、$\boldsymbol{R}_{ES,GT}$、$\boldsymbol{R}_{ES,WT}$、$\boldsymbol{R}_{ES,IW}$ 分别表示由油藏子系统、采油子系统、集输子系统、污水处理子系统和注入子系统传递给协调器的结果向量；$N^{RP}_{PV,t}$ 表示第 t 时间段油藏子系统的生产净现值；$E^{RF}_{RP,t}$ 表示第 t 时间段油藏子系统的采收率；$F^{RP,t}_{WCR}$ 表示第 t 时间段油藏子系统的含水上升率；$E^{OE}_{C,t}$ 为第 t 时间段采油子系统的运行能耗（同时是总净现值的采油部分成本）；$E^{GT}_{C,t}$ 表示第 t 时间段集输子系统的运行能耗（同时是总净现值的集输部分成本）；$E^{WT}_{C,t}$ 表示第 t 时间段污水处理子系统的运行能耗（同时是总净现值的污水处理部分成本）；$E^{IW}_{C,t}$ 为第 t 时间段注入子系统的运行能耗（同时是总净现值的注入处理部分成本）；$\boldsymbol{Q}^{t,j}_{IWC,t}$ 表示第 t 时间段通过油藏子系统控制器传递给其第 j 油层的协调信息向量 $j=1,2,\cdots,n$；$\boldsymbol{Q}^{t,j}_{IWR,t}$ 表示第 t 时间段由第 j 油层传递给油藏子系统控制器的优化结果向量，$j=1,2,\cdots,n$。

4.3.3 可行性准则

虽然基于分解递阶结构的设计，亚闭环网络系统整体运行优化模型的求解被极大地简化了，但在迭代求解过程中需要多次进行方案的比较和优选，如何有效、高效的评估大系统和各子系统的运行方案是值得关注的难点。已有大系统的优化、控制问题的求解中，方案的评估多采用拉格朗日松弛法和惩罚函数法将约束优化问题转化为无约束优化问题，进而比较方案所对应的数值大小来筛选可行方案。这种方案评估的方法有效却计算繁琐，对于含有大规模等式和不等式约束的高维优化模型而言，惩罚函数的惩罚因子确定是很困难的，不恰当的惩罚因子会造成迭代求解不收敛甚至无可行解。为了规避求解过程中的不稳定性、提高求解效率，本书中将目标函数和约束条件分开处理，采用可行性准则来直接比较不同方案的优劣性，实现了运行方案的有效比选。

本书中主要依托所提出的 MPSO 和 PS-FW 智能算法对整体运行优化模型及子系统优化模型进行求解，以下主要介绍可行性准则在智能优化算法中的应用。

1. 标准可行性准则

可行性准则是综合运用目标函数值和约束违反度进行随机优化算法个体优劣比较的准则，在求解约束优化问题时仅需要对约束条件进行简单变换即可将复杂的约束优化问题转化为无约束优化问题进行求解。有约束优化问题的优化模型可以写成如下通式：

$$\begin{aligned} \min \quad & f(X) \\ \text{s.t.} \quad & g_i(X) \leqslant 0 \quad i=1,2,\cdots,p \\ & h_j(X)=0 \quad j=p+1,p+2,\cdots,m \end{aligned} \tag{4-15}$$

式中，X 为 D 维优化变量，$X=(x_1,x_2,\cdots,x_D)$；$g_i(X)$ 为第 i 个不等式约束；$h_j(X)$ 为第 j 个等式约束。

上述优化问题中包含 p 个不等式约束和 $m-p$ 个等式约束，等式约束可以转化为不等式约束，引入容忍度常数，则等式约束转换为如下不等式约束：

$$|h_j(X)|-\varepsilon \leqslant 0 \quad j=p+1,p+2,\cdots,m \tag{4-16}$$

式中，ε 为容忍度常数，通常为小正数。

通过式(4-16)的变换，式(4-15)中的优化问题变为含有 m 个不等式约束的非线性优化问题。求解式(4-15)中的约束最优化问题实质就是求解满足 m 个不等式约束的使得目标函数值最小的 D 维优化变量 X^* 。对于随机优化算法中的群体，为衡量其中个体对于约束条件偏离的程度，建立约束违反函数 $G_i(X)$ ：

$$G_i(X)=\begin{cases} \max\{g_i(X),0\} & i=1,2,\cdots,p \\ \max\{|h_i(X)|-\varepsilon,0\} & i=p+1,p+2,\cdots,m \end{cases} \tag{4-17}$$

基于约束违反函数，可以计算个体对于所有约束条件的约束违反度 $v_o(X)$ ：

$$v_o(X)=\sum_{i=1}^{m} G_i(X) \tag{4-18}$$

通过计算个体的约束违反度，可以定量分析该个体所携带的解的信息优劣，通过比较所有个体的约束违反度和适应度函数值，即可确定群体中进入下一次迭代计算的个体，令 X_i 和 X_j 是群体中的任意两个个体（Deb，2000），具体比较准则如下：

1）X_i 和 X_j 均为不可行解，若 X_i 的约束违反度小于 X_j 的约束违反度，则个体 X_i 优于个体 X_j。

2）X_i 和 X_j 均为可行解，若 X_i 的目标函数小于 X_j 的目标函数值，则个体 X_i 优于个体 X_j。

3）X_i 为可行解，X_j 为不可行解，X_i 优于 X_j。

基于可行性准则，可以对群体中的所有个体进行有效评比，使得约束最优化问题的求解变换为非可行解向可行解转变以及可行解向最优解转变的寻优过程，实现对复杂非线性约束优化问题的有效求解。

2. 可行性准则的拉伸

在式（4-17）中，个体的约束违反度定义为其所携带的解信息对于所有约束条件违反程度的线性加和，这种处理方式简单明了、易于计算，但不同约束条件的量纲不同，单纯的数值叠加无法准确反映个体对于约束的不符合程度。为了避免部分约束条件过度把控约束违反度的计算，对约束违反度的计算进行加权处理，通过归一化加权使得不同约束条件对于约束违反度的计算具有同等效用。

$$v_{\mathrm{o,w}}(X)=\frac{\sum_{i=1}^{m}w_iG_i(X)}{\sum_{i=1}^{m}w_i}\quad \forall G_i(X)\neq 0 \tag{4-19}$$

式中，w_i 为第 i 个约束条件的权重，$w_i=1/G_{i,\max}(X)$，其中 $G_{i,\max}(X)$ 为 $G_i(X)$ 截至当次迭代的最大值的倒数。

为了有效运用约束违反度来判别个体信息，加速算法收敛，在算法迭代初期，约束违反度之间的差异应该相对较小，使得尽可能多的不可行解的信息均被涵盖，遴选出优秀的不可行解进行后续计算；而在迭代后期，约束违反度的计算值之间的差异应该相对显著，以促进优秀的个体迅速向最优解移动，加速求解。因此，给出了约束违反度的拉伸变化表达式为

$$v_{\mathrm{o},t}(X)=\begin{cases}v_{\mathrm{o,w}}(X)^{\theta} & v_{\mathrm{o,w}}(X)\neq 0\\ 0 & v_{\mathrm{o,w}}(X)=0\end{cases} \tag{4-20}$$

式中，θ 为强度系数，$\theta=2-\frac{t}{I_{\max}}$，其中 t 为当次迭代次数，$I_{\max}$ 为最大迭代次数。

4.4　油藏子系统注采优化

油藏是指油在单一圈闭中具有同一压力系统的基本聚集，当含有多个储集层时，则称为多层油藏。在原始油藏中，原油富集于地层中，构成了一个自封闭系统，此时的油藏是单纯意义上的由岩石、孔隙、油流而构成的物理体。当油藏被压裂开发后，原始地层压力和渗透率发生变化，油滴在岩石孔隙中发生缓慢移动形成工业油流，通过油井汇集被采出地面，而随着开发程度的加深，单独依靠地层能量难以维持正常生产时，则需要由注入系统注入驱动能量来增大原油的运移能力，实现油田稳产、高产的目标。油藏进入开发阶段后则不再是自

封闭的系统,而是与注入井、生产油井相互连通的亚闭环网络系统中的一部分,定义地层中的从注入井的注入端到生产油井的采出端之间的油藏地质体和其内包含的流动的油、水、气单相及混相流体为油藏子系统。

油藏子系统作为亚闭环系统中原油的生产系统,是油田地上地下整体经济效益最大化的关键子系统。油藏子系统的内部存在着大量微米级、纳米级的微小孔道,以孔道作为油流流动的连接通道,则油藏子系统可以视为大型的、复杂的、微观尺度的流体网络系统。在深入明晰储层流体在庞大的、变尺度的网络系统中的流动机理的基础上,通过优化注入量和采出量的相互关系,以实现油田的原油生产净收益最大化是油藏子系统优化的关键目标。

开展油藏子系统的优化研究是非常困难的,它的难点主要在于:

1)分层注采是目前各大油田采用的主要增产开发方式,针对大型油田的分层注采开发,需要协同考虑几千口注入井、几千口生产油井以及它们所穿过的多个油层,优化变量数目庞大,导致优化模型的构建和求解难度极大。若考虑注入井在油层各方向上的注入量,则优化问题更加复杂。

2)油藏深埋在数千米的地下,人们只能通过地层取样、井下测试、地震反演的方式对油藏的构造、岩性进行一定程度的认知,但总体来说,油藏子系统本质上仍然是大型的灰箱系统。而在计算注采量的过程中需要考虑地层非均质性、流-固耦合作用、流体组分的变化等复杂因素,所求解的参数方程可达几万个,加剧了优化求解的难度。

为增强亚闭环网络系统整体运行优化理论的可推广性,油藏子系统的注采优化主要以注入水为驱替介质,则注入子系统可划归为注水子系统。针对以上难点,首先建立了油藏分层注采优化数学模型,将注水井的注水量细化为每一油层的每一个方向的注水量,之后提出了地下有效注入模糊区的概念和基于此概念的有效解法,最后构建了混合粒子群-烟花分层协调优化方法。

4.4.1 油藏子系统注采优化模型

油藏子系统是原油的承载和生产系统,如何将油藏内的原油高效、低成本的开采出来是油田生产者和科研人员关注的焦点。在驱替开发模式下,油田的注采方案直接决定了油田的生命周期的长短,举例来说,在我国部分油田的实际开发过程中,存在着部分初始产量很高的油井在投产不久后就因出水且无法封堵而不得不关井停产的现象,这些油井远未达到预期的采油量就被迫关停造成了很大的经济损失。为了实现油田高产、稳产的目标,各大油田都在开展分注分采方面的研究工作,以达到缓解水驱指进、提高采收率、控制油层产状的目的。现有优化成果中着重于优化注水井和油井在各油层的注水量,有关于某一油层中注水驱替的不同方向对油藏开发收益的影响的研究鲜有报道,本书考虑注水井向油层各个方向的注水量,建立了分注分采开发模式下的注采优化数学模型。

1. 目标函数

油藏子系统注采优化模型的目标函数建立需要确定函数的评价指标和决策变量两部分关键因素,目标函数评价指标的差异性对优化结果具有不同的导向作用,因而需要选取尽量综合考虑各方面性能因素的评价指标来表征目标函数。此外,根据亚闭环系统整体运行优化模型可知,采收率最大化和含水率上升最小化主要由油藏注采方案决定,所以油藏子系统的注采优化模型的构建应该考虑这两项性能指标。本书中以净现值(NPV)、采收率、含水上升率作为注采优化的性能指标(张凯,2008),建立注采优化数学模型的目标函数。根据多相渗流方程和工程实际可知,注入油层的水量和由油层采出的液量直接影响了原油在孔隙中的运移能力,也决定了原油的产量和采收率,所以这里以注入量和产出量作为决策变量。另外,考虑到注入水驱替过程中,油层中的不同区域的相对渗透率、流动系数、生产压差均不相同,导致驱油效果存在差异,为了实现油藏动态开发进程中对油层开采的精细控制,将油层中的注水量细分为注水井向各个方向的注水量,如图4-5所示。

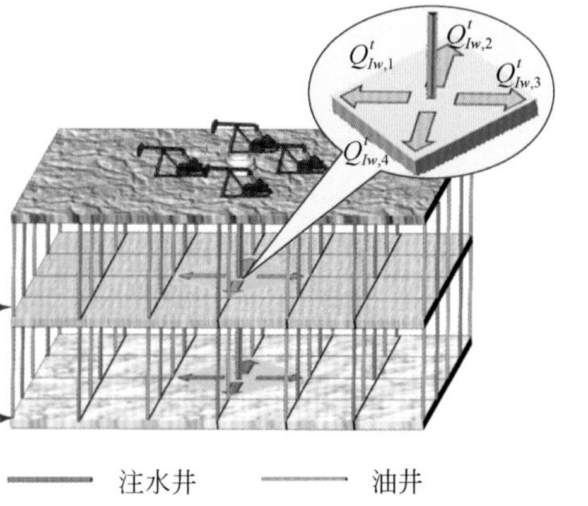

图4-5　分层分方向注水示意图

考虑NPV的油藏子系统注采优化目标函数为

$$\max F^t(\boldsymbol{Q}_{Iw}^{RP,t},\boldsymbol{Q}_{Co}^{RP,t},\boldsymbol{Q}_{Cw}^{RP,t}) = \frac{1}{(1+b)^{t_n}}\sum_{l=1}^{m_1^{RP}}\left[\sum_{j}^{N_o^t}(A_{oP}^{RP,t}Q_{Co,l,j}^{RP,t} - C_{Cw}^{RP,t}Q_{Cw,l,j}^{RP,t}) - \sum_{j=1}^{N_w^t}\sum_{k=1}^{m_{N,l,j}}Q_{Iw,l,j,k}^{RP,t}\right] \tag{4-21}$$

式中, $F(\cdot)$ 为第 t 时间段油藏子系统的总净现值; $\boldsymbol{Q}_{Iw}^{RP,t}$ 为第 t 时间段油藏子系统中所有注水井在不同油层中向不同驱替方向的注水量的设计向量; $\boldsymbol{Q}_{Cw}^{RP,t}$ 为第 t 时间段所有油井在不同油层的采出水量的设计向量; $\boldsymbol{Q}_{Co}^{RP,t}$ 为第 t 时间段所有油井在不同油层的采出油量的设计向量; m_1^{RP} 为油层数量; N_w^t 为第 t 时间段运行注水井的数量; N_o^t 为第 t 时间段运行油井的数量; $m_{N,l,j}$ 为注水井 j 在油层 l 的驱替方向数量; $Q_{IW,l,j,k}^{RP,t}$ 为第 t 时间段注水井 j 在油层 l 向 k 方向的注水量; $Q_{Co,l,j}^{RP,t}$ 为第 t 时间段油井 j 在油层 l 中的采出油量; $Q_{Cw,l,j}^{RP,t}$ 为第 t 时间段油井 j 在油层 l 中的采出水量; $A_{oP}^{RP,t}$ 为第 t 时间段的油价; $C_{Cw}^{RP,t}$ 为第 t 时间段的单位采出水处理费用; b 为利息率; t_n 为累计生产时间。

以采收率最大化建立油藏子系统注采优化模型的目标函数为

$$\max E_R^t(\boldsymbol{Q}_{Iw}^{RP,t},\boldsymbol{Q}_{Co}^{RP,t},\boldsymbol{Q}_{Cw}^{RP,t}) = \sum_{i=1}^{m_1^{RP}}\frac{A_{VS,l}^{RP,t}h_{VS,l}^{RP,t}(S_{oI,l} - S_{or,l})}{A_l^{RP}h_l^{RP}S_{oI,l}} \tag{4-22}$$

式中, $E_R^t(\cdot)$ 为截至第 t 时间段内水驱油藏采收率; $A_{VS,l}^{RP,t}$ 为第 t 时间段内油层 l 中的水驱波及面积；A_l^{RP} 为油层 l 的面积；$h_{VS,l}^{RP,t}$ 为第 t 时间段内油层 l 中的水驱波及厚度；h_l 为油层 l 的平均厚度；$S_{oI,l}$ 为油层 l 的原始含油饱和度；$S_{or,l}$ 为油层 l 的残余油饱和度。

以含水上升率最小化建立目标函数为

$$\min f_{wcr}^{t}(\boldsymbol{Q}_{Iw}^{RP,t},\boldsymbol{Q}_{Co}^{RP,t},\boldsymbol{Q}_{Cw}^{RP,t})=\frac{f_{w}^{RP,t}-f_{w}^{RP,t-1}}{GR_{o}^{t}-GR_{o}^{t-1}} \tag{4-23}$$

式中，$f_{w}^{RP,t-1}$、$f_{w}^{RP,t}$ 分别为第 $t-1$、t 时间段末含水率；GR_{o}^{t} 为截至第 t 时间段末原油采出程度；GR_{o}^{t-1} 为截至第 $t-1$ 时间段末原油采出量。

2. 约束条件

1)运行的注水井应保证一定的注入量以进行油藏中原油的驱替，即注水量应该有下限值。此外，对于已经建成投产的油田，注水子系统中与注水井相连接的管道的规格已经确定，注入油层中的水量不能大于注水管道所能提供的输运的最大流量。

$$Q_{Iwmin,j}^{RP,t}\leqslant\sum_{l=1}^{m_1^{RP}}\sum_{k=1}^{m_{N,l,j}}Q_{Iw,l,j,k}^{RP,t}\leqslant Q_{Iwmax,j}^{RP,t}\quad j=1,\cdots,N_{w}^{t} \tag{4-24}$$

式中，$Q_{Iwmin,j}^{RP,t}$、$Q_{Iwmax,j}^{RP,t}$ 分别为第 t 时间段内注水单井的最小和最大可行注水量。

2)生产中的油井一定会有采出液产出，即生产井的产液量应该大于下界值。另外，由于集输子系统中集输管道已经建成，且集输管道的设计中考虑了产液量的余量，则油井的产液量应该小于集输管道所能输运的流量上界值。

$$Q_{Cmin,j}^{RP,t}\leqslant\sum_{l=1}^{m_1^{RP}}(Q_{Co,l,j}^{RP,t}+Q_{Cw,l,j}^{RP,t})\leqslant Q_{Cmax,j}^{RP,t}\quad j=1,\cdots,N_{o}^{t} \tag{4-25}$$

式中，$Q_{Cmin,j}^{RP,t}$、$Q_{Cmax,j}^{RP,t}$ 分别为第 t 时间段内生产单井的最小和最大产液量。

3)所有油井的产液量总和应该小于集输子系统中所能处理的最大液量。

$$\sum_{l=1}^{m_1^{RP}}\sum_{j}^{N_{o}^{t}}(Q_{Co,l,j}^{RP,t}+Q_{Cw,l,j}^{RP,t})\leqslant Q_{gTmax}^{RP,t} \tag{4-26}$$

式中，$Q_{gTmax}^{RP,t}$ 为第 t 时间段内集输子系统的最大处理液量。

4)油藏子系统的总注水量应该小于污水子系统所能供给的最大注水量。

$$\sum_{l=1}^{m_1^{RP}}\sum_{j=1}^{N_{w}^{t}}\sum_{k=1}^{m_{N,l,j}}Q_{Iw,l,j,k}^{RP,t}\leqslant Q_{wTmax}^{RP,t} \tag{4-27}$$

式中，$Q_{wTmax}^{RP,t}$ 为第 t 时间段内污水子系统的最大可提供注水量。

5)为了维持地层压力，避免因原油开采所导致的油藏亏空，油藏子系统生产过程中应该满足注采平衡。

$$\sum_{l=1}^{m_1^{RP}}\sum_{j=1}^{N_{o}^{t}}(Q_{Co,l,j}^{RP,t}+Q_{Cw,l,j}^{RP,t})=\sum_{l=1}^{m_1^{RP}}\sum_{j=1}^{N_{w}^{t}}\sum_{k=1}^{m_{N,l,j}}Q_{Iw,l,j,k}^{RP,t} \tag{4-28}$$

6)合理的注水压力既是保证地层能力和稳产增加的关键，也是油田安全生产、防止地质性溢油的保障，为保证能够正常注入，注水压力应该大于地层压力，并且为了防止压力过大压破岩石产生见水裂缝，注水压力应该小于油层中岩石的破裂压力。

$$P_{e,l}^{RP,t} < P_{Iw,l,j}^{RP,t} < \frac{3\sigma_{h,l}^{RP} - 6\sigma_{H,l}^{RP}\sigma_{t,l}^{RP} - \varphi_l^{RP}\dfrac{1-2\nu_l^{RP}}{1-\nu_l^{RP}}P_{e,l}^{RP,t}}{1+\varphi_{c,l}^{RP} - \varphi_l^{RP}\dfrac{1-2\nu_l^{RP}}{1-\nu_l^{RP}}} \quad l=1,\cdots,m_1^{RP};j=1,\cdots,N_w^t \tag{4-29}$$

式中，$\sigma_{h,l}^{RP}$ 为油层 l 的岩石的最小主应力；$\sigma_{H,l}^{RP}$ 为油层 l 中岩石的最大水平主应力；$\sigma_{t,l}^{RP}$ 为油层 l 的地层抗拉强度；φ_l^{RP} 为油层 l 的孔隙度；ν_l^{RP} 为地层泊松比；$\varphi_{c,l}^{RP}$ 为临界孔隙度；$P_{e,l}^{RP,t}$ 为第 t 时间段油层 l 的地层压力；$P_{Iw,l,j}^{RP,t}$ 为第 t 时间段注水井 j 的注入压力，与注入量存在函数关系。

7）在油藏子系统的注水开发中，水相和油相在油层岩石中的流动特性应该满足渗流方程组。

$$s_f(\boldsymbol{K}_{o,l}^{RP,t},\boldsymbol{s}_{w,l}^{RP,t},\boldsymbol{s}_{o,l}^{RP,t},\boldsymbol{\varphi}^{RP},\boldsymbol{Q}_{Iw,l}^{RP,t},\boldsymbol{Q}_{Co,l}^{RP,t},\boldsymbol{Q}_{Cw,l}^{RP,t})=0 \quad i=1,2,\cdots,m_L^{RP} \tag{4-30}$$

式中，$s_f(\cdot)$ 为渗流方程组；$\boldsymbol{K}_{o,l}^{RP,t}$ 为第 t 时间段油层 l 渗透率向量；$\boldsymbol{s}_{w,l}^{RP,t}$ 为第 t 时间段油层 l 的含水饱和度向量；$\boldsymbol{s}_{o,l}^{RP,t}$ 为第 t 时间段油层 l 的含油饱和度向量；$\boldsymbol{\varphi}^{RP}$ 为孔隙度向量；$\boldsymbol{Q}_{Iw,l}^{RP,t}$、$\boldsymbol{Q}_{Co,l}^{RP,t}$、$\boldsymbol{Q}_{Cw,l}^{RP,t}$ 分别为第 t 时间段油层 l 的注水量向量、产油量向量、产水量向量。

8）当油相和水相并存于油藏子系统中时，流体的组分应该满足组分方程。

$$c_f(\boldsymbol{K}_{o,l}^{RP,t},\boldsymbol{k}_{ro,l}^{RP,t},\boldsymbol{k}_{rw,l}^{RP,t},\boldsymbol{c}_{o,l}^{RP,t},\boldsymbol{c}_{w,l}^{RP,t},\boldsymbol{\varphi}^{RP},\boldsymbol{Q}_{Iw,l}^{RP,t},\boldsymbol{Q}_{Co,l}^{RP,t},\boldsymbol{Q}_{Cw,l}^{RP,t})=0 \quad i=1,2,\cdots,m_L^{RP} \tag{4-31}$$

式中，$c_f(\cdot)$ 为组分方程组；$\boldsymbol{k}_{ro,l}^{RP,t}$ 为第 t 时间段油藏子系统油相相对渗透率向量；$\boldsymbol{k}_{rw,l}^{RP,t}$ 为第 t 时间段水相的相对渗透率向量；$\boldsymbol{c}_{w,l}^{RP,t}$ 为油层水压缩系数向量；$\boldsymbol{c}_{o,l}^{RP,t}$ 为原油压缩系数向量。

9）为保证油藏子系统注采优化方案的适用性，油井的井底流压应该满足一定的约束范围。

$$P_{Cf,l,\min}^{RP,t} \leqslant P_{Cf,l,i}^{RP,t} \leqslant P_{Cf,l,\max}^{RP,t} \quad l=1,\cdots,m_L^{RP};i=1,\cdots,N_o^t \tag{4-32}$$

式中，$P_{Cf,l,\min}^{RP,t}$、$P_{Cf,l,\max}^{RP,t}$ 分别为第 t 时间段油层 l 的生产油井的最低和最高井底流压。

4.4.2 地下注入有效模糊区

对于大型油田的主力产油区块，油井数量为几千口甚至上万口，加之油藏中每一油层均要给予考虑，注采优化模型中的决策变量可达几万维，求解难度很大。另外，油井的产油和产水量需要通过油藏数值模拟方法计算，油藏数值模拟主要采用差分法进行计算，一次数值模拟计算就要求解数万个差分方程，求解开销巨大，如果不对注水井所波及的油井数量加以约束和优化，过大的数值模拟计算量将直接导致模型不可解。

根据油田建设布局和生产经验，已有成果多采用布井方式来判断注水井所波及的油井数量，这种方法经典有效，但油藏孔道网络错综复杂，注水过程中的驱替边缘并不一定是规则的，注水驱替的波及面积可能更广泛或者更狭窄，从而导致注水井所波及的油井数量是一个模糊的量。本书中提出了地下有效注入模糊区的概念，并根据地下有效注入模糊区来确定注水井的波及面积，有效降低了油藏数值模拟的计算复杂度。

影响油层中水驱波及面积大小的因素主要包括流体在油层不同方向上的流动系数和井间距，这里基于这两种因素提出了地下注入模糊有效区的概念。流动系数表示的是流体在油层中孔道内的流动能力,对于处在开发中后期的老油田而言,含水饱和度逐年升高,混相流体由注水井向油层周围驱替流动的难易程度可以由包含水相相对渗透率的流动系数进行量化表征,该流动系数的表达式为

$$\lambda_{\mathrm{w},l,j,k}^{RP,t}=\frac{K_{\mathrm{w},l,j,k}^{RP,t}h_l k_{r,\mathrm{w},l,j,k}^{RP,t}}{\mu_{\mathrm{o}}} \tag{4-33}$$

式中,$\lambda_{\mathrm{w},l,j,k}^{RP,t}$ 为第 t 时间段内油层 l 中注水井 j 向油井 k 方向的流动系数,$l\in\{1,2,\cdots,m_{\mathrm{L}}\}$,$j\in\{1,2,\cdots,N_{\mathrm{w}}^t\}$,$k\in\{1,2,\cdots,N_{\mathrm{o}}^t\}$;$K_{\mathrm{w},l,j,k}^{RP,t}$ 为第 t 时间段内油层 l 中注水井 j 向油井 k 方向的渗透率;$k_{r,\mathrm{w},l,j,k}^{RP,t}$ 为第 t 时间段内油层 l 中注水井 j 向油井 k 方向的水相相对渗透率;μ_{o} 为原油黏度。

基于以上流动系数表达式,定义注水井 j 向周围油井方向驱替流动的容易程度的模糊集为流动模糊集,建立注水井 j 的流动模糊集隶属度函数:

$$\mu_{\lambda,l,j,k}^{RP,t}=\begin{cases}1-\mathrm{e}^{-\frac{\lambda_{\mathrm{w},l,j,k}^{RP,t}}{\lambda_{\mathrm{wmax},l,j}^{RP,t}}} & \lambda_{\mathrm{w},l,j,k}^{RP,t}\leqslant\lambda_{\mathrm{wmax},l,j}^{RP,t}\\ 0 & \lambda_{\mathrm{w},l,j,k}^{RP,t}>\lambda_{\mathrm{wmax},l,j}^{RP,t}\end{cases} \tag{4-34}$$

式中,$\mu_{\lambda,l,j,k}^{RP,t}$ 为第 t 时间段内油层 l 中油井 k 对注水井 j 的流动模糊集的隶属度;$\lambda_{\mathrm{wmax},l,j}^{RP,t}$ 为第 t 时间段内油层 l 中注水井 j 与邻近油井之间流动系数的最大值。

基于流动模糊集隶属度函数,可以获得所有油井到所有注水井流动模糊集的隶属度矩阵:

$$U_{\lambda.l}^{RP,t}=\begin{vmatrix}\mu_{\lambda,l,1,1}^{RP,t} & \mu_{\lambda,l,1,2}^{RP,t} & \cdots\mu_{\lambda,1,N_{\mathrm{o}}}^{RP,t}\\ \mu_{\lambda,l,2,1}^{RP,t} & \mu_{\lambda,l,2,2}^{RP,t} & \cdots\mu_{\lambda,l,2,N_{\mathrm{o}}}^{RP,t}\\ \cdots & & \\ \mu_{\lambda,l,N_{\mathrm{w}},1}^{RP,t} & \mu_{\lambda,l,N_{\mathrm{w}},2}^{RP,t} & \cdots\mu_{\lambda,l,N_{\mathrm{w}},N_{\mathrm{o}}}^{RP,t}\end{vmatrix} \tag{4-35}$$

式中,$U_{\lambda,l}^{RP,t}$ 为第 t 时间段内油层 l 中所有油井对所有注水井的流动模糊集的隶属度矩阵。

由油田实际生产经验可知,距离注水井越近的油井对于该注水井具有吸水作用的可能性越大,定义注水井 j 的水驱波及面积覆盖周围油井的可能程度的模糊集为井距模糊集,则得到油井 k 到注水井 j 的井距模糊集的隶属度函数为

$$\mu_{D,l,j,k}^{RP,t}=\begin{cases}1-d_{l,j,k}^{RP,t}/\overline{D_j^{RP,t}} & d_{l,j,k}^{RP,t}<\overline{D_j^{RP,t}}\\ 0 & d_{l,j,k}^{RP,t}\geqslant\overline{D_j^{RP,t}}\end{cases} \tag{4-36}$$

式中,$\mu_{D,l,j,k}^{RP,t}$ 为第 t 时间段内油层 l 中油井 k 对注水井 j 的井距模糊集的隶属度;$d_{l,j,k}^{RP,t}$ 为第 t 时间段内油层 l 中油井 k 与注水井 j 之间的井距;$\overline{D_j^{RP,t}}$ 为第 t 时间段内注水井 j 的最大波及半径。

根据井距隶属度函数,得到所有油井到所有注水井的井距模糊集的隶属度矩阵为

$$B_{\lambda,l}^{RP,t}=\begin{vmatrix}\mu_{D,l,1,1}^{RP,t} & \mu_{D,l,1,2}^{RP,t} & \cdots\mu_{D,1,N_{\mathrm{o}}}^{RP,t}\\ \mu_{D,l,2,1}^{RP,t} & \mu_{D,l,2,2}^{RP,t} & \cdots\mu_{D,l,2,N_{\mathrm{o}}}^{RP,t}\\ \cdots & & \\ \mu_{D,l,N_{\mathrm{w}},1}^{RP,t} & \mu_{D,l,N_{\mathrm{w}},2}^{RP,t} & \cdots\mu_{D,l,N_{\mathrm{w}},N_{\mathrm{o}}}^{RP,t}\end{vmatrix} \tag{4-37}$$

基于以上，给出地下有效注入模糊区的概念。

地下有效注入模糊区：在油层中，与注水井相邻近且被注水井的注入水有效波及的油井所限定的油层区域。

根据有效模糊区的定义可知，一口油井隶属于一口注水井的有效模糊区需要满足距离相近、有效波及两个方面的限制，而油井是否被有效波及的先决条件是驱替液向油井方向有着较强的流动能力。考虑距离和流动能力所具有的模糊性，一口注水井的地下有效注入模糊区实质上是一个模糊集，以下给出地下有效注入模糊区的隶属度函数定义。

$$\mu_{IE,l,j,k}^{RP,t}=\alpha_{IE}^{R}\mu_{\lambda,l,j,k}^{RP,t}+b_{IE}^{R}\mu_{D,l,j,k}^{RP,t} \tag{4-38}$$

式中，$\mu_{IE,l,j,k}^{RP,t}$ 为第 t 时间段内油层 l 中油井 k 对注水井 j 的地下注入有效模糊区的隶属度；α_{IE}^{R} 、b_{IE}^{R} 为[0,1]之间的常数，且 $\alpha_{IE}^{R}+b_{IE}^{R}=1$。

基于有效模糊区的隶属度函数和式(4-35)及式(4-37)，建立所有油井对所有地下注入有效模糊区的隶属度矩阵为

$$\boldsymbol{R}_{IE,l}^{RP,t}=\alpha_{IE}^{R}U_{\lambda,l}^{RP,t}+b_{IE}^{R}B_{D,l}^{RP,t} \tag{4-39}$$

式中，$R_{IE,l}^{RP,t}$ 为第 t 时间段内油层 l 中油井 k 对注水井 j 的有效模糊区的隶属度矩阵。

基于隶属度矩阵 $\boldsymbol{R}_{IE,l}^{RP,t}$，采用 λ 截集法将油井对地下注入有效模糊区的隶属度转化为取值为0或1的确定性隶属关系，形成截集矩阵 $\boldsymbol{R}_{IE\lambda,l}^{RP,t}$，则矩阵元素 $(\boldsymbol{R}_{IE\lambda,l}^{RP,t})_{j,k}$ 取值为1表示油井 k 隶属于注水井 j 的地下注入模糊有效区。模糊有效区的确定即代表着注水井有效波及面积和波及油井数量的确定。通过阈值 λ 的适当增大，降低了参与油藏数值模拟计算的油井数量，协同考虑井距和流动性的注入有效模糊区减小，在实际计算过程中仅需模拟计算有效模糊区内的数值模型，其余油层区域不参与计算，有效提高了计算效率。

4.4.3　混合分解协调-粒子群-烟花求解方法

油藏子系统注采优化模型中包含了所有油井在各油层的产油量、产水量，以及所有注水井在各油层不同驱替方向的注水量的决策变量，对于中等及以上规模油田，其优化变量可达几万个，是典型的超大型约束非线性多目标优化模型。求解此高维优化模型的关键在于对于多目标函数的协同优化以及对于优化变量的降维求解。混合粒子群-烟花算法具有良好高维优化问题求解能力，而对于如此大型的油藏子系统注采优化模型，若直接运用耦合数值模拟方法的PS-FW算法进行迭代求解，无法保证求解方法在规定时间内收敛。这里首先基于主目标法将注采多目标优化模型转变为单目标优化模型，同时结合分解协调法，在分别对各油层注采优化的基础上，通过协调各注水井和油井在每一油层的注入、采出量，逐步求解油藏子系统的最优注采方案。

1. 主目标函数法

主目标函数法的基本思想是抓住一个主要目标，将其余目标分别给予一个界限值，添加到约束中，从而将多目标优化问题转化为单目标优化问题。应用主目标函数法将油藏子系统注采优化模型的三个优化目标转变为一个主要目标，以便于后续求解。

分析油藏子系统的注采优化模型可知，式(4-22)表示追求的是水驱波及体积最大，式

(4-23)描述了注水开发过程中控制含水上升率的必要性,这两个目标函数的本质和式(4-21)是一致的,都是在谋求油藏子系统水驱开采的经济效益。所以这里以油藏子系统水驱开采的总净现值最大为主目标,将采收率和含水上升率作为约束条件,通过设置采收率的下界值和含水率的上界值,从而将原有的多目标优化问题转化为单目标优化问题。两个目标函数转化而成的约束条件如下所示:

1)根据最大化采收率目标函数的表达式可以看出,油藏子系统水驱开采的采收率由水驱所波及的体积决定,驱替过程中波及的体积越大采收率越高,为了保证注采方案能够增加采收率,应该对最低采收率做出限制。

$$\sum_{i=1}^{m_{\mathrm{L}}^{RP}} \frac{A_{VS,l}^{RP,t} h_{VS,l}^{RP,t} (S_{oI,l} - S_{or,l})}{A_l^{RP} h_l^{RP} S_{oI,l}} \geqslant E_{R,\min}^t \tag{4-40}$$

式中,$E_{R,\min}^t$ 为截至第 t 时间段末油藏子系统采收率的下界值。

2)通过适当增加油藏注水量,可以增加原油的产量,但在实际开发中应该科学的稳步开发,应该控制每一时间段的含水上升率,使得油田的整个开采周期内收益最大,即年含水上升率不能超过其上界值。

$$\frac{f_{\mathrm{w}}^{RP,t} - f_{\mathrm{w}}^{RP,t-1}}{GR_{\mathrm{o}}^t - GR_{\mathrm{o}}^{t-1}} \leqslant f_{\mathrm{w},\max}^{RP,t} \tag{4-41}$$

式中,$f_{\mathrm{w},\max}^{RP,t}$ 为第 t 时间段水驱开发的含水上升率上界值。

2. 分解协调结构设计

油藏子系统注采优化本质上是系统控制问题,寻求最优的注采方案即是确定最优的油藏子系统生产控制参数。油藏子系统注采优化模型的求解需要协同优化每口单井产油量、产水量和注水量,且优化变量之间耦合非线性关系,直接求解难度很大,将该注采优化模型分解为若干子优化模型进行求解是可行思路。对于大型优化问题的分解协调方法,国内外学者已经开展了一些研究,主要有 Dantzig-Wolfe(DW)分解法、Lagrange 松弛法、拓扑分块法、等微增率法等(赖晓文等,2013),采用 DW 分解法或 Lagrange 松弛法进行分解协调、迭代求解,虽然数学上是严格的,然而在实际应用中却存在着固有的缺陷。DW 分解法在面对大量耦合约束时,复杂度大为增加,计算效率低下。Lagrange 松弛法在每次迭代后需要更新 Lagrange 乘子,通常采用一定的策略更新乘子,而当乘子更新策略不佳时容易产生振荡,影响收敛速度,甚至不收敛,其他分解协调方法对于本书中的油藏子系统优化模型的求解同样存在着一定的不足。所以,寻求新的协调优化方式是求解的关键。

分析众多分解协调方法的原理和步骤可知,分解协调的核心在于确定协调求解器和子优化问题之间的协调信息,即确定主优化问题的迭代下降方向。这里采用无需目标函数梯度信息的 PS-FW 算法来确定迭代过程中协调控制器传递给子优化问题的协调信息,进而结合油藏子系统优化模型的两级递阶结构,实现对最优油藏注采方案的求解。

分析式(4-21)中的目标函数可知,生产单井在各油层的产油量 $Q_{Co,l,j}^{RP,t}$、产水量 $Q_{Cw,l,j}^{RP,t}$ 以及注水单井在各油层中向不同方向的注水量 $Q_{Iw,l,j,k}^{RP,t}$ 为基本优化变量,对 $Q_{Co,l,j}^{RP,t}$、$Q_{Cw,l,j}^{RP,t}$、$Q_{Iw,l,j,k}^{RP,t}$ 按油层求和可以得到不同油层的采出、注入量,将各油层生产方案综合起来即可得到整个油藏子系统的注采方案,因而可以看出,油藏子系统的优化可以划分为层间注采方案和层内注采参数优化的两级递阶优化，层内注采参数的求解是在油、水井每一层的采出、注入量确定后开展的，两级优化子问题的优化模型如下：

(1)主优化模型

对于油藏子系统注采优化模型分解结构，主优化模型意味着从解决层间矛盾的角度出发，重点描述各油层间注入量和采出量的变化对油藏子系统总开采收益的影响。对于注水单井，主优化模型中不细致考虑注水量在每个油层中不同方向的分布，而是优化注水量在油藏纵向上每一层注出量的多少，同样也将产油量和产水量协同考虑，得到主优化模型为

$$\max F_M^t(\boldsymbol{Q}_{IWp}^{RP,t},\boldsymbol{Q}_{Cp}^{RP,t})=\frac{1}{(1+b)^{t_n}}\sum_{l=1}^{m_{\mathrm{L}}^{RP}}\left[\sum_{j}^{N_{\mathrm{o}}^t}E_{AR}^{RP,t}Q_{Cp,l,j}^{RP,t}-\sum_{j=1}^{N_{\mathrm{w}}^t}Q_{Iwp,l,j}^{RP,t}\right] \tag{4-42}$$

$$\text{s.t.}\qquad Q_{I\mathrm{wmin},j}^{RP,t}\leqslant\sum_{l=1}^{m_{\mathrm{L}}^{RP}}Q_{Iwp,l,j}^{t}\leqslant Q_{I\mathrm{wmax},j}^{RP,t}\quad j=1,\cdots,N_{\mathrm{w}}^t \tag{4-43}$$

$$Q_{C\mathrm{min},j}^{RP,t}\leqslant\sum_{l=1}^{m_{\mathrm{L}}^{RP}}Q_{Cp,l,j}^{t}\leqslant Q_{C\mathrm{max},j}^{RP,t}\quad j=1,\cdots,N_{\mathrm{o}}^t \tag{4-44}$$

$$\sum_{l=1}^{m_{\mathrm{L}}^{RP}}\sum_{j}^{N_{\mathrm{o}}^t}Q_{Cp,l,j}^{RP,t}\leqslant Q_{\mathrm{g}C\mathrm{max}}^{RP,t} \tag{4-45}$$

$$\sum_{l=1}^{m_{\mathrm{L}}^{RP}}\sum_{j=1}^{N_{\mathrm{w}}^t}Q_{I\mathrm{w},l,j}^{t}\leqslant Q_{\mathrm{w}T\mathrm{max}}^{RP,t} \tag{4-46}$$

$$\sum_{l=1}^{m_{\mathrm{L}}^{RP}}\sum_{j}^{N_{\mathrm{o}}^t}Q_{Cp,l,j}^{RP,t}=\sum_{l=1}^{m_{\mathrm{L}}^{RP}}\sum_{j=1}^{N_{\mathrm{w}}^t}Q_{I\mathrm{w},l,j}^{RP,t} \tag{4-47}$$

$$\frac{f_{\mathrm{w}}^{RP,t}-f_{\mathrm{w}}^{RP,t-1}}{GR_{\mathrm{o}}^t-GR_{\mathrm{o}}^{t-1}}\leqslant f_{\mathrm{w,max}}^{RP,t}$$

$$\sum_{i=1}^{m_{\mathrm{L}}^{RP}}\frac{A_{VS,l}^{RP,t}h_{VS,l}^{RP,t}(S_{\mathrm{o}I,l}-S_{\mathrm{or},l})}{A_l^{RP}h_l^{RP}S_{\mathrm{o}I,l}}\geqslant E_{R,\min}$$

式中，$F_M^t(\cdot)$ 为第 t 时间段内主优化模型的目标函数值，表示只考虑层间注水量和采出量的油藏子系统的总净收益；$\boldsymbol{Q}_{Iwp}^{RP,t}$ 为第 t 时间段内所有注水井在各油层注水量的向量；$\boldsymbol{Q}_{Cp}^{RP,t}$ 为第 t 时间段内所有油井在各油层采出液量的向量；$E_{AR}^{RP,t}$ 为第 t 时间段内单位采出液量的收益；$Q_{Cp,l,j}^{RP,t}$ 为第 t 时间段内油井 j 在油层 l 的采出液量；$Q_{Iwp,l,j}^{RP,t}$ 为第 t 时间段内注水井 j 在油层 l 的注水量。

以上主优化模型还需满足式(4-29)～式(4-32)的约束条件。

(2)子优化模型

与主优化模型不同，子优化模型着重解决油层内部注采参数的优化，生产单井在每一油层中的采出水量和采出油量均需要求解，同时注水井在油层中每个方向的注水量也要进行优化设计。主优化模型的计算结果对子优化问题的求解具有导向和约束作用，基于主优化模型的计算结果，满足所有油层注采约束条件，则子优化模型为

$$\max F_l^t(\boldsymbol{Q}_{I\mathrm{w},l}^{RP,t},\boldsymbol{Q}_{\mathrm{Co},l}^{RP,t},\boldsymbol{Q}_{C\mathrm{w},l}^{RP,t})=\frac{1}{(1+b)^{t_n}}\left[\sum_{j}^{N_{\mathrm{o}}^t}(A_{\mathrm{o}P}^{RP,t}Q_{\mathrm{Co},l,j}^{RP,t}-C_{C\mathrm{w}}^{RP,t}Q_{C\mathrm{w},l,j}^{RP,t})-\sum_{j=1}^{N_{\mathrm{w}}^t}\sum_{k=1}^{m_{N,l,j}}Q_{I\mathrm{w},l,j,k}^{RP,t}\right]$$

$$\text{s. t.}\ Q_{Co,l,j}^{RP,t} + Q_{Cw,l,j}^{RP,t} = Q_{Cp,l,j}^{RP,t} \quad j = 1,\cdots,N_o^t; l = 1,\cdots,m_L^{RP}$$

$$\sum_{k=1}^{m_{N,l,j}} Q_{Iw,l,j,k}^{RP,t} = Q_{Iwp,l,j}^{RP,t}$$

$$P_{e,l}^{RP,t} < P_{Iw,l,j}^{RP,t} < \frac{3\sigma_{h,l}^{RP} - 6\sigma_{H,l}^{RP}\sigma_{t,l}^{RP} - \varphi_l^{RP}\dfrac{1-2\nu_l^{RP}}{1-\nu_l^{RP}}P_{e,l}^{RP,t}}{1+\varphi_{c,l}^{RP} - \varphi_l^{RP}\dfrac{1-2\nu_l^{RP}}{1-\nu_l^{RP}}} \quad l = 1,\cdots,m_L^{RP}; j = 1,\cdots,N_w^t$$

$$P_{Cf,l,\min}^{RP,t} \leqslant P_{Cf,l,i}^{RP,t} \leqslant P_{Cf,l,\max}^{RP,t} \quad l = 1,\cdots,m_L^{RP}; i = 1,\cdots,N_o^t$$

$$s_f(\boldsymbol{K}_{o,l}^{RP,t}, \boldsymbol{s}_{w,l}^{RP,t}, \boldsymbol{s}_{o,l}^{RP,t}, \boldsymbol{\varphi}^{RP}, \boldsymbol{Q}_{Iw,l}^{RP,t}, \boldsymbol{Q}_{Co,l}^{RP,t}, \boldsymbol{Q}_{Cw,l}^{RP,t}) = 0 \quad i = 1,2,\cdots,m_L^{RP}$$

$$c_f(\boldsymbol{K}_{o,l}^{RP,t}, \boldsymbol{k}_{ro,l}^{RP,t}, \boldsymbol{k}_{rw,l}^{RP,t}, \boldsymbol{c}_{o,l}^{RP,t}, \boldsymbol{c}_{w,l}^{RP,t}, \boldsymbol{\varphi}^{RP}, \boldsymbol{Q}_{Iw,l}^{RP,t}, \boldsymbol{Q}_{Co,l}^{RP,t}, \boldsymbol{Q}_{Cw,l}^{RP,t}) = 0 \quad i = 1,2,\cdots,m_L^{RP}$$

式中，$\boldsymbol{Q}_{Iw,l}^{RP,t}$ 为第 t 时间段内所有注水井在油层 l 中的不同方向的注水量向量；$\boldsymbol{Q}_{Co,l}^{RP,t}$ 、$\boldsymbol{Q}_{Cw,l}^{RP,t}$ 分别为第 t 时间段内所有油井在油层 l 中的产油量和产水量向量。

分析以上主优化模型和子优化模型可知，主优化问题是在注采流量约束下求解油井、注水井在各油层的产液量、注水量，子优化问题则是将主问题中所求得产液量细分为各油层的产水量和产油量，同时将所求得的注水量进一步细分为油层中不同方向的注水量。子优化问题和主优化问题之间存在着明显的从属关系，主优化问题将单井在各油层的产液量和注水量传递给子优化问题，子问题求解后则将其计算结果返回给主问题以进行主优化结果的评估和调整，绘制主问题和子问题的分解递阶结构如图 4-6 所示。

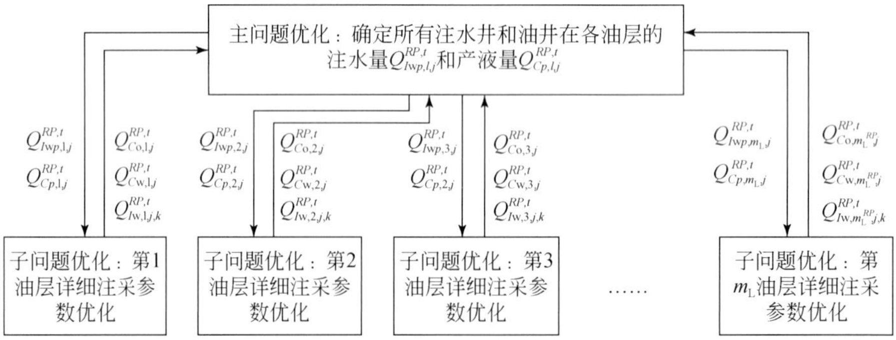

图 4-6　油藏子系统注采优化模型分解递阶结构示意图

3. 混合分解协调-粒子群-烟花求解

根据以上分解递阶结构，针对主优化问题和子优化问题分别设计 PS-FW 算法的主控参数，以主优化问题和子优化问题的结果评估更新个体，形成了混合分解协调-粒子群-烟花求解方法，从而迭代求解油藏子系统注采优化模型。在混合分解协调-粒子群-烟花求解方法执行过程中，需要对 PS-FW 算法求解主优化问题和子优化问题的群体设计、不可行解调整、终止条件一并给予考虑。

（1）主、子问题 PS-FW 算法群体设计

群体中的个体承载着优化问题的解信息，个体编码结构的优劣直接影响着迭代求解的优化效果和计算时间。在调整后的分解递阶结构基础上，定义求解主优化问题的 PS-FW 算法的

群体为主优化群体,求解子优化问题的群体为子优化群体,分别对主、子优化群体进行设计。

1)主优化问题的群体设计:根据主优化模型的约束条件可知,总注水量和总产液量应该保持相等,为了避免随机给定各油井产液量所导致的注采不平衡问题,这里以注水单井的注水量为优化变量,结合采用油藏数值模拟得到的油井产液量,作为PS-FW算法主优化群体中个体的编码信息。以实数编码注水井在各油层的注水量以及油井在油层的产液量,得到个体的编码结构如下,

$$\begin{aligned} z_{RPM,i}^{t} = (&Q_{Iwp,1,1}^{RP,t,i}, Q_{Iwp,2,1}^{RP,t,i}, \cdots, Q_{Iwp,m_{L}^{RP},1}^{RP,t,i}; Q_{Iwp,1,2}^{RP,t,i}, Q_{Iwp,2,2}^{RP,t,i}, \cdots, Q_{Iwp,m_{L}^{RP},2}^{RP,t,i}; \cdots; Q_{Iwp,1,N_{w}^{t}}^{RP,t,i}, Q_{Iwp,2,N_{w}^{t}}^{RP,t,i}, \cdots, \\ &Q_{Iwp,m_{L}^{RP},N_{w}^{t}}^{RP,t,i}; Q_{Cp,1,1}^{RP,t,i}, Q_{Cp,2,1}^{RP,t,i}, \cdots, Q_{Cp,m_{L}^{RP},1}^{RP,t,i}; Q_{Cp,1,2}^{RP,t,i}, Q_{Cp,2,2}^{RP,t,i}, \cdots, Q_{Cp,m_{L}^{RP},2}^{RP,t,i}; \cdots; Q_{Cp,1,N_{o}^{t}}^{RP,t,i}, \\ &Q_{Cp,2,N_{o}^{t}}^{RP,t,i}, \cdots, Q_{Cp,m_{L}^{RP},N_{o}^{t}}^{RP,t,i}) \end{aligned} \tag{4-48}$$

式中,$z_{RPM,i}^{t}$ 为第 t 时间段内水驱开发主优化群体中的个体 i,其中 $i = 1,2,\cdots,m_{RPM,p}^{t}$,$m_{RPM,p}^{t}$ 为群体规模;$Q_{Iwp,l,j}^{RP,t,i}$ 为第 t 时间段内个体 i 中第 j 口注水井在第 l 油层的注水量,其中 $i = 1,\cdots,m_{L}^{RP}$,$j = 1,\cdots,N_{w}^{t}$;$Q_{Cp,l,j}^{RP,t,i}$ 为第 t 时间段内个体 i 中第 j 口油井在第 l 油层的产液量,其中 $i = 1,\cdots,m_{L}^{RP}$,$j = 1,\cdots,N_{o}^{t}$。

值得注意的是,以上主优化群体中的个体需要耦合子优化群体进行更新,即该群体中个体的更新操作必须在所有子问题求解完成以后才能进行。

2)子优化问题的群体设计:子优化问题求解过程中需要满足油层内部的注采平衡约束,油井的产油量和产水量不通过随机产生,而是采用油藏数值模拟方法计算求得。以实数编码注水井在油层内不同方向的注水量和油井的产油量、产水量,得到子优化群体中的个体编码结构如下:

$$\begin{aligned} z_{RPL,l,i}^{t} = (&Q_{Iw,l,1,1}^{RP,t,i}, \cdots, Q_{Iw,l,1,m_{N,l,1}}^{RP,t,i}; Q_{Iw,l,2,1}^{RP,t,i}, \cdots, Q_{Iw,l,2,m_{N,l,2}}^{RP,t,i}; \cdots; Q_{Iw,l,N_{W}^{t},1}^{RP,t,i}, \cdots, Q_{Iw,1,N_{w}^{t},m_{N,l,N_{w}^{t}}}^{RP,t,i}; \\ &Q_{Co,l,1}^{RP,t,i}, Q_{Co,l,2}^{RP,t,i}, \cdots, Q_{Co,l,N_{o}^{t}}^{RP,t,i}; Q_{Cw,l,1}^{RP,t,i}, Q_{Cw,l,2}^{RP,t,i}, \cdots, Q_{Cw,l,N_{o}^{t}}^{RP,t,i}) \end{aligned} \tag{4-49}$$

式中,$z_{RPL,l,i}^{t}$ 为第 t 时间段内水驱开发第 l 油层子优化群体中的个体 i,其中 $l = 1,\cdots,m_{L}^{RP}$,$i = 1,2,\cdots,m_{RPL,l,p}^{t}$,$m_{RPL,l,p}^{t}$ 为第 t 时间段内第 l 油层子优化群体的规模;$Q_{Iw,l,j,k}^{RP,t,i}$ 为第 t 时间段内第 l 油层子优化群体中的个体 i 中第 j 口注水井在第 k 方向上的注水量,其中 $j = 1,\cdots,N_{w}^{t}$,$k = 1,\cdots,m_{N,l,j}^{t}$;$Q_{Co,l,j}^{RP,t,i}$ 为第 t 时间段内第 l 油层子优化群体中的个体 i 中第 j 口油井的产油量,其中 $j = 1,\cdots,N_{o}^{t}$;$Q_{Cw,l,j}^{RP,t,i}$ 为第 t 时间段内第 l 油层子优化群体中的个体 i 中第 j 口油井的产水量,其中 $j = 1,\cdots,N_{o}^{t}$。

需要特别指出的是,个体在更新时,各维度存在着先后更新顺序,每次迭代过程中首先更新的是注水井在油层内不同方向的注水量,然后借助油藏数值模拟方法,计算并更新个体中的各油井的产油量和产水量数值。

(2)不可行解调整

根据分解递阶结构可知,主优化问题中注水井在各油层注水量的分配是协调求解主、子优化问题的关键。在实际求解过程中,主优化群体中的个体所分配的各油层的注水量是随

机给定的,依靠算法的随机性来对注水量的取值空间进行探索可以一定程度增强全局搜索能力,但高维优化变量的随机性也产生了大量的不可行解。对于不可行解的处置,这里采用4.3.3节中所介绍的具有拉伸违反度函数的可行性准则,通过将目标函数和约束条件单独考虑以实现对可行解以及最优解的探求。对于违反油藏子系统注采优化模型中某些约束条件的个体可以通过可行性准则的调整作用逐步调整这些个体至满足约束,如井底流压约束、最低采收率约束和最大含水上升率约束,而对于违反注水单井水量约束、注入压力约束、污水系统最大可提供流量约束等强约束条件的个体,若仅依靠算法自身迭代优化求解,会严重影响求解效率,因而需要对此类不可行解进行调整。

根据式(4-43)的注水单井水量约束和式(4-44)的生产单井产液量约束,不等式两端求和可得

$$\sum_{j=1}^{N_{\mathrm{w}}^{t}} Q_{I\mathrm{wmin},j}^{RP,t} \leqslant \sum_{j=1}^{N_{\mathrm{w}}^{t}} \sum_{l=1}^{m_{\mathrm{L}}^{RP}} Q_{I\mathrm{wp},l,j}^{RP,t} \leqslant \sum_{j=1}^{N_{\mathrm{w}}^{t}} Q_{I\mathrm{wmax},j}^{RP,t} \tag{4-50}$$

$$\sum_{j=1}^{N_{\mathrm{o}}^{t}} Q_{C\mathrm{min},j}^{RP,t} \leqslant \sum_{j=1}^{N_{\mathrm{o}}^{t}} \sum_{l=1}^{m_{\mathrm{L}}^{RP}} Q_{Cp,l,j}^{RP,t} \leqslant \sum_{j=1}^{N_{\mathrm{o}}^{t}} Q_{C\mathrm{max},j}^{RP,t} \tag{4-51}$$

考虑到油藏数值模拟中维持了注采平衡约束,则结合式(4-50)、式(4-51)和式(4-45)~式(4-47)可得

$$\begin{aligned} \max\left\{\sum_{j=1}^{N_{\mathrm{w}}^{t}} Q_{I\mathrm{wmin},j}^{RP,t}, \sum_{j=1}^{N_{\mathrm{o}}^{t}} Q_{C\mathrm{min},j}^{RP,t}\right\} &\leqslant \sum_{j=1}^{N_{\mathrm{w}}^{t}} \sum_{l=1}^{m_{\mathrm{L}}^{RP}} Q_{I\mathrm{wp},l,j}^{RP,t} = \sum_{j=1}^{N_{\mathrm{o}}^{t}} \sum_{l=1}^{m_{\mathrm{L}}^{RP}} Q_{Cp,l,j}^{RP,t} \\ &\leqslant \min\left\{\sum_{j=1}^{N_{\mathrm{w}}^{t}} Q_{I\mathrm{wmax},j}^{RP,t}, \sum_{j=1}^{N_{\mathrm{o}}^{t}} Q_{C\mathrm{max},j}^{RP,t}, Q_{\mathrm{gCmax}}^{RP,t}, Q_{\mathrm{w}T\mathrm{max}}^{RP,t}\right\} \end{aligned} \tag{4-52}$$

根据注水量和注水压力之间的函数关系,式(4-29)中注水压力可以转化为对应的注水量,结合式(4-52),则可以得到油藏子系统总注水量的约束为

$$\begin{aligned} \max\left\{\sum_{j=1}^{N_{\mathrm{w}}^{t}} Q_{I\mathrm{wmin},j}^{RP,t}, \sum_{j=1}^{N_{\mathrm{o}}^{t}} Q_{C\mathrm{min},j}^{RP,t}, N_{\mathrm{w}}^{t} \sum_{l=1}^{m_{\mathrm{L}}^{RP}} Q_{I\mathrm{w}P_{e},l}^{RP,t}\right\} \leqslant Q_{I\mathrm{w},T}^{RP,t} \leqslant \min\Bigg\{ & \sum_{j=1}^{N_{\mathrm{w}}^{t}} Q_{I\mathrm{wmax},j}^{RP,t}, \\ \sum_{j=1}^{N_{\mathrm{o}}^{t}} Q_{C\mathrm{max},j}^{RP,t}, Q_{\mathrm{gCmax}}^{RP,t}, Q_{\mathrm{w}T\mathrm{max}}^{RP,t}, N_{\mathrm{w}}^{t} \sum_{l=1}^{m_{\mathrm{L}}^{RP}} Q_{IWP_{f},l}^{RP,t} \Bigg\} & \end{aligned} \tag{4-53}$$

式中,$Q_{I\mathrm{w},T}^{RP,t}$ 为第 t 时间段内油藏子系统总注水量,$Q_{I\mathrm{w},T}^{RP,t} = \sum_{j=1}^{N_{\mathrm{w}}^{t}} \sum_{l=1}^{m_{\mathrm{L}}^{RP}} Q_{I\mathrm{wp},l,j}^{RP,t}$;$Q_{I\mathrm{w}P_{e},l}^{RP,t}$ 为第 t 时间段内注水压力与油层 l 的地层压力相等时所对应的注水量;$Q_{I\mathrm{w}P_{f},l}^{RP,t}$ 为第 t 时间段内注水压力与油层 l 的破裂压力相等时所对应的注水量。

基于以上推导可以看出,在算法迭代求解主优化问题时,主优化群体中的个体需要满足两类约束:一类为注水单井水量约束[式(4-43)];另一类为总注水量约束[式(4-53)]。在主优化群体每次更新之后均要判断更新后的注水量是否满足这两类约束,若满足该约束,则直接进行下一次迭代计算;若不满足该约束,则按以下方式调整,首先将所有注水单井在各油层的注水量按比例调整至满足约束式(4-43),然后在保证不超出单井注水量上下界值的基础上,将所有注水井的注水量按比例调整至满足约束式(4-53)。另外,所有子问题一次迭代完毕后同样要进行注水量的调整,调整方式与主优化问题类似,这里不予赘述。

(3)终止条件设置

油藏子系统注采优化涉及主问题优化和子问题优化两种 PS-FW 算法执行的程序主体,需要分别设置主问题和子问题的终止条件。主问题设置最大迭代次数,子问题设置最大迭代次数和收敛精度双重终止条件,其中主问题的终止条件控制整体计算的终止。

绘制油藏子系统注采优化模型的混合分解协调—粒子群—烟花求解流程图如图 4-7 所示。

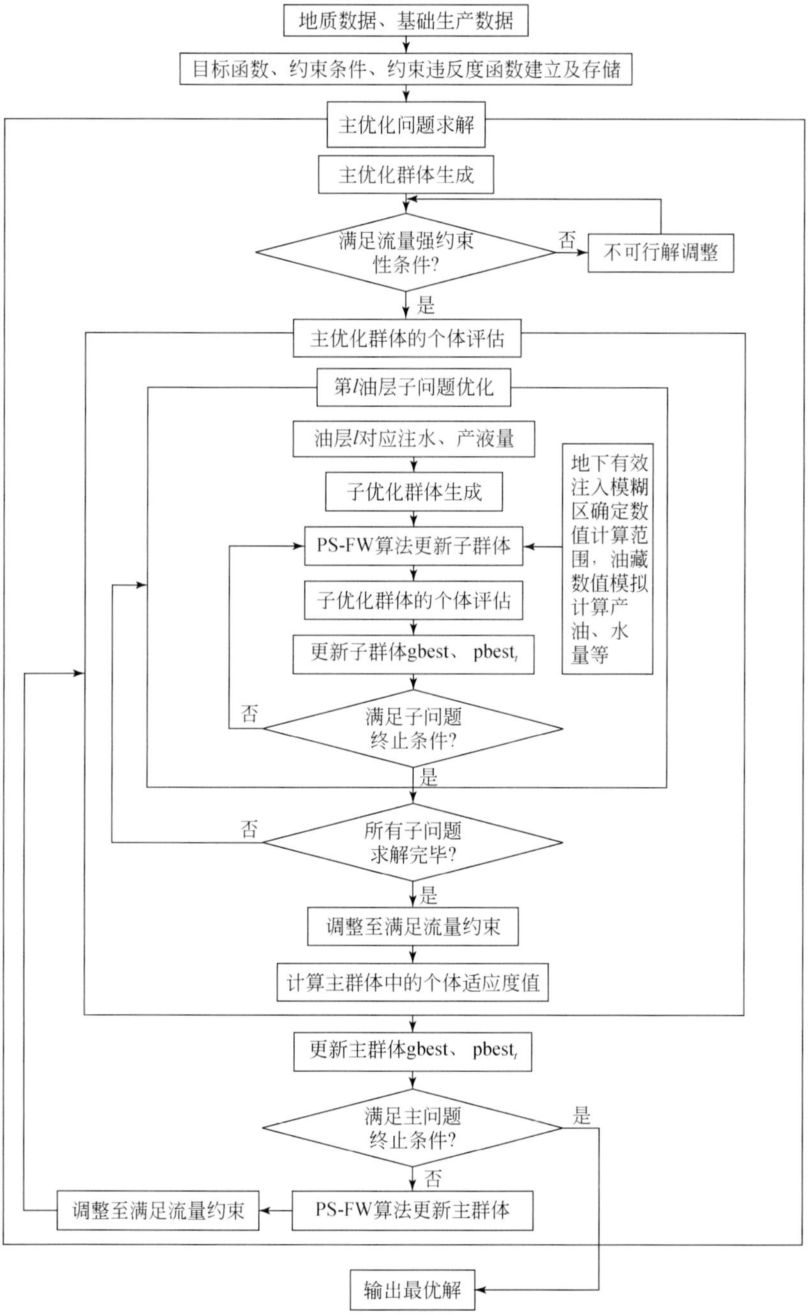

图 4-7　混合分解协调—粒子群—烟花求解方法流程图

4.5　采油子系统机采参数优化

采油子系统是承担将油藏子系统中的油气资源举升到地面的生产系统，从亚闭环网络层面分析采油子系统，采油子系统是连接微观尺度油藏孔道和宏观尺度集输管道的由外部辅助能量的管流系统。采油子系统按照举升方式的不同可以分为深井泵采油子系统和气举采油子系统，深井泵采油子系统又可细分为有杆泵和电潜泵采油子系统，由于有杆泵往复抽汲方式所采用的设备装置简单，操作方便，维护费用低，综合成本低，所以我国大约有 90% 的油井采用这种方式生产，全世界大约有 80% 的油井采用这种方式生产。为了增强亚闭环网络系统运行优化研究的可推广性，本书中的采油子系统优化针对有杆泵机采方式开展。定义可独立完成单口油井采油作业的有杆泵采油设备、套管、井下油层区域为单井机采系统，则采油子系统包含了与油井数量相当规模的单井机采系统，单井机采系统的示意图如图 4-8 所示。

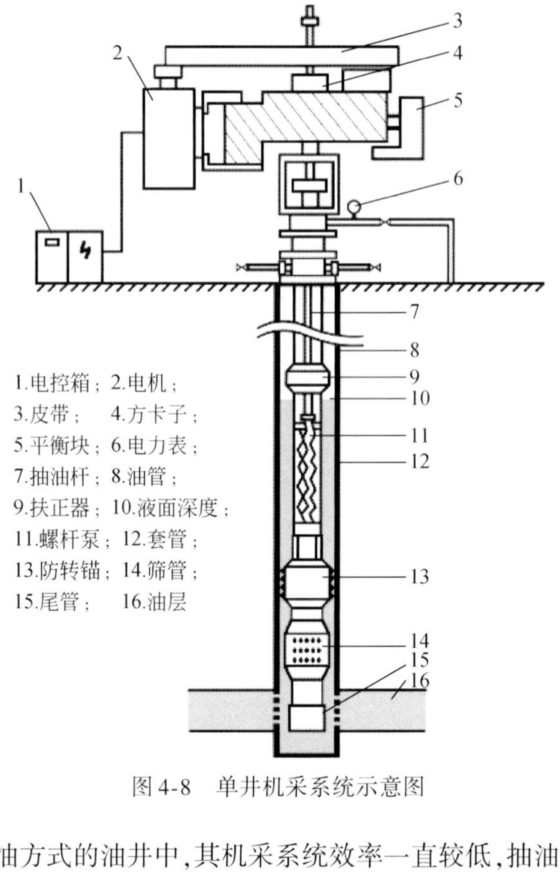

图 4-8　单井机采系统示意图

在采用有杆泵抽油方式的油井中，其机采系统效率一直较低，抽油举升过程中 70% 以上的能量做了无用功，导致机采能耗费用的逐年攀升、采油成本的日益攀升，同时加剧了机械的损耗。与理论上的机采系统效率最大值相比，目前的系统效率仍具有比较大的提升空间，因此，开展采油子系统生产运行优化研究对提高采油效率、降低采油能耗、减少亚闭环网络系统生产成本具有重要现实和理论意义，也有着十分广阔的应用前景。

在亚闭环网络系统中，采油子系统是油藏子系统的接续生产系统，在油藏子系统注采优化得到每口生产单井的产液量之后,需要由各单井机采系统将油层产液举升到地面,再将原油从泵口抽汲至地面的采油过程中,涉及了复杂的能量传递和力学性质变化,本书协同考虑影响采油效率的决策因素,建立了涵盖所有单井机采系统的大型运行优化数学模型,提出了混合分级-改进粒子群求解方法,实现了采油子系统最优生产运行方案的确定。

4.5.1　采油子系统抽汲参数优化模型

在油田的生产投产以后,采油子系统中所有机采设施均已运转使用,根据现场实际的运行状况和调参成本,厘清影响单井机采系统效率的易调节的决策因素主要包括冲程、冲次、泵径和泵充满系数,考虑这些关键影响因素,在满足生产需求的基础上,建立了采油子系统的抽汲参数优化模型。

1. 目标函数

在油田生产开发过程中,单井机采系统的能耗是运营管理者所关心的主要生产指标,已有研究成果多以机采效率最大化为目标进行优化设计,而机采效率最大化本质上也是要降低机采能耗,因此,本书中以影响机采能耗的抽汲参数——冲程、冲次、泵径、泵充满系数为决策变量,以生产能耗最小化建立采油子系统运行优化的目标函数为

$$\min E_{C,t}^{OE}(\boldsymbol{D}_{P,t}^{OE},\boldsymbol{S}_{t}^{OE},\boldsymbol{N}_{t}^{OE},\boldsymbol{\beta}_{t}^{OE}) = a_{OE}\sum_{i=1}^{N_O^t}\frac{\rho_{t,i}^{OE}gH_{t,i}^{OE}Q_{OES,i}^{t}}{86400\eta_{t,i}^{OE}} \tag{4-54}$$

式中,$E_{C,t}^{OE}(\cdot)$ 为采油子系统在第 t 时间段内总能耗;$\boldsymbol{D}_{P,t}^{OE}$ 为第 t 时间段内采油子系统中所有抽油泵的泵径向量;$\boldsymbol{S}_{t}^{OE}$ 为第 t 时间段内采油子系统中所有抽油机的冲程向量;$\boldsymbol{N}_{t}^{OE}$ 为第 t 时间段内采油子系统中所有抽油机的冲次向量;$\boldsymbol{\beta}_{t}^{OE}$ 为第 t 时间段内采油子系统中所有抽油泵充满系数向量;a_{OE} 为采油子系统中的单位换算系数;$\rho_{t,i}^{OE}$ 为第 t 时间段内第 i 口油井内混合液密度;$H_{t,i}^{OE}$ 为第 t 时间段的第 i 口油井的有效举升高度;$Q_{OES,i}^{t}$ 为第 t 时间段内第 i 口油井的产液量;$\eta_{t,i}^{OE}$ 为第 t 时间段内第 i 个单井机采系统的效率。

在上式中,单井机采系统的效率是影响采油子系统能耗的关键参数,当设备类型、油井参数、管理参数和井身结构参数一定时,系统效率只是抽汲参数的函数:

$$\eta_{t,i}^{OE} = f_{\eta}(D_{P,t,i}^{OE},S_{t,i}^{OE},N_{t,i}^{OE},b_{t,i}^{OE}) \tag{4-55}$$

式中,$D_{P,t,i}^{OE}$ 为第 t 时间段内第 i 个单井机采系统所采用的抽油泵的泵径;$S_{t,i}^{OE}$ 为第 t 时间段内第 i 个单井机采系统所采用的冲程;$N_{t,i}^{OE}$ 为第 t 时间段内第 i 个单井机采系统所采用的冲次;$b_{t,i}^{OE}$ 为第 t 时间段内第 i 个单井机采系统所采用的抽油泵充满系数。

2. 约束条件

1)单井机采系统的抽汲参数直接决定了油井的实际产液量,通过油藏子系统的注采优化已经得到了所有油井的产液量,为保证亚闭环网络系统的生产运行方案的顺利实施,所有单井机采系统的抽汲参数应该满足实际产液量与目标产液量(油藏子系统注采优化得出)相等的约束。

$$Q_{OES,i}^{t}(D_{P,t,i}^{OE},S_{t,i}^{OE},N_{t,i}^{OE},b_{t,i}^{OE}) = Q_{RPE,i}^{t} \tag{4-56}$$

式中,$Q_{OES,i}^{t}(\cdot)$ 为第 t 时间段内单井机采系统 i 的实际产液量;$Q_{RPE,i}^{t}$ 为第 t 时间段内由油藏

子系统注采优化得到的第 i 口油井的产液量。

2)井底流压是油井生产过程中的井底压力,是油水混合液由油层流入油井井筒之后的剩余压力,油井的井底流动压力应该满足与产液量的相互函数关系。

$$I_{PR}(Q^t_{OES,i}, P^t_{OEf,i}) = 0 \tag{4-57}$$

式中,$I_{PR}(\cdot)$ 为产量与井底流压关系的曲线函数,一般由流入动态 IPR 曲线确定;P 为第 t 时间段内第 i 口油井的井底流压。

3)采出液在井筒中的流动一般呈现为油、水两相或油、气、水三相混流,采出液由井底到井口的压力分布应该满足多相管流的流动特性方程。

$$S^P_{OEMF}(P^t_{OEf,i}, P^t_{OEE,i}, Q^t_{OES,i}) = 0 \tag{4-58}$$

式中,$S^P_{OEMF}(\cdot)$ 为油井井筒内多相管流压降计算公式,可采用 Beggs-Brill 公式;$P^t_{OEE,i}$ 为第 t 时间段内第 i 口油井的井口压力。

4)考虑集输子系统中对于采出液的输运要求,所有单井井口的生产压力应该大于计量站的进站压力。

$$P^t_{OEE,i} \geqslant P^t_{GTS,\min,i} \tag{4-59}$$

式中,$P^t_{GTS,\min,i}$ 为第 t 时间段内与油井 i 相连接的集输管道所对应的计量站的最低进站压力。

5)在亚闭环网络系统的生产运行优化研究中,一般不考虑新增基建设施,采油子系统中所有机采设施的耗电应该小于当前地面电力系统所能供给的最大电量。

$$E^{OE}_{C,t} \leqslant E_{ES,\max} \tag{4-60}$$

式中,$E_{ES,\max}$ 为地面电力系统所能供给的最大电量。

6)机采设备运行冲次的大小对于采油子系统安全平稳生产影响较大,长时间、高冲次的运转会引起机采设备疲劳程度增加、损耗恶化,而过低冲次的运转又会增加结蜡风险,因而所有单井机采系统的冲次应该在一定范围内。

$$N^{OE}_{t,i} \in \{N^{OE}_{t,i,\min}, \cdots, N^{OE}_{t,i,\max}\} \tag{4-61}$$

式中,$N^{OE}_{t,i,\min}$、$N^{OE}_{t,i,\max}$ 分别为第 t 时间段内机采系统 i 的最小和最大的可行冲次。

7)冲程的增加一定程度上增加了输出扭矩,有益于机采效率的提升,但抽油机运行的冲程的取值应该满足一定范围。

$$S^{OE}_{t,i} \in \{S^{OE}_{t,i,\min}, \cdots, S^{OE}_{t,i,\max}\} \tag{4-62}$$

式中,$S^{OE}_{t,i,\min}$、$S^{OE}_{t,i,\max}$ 分别为第 t 时间段内机采系统 i 的最小和最大的可行冲程。

8)所有单井机采系统的抽油泵的泵径应该可供选择的离散泵径规格中选取。

$$D^{OE}_{t,i} \in \{D^{OE}_{t,i,\min}, \cdots, D^{OE}_{t,i,\max}\} \tag{4-63}$$

式中,$D^{OE}_{t,i,\min}$、$D^{OE}_{t,i,\max}$ 分别为第 t 时间段内机采系统 i 的最小和最大的可行泵径

9)冲程、冲次、泵径作为离散机采参数,三种参数之间相互关联、制约,其组合参数方案应可行且对应于正在运行的抽油机型号。

$$\sum_{j=1}^{N^t_{OEMP,j}} m_{\mu,i,j}(D^{OE}_{t,j}, S^{OE}_{t,j}, N^{OE}_{t,j}) = n^t_{OE,CP,i} \tag{4-64}$$

式中,$N^t_{OEMP,j}$ 为第 t 时间段内冲程、冲次、泵径可行取值所组成的方案总数量;$m_{\mu,i,j}(\cdot)$ 为单井机采系统 i 的方案可行与否的判别函数,若括号内的冲程、冲次、泵径组合方案是单井机采系统 i 的可运行方案,取值为 1,否则取值为 0;$n^t_{OE,CP}$ 为第 t 时间段内机采系统 i 的冲程、冲

次、泵径的可行组合方案总数。

10)抽油泵的充满系数对单井机采系统的采油效率具有重要影响,过低的充满系数会导致抽油泵无法正常工作,因而泵充满系数应该在一定范围内。

$$b_{t,\min}^{OE} \leqslant b_{t,i}^{OE} \leqslant 1 \tag{4-65}$$

式中, $b_{t,\min}^{OE}$ 为第 t 时间段内抽油泵的最小可行泵充满系数。

11)在所有单井机采系统运行时,抽油机悬点的最大负荷应该小于最大许用负荷。

$$l_{hp,\max,i}^{OE,t} \leqslant [l_{hp,i}^{OE}] \tag{4-66}$$

式中, $l_{hp,\max,i}^{OE,t}$ 为第 t 时间段内抽油机 i 的悬点最大负荷; $[l_{hp,i}^{OE}]$ 为抽油机 i 的悬点最大许用负荷。

12)在生产过程中,减速箱的最大曲柄轴扭矩要小于减速箱的最大许用扭矩。

$$g_{T,\max,i}^{OE,t} \leqslant [g_{T,i}^{OE}] \tag{4-67}$$

式中, $g_{T,\max,i}^{OE,t}$ 为第 t 时间段内单井机采系统 i 中减速箱的曲柄轴最大扭矩; $[g_{T,i}^{OE,t}]$ 为单井机采系统 i 中减速箱的曲柄轴最大许用扭矩。

13)抽汲参数的变动会导致抽油杆柱力学性质的变化,为保证采油子系统的安全、平稳生产,所有单井机采系统中的抽油杆柱都应该满足许用应力限制。

$$\sigma_{\max,i}^{OE,t} \leqslant [\sigma_{A,i}^{OE}] \tag{4-68}$$

式中, $\sigma_{\max,i}^{OE,t}$ 为第 t 时间段内单井机采系统 i 中抽油杆柱工作时的最大应力; $[\sigma_{A,i}^{OE}]$ 为单井机采系统 i 中抽油杆柱的最大许用应力。

14)电动机是有杆采油的能量供给设备,由抽汲参数所计算的电动机功率应该小于电动机的额定功率。

$$c_{e,i}^{OE,t} \leqslant c_{e,R}^{OE} \tag{4-69}$$

式中, $c_{e,i}^{OE,t}$ 为第 t 时间段内单井机采系统 i 中电动机的计算功率; $c_{e,R}^{OE}$ 为单井机采系统 i 中电动机的额定功率。

4.5.2 单井机采系统模糊聚类降维法

由以上采油子系统运行优化模型可知,进行采油子系统优化的目标是使得采油能耗最低,而采油子系统包含着与生产油井等规模的单井机采系统,想要寻求最优的采油子系统运行方案就务必求解出所有单井机采系统的最优抽汲参数,所以单井机采系统的规模对于采油子系统的节能增效优化具有至关重要的影响。对于单井机采系统的抽汲参数优化,其本身就是一个涉及复杂能量传递的非线性混合整数最优化问题,求解难度很大。特别地,对于单井机采优化问题中所包含的多相流计算、力学校核、抽汲参数组合优化子问题的求解,其时间复杂度同样是不容忽视的问题。所以,对于中等以上规模的采油子系统,在规定时间内协同优化求解几千个单井机采系统的抽汲参数是十分严峻的挑战。

本书提出了将单井机采系统进行聚类分析以降低问题维度的思想,通过深入分析影响单井机采系统抽汲参数的主控因素,基于主控因素将所有单井机采系统划分为若干机采系统模糊相似类,然后根据各机采系统模糊相似类进行抽汲参数分类设计,实现了大规模采油子系统的降维求解。

在给出具体的模糊聚类方法之前，首先给出模糊相似类的概念。机采系统模糊相似类是指状态参数具有高度相似性的有限个单井机采系统构成的群组。

分析机采系统模糊相似类的概念可知，机采系统模糊相似类不只包含一个单井机采系统，它是包含若干单井机采系统的群组。机采系统模糊相似类要求群组内的元素要高度相似，即同属于一个模糊相似类的任意两个单井机采系统的状态参数的相似程度应该达到一定水平，也指示着不同模糊相似类之间应该具有明显的差异性。

1. 基于模糊传递闭包法的聚类数确定

单井机采系统的抽汲参数优化实质是在满足产液需求、设备负荷、可用资源情况下的设备组合参数优选。分析单井机采系统的运行机理可知，井底流压主要由 IPR 曲线函数的拟合系数 $a_{\mathrm{wf},i}$ 、$b_{\mathrm{wf},i}$ 和产液量 $Q^t_{\mathrm{OES},i}$ 影响，油气比 $\boldsymbol{\nu}^t_{\mathrm{OG}}$ 、混合液密度 $\boldsymbol{\rho}^t_{\mathrm{mf}}$ 、含水率 f^t_{w} 、动液面深度 h^t_{DF} 、油层中深 H_{OEm} 、溶解系数 K^t_{og} 、油管管径 d_{op} 决定了井筒中的压力分布。此外，单井机采系统举升过程中还需考虑抽油机的型号 $p_{PU,i}$ 、抽油杆的钢材类别 $p_{SR,i}$ 、电机的型号 $p_{EM,i}$ 以及油井所连接的集输管道的管径 $d_{GT,i}$ 对于运转可行性的影响。以上这些参数描述了机采过程中的运行状态且与抽汲参数密切相关，若任意两个单井生产系统在以上各方面参数的取值都相差无几，则二者经优化求解后的最优机采方案也差异很小，可以认为这两个单井机采系统是基本一致的，可以将其划归为一类。根据这一思想，基于以上决策单井机械系统抽汲参数的主控因素，开展对所有单井机采系统的聚类分析，以各机采系统类的中心成员代表类内其他成员，仅对中心成员进行最优抽汲方案设计，可大大降低计算复杂度，提高优化求解效率。需要特别指出的是，本书中仅列举了描述单井机采系统运行状态的主要参数，在实际的应用中也根据具体要求添加其他参数，一般来讲，用于刻画机采过程“属性参数”的数量越多，聚类分析的结果越准确。

进行模糊聚类分析首先需要确定类的数量，本书中采用模糊传递闭包法计算机采系统模糊相似类的聚类数量。

(1)数据标准化

单井机采系统的各主控参数量纲不同、数量级差异明显，为了消除数据特异性，需要对各参数进行标准化处理，将不同量纲的数据都映射到[0,1]区间。将 $a_{wf,i}$ 、$b_{wf,i}$ 、$Q^t_{OES,i}$ 等参数顺序排列，形成单井机采系统状态参数向量，则状态参数标准化的公式如下：

$$\overline{x^i_{v,t,j}} = \frac{1}{N^t_O}\sum_{i=1}^{N^t_O} x_{v,t,i,j} \tag{4-70}$$

$$s^i_{v,t,j} = \sqrt{\frac{1}{N^t_O}\sum_{i=1}^{N^t_O}\left(x_{v,t,i,j} - \overline{x^i_{v,t,j}}\right)^2} \tag{4-71}$$

式中，$\overline{x^i_{v,t,j}}$ 为单井机采系统 i 的第 j 状态参数的平均值，$j = 1,\cdots,n^{OE}_v$，其中 n^{OE}_v 表示单井机采系统 i 的状态参数向量 $\boldsymbol{u}^{OE}_{v,t,i} = (x_{v,t,i,1}, x_{v,t,i,2}, \cdots, x_{v,t,i,n^{OE}_v})$ 的维数，$n^{OE}_v = 14$；$x_{v,t,i,j}$ 为状态参数向量 $\boldsymbol{u}^{OE}_{v,t,i}$ 的第 j 状态参数，对应于产液量等参数的取值；$s^i_{v,t,j}$ 为单井机采系统 i 的第 j 状态参数的标准差。

则单井机采系统 i 的状态参数标准化值为

$$x'_{v,t,i,j} = \frac{(x_{v,t,i,j} - \overline{x^{i}_{v,t,j}})}{s_{v,t,j}} \tag{4-72}$$

式中，$x'_{v,t,i,j}$ 为单井机采系统的第 j 状态参数的标准化值。

进一步将标准化值映射到[0,1]区间，采用极值标准化公式得到：

$$x''_{v,t,i,j} = \frac{x'_{v,t,i,j} - x_{v,t,j,\min}}{x_{v,t,j,\max} - x_{v,t,j,\min}} \tag{4-73}$$

式中，$x''_{v,t,i,j}$ 为单井机采系统 i 的第 j 状态参数映射后的标准化值；$x^{i}_{v,t,j,\min}$、$x^{i}_{v,t,j,\max}$ 分别为第 j 状态参数的最小值和最大值。

（2）建立模糊相似关系

不同单井机采系统之间的模糊相似关系确定是进行模糊聚类分析的关键，以标准化后各单井机采系统的状态向量形成论域 $\boldsymbol{U}^{OE}_{v,t} = \{\boldsymbol{u}^{OE}_{v,t,1}, \boldsymbol{u}^{OE}_{v,t,2}, \cdots, \boldsymbol{u}^{OE}_{v,t,N^t_O}\}$，然后以格贴近度表示任意两个单井机采系统之间的模糊相似关系。由于标准化处理后的状态参数向量的所有元素都在[0～1]区间内，则状态参数向量可以看作模糊向量，其格贴近度即为单井机采系统 i 和 j 之间的模糊相似程度。格贴近度公式为

$$D^{OE}_{v,t}(\boldsymbol{u}^{OE}_{v,t,i}, \boldsymbol{u}^{OE}_{v,t,j}) = \left[\bigvee_{k=1}^{n^{OE}_v}(x''_{v,t,i,k} \wedge x''_{v,t,j,k})\right] \wedge \left[1 - \bigwedge_{k=1}^{n^{OE}_v}(x''_{v,t,i,k} \vee x''_{v,t,j,k})\right] \tag{4-74}$$

式中，$D^{OE}_{v,t}(\boldsymbol{u}^{OE}_{v,t,i}, \boldsymbol{u}^{OE}_{v,t,j})$ 为单井机采系统 i 的模糊向量 $\boldsymbol{u}^{OE}_{v,t,i}$ 和单井机采系统 j 的模糊向量 $\boldsymbol{u}^{OE}_{v,t,j}$ 之间的格贴近度。

则两个单井机采系统 i 和 j 的模糊相似系数可以表示为

$$r^{OE}_{v,t,i,j} = \begin{cases} 1 & i = j \\ D^{OE}_{v,t}(\boldsymbol{u}^{OE}_{v,t,i}, \boldsymbol{u}^{OE}_{v,t,j}) & i \neq j \end{cases} \tag{4-75}$$

式中，$r^{OE}_{v,t,i,j}$ 为单井机采系统 i 的状态向量 $\boldsymbol{u}^{OE}_{v,t,i}$ 和 $\boldsymbol{u}^{OE}_{v,t,j}$ 的模糊相似系数。

根据以上，可以得到所有单井机采系统之间的模糊相似系数，进而得到模糊相似矩阵为

$$\boldsymbol{R}^{OE}_{v,t} = \begin{vmatrix} r^{OE}_{v,t,1,1} & r^{OE}_{v,t,1,2} & \cdots & r^{OE}_{v,t,1,N^t_O} \\ r^{OE}_{v,t,2,1} & r^{OE}_{v,t,2,2} & \cdots & r^{OE}_{v,t,2,N^t_O} \\ \cdots & & & \\ r^{OE}_{v,t,N^t_O,1} & r^{OE}_{v,t,N^t_O,2} & \cdots & r^{OE}_{v,t,N^t_O,N^t_O} \end{vmatrix} \tag{4-76}$$

式中，$\boldsymbol{R}^{OE}_{v,t}$ 为不同单井机采系统之间的模糊相似矩阵。

（3）聚类数的确定

模糊相似矩阵 $\boldsymbol{R}^{OE}_{v,t}$ 一般满足自反性和对称性（高新波，2004），具有如下性质：

性质1：若对任意的自然数 k，$(\boldsymbol{R}^{OE}_{v,t})^k$ 也是模糊相似矩阵。

性质2：存在一个最小自然数 k^{OE}_v（$k^{OE}_v \leqslant n$），对于一切大于 k^{OE}_v 的自然数 l，恒有 $(\boldsymbol{R}^{OE}_{v,t})^{k^{OE}_v} = (\boldsymbol{R}^{OE}_{v,t})^l$，即 $(\boldsymbol{R}^{OE}_{v,t})^{k^{OE}_v}$ 是模糊等价矩阵[$(\boldsymbol{R}^{OE}_{v,t})^{2k^{OE}_v} = (\boldsymbol{R}^{OE}_{v,t})^{k^{OE}_v}$]。此时称 $(\boldsymbol{R}^{OE}_{v,t})^{k^{OE}_v}$ 为 $\boldsymbol{R}^{OE}_{v,t}$ 的传递闭包，记作 $\widehat{\boldsymbol{R}^{OE}_{v,t}} = (\boldsymbol{R}^{OE}_{v,t})^{k^{OE}_v}$。

基于以上性质，将 $\boldsymbol{R}^{OE}_{v,t}$ 反复自乘，依次计算 $(\boldsymbol{R}^{OE}_{v,t})^2$，$(\boldsymbol{R}^{OE}_{v,t})^4$，…，直到第一次得到：

$$(\boldsymbol{R}^{OE}_{v,t})^{k^{OE}_v} \circ (\boldsymbol{R}^{OE}_{v,t})^{k^{OE}_v} = (\boldsymbol{R}^{OE}_{v,t})^{k^{OE}_v} \tag{4-77}$$

则此时的 $(\boldsymbol{R}_{v,t}^{OE})^{k_v^{OE}}$ 即为 $\boldsymbol{R}_{v,t}^{OE}$ 的传递闭包 $\widehat{\boldsymbol{R}_{v,t}^{OE}}$。根据传递闭包 $\widehat{\boldsymbol{R}_{v,t}^{OE}}$ 选取适当置信水平值 $\lambda_{v,t}^{OE} \in [0,1]$，求得 $\widehat{\boldsymbol{R}_{v,t}^{OE}}$ 的 $\lambda_{v,t}^{OE}$ 截矩阵 $\widehat{\boldsymbol{R}_{v,t\lambda}^{OE}}$：

$$\widehat{\boldsymbol{R}_{v,t\lambda}^{OE}} = [r_{v,i,j}^{OE}(\lambda)]_{N_O^t \times N_O^t} \tag{4-78}$$

根据不同置信水平值可以得到不同的单井机采系统聚类数，结合聚类图谱得到相应的详细聚类结果。

2. 基于模糊 c 均值的单井机采系统聚类

模糊传递闭包法可以获得所有单井机采系统的分类数，但模糊传递闭包法得到聚类结果相对粗糙，各类中核心成员的确定不够精确。这里基于模糊传递闭包法得到的分类结果，基于模糊 c 均值聚类法(FCM)对分类结果进一步优化。FCM 方法是基于目标函数的模糊聚类法，通过构建聚类目标函数和迭代求解，使得每一类的内部差别尽量小且类间相似度尽量小。

FCM 方法是基于模糊数学发展起来的一种方法，在该方法中采用隶属度来描述各单井机采系统对于各机采系统模糊相似类的隶属程度，以各单井机采系统的状态参数向量与各聚类中心的欧式距离及模糊隶属度加权作和最小为目标建立了模糊分类目标函数为

$$\min J(\boldsymbol{\mu}_{v,t}^{OE}, \boldsymbol{c}_{v,t}^{OE}) = \sum_{k=1}^{N_O^t} \sum_{i=1}^{c} (\mu_{v,t,i,k}^{OE})^m (d_{s,i,k}^{OE})^2 \tag{4-79}$$

$$\text{s. t.} \quad \sum_{i=1}^{c} \mu_{v,t,i,k}^{OE} = 1 \tag{4-80}$$

式中，$\boldsymbol{\mu}_{v,t}^{OE}$ 为单井机采系统隶属于机采系统模糊相似类的隶属度矩阵；$\boldsymbol{c}_{v,t}^{OE}$ 为各模糊类的中心单井机采系统的状态参数向量所构成的矩阵；$\mu_{v,t,i,k}^{OE} \in [0,1]$ 为第 k 个单井机采系统隶属于第 i 个机采系统模糊相似类的隶属度；$d_{s,i,k}^{OE}$ 为模糊类 i 的中心单井机采系统与类内的单井机采系统 k 之间的欧式距离，$d_{s,i,k}^{OE} = \| \boldsymbol{x}''_{v,t,i} - \boldsymbol{x}''_{v,t,k} \|$，$\boldsymbol{x}''_{vt,i}$ 和 $\boldsymbol{x}''_{vt,k}$ 为单井机采系统 i 和 k 标准化后的状态参数向量；$m \in [0,2]$，为加权指数。

求解以上优化模型可采用拉格朗日乘子法将约束优化问题转化为无约束优化问题，转化后的表达式为

$$\min F_{OE,v} = \sum_{k=1}^{N_O^t} \sum_{i=1}^{c} (\mu_{v,t,i,k}^{OE})^m (d_{s,i,k}^{OE})^2 - \lambda \left(\sum_{i=1}^{c} \mu_{v,t,i,k}^{OE} - 1 \right) \tag{4-81}$$

采用最优性条件求解式(4-81)得到聚类中心和隶属度为

$$c_{v,t,i}^{OE} = \sum_{k=1}^{N_O^t} ((\mu_{v,t,i,k}^{OE})^m x''_{v,t,k}) / \sum_{k=1}^{N_O^t} (\mu_{v,t,i,k}^{OE})^m \tag{4-82}$$

$$\mu_{v,t,i}^{OE} = 1 / \sum_{j=1}^{c} (d_{s,i,k}^{OE} / d_{s,j,k}^{OE})^{2/(m-1)} \tag{4-83}$$

基于以上，以模糊传递闭包得到的聚类数和聚类结果为初值，给出 FCM 方法的聚类步骤为：

1) 根据由模糊传递闭包法得到的聚类数 c 和各模糊类的中心单井机采系统矩阵 $\boldsymbol{c}_{v,t,(0)}^{OE}$，得到隶属度矩阵 $\boldsymbol{\mu}_{v,t,(0)}^{OE}$，初始化加权指数 m、迭代次数 l 和终止迭代精度 ε；

2) 依据式(4-82)计算所有聚类中心 $\boldsymbol{c}_{v,t,(l)}^{OE}$；

3)依据式(4-83)更新隶属度矩阵$\boldsymbol{\mu}_{v,t,(l)}^{OE}$;

4)判断隶属度矩阵是否满足终止条件$\|\boldsymbol{\mu}_{v,t,(l)}^{OE}-\boldsymbol{\mu}_{v,t,(l+1)}^{OE}\|\leqslant\varepsilon$,若是则停止迭代,输出计算结果;否则令$l=l+1$,转步骤2)。

基于以上模糊聚类分析,将大规模的单井机采系统划归为若干机采系统模糊相似类,以各模糊类的中心单井机采系统表征类内其他单井机采系统,在后续的优化计算中仅针对各中心机采系统进行最优抽汲参数设计即可求解大规模采油子系统抽汲参数优化数学模型。

4.5.3　混合改进粒子群求解方法

采油子系统机采参数优化数学模型是典型的混合整数非线性规划(MINLP)模型,对于几百口生产油井的采油子系统,其优化变量超过千维,是求解难度很大的高维约束优化问题。传统优化方法多采用遍历的方式,通过完整比对所有可行抽汲参数方案之后,选取泵效最高的运行方案。采用遍历的方式虽然求解稳定,但对于包含几千甚至上万个单井机采系统的大型采油子系统而言,其求解时间是难以承受的。改进粒子群算法(MPSO)具有求收敛速度快、解精度高、高维求解能力强的特点,可用于求解采油子系统机采参数优化模型。以下基于MPSO算法,设计了求解采油子系统的智能求解方法。

1)分规模求解方式选择:为增强亚闭环网络系统运行优化研究的可推广性,本小节所建立的机采优化模型可以适应于油田规模的变动,因而在求解设计时也要考虑不同规模下的求解方式。需要指出的是,采用模糊聚类降维求解的方式虽然在计算效率方面显著提升,但牺牲了求解的最优性,因而对于在计算时间可接受的情况下优先选用通过枚举法遍历抽汲参数的所有组合方案,对于规模较大的采油子系统则先采用所提出的模糊聚类法将优化变量维度进行降维处理,再对模糊类的中心单井机采系统进行优化求解。

2)群体设计:采油子系统机采优化数学模型中,冲程、冲次、泵径、泵充满系数是主要决策变量,个体的编码应该针对这四种参数进行设计,将单井机采系统的所有可行方案顺序编号,每个维度代表一个单井机采系统的最佳抽汲方案。值得注意的是,由于泵充满系数与其他三种变量存在隐式数学关系,在实际计算过程中,仅依据冲程、冲次和泵径参数形成可行组合方案,在缩小可行域同时提高求解效率。个体i的编码结构为

$$z_{OE,i}^{t}=(p_{i,1}^{OE,t},p_{i,2}^{OE,t},\cdots,p_{i,N_O^t}^{OE,t})\tag{4-84}$$

式中,$z_{OE,i}^{t}$为第t时间段内采油子系统优化群体中的个体i,其中$i=1,2,\cdots,m_{OE,p}^{t}$;$m_{OE,p}^{t}$为群体规模;$p_{i,j}^{OE,t}$为第$t$时间段内个体$i$中单井机采系统$j$的可行组合参数方案,$p_{i,j}^{OE,t}$的取值为可行方案对应的编号,$p_{i,j}^{OE,t}\in\{1,2,\cdots,N_{OEMP,j}^{t}\}$。

3)含惩罚因子的约束违反度计算:在采油子系统机采参数优化过程中,对于不满足供电负荷约束、集输进站压力约束等约束条件的个体可以基于4.3.3节中的约束违反度计算公式正常处理,通过可行性准则控制MPSO算法的自适应求解,但对于违反供、采产液量平衡约束的个体需要对其加以惩罚,以避免不良解信息影响求解进程,含惩罚因子的违反程度公式为

$$v_{\mathrm{o,w}}^{OE}(z_{OE}^{t})=\frac{\sum_{i=1}^{m_C^{OE}}\left[(1-\beta_i^{OE})w_iG_i(z_{OE}^{t})+\beta_i^{OE}M^{OE}w_iG_i(z_{OE}^{t})\right]}{\sum_{i=1}^{m_C^{OE}}w_i}\quad\forall G_i(z_{OE}^{t})\neq0\tag{4-85}$$

式中，$v_{o,w}^{OE}(\cdot)$ 为采油子系统机采参数优化粒子群体的约束违反度；m_C^{OE} 为采油子系统机采参数优化数学模型的约束条件数量；β_i^{OE} 为约束条件标记的 0～1 二元变量，若机采参数优化数学模型中第 i 个约束条件是式(4-56)时 $\beta_i^{OE}=1$，否则 $\beta_i^{OE}=0$；M^{OE} 为供、采产液量平衡约束的惩罚因子。

基于以上主控参数，绘制采油子系统机采系统参数优化模型的求解流程图如图 4-9 所示。

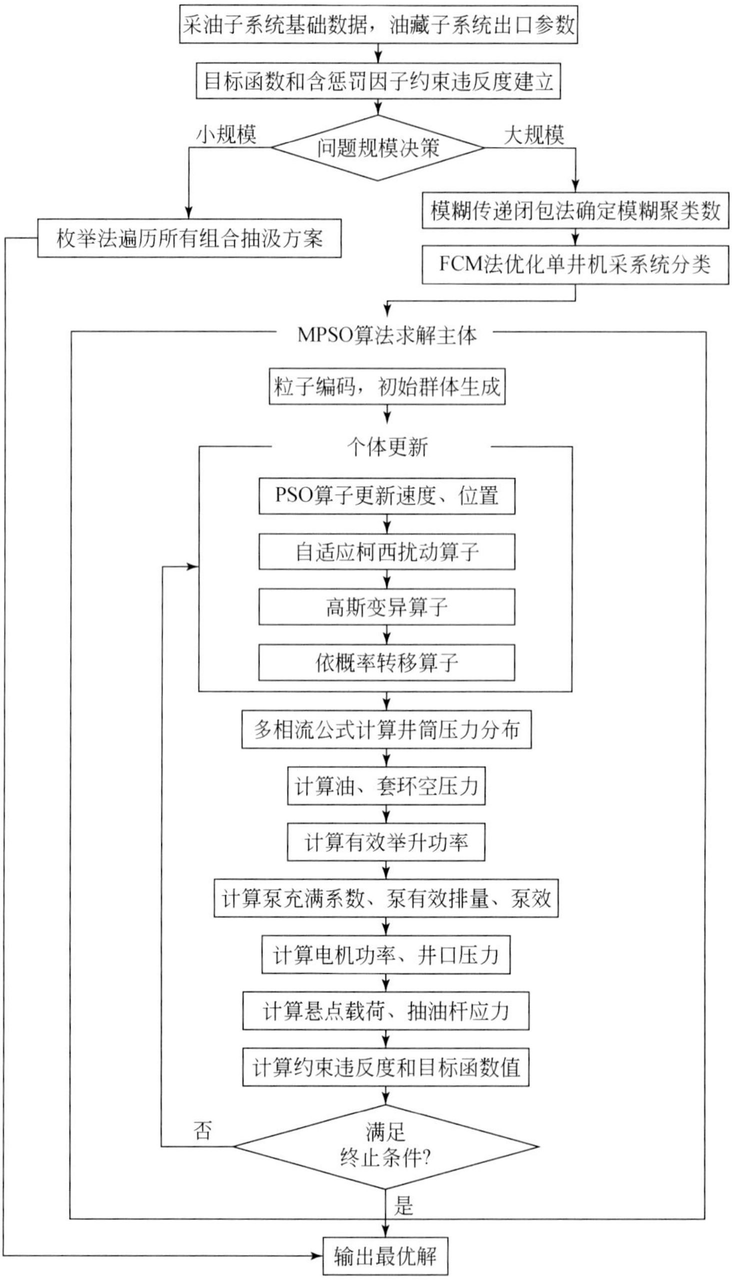

图 4-9　采油子系统机采参数优化数学模型求解流程图

4.6 集输子系统运行参数优化

集输子系统作为采油子系统的接续管网系统,负责将油田采出液进行收集和处理,是亚闭环网络系统中的宏观尺度的地面管流系统。本书第 2 章中针对集输子系统的掺水运行优化进行了介绍,但从亚闭环网络系统的层面来讲,集输子系统的运行优化不仅仅需要关注掺水工艺的运行能耗,还要考虑集输站场的用能情况,对整体集输子系统进行能耗分析和降耗优化设计。另外,集输子系统中集输工艺繁杂多样,存在着一级半布站、二级布站、三级布站等多种集输流程,在不同集输流程下的接转站的运转职责也不尽相同,兼顾多种集输工艺的通用型运行优化模型是进行集输子系统运行优化研究不可或缺的。再者,对于不同规模的亚闭环网络系统而言,集输子系统的规模也具有多样性,大型集输子系统运行优化的变量数量多、求解难度大,寻求稳定、高效的求解方法对于集输子系统的运行方案设计具有关键作用。

本小节针对大型集输子系统,从集输子系统的主要集输流程的能耗分布情况出发,考虑不同集输工艺及流程,协同采油子系统的出口端和污水处理子系统的入口端流体参数,建立了集输子系统运行优化数学模型,提出了混合分级-粒子群-烟花求解方法,实现了集输子系统的节能降耗设计。

4.6.1 集输子系统运行参数优化数学模型

1. 目标函数

在油田生产实际中,集输子系统的运行能耗是运行管理者最为关心的生产指标,降低集输能耗对于减少亚闭环网络系统的运行能耗具有重要意义。分析集输子系统中的能耗分布情况可知,集输能耗可以分为动力能耗、热力能耗、处理能耗三类,动力能耗主要表现为由掺水泵、增压泵所提供的液体流动的压能,热力能耗主要为加热炉所提供的维持液体温度的热能,处理能耗主要为转油站、脱水站、联合处理站对于液体的加工处理耗能。为便于建模,基于第 2 章所提出的图论思想,将集输子系统的拓扑结构提成为有向连通图 $G_t^{GT}(V_t^{GT},E_t^{GT})$,E_t^{GT} 表示集输子系统中各级节点之间的管道集合,V_t^{GT} 表示油井和各级站场节点的集合,满足 $V_t^{GT}=\cup_{i=1}^{N_t^{GT}}S_i^{GT}$,S_0^{GT} 表示 V_t^{GT} 中油井节点子集,S_1^{GT} 表示计量站节点子集,S_2^{GT} 表示接转站节点子集,S_3^{GT} 表示联合处理站和脱水站的节点集合,N_t^{GT} 表示子集级数。将动力能耗转化为集油管道起终点的压能损失,以液流在管道内流动的热能损失表征热力能耗,本书中以掺水量、掺水温度、各管线的起终点温度和压力参数为决策变量,考虑掺水耗能和各级站场能耗情况建立了集输子系统运行参数优化数学模型为

$$\min E_{C,t}^{GT}(\boldsymbol{T}_{GTw}^{t},\boldsymbol{P}_{GTw}^{t},\boldsymbol{Q}_{GTw}^{t},\boldsymbol{P}_{P,t}^{GT},\boldsymbol{T}_{P,t}^{GT})=\sum_{i=1}^{N_t^{GT}}\sum_{k=1}^{n_{L,t,i}^{GT}}C_{t,i,k}^{GT}(Q_{PD,i,k}^{GT,t})+f_{DP}^{t}(\boldsymbol{Q}_{GTw}^{t},\boldsymbol{P}_{GTw}^{t},\boldsymbol{P}_{P,t}^{GT})+f_{ET}^{t}(\boldsymbol{Q}_{GTw}^{t},\boldsymbol{T}_{GTw}^{t},\boldsymbol{T}_{P,t}^{GT}) \tag{4-86}$$

其中,

$$f_{DP}^{t}(\boldsymbol{Q}_{GT\mathrm{w}}^{t},\boldsymbol{P}_{GT\mathrm{w}}^{t},\boldsymbol{P}_{P,t}^{GT})=\sum_{i=1}^{N_t^{GT}}\sum_{j\in I_{S_{i-1}^{GT}}}\sum_{k\in I_{S_i^{GT}}}\xi_{j,k}^{GT}(\omega_{j,k}^{GT}q_{j,k}^{GT,t}\Delta P_{P,j,k}^{GT,t}+\psi_{k,j}^{GT}Q_{k,j}^{GT,t}\Delta P_{GT\mathrm{w}}^{t,k,j})\tag{4-87}$$

$$f_{ET}^{t}(\boldsymbol{Q}_{GT\mathrm{w}}^{t},\boldsymbol{T}_{GT\mathrm{w}}^{t},\boldsymbol{T}_{P,t}^{GT})=\sum_{i=1}^{N_t^{GT}}\sum_{j\in I_{S_{i-1}^{GT}}}\sum_{k\in I_{S_i^{GT}}}\xi_{j,k}^{GT}(\omega_{j,k}^{GT}q_{j,k}^{GT,t}\Delta T_{P,j,k}^{GT,t}c_{\mathrm{o},j,k}^{GT}+\psi_{k,j}^{GT}Q_{k,j}^{GT,t}\Delta T_{GT\mathrm{w}}^{t,k,j}c_{\mathrm{w},k,j}^{GT})\tag{4-88}$$

式中，$E_{C,t}^{GT}(\cdot)$ 为第 t 时间段内集输子系统的运行能耗；$n_{L,t,i}^{GT}$ 为第 t 时间段内第 i 级站场节点的数量；$C_{t,i}^{GT}(\cdot)$ 为第 t 时间段内站场 i 的处理费用；$Q_{PD,i,k}^{GT,t}$ 为第 t 时间段内站场 i 的处理液量；$f_{DP}^{t}(\cdot)$ 为第 t 时间段内集输子系统的动力能耗；$f_{ET}^{t}(\cdot)$ 为第 t 时间段内集输子系统的热力能耗；$\boldsymbol{Q}_{GT\mathrm{w}}^{t}$ 为第 t 时间段集输子系统掺水流量的向量；$\boldsymbol{T}_{GT\mathrm{w}}^{t}$、$\boldsymbol{P}_{GT\mathrm{w}}^{t}$ 分别为第 t 时间段掺水管道的起终点温度和压力向量；$\boldsymbol{P}_{P,t}^{GT}$、$\boldsymbol{T}_{P,t}^{GT}$ 为第 t 时间段集油管道的起终点温度和压力向量；$I_{S_i^{GT}}$、$I_{S_{i-1}^{GT}}$ 分别为节点子集 S_i^{GT}、S_{i-1}^{GT} 的表征数集；$\xi_{j,k}^{GT}$ 为表征连接关系的二元变量，若节点 j 和节点 k 之间存在连接管道，则 $\xi_{j,k}^{GT}=1$，否则 $\xi_{j,k}^{GT}=0$；$q_{j,k}^{GT,t}$ 为第 t 时间段内节点 j 和节点 k 之间集油管道内的流量；$Q_{k,j}^{GT,t}$ 为第 t 时间段内节点 j 和节点 k 之间掺水管道内的流量；$\Delta P_{P,j,k}^{GT,t}$、$\Delta T_{P,j,k}^{GT,t}$ 为第 t 时间段内节点 j 与节点 k 之间集油管道的压降和温降，$\Delta P_{P,j,k}^{GT,t}=P_{P,t,j}^{GT}-P_{P,t,k}^{GT}$，$\Delta T_{P,j,k}^{GT,t}=T_{T,t,j}^{GT}-T_{T,t,k}^{GT}$；$\Delta P_{GT\mathrm{w}}^{t,k,j}$、$\Delta T_{GT\mathrm{w}}^{t,k,j}$ 为节点 j 与节点 k 之间掺水管道的压降和温降，$\Delta P_{GT\mathrm{w}}^{t,k,j}=P_{GT\mathrm{w},k}^{t}-P_{GT\mathrm{w},j}^{t}$，$\Delta T_{GT\mathrm{w}}^{t,k,j}=T_{GT\mathrm{w},k}^{t}-T_{GT\mathrm{w},j}^{t}$；$c_{\mathrm{o},j,k}^{GT}$ 为节点 j 与节点 k 之间集油管道内介质的比热容；$c_{\mathrm{w},k,j}^{GT}$ 为节点 j 与节点 k 之间掺水管道内介质的比热容，$\omega_{j,k}^{GT}$、$\psi_{j,k}^{GT}$ 分别为集油和掺水管道内基于流向的符号函数：

$$\omega_{j,k}^{GT}=\begin{cases}1 & P_{P,t,j}^{GT}-P_{P,t,k}^{GT}>0\\ -1 & P_{P,t,j}^{GT}-P_{P,t,k}^{GT}\leqslant 0\end{cases}\tag{4-89}$$

$$\psi_{j,k}^{GT}=\begin{cases}1 & P_{GT\mathrm{w},k}^{t}-P_{GT\mathrm{w},j}^{t}>0\\ -1 & P_{GT\mathrm{w},k}^{t}-P_{GT\mathrm{w},j}^{t}\leqslant 0\end{cases}\tag{4-90}$$

2. 约束条件

(1) 流动特性约束

1) 集油管道内介质的流动特性应该满足水力学和热力学特性方程，即集油管道的压降应该等于管流沿程阻力损失，管道的温降应该等于管流散热损失：

$$\xi_{j,k}^{GT}\omega_{j,k}^{GT}(P_{P,t,j}^{GT}-P_{P,t,k}^{GT})=f_{l,O}(D_{O,j,k}^{GT},L_{O,j,k}^{GT},q_{j,k}^{GT,t})\tag{4-91}$$

$$\xi_{j,k}^{GT}\omega_{j,k}^{GT}(T_{T,t,j}^{GT}-T_{T,t,k}^{GT})=h_{l,O}(D_{O,j,k}^{GT},L_{O,j,k}^{GT},q_{j,k}^{GT,t},K_{O,j,k}^{GT})\tag{4-92}$$

式中，$f_{l,O}(\cdot)$ 为节点 j 与节点 k 之间集油管道的管流压降值，由不同的流体性质选择相应的压降公式计算；$h_{l,O}(\cdot)$ 为节点 j 与节点 k 之间集油管道的管流温降值，可由苏霍夫公式计算；$D_{O,j,k}^{GT}$、$L_{O,j,k}^{GT}$、$K_{O,j,k}^{GT}$ 分别为节点 j 与节点 k 之间集油管道的管径、长度、传热系数。

2) 水流在管道内流动应该满足水力、热力流动特性约束：

$$\xi_{k,j}^{GT}\psi_{k,j}^{GT}(P_{GT\mathrm{w},k}^{t}-P_{GT\mathrm{w},j}^{t})=f_{l,\mathrm{w}}(D_{\mathrm{w},k,j}^{GT},L_{\mathrm{w},k,j}^{GT},Q_{k,j}^{GT,t})\tag{4-93}$$

$$\xi_{k,j}^{GT}\psi_{k,j}^{GT}(T_{GT\mathrm{w},k}^{t}-T_{GT\mathrm{w},j}^{t})=h_{l,\mathrm{w}}(D_{\mathrm{w},k,j}^{GT},L_{\mathrm{w},k,j}^{GT},Q_{k,j}^{GT,t},K_{\mathrm{w},k,j}^{GT})\tag{4-94}$$

式中，$f_{l,\mathrm{w}}(\cdot)$ 为节点 j 与节点 k 之间掺水管道的管流压降值；$h_{l,\mathrm{w}}(\cdot)$ 为节点 j 与节点 k 之间掺水管道的管流温降值；$D_{\mathrm{w},k,j}^{GT}$、$L_{\mathrm{w},k,j}^{GT}$、$K_{\mathrm{w},k,j}^{GT}$ 分别为节点 j 与节点 k 之间掺水管道的管径、长

度、传热系数。

(2)温度约束

1)为保证集输子系统的安全平稳运行,所有集油管道内的流体温度应该大于其所连接的高级别站场节点的最低许用进站温度,即高于凝点以上3~5℃。

$$\xi_{j,k}^{GT}(T_{T,t,k}^{GT}+(1-\omega_{j,k}^{GT})M_{GT}-[T_{SImin,k}^{GT,t}])\geqslant 0 \tag{4-95}$$

式中,$[T_{SImin,k}^{GT,t}]$为第t时间段内站场节点k的最低许用进站温度;M_{GT}为任意大而非无穷大的实数。

2)为保证所掺的热水对原油具有加热作用,则与油井相连接的掺水管线的端点温度应该大于集油管线的端点温度。

$$\xi_{j,k}^{GT}(T_{GT\mathrm{w},j}^{t}-T_{T,t,j}^{GT})\geqslant 0 \tag{4-96}$$

3)在集输子系统的运行优化过程中,不考虑额外增加设备费用的问题,即集油管道和掺水管道内的介质的热能只能由现有的加热炉等换热设备给予,因此所有集油和掺水管道的端点温度应不能大于站场内设备所能加热液体到达的最大温度。

$$\xi_{j,k}^{GT}(T_{T,t,j}^{GT}+(\omega_{j,k}^{GT}-1)M_{GT}-T_{\mathrm{Fomax},j}^{GT,t})\leqslant 0 \tag{4-97}$$

$$\xi_{j,k}^{GT}(T_{GT\mathrm{w},k}^{t}+(\psi_{k,j}^{GT}-1)M_{GT}-T_{\mathrm{Fw}GT\mathrm{max},k}^{t})\leqslant 0 \tag{4-98}$$

式中,$T_{\mathrm{Fomax},j}^{GT,t}$为第$t$时间段内站场节点$j$内设备所能供给的集油管道最大端点温度;$T_{\mathrm{Fw}GT\mathrm{max},k}^{t}$为第$t$时间段内站场节点$k$内设备所能供给的掺水管道最大端点温度。

(3)压力约束

1)为保证集输子系统的正常运转,井口应该具有一定回压,且小于许用值。

$$\xi_{j,k}^{GT}(P_{P,t,j}^{GT}+(\omega_{j,k}^{GT}-1)M_{GT}-[P_{\mathrm{Womax},j}^{GT,t}])\leqslant 0 \tag{4-99}$$

式中,$[P_{\mathrm{Womax},j}^{GT,t}]$为第$t$时间段内油井节点$j$的井口回压许用值。

2)油井节点处的掺水压力应该大于压力许用值以保证热水和采出液的有效混合。

$$\xi_{j,k}^{GT}(P_{GT\mathrm{w},j}^{t}+(1-\psi_{k,j}^{GT})M_{GT}-[P_{\mathrm{Mw}GT\mathrm{min},j}^{t}])\geqslant 0 \tag{4-100}$$

式中,$[P_{\mathrm{Mw}GT\mathrm{min},j}^{t}]$为第$t$时间段内油井节点$j$的井口最低掺水许用压力。

3)为确保集输子系统中的集油管道内的介质流体顺利流入站场,集油管道的端点压力应该大于站场的最低进站压力。

$$\xi_{j,k}^{GT}(P_{P,t,k}^{GT}+(1-\omega_{j,k}^{GT})M_{GT}-[P_{SImin,k}^{GT,t}])\geqslant 0 \tag{4-101}$$

式中,$[P_{SImin,k}^{GT,t}]$为第t时间段内站场节点j的进站压力许用值。

(4)流量约束

1)为增强亚闭环网络系统的运行优化理论的适应性,集输子系统的运行优化模型中应该考虑油田生产中所采用的新工艺,部分设备可实现在油井井口对于采出液的脱水工作,采出液流量、外排流量、掺水量和集油管道内流量应该满足平衡条件。

$$q_{j,k}^{GT,t}+Q_{UW,j}^{t}-Q_{k,j}^{GT,t}-Q_{GTS,j}^{W,t}=0 \tag{4-102}$$

式中,$Q_{UW,j}^{t}$为第t时间段内由油井j外排出集输子系统的液体流量;$Q_{GTS,j}^{W,t}$为第t时间段内油井j的产出液量,与采油子系统中得到的油井产液量相等。

2)对于集输子系统中的所有站场节点,其站场内处理量应该等于下级油井节点或者站场节点的来液量之和。

$$Q_{PD,i,k'}^{GT,t} - \sum_{j=1}^{n_{L,t,i-1}^{GT}} \xi_{j,k'}^{GT} q_{j,k'}^{GT,t} = 0 \tag{4-103}$$

3）对于集输子系统的不同集输工艺，以站场作为流量平衡节点进行模型构建所得到的模型是具有差异性的，分析各集输工艺的异同点，将其统一归纳为站场节点的流量流入、流量留存、流量传递和流量外排，其中流入流量即为站场处理液量，流量留存表征站场中存在着储液装置，流量传递代表处理后的液体向下一级站场输运，流量外排表征向其他系统流出的液量，从而可以得到如下约束条件：

$$Q_{PD,i,k}^{GT,t} - Q_{Re,i,k}^{GT,t} - \sum_{k'=1}^{N_t^{GT}} \xi_{k,k'}^{GT} q_{k,k'}^{GT,t} - Q_{US,i,k}^{GT,t} = 0 \tag{4-104}$$

式中，$Q_{US,i,k}^{GT,t}$ 为第 t 时间段内 S_i^{GT} 中第 k 个站场节点外排出集输子系统的液体流量；$Q_{Re,i,k}^{GT,t}$ 为 S_i^{GT} 中第 k 个站场节点站内留存的液量。

4.6.2　混合粒子群-烟花求解方法

由以上集输子系统的运行参数优化数学模型可知，该模型是一个多约束的非线性最优化模型，可采用 PS-FW 算法和可行性准则进行求解。但在实际应用算法进行求解时需要注意的是模型维度的问题，集输子系统运行优化模型中包含掺水量、掺水管道的起终点温度和压力、集油管道的起终点的温度和压力五类决策变量，对于大型的集输子系统，其优化变量维度可达数万维，采用具有强随机性的智能优化算法收敛难度大、求解耗时长。为了有效求解以上参数优化模型，将流动特性约束作为强约束条件，通过限定集油和掺水管道一端的流体参数，然后以流动特性方程来求解另一端流体参数的方式来实现模型的降维求解。以约束条件参与求解模型的方式不仅保证了个体可以满足约束条件，还可以在迭代求解过程中减少一半的决策变量，提升了求解效率，以下对基于 PS-FW 算法的求解方法的主控参数进行了设计。

（1）群体设计

对于 PS-FW 算法的群体设计，主要是决策参与迭代计算的个体编码结构。掺水量的多少决定了管道的温降、压降的数值波动范围，而接转站中掺水量的多少又取决于每口油井的掺水量，因而对于掺水流程而言，以接转站的出口掺水压力和掺水温度，以及各油井的掺水量为决策变量。对于集油流程而言，则以集油管道与低级别节点连接端的管道端点压力和高级别站场节点连接端的管道端点温度为决策变量，进而得到如下个体编码结构：

$$\begin{aligned} z_{GT,i}^{t} = (\, & Q_{GT\mathrm{w}0,1}^{t,i}, Q_{GT\mathrm{w}0,2}^{t,i}, \cdots, Q_{GT\mathrm{w}0,N_\mathrm{w}^t}^{t,i}; T_{GT\mathrm{w},2,1}^{t,i}, T_{GT\mathrm{w},2,2}^{t,i}, \cdots, T_{GT\mathrm{w},2,N_{S_2}^t}^{t,i}; P_{P,t,0,1}^{GT,i}, \\ & P_{P,t,0,2}^{GT,i}, \cdots, P_{P,t,0,N_\mathrm{w}^t}^{GT,i}; \cdots; P_{P,t,n_{GT}^t-1,1}^{GT,i}, P_{P,t,n_{GT}^t-1,2}^{GT,i}, \cdots, P_{P,t,n_{GT}^t-1,N_{S_{n_{GT}^t}}^t}^{GT,i}; T_{T,t,1,1}^{GT,i}, \\ & T_{T,t,1,2}^{GT,i}, \cdots, T_{T,t,1,N_\mathrm{w}^t}^{GT,i}; \cdots; T_{T,t,n_{GT}^t,1}^{GT,i}, T_{T,t,n_{GT}^t,2}^{GT,i}, \cdots, T_{T,t,n_{GT}^t,N_{S_{n_{GT}^t}}^t}^{GT,i}\,) \end{aligned} \tag{4-105}$$

式中，$z_{GT,i}^{t}$ 为第 t 时间段内集输子系统优化群体中的个体 i，其中 $i = 1,2,\cdots,m_{GT,p}^{t}$；$m_{GT,p}^{t}$ 为群体规模；$Q_{GT\mathrm{w}0,j}^{t,i}$ 为个体 i 中油井 j 的掺水量；$T_{GT\mathrm{w},2,j}^{t,i}$ 为第 t 时间段内接转站 i 中的热水出站

温度；$P_{P,t,j,k}^{GT,i}$ 为第 t 时间段内个体 i 中与节点子集 S_j^{GT} 中第 k 个节点相连接的管道端点压力，$j=0,1,\cdots,n_{GT}^t$，$k=1,\cdots,N_{S_j}^t$，其中 $N_{S_j}^t$ 为第 j 级节点子集中节点的数量；$T_{T,t,j,k}^{GT,i}$ 为第 t 时间段内个体 i 中与节点子集 S_j^{GT} 中第 k 个节点相连接的管道端点温度，$j=1,\cdots,n_{GT}^t$。

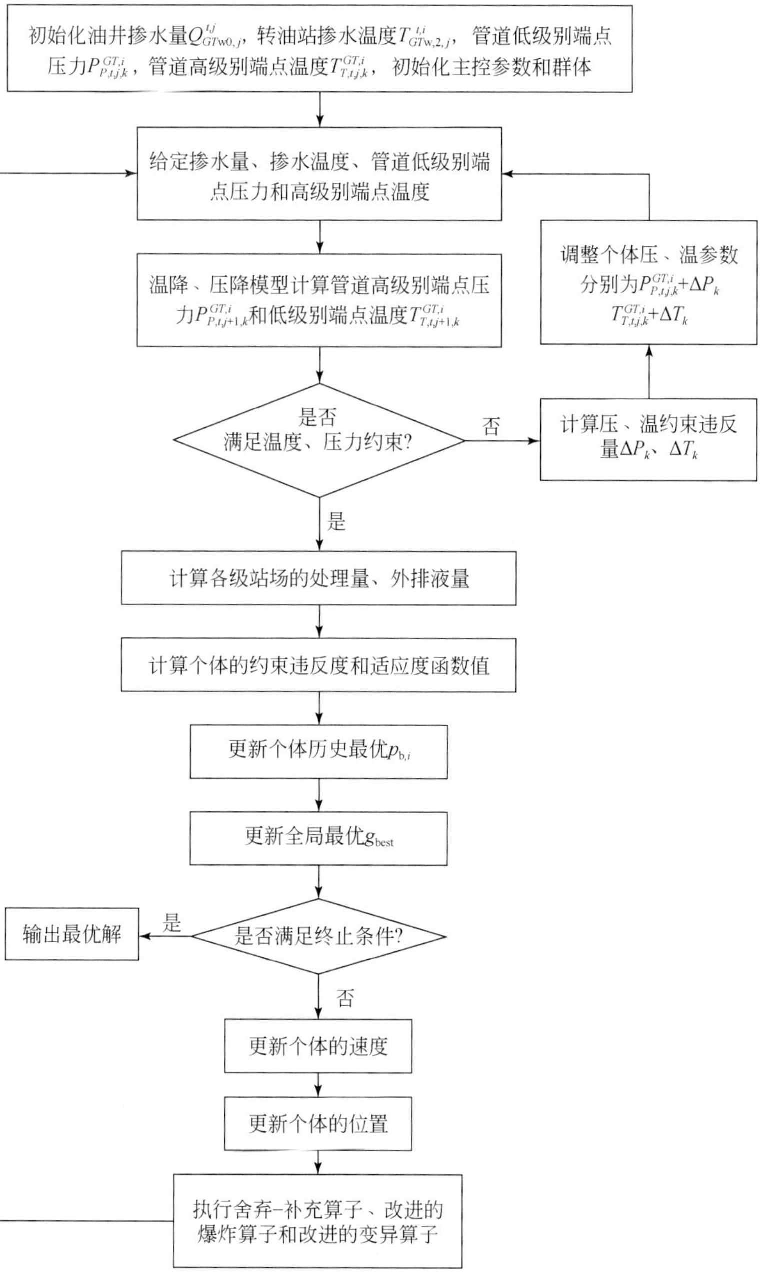

图 4-10　集输子系统求解方法流程图

(2)不可行解调整

在迭代求解过程中，一定存在着不可行的个体，如果仅通过舍去、重新随机生成的方式来调整不可行解，对于高维优化问题会增加其计算负荷，导致求解不收敛等问题。针对本书中的集输子系统优化问题，需要对不可行的个体给予调整，以加快算法收敛。因为以流动特性约束作为强约束条件，所有的个体均满足流动特性约束，个体不满足的约束条件主要为井口回压约束、掺水压力约束、进站温度约束等流体参数约束条件，本书中对这类不可行个体进行调整，具体可以表述为：①针对所有个体，遍历其个体信息，判断是否存在不可行的维度信息；②对于不可行的温度、压力约束，判断其超出可行约束范围的 ΔP 和 ΔT；③将 ΔP 和 ΔT 增加到管道的起始端流体参数上，形成新的个体。

基于以上主控参数设计，给出集输子系统的求解方法流程图，如图 4-10 所示。

4.7 污水处理子系统调度优化

污水处理子系统是亚闭环网络系统中负责油田生产污液处理的系统，也是维持水流在亚闭环网络系统中周期流动的关键子系统。以节点数目来衡量子系统的大小，则污水处理子系统是五个子系统中规模最小的，进行优化设计相对简单一些，但由于污水处理子系统中涉及了多种调配流程，不同的调配流程直接决定了注入子系统运行方案的制订，间接影响了油藏子系统的注采结果，从而影响整个亚闭环网络系统的最优运行，因此，开展污水处理子系统调度优化，确定污水处理子系统中的最优调度方案，是本小节中关注的重点。污水处理子系统中进行大规模调配的管流介质是含油污水或清水，因而污水处理子系统调度优化中亦重点针对水流的优化调度开展研究，以下调度优化中涉及的注入子系统指注水子系统。

污水处理子系统调度优化中需要确定脱水站、联合处理站、接转放水站的污水来液向各污水处理站，以及污水处理站向各注水站的最优流量调度，是典型的组合优化问题。本书首先基于马尔可夫链蒙特卡罗(Markov chain Monte Carlo，MCMC)方法对污水管道的水力计算进行了修正，然后以总能耗最低为目标建立污水处理子系统的调度优化数学模型，最后基于改进的粒子群算法(MPSO)实现了优化模型的求解。

4.7.1 贝叶斯-马尔可夫链蒙特卡罗水力修正法

1. 水力修正模型建立

在污水处理子系统中，管道的水力分析计算通常是分析污水处理系统运行状态、开展调度优化的基础。忽略局部水头损失，则污水管道的压降主要由沿程摩阻损失确定，传统的方法中多采用达西公式进行污水管流的压降计算，然而，由于污水中含有油滴、聚合物、悬浮物等，流体的水力摩阻系数、密度、黏度均不同于纯水，采用标准达西公式分析计算污水处理子系统中管道的压降存在计算精度问题。首先以沿程压降计算值和实际值之差平方和最小为目标建立了水力修正优化模型：

$$\min f^t_{\mathrm{w}Tc}(a^t_\lambda, b^t_\lambda) = \left(a^t_\lambda \frac{8L_{\mathrm{w}T}q^{t2}_{\mathrm{w}T}}{\pi D^5_{\mathrm{w}T}g} + b^t_\lambda - \Delta h^t_{\mathrm{w}T}\right)^2 \tag{4-106}$$

式中，$f^t_{\mathrm{w}Tc}(\cdot)$ 为水力修正优化模型的目标函数值；a^t_λ、b^t_λ 为第 t 时间段内污水管流水力修正系数；$L_{\mathrm{w}T}$、$D_{\mathrm{w}T}$ 分别为管道的长度和管径；$q^t_{\mathrm{w}T}$、$\Delta h^t_{\mathrm{w}T}$ 分别为第 t 时间段内污水管道内的流

量和沿程压降。

2. 贝叶斯估计模型建立

式(4-106)是典型的无约束非线性最优化模型,本书采用马尔可夫链蒙特卡罗方法确定优化模型中的最优参数 a_{λ}^{t} 、b_{λ}^{t} 。马尔可夫链蒙特卡罗方法是对贝叶斯推断理论的一种推广,结合蒙特卡罗方法实现了对统计学参数的有效估计。进行 MCMC 参数估计需要事先确定所估计模型的后验分布,以下给出基于贝叶斯估计方法建立的后验模型。

根据式(4-106)可知,管道流量 q_{wT}^{t} 和 Δh 是已知的油田生产过程中历史实测数据,现需要基于实测数据估计参数 a_{λ}^{t} 、b_{λ}^{t} 的最优值。令

$$\Delta h_{wT}^{t} = a_{wT}q_{wT}^{t2} + b_{wT} + \varepsilon \tag{4-107}$$

式中,ε 为统计误差量,服从标准正态分布 $N(0,\sigma^2)$;b_{wT} 和 a_{wT} 为估计参数,且满足:

$$a_{wT} = a_{\lambda}^{t}\ \frac{8L_{wT}}{\pi D_{wT}^{5}g}$$

$$b_{wT} = b_{\lambda}^{t}$$

对式(4-107)关于 a_{wT} 和 b_{wT} 求偏导,并令其等于零,可得

$$\begin{cases} \dfrac{\partial f_{wTc}^{t}}{\partial a_{wT}} = \dfrac{\partial\ (a_{wT}q_{wT}^{t2} + b_{wT} - \Delta h_{wT}^{t})^2}{\partial a_{wT}} \\ \dfrac{\partial f_{wTc}^{t}}{\partial b_{wT}} = \dfrac{\partial\ (a_{wT}q_{wT}^{t2} + b_{wT} - \Delta h_{wT}^{t})^2}{\partial b_{wT}} \end{cases} \tag{4-108}$$

求解以上方程组可以得到

$$\begin{cases} a_{wT} = \dfrac{\sum\limits_{i=1}^{n}(q_{wT,i}^{t2} - \overline{q_{wT}^{t2}})(\Delta h_{wT,i}^{t} - \overline{\Delta h_{wT}^{t}})}{\sum\limits_{i=1}^{n}(q_{wT,i}^{t2} - \overline{q_{wT}^{t2}})^2} \\ b_{wT} = \dfrac{1}{n}\sum\limits_{i=1}^{n}(\Delta h_{wT,i}^{t} - a_{wT}q_{wT,i}^{t2}) \end{cases} \tag{4-109}$$

式中,n 为历史生产样本数据的数量;$q_{wT,i}^{t}$ 为样本数据中管道的第 i 条流量值;$\overline{q_{wT}^{t2}}$ 为样本数据中管道流量的平方的平均值;$\Delta h_{wT,i}^{t}$ 为样本数据中管道的第 i 条压降值;$\overline{\Delta h_{wT}^{t}}$ 为样本数据中管道沿程压降的平均值。

每个历史生产样本数据可以看做随机变量,则可得 $\Delta h_{wT,i}^{t} \sim N(a_{wT}\overline{q_{wT,i}^{t2}} + b_{wT},\sigma^2)$,每个样本服从的概率分布为

$$f(q_{wT,i}^{t},\Delta h_{wT,i}^{t},a_{wT},b_{wT}) = \frac{1}{\sqrt{2\pi\sigma}}\exp\left[-\frac{(\Delta h_{wT,i}^{t} - a_{wT}\overline{q_{wT,i}^{t2}} - b_{wT})^2}{2\sigma}\right] \tag{4-110}$$

进而给出 a_{wT} 、b_{wT} 、σ^2 的联合后验分布

$$p(a_{wT},b_{wT},\sigma^2)\,|\,p(\Delta h_{wT}^{t},q_{wT}^{t}) \propto p(a_{wT},b_{wT},\sigma^2)\prod_{i=1}^{n}(\Delta h_{wT}^{t}\,|\,a_{wT},b_{wT},\sigma^2,q_{wT}^{t}) \tag{4-111}$$

从而得到:

$$p(a_{wT},b_{wT},\sigma^2)\mid p(\Delta h_{wT}^t,q_{wT}^t)\propto p(a_{wT},b_{wT},\sigma^2)\exp\sum_{i=1}^{n}\left[-\frac{1}{2\sigma^2}(\Delta h_{wT}^t-a_{wT}q_{wT}^{t2}-b_{wT})\right] \tag{4-112}$$

假定 a_{wT} 和 b_{wT} 相互独立，根据共轭分布法，可以得到参数 b_{wT} 的条件后验分布为 $N(\overline{b_{wT}},s_0^2)$ ：

$$\overline{b_{wT}}=\frac{1}{n}\sum_{i=1}^{n}(\Delta h_{wT,i}^t-a_{wT}q_{wT,i}^{t2}-b_{wT}) \tag{4-113}$$

其中，$s_0^2=\delta^2/n$ 。

同理可以得到参数 a_{wT} 的条件后验分布为 $N(\overline{a_{wT}},s_1^2)$ ：

$$\overline{a_{wT}}=\frac{1}{n}\sum_{i=1}^{n}\frac{1}{q_i^4}\sum_{i=1}^{n}q_i^2(\Delta h_{wT,i}^t-b_{wT}) \tag{4-114}$$

其中，$s_1^2=\sum_{i=1}^{n}q_i^{-4}\delta^2$。

基于 a_{wT} 和 b_{wT} 的条件后验分布，即可以得到 b_λ^t 的条件后验分布为 $N(\overline{b_\lambda},s_0^2)$ ，其中 $\overline{b_\lambda}=\overline{b_{wT}}$ ；a_λ^t 的后验条件分布为 $N(\overline{a_\lambda},s_1^2)$ ，其中 $\overline{a_\lambda}=\overline{a_{wT}}\dfrac{\pi D_{wT}^5 g}{8L_{wT}}$ 。

3. MCMC 方法参数估计

在得到了参数 a_λ 和 b_λ 的后验分布之后，采用 MCMC 方法进行参数估计。MCMC 方法进行参数估计的思路是：通过抽样实验来建立估计参数的马尔可夫链，使其极限分布为参数的后验分布，进而利用所得的后验分布求取参数的估计值。

（1）马尔可夫链方法

采用 MCMC 方法估计参数的核心是生成马尔可夫链（Markov 链），在合理定义初始值和迭代次数的情况下，MCMC 算法总能得到一条或者几条收敛的马尔可夫链。

定义 5：$\{X_t:t>0\}$ 为一组随机的样本，这些样本的取值范围形成一个集合记为 S ，定义为状态空间。假设对于任意时刻和任意状态，均有：

$$P(X_{t+1}=s_j\mid X_t=s_i,X_{i-1}=X_{it-1},\cdots,X_0=s_{i0})=P(X_{t+1}=s_j\mid X_t=s_i) \tag{4-115}$$

则称 $\{X_t:t>0\}$ 为一条 Markov 链。从以上定义可以看出，下一时刻的状态只与当前时刻的信息有关，而不受以前的状态影响。转移概率（转移核）决定着马氏链的性质，是各状态间的一步转移概率，公式表示如下：

$$P(i,j)=p(i\rightarrow j)=P(X_{t+1}=s_j\mid X_t=s_i) \tag{4-116}$$

令 $\pi_j(t)=P(X_t=s_j)$ 为马氏链 t 时刻处于 s_j 的概率，$\pi(0)$ ，$\pi(t)$ 为马氏链在初始时刻和 t 时刻的处于各状态的概率向量。通常状况下，$\pi(0)$ 中除了一个分量为 1，其他均为 0。这种现象说明随着抽样过程的进行，马氏链会遍历空间的每一个状态。$\pi_{j+1}(t)$ 可以由 Chapman-Kolomogrov 方程给出：

$$\begin{aligned}\pi_{j+1}(t)&=P(X_{t+1}=s_j)=\sum_k P(X_{t+1}=s_j\mid X_t=s_k)\\&=\sum_k P(k\rightarrow j)\pi_k(t)=\sum_k P(k,j)\pi_k\end{aligned} \tag{4-117}$$

定义一个转移概率矩阵 P ，其元素 $P(i,j)$ 表示状态 i 到状态 j 的转移概率，其满足如下条件：

$$P(i,j) \geqslant 0$$

$$\sum_j P(i,j) = 1$$

则 Chapman-Kolomogrov 方程可以写为矩阵形式：

$$\pi(t+1) = \pi(t)P \tag{4-118}$$

基于式(4-118)，经过变换可以得到：

$$\pi(t) = \pi(t-1)P = [\pi(t-2)P]P = \pi(t-2)P^2 \cdots \pi(0)P^t \tag{4-119}$$

定义马氏链从 i 状态到 j 状态经过 n 步变换，其转移概率为 P_{ij}^n ：

$$P_{ij}^n = P(X_{t+n} = s_j \mid X_t = s_i) \tag{4-120}$$

经过一定时间的状态转移，一个非周期性的马氏链可以达到一个稳定分布，该分布不受初始时刻的概率值影响，由下式进行表示：

$$\pi^* = \pi^* P$$

式中，π^* 为达到平稳细致分布后马氏链处于各状态的概率向量。其对应的各状态即为所要产生的随机样本。

(2) Metropolis-Hastings 方法

应用较为广泛的 Markov 链生成方法有 Metropolis-Hastings 和 Gibbs 采样法。本书采用 Metropolis-Hastings 方法构造 MCMC 方法的马氏链。

Metropolis-Hastings 方法的关键是通过构建控制状态转移的转移核：

$$p(x,y) = p(x \rightarrow y) = q(x,y)\eta(x,y) \tag{4-121}$$

式中，$p(x,y)$ 为转移核；$q(\cdot,\cdot)$ 为建议概率分布函数；$\eta(x,y)$ 为状态转移接受概率。

Metropolis-Hastings 方法的基本思路为：定义马氏链在 t 时刻的状态为 x ，则有 $X^{(t)} = x$ 。在确定下一时刻马氏链的状态时，首先根据 $q(\cdot,\cdot)$ 生成一个潜在转移方向 $x \rightarrow y$ 。然后根据阈值函数 $a(x,y)$ 判断是否转移到下一时刻的状态，具体的判断方法为：在产生了潜在转移状态 y 后，在区间[0,1]内产生一个均匀分布随机数，公式如下：

$$X^{(t+1)} = \begin{cases} y & u \leqslant \eta(x,y) \\ x & u \geqslant \eta(x,y) \end{cases} \tag{4-122}$$

上式可以理解为，每一次转移状态的发生以 $\eta(x,y)$ 的概率接受转移，以 $1-\eta(x,y)$ 拒绝转移。$\eta(x,y)$ 的一般函数构造如下：

$$\eta(x,y) = \min\left\{1, \frac{\pi(y)q(y,x)}{\pi(x)q(x,y)}\right\} \tag{4-123}$$

则，$p(x,y)$ 可以写成：

$$p(x,y) = \begin{cases} q(x,y) & \pi(y)q(y \mid x) \geqslant \pi(x)q(x \mid y) \\ q(x,y)\dfrac{\pi(y)}{\pi(x)} & \pi(y)q(y \mid x) \leqslant \pi(x)q(x \mid y) \end{cases} \tag{4-124}$$

在进行问题求解时，通常将建议分布取为对称分布，即 $q(x,y) = q(y,x)$ ，则 $\eta(x,y)$ 表示为

$$\eta(x,y)=\min\left\{1,\frac{\pi(y)}{\pi(x)}\right\} \tag{4-125}$$

基于以上经过一定时间的抽样运算即可得到 Markov 链随机样本。

(3)MCMC 方法估计参数流程

根据待估计参数 a_λ^t 和 b_λ^t 的后验分布,采用 Metropolis-Hastings 方法构造估计 a_λ^t 和 b_λ^t 的马尔可夫链,然后对马尔可夫链的状态值进行统计进而得到 a_λ^t 和 b_λ^t 的数值。以 a_λ^t 参数的求解流程为例,MCMC 方法估计参数流程可以表述为:

1)以 $N(\overline{a_\lambda},s_1^2)$ 作为平稳分布,初始化 Markov 链的状态为 $a_\lambda^{(0)}$,令初始迭代次数 $l=0$;

2)根据马氏链在 t 时刻的状态 $a_\lambda^{(t)}$,由建议函数 $q(a'_\lambda \mid a_\lambda^{(t)})$ 生成一个尝试转移状态 a'_λ 。其中, $a_\lambda^{(t)}$ 的建议函数取以当前状态 $a_\lambda^{(t)}$ 为均值,标准差为 δ 的正态分布,即 $q(a'_\lambda \mid a_\lambda^{(t)}) \sim N(a_\lambda^{(t)},\delta^2)$,则备选参数 a'_λ 可以表示为 $q(a'_\lambda \mid a_\lambda^{(t)})=\frac{1}{\sqrt{2\pi}\delta}\exp(-\frac{(a'_\lambda-a_\lambda^{(t)})^2}{2\delta})$;

3)计算接受概率 $\eta(a_\lambda^{(t)},a'_\lambda)=\min\left\{1,\frac{\pi(a'_\lambda \mid X)q(a_\lambda^{(t)} \mid a'_\lambda)}{\pi(a_\lambda^{(t)} \mid X)q(a'_\lambda \mid a_\lambda^{(t)})}\right\}$,其中 X 为已知样本数据集合,产生满足 $U(0,1)$ 的随机数 u ,判断是否 $u \leqslant \eta(a_\lambda^{(t)},a'_\lambda)$,如果是则接受状态 a'_λ , $a_\lambda^{(t+1)}=a'_\lambda$;否则, $a_\lambda^{(t+1)}=a_\lambda^{(t)}$ 。迭代次数 $l=l+1$;

4)判断是否满足迭代终止条件,若是则转步骤5);否则转步骤2);

5)马氏链收敛,得到的平稳分布状态即为抽样样本。

基于以上抽样步骤,同理可得到 b_λ^t 的马氏链平稳分布状态参数,进而得到用于参数估计的样本数据,统计样本数据的均值得到 a_λ^t 和 b_λ^t 的具体数值。基于 a_λ^t 和 b_λ^t 即可得到修正后的污水管道水力计算模型。

4.7.2 污水处理子系统调度优化数学模型

1. 目标函数

在污水处理子系统中,其运行费用主要在于污水输运过程中的动能损失和购置清水费用。为了便于建模,将污水子系统的水源来水站场–集中脱水站、联合处理站、转油放水站,统一划归为污水水源站,以污水水源站向污水处理站、污水处理站向注水站的输运能耗和购置清水费用总和最小为目标函数建立了污水处理系统调度优化数学模型的目标函数为

$$\begin{aligned}\min F_t^{wT}(\boldsymbol{Q}^{wT,t},\boldsymbol{\xi}^{wT,t},\boldsymbol{H}^{wT,t})=&\sum_{i=1}^{C_d^{wT,t}}\sum_{j=1}^{M_d^{wT,t}}\xi_{i,j}^{wTC,t}Q_{Cd,i,j}^{wTC,t}\left[\frac{H_{C,i}^{wT,t}-H_{SC,i}^{wT,t}}{\eta_{Cd,i}^{wT,t}\eta_{CE,i}^{wT,t}}+r_{i,j}^{wTC,t}(Q_{Cd,i,j}^{wTC,t})\right]+\sum_{i=1}^{M_d^{wT,t}}\mu_i^{wT,t}Q_{Bd,i}^{wT,t}\\&+\sum_{i=1}^{M_d^{wT,t}}\sum_{j=1}^{N_d^{wT,t}}\xi_{i,j}^{wTM,t}Q_{Md,i,j}^{wT,t}\left[\frac{H_{M,i}^{wT,t}-H_{SM,i}^{wT,t}}{\eta_{Md,i}^{wT,t}\eta_{ME,i}^{wT,t}}+r_{i,j}^{wTM,t}(Q_{Md,i,j}^{wT,t})\right]\end{aligned} \tag{4-126}$$

式中, $F_t^{wT}(\cdot)$ 为第 t 时间段内污水处理子系统的总调度能耗; $\boldsymbol{Q}^{wT,t}$ 为第 t 时间段内污水水源站向污水处理站以及污水处理站向注水站的调度水量向量; $\boldsymbol{\xi}^{wT,t}$ 为第 t 时间段内各级站场之间是否进行污水调度的二元变量向量; $\boldsymbol{H}^{wT,t}$ 为第 t 时间段内污水水源站和污水处理站之中的增压泵的出口扬程向量; $C_d^{wT,t}$ 、$M_d^{wT,t}$ 、$N_d^{wT,t}$ 分别为第 t 时间段内污水水源站、污水处理

站和注水站的数目；$Q_{Cd,i,j}^{wTC,t}$ 为第 t 时间段内第 i 个污水水源站到第 j 个污水处理站的输水量；$Q_{Md,i,j}^{wT,t}$ 为第 t 时间段内第 i 个污水处理站到第 j 个注水站的输水量；$Q_{Bd,i}^{wT,t}$ 为第 t 时间段内第 i 个污水处理站的外购水量；$\xi_{i,j}^{wTC,t}$ 为第 t 时间段内从污水水源站 i 到污水处理站 j 是否供水的 0 ~ 1 变量；$\xi_{i,j}^{wTM,t}$ 为第 t 时间段内从污水处理站 i 到注水站 j 是否供水的 0 ~ 1 变量；$r_{i,j}^{wTC,t}(\cdot)$ 为第 t 时间段内第 j 污水处理站处理来自于第 i 污水水源站来水单位水量所耗费用；$r_{i,j}^{wTM,t}(\cdot)$ 为第 t 时间段内第 j 注水站处理来自于第 i 污水处理站来水单位水量所耗费用；$H_{C,i}^{wT,t}$ 、$H_{SC,i}^{wT,t}$ 分别为第 t 时间段内第 i 个污水水源站外输扬程和来水扬程；$H_{M,i}^{wT,t}$ 、$H_{SM,i}^{wT,t}$ 分别为第 t 时间段内第 i 个污水处理站外输扬程和来水扬程；$\eta_{Cd,i}^{wT,t}$ 、$\eta_{CE,i}^{WT,t}$ 分别为第 t 时间段内第 i 个污水水源站的增压泵的泵效以及电机效率；$\eta_{Md,i}^{wT,t}$ 、$\eta_{ME,i}^{wT,t}$ 分别为第 t 时间段内第 i 个污水处理站的增压泵的泵效及电机效率；$\mu_{i}^{wT,t}$ 为第 t 时间段内第 i 个污水处理站外购清水的单位流量的成本。

2. 约束条件

1）亚闭环网络系统的稳定周期循环生产是维持油田正常运转的关键，从注水子系统将注入水注入油藏子系统中开始，到污水处理子系统将处理后的达标注入水输送给注水子系统为止，形成了一个完整的运行周期，为了维持运行周期的稳定，降低运行费用，油田污水全部回注是必然要求。

$$\sum_{i=1}^{C_d^{wT,t}} \sum_{j=1}^{M_d^{wT,t}} \xi_{i,j}^{wTC,t} Q_{Cd,i,j}^{wTC,t} = \sum_{i=1}^{M_d^{wT,t}} \sum_{i=1}^{N_d^{wT,t}} \xi_{i,j}^{wTM,t} Q_{Md,i,j}^{wT,t} \tag{4-127}$$

2）污水处理子系统承担着接续集输子系统中的油田污水处理以及注水子系统的供水任务，污水处理子系统的回注水量与外购清水的水量之和应该满足油藏子系统开发所需总注入水量。

$$\sum_{i=1}^{M_d^{wT,t}} \sum_{i=1}^{N_d^{wT,t}} \xi_{i,j}^{wTM,t} Q_{Md,i,j}^{wT,t} + \sum_{i=1}^{M_d^{wT,t}} Q_{Bd,i}^{wT,t} = \sum_{i=1}^{N_d^{wT,t}} Q_{SIW,i}^{wT,t} \tag{4-128}$$

式中，$Q_{SIW,i}^{wT,t}$ 为第 t 时间段内第 i 个注水站所需的注水量。

3）为了稳定污水子系统的运行压力，有效调配各级站场之间的输运水量，污水水源站和污水处理站中常存在着储集装置，考虑污水处理子系统的动态流量平衡，以及处理后外排出污水处理子系统中的液量，建立节点流量平衡约束条件为

$$\sum_{j=1}^{n_{n,i}^{wT,t}} \sigma_{i,j}^{wT,t} q_{i,j}^{wT,t} + Q_{Re,i}^{wT,t} + Q_{U,i}^{wT,t} = 0 \tag{4-129}$$

式中，$n_{n,i}^{wT,t}$ 为第 t 时间段内与节点 i 相邻接的污水管道的数量；$\sigma_{i,j}^{wT,t}$ 为第 t 时间段内管道流向变量，由节点 j 流向 i 则 $\sigma_{i,j}^{wT,t} = -1$，由节点 i 流向 j 则 $\sigma_{i,j}^{wT,t} = 1$；$Q_{Re,i}^{wT,t}$ 为第 t 时间段内节点 i 的储集液量；$Q_{U,i}^{wT,t}$ 为第 t 时间段内节点 i 的外排液量。

4）为保证污水处理站处理污水的效率，各污水处理站的负荷率应该在高效范围内，对应于污水处理站的来液量应该在一定范围内。

$$Q_{MD,j}^{wT\min,t} \leqslant \sum_{i=1}^{C_d^{wT}} \xi_{i,j}^{wTC,t} Q_{Cdi,j}^{wT,t} \leqslant Q_{MD,j}^{wT\max,t} \tag{4-130}$$

式中，$Q_{MD,j}^{wT\min,t}$ 为第 t 时间段内污水处理站 j 的高效运行的最小处理量；$Q_{MD,j}^{wT\max,t}$ 为第 t 时间段

内污水处理站 j 的高效运行的最大处理量。

5)污水处理子系统中的注水管道均已建成投产,在进行污水调度过程中应该考虑管道的最大输运能力,管道内的水量不能过大,而为了完成流量供给任务且考虑经济性,管道内的水量也必须大于下界值。

$$\xi_{i,j}^{wTC,t} Q_{C\min,i,j}^{wT,t} \leqslant \xi_{i,j}^{wTC,t} Q_{Cd,i,j}^{wT,t} \leqslant \xi_{i,j}^{wTC,t} Q_{C\max,i,j}^{wT,t} \tag{4-131}$$

式中,$Q_{C\min,i,j}^{wT,t}$、$Q_{C\max,i,j}^{wT,t}$ 分别为第 t 时间段内污水水源站 i 到污水处理站 j 之间的最小和最大可行输运流量。

6)为保证正常生产运行,污水子系统中污水水源站和污水处理站的污水进站压力应该大于进站压力许用值。

$$P_{M,i}^{wT,t} > [P_{M\min,i}^{wT,t}] \quad i = 1,2,\cdots,M_d^{wT,t} \tag{4-132}$$

$$P_{N,i}^{wT,t} > [P_{N\min,i}^{wT,t}] \quad i = 1,2,\cdots,N_d^{wT,t} \tag{4-133}$$

式中,$P_{M,i}^{wT,t}$、$[P_{M\min,i}^{wT,t}]$ 分别为第 t 时间段内污水处理站 i 的进站压力和进站压力许用值;$P_{N,i}^{wT,t}$、$[P_{N\min,i}^{wT,t}]$ 分别为第 t 时间段内注水站 i 的进站压力和进站压力许用值。

4.7.3 改进粒子群求解法

污水处理子系统调度优化数学模型是典型混合整数非线性优化数学模型(MINLP),是运筹学领域中的 NP-hard 问题,加之供给关系离散变量和供给水量连续变量相互耦合、同级别供给水量相互影响、低级别供给水量受高级别供给水量制约,这些问题更加剧了模型的求解难度。本书中采用对于离散和连续优化问题均具有良好求解效果的改进粒子群算法(MPSO)对模型进行求解,以下给出求解方法的主控参数。

(1)群体设计

分析污水处理子系统的调度优化数学模型可知,各级站场之间的供给关系、供给水量、增压泵排量是模型的决策变量。已有成果中多将不同级别的调度优化问题分开处理,逐级实现最优调度方案的求解,但对于污水子系统的调度优化问题,污水水源站到污水处理站的供给关系和供给流量会制约污水处理站到注水站之间调度方案的可行性,因此本书中将各级站场之间的调度决策变量协同编码。采用整数编码供给关系,供给关系存储为站场的编号,将供给流量和供给关系一一对应,同时将增压泵的扬程对应于各站场的编号,可以得到如下个体的编码:

$$\begin{aligned} z_{wT,i}^{t} = \{ & \xi_{C,1}^{wT,t,i}, \xi_{C,2}^{wT,t,i}, \cdots, \xi_{C,C_d}^{wT,t,i}; Q_{C,1}^{wT,t,i}, Q_{C,2}^{wT,t,i}, \cdots, Q_{C,C_d}^{wT,t,i}; \xi_{M,1}^{wT,t,i}, \xi_{M,2}^{wT,t,i}, \cdots, \xi_{M,M_d}^{wT,t,i}; \\ & Q_{M,1}^{wT,t,i}, Q_{M,2}^{wT,t,i}, \cdots, Q_{M,M_d}^{wT,t,i}; H_{C,1}^{wT,t,i}, H_{C,2}^{wT,t,i}, \cdots H_{C,C_d}^{wT,t,i}; H_{M,1}^{wT,t,i}, H_{M,2}^{wT,t,i}, \cdots H_{M,M_d}^{wT,t,i} \} \end{aligned} \tag{4-134}$$

式中,$z_{wT,i}^{t}$ 为第 t 时间段内粒子群体中的第 i 个粒子的编码结构;$\xi_{C,j}^{wT,t,i}$ 为第 t 时间段内粒子 i 中第 j 个污水水源站的供给关系,存储为所供给的污水处理站的编号;$Q_{C,j}^{wT,t,i}$ 为第 t 时间段内粒子 i 中第 j 个污水水源站的供给水量,与 $\xi_{C,j}^{wT,t,i}$ 相对应;$\xi_{M,j}^{wT,t,i}$ 为第 t 时间段内粒子 i 中第 j 个污水处理站的供给关系;$Q_{M,j}^{wT,t,i}$ 为第 t 时间段内粒子 i 中第 j 个污水处理站的供给水量,与 $\xi_{M,j}^{wT,t,i}$ 相对应;$H_{C,j}^{wT,t,i}$ 为第 t 时间段内粒子 i 中第 j 个污水水源站的增压泵扬程;$H_{M,j}^{wT,t,i}$ 为第 t

时间段内粒子 i 中第 j 个污水处理站的增压泵扬程。

(2)不可行解调整

对于污水处理子系统调度优化数学模型求解,这里仍然采用可行性准则实现对粒子群体中不可行个体的调整。考虑到节点流量平衡约束是限制调度方案可行的关键约束,这里将其作为强约束条件,在每次迭代过程中检查污水水源站向污水处理站的供给水量之和是否满足其所排出的流量,若不满足则按比例调整各供给管道内的流量至满足约束条件,同理调整污水处理站向注水站的供给水量平衡约束。

绘制污水处理子系统的调度优化数学模型求解流程图,如图 4-11 所示。

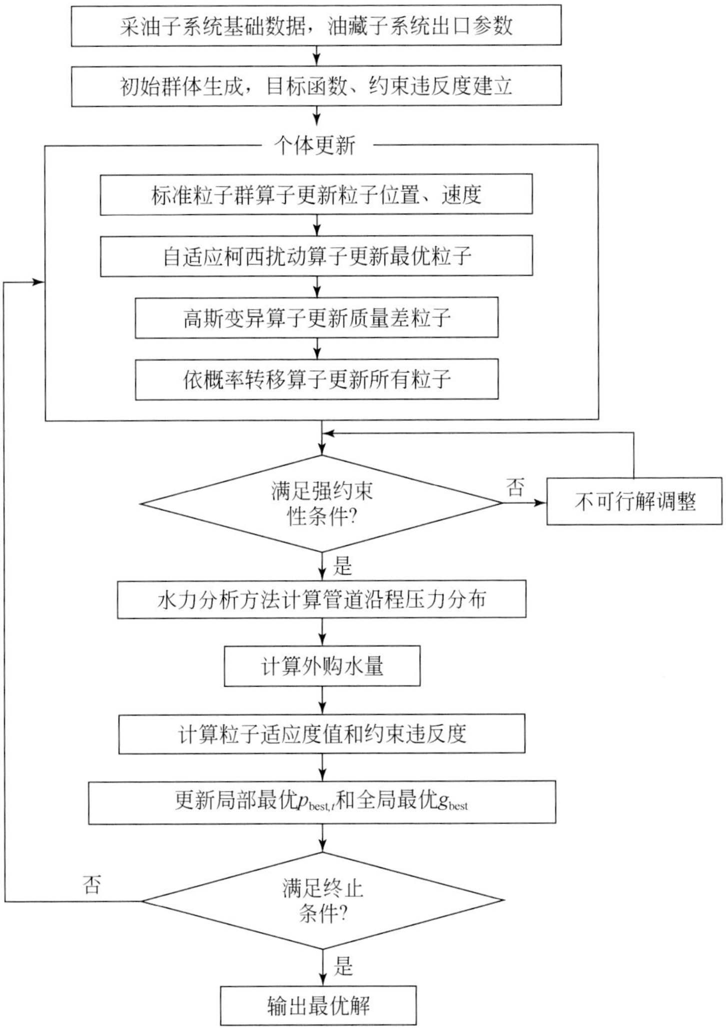

图 4-11　污水处理子系统求解方法流程图

4.8　注水子系统运行方案优化

注入子系统是亚闭环系统中的动力系统之一,是油藏子系统驱动能量的主要来源。根据注入介质的不同,注入子系统又可以分为注水子系统、注气子系统、注聚子系统等,这里主要开展注水子系统的运行优化研究。与第 3 章中注水系统的优化目标一致,同样是基于最优化理论方法构建亚闭环网络系统中注水子系统的运行优化模型,通过确定最佳的注水泵排量和注水泵启停方案来实现降低运行能耗、减少能量损失的目标。

第 3 章中假定所有注水站的上游来水压力为定值,在建模和求解过程中予以忽略,而亚闭环系统中的注水子系统需要承接污水子系统的来水,因而在注水子系统的开泵方案优化过程中必须考虑上游来水压力的不同对最优开泵方案的影响。另外,第 3 章中采用智能优化方法对开泵方案优化模型进行直接求解,这种求解方式针对中小规模注水系统优化效果显著,但对于包含数以千计注水井的大型注水子系统,由于问题维度的升高,会存在一定的收敛效率和求解精度问题。所以,第 3 章的理论成果不能直接应用于亚闭环系统中的注水子系统运行优化,需要寻求新的优化模型和求解方法,以满足亚闭环系统整体优化求解的客观需求。

针对大型环-树状多源注水子系统,基于注水子系统的运行工艺和水力学特征,考虑污水子系统来水压力和来水流量,以注水子系统运行单耗最低为目标,建立了注水子系统运行参数优化模型和开泵方案优化模型,分别设计了混合分级-改进粒子群求解方法和混合分级-限界-改进粒子群优化求解方法。

4.8.1　注水子系统运行参数优化

注水子系统运行参数优化是在油田生产某一时期内保持开泵方案不变情况下开展的节能优化研究,优化注水泵的运行参数是在既定开泵方案下提高注水泵运行效率、降低运行耗能的主要节能途径。多源环-树状注水子系统中包含多座注水站,不同注水站之间经由管网连通成为统一整体,任意一座注水站的微小运行参数变化会对整个注水子系统产生影响,通过优化设计单座注水站的注水泵运行效率来降低能耗的方式无法保证注水子系统整体运行状态达到最优,有时可能导致注水子系统能耗上升或者造成注水井配注量无法满足最低开发需求的情况发生,因而需要从多注水站同步优化运行的角度开展注水子系统运行参数优化研究。

1. 目标函数

基于亚闭环网络系统的多级分解递阶结构,分别对油藏子系统注采优化、采油子系统机采参数优化、集输子系统运行优化、污水处理系统调度优化和注水系统运行方案优化五个子系统的优化模型建立及求解进行了介绍。五个子系统相对独立又彼此关联,若不考虑子系统之间的关联耦合,衡量注水子系统运行状态优劣的指标包括运行总能耗、注水单耗、系统能量利用率等,在油田实际生产运行中,注水子系统的单耗是生产管理者最关心的指标之一,因此本书中以注水单耗最低建立目标函数。此外,通过深入分析注水子系统运行参数变化的相互关系,确定注水泵运行排量是影响注水泵运行效率和注水子系统能耗的主要控制参数,所以本书中将注水泵排量作为决策变量,建立注水子系统运行参数优化数学模型的目标函数。

$$\min F_{INJPP}^{I_{\mathrm{w}},t} = \frac{\alpha_{IW} \sum_{i=1}^{N_P^{I_{\mathrm{w}},t}} \frac{(P_{Q_PO,i}^{I_{\mathrm{w}},t} - P_{Q_PI,i}^{I_{\mathrm{w}},t}) Q_{P,i}^{I_{\mathrm{w}},t}}{\eta_{PQ_P,i}^{I_{\mathrm{w}},t} \eta_{E,i}^{I_{\mathrm{w}},t}}}{\sum_{i=1}^{N_P^{I_{\mathrm{w}},t}} Q_{P,i}^{I_{\mathrm{w}},t}} \tag{4-135}$$

式中，$F_{INJPP}^{I_{\mathrm{w}},t}$ 为第 t 时间段内注水子系统运行参数优化模型中的注水单耗；$Q_{P,i}^{I_{\mathrm{w}},t}$ 为第 t 时间段内注水子系统中第 i 台注水泵的运行排量；$P_{Q_PI,i}^{I_{\mathrm{w}},t}$ 为第 t 时间段内第 i 台注水泵来源于污水子系统的运行排量为 $Q_{P,i}^{I_{\mathrm{w}},t}$ 时的入口压力；$P_{Q_PO,i}^{I_{\mathrm{w}},t}$ 为第 t 时间段内第 i 台注水泵在运行排量为 $Q_{P,i}^{I_{\mathrm{w}},t}$ 时的出口压力；$\eta_{PQ_P,i}^{I_{\mathrm{w}},t}$ 为第 t 时间段内第 i 台注水泵在排量为 $Q_{P,i}^{I_{\mathrm{w}},t}$ 的效率；$\eta_{E,i}^{I_{\mathrm{w}},t}$ 为第 t 时间段内驱动第 i 台注水泵的电机的效率；$N_P^{I_{\mathrm{w}},t}$ 为第 t 时间段内注水泵运行总数量；α_{IW} 为单位换算系数。

2. 约束条件

(1)注水泵工作特性约束

1)注水子系统中的注水泵应该满足排量与扬程，排量与运行效率之间的工作特性函数关系。

$$P_{Q_PO,i}^{I_{\mathrm{w}},t} - [a_{0,i}^{I_{\mathrm{w}}} - a_{1,i}^{I_{\mathrm{w}}} (Q_{P,i}^{I_{\mathrm{w}},t})^{2-m_a}]\rho g = 0 \quad i = 1,2,\cdots,N_P^{I_{\mathrm{w}},t} \tag{4-136}$$

$$\eta_{PQ_P,i}^{I_{\mathrm{w}},t} + b_{1,i}^{I_{\mathrm{w}}} (Q_{P,i}^{I_{\mathrm{w}},t} - Q_O^{I_{\mathrm{w}}})^2 - b_{0,i}^{I_{\mathrm{w}}} = 0 \quad i = 1,2,\cdots,N_P^{I_{\mathrm{w}},t} \tag{4-137}$$

式中，$a_{0,i}^{I_{\mathrm{w}}}$、$a_{1,i}^{I_{\mathrm{w}}}$ 为第 i 个注水泵扬程–排量工作特性拟合函数的拟合系数；$b_{1,i}^{I_{\mathrm{w}}}$、$b_{0,i}^{I_{\mathrm{w}}}$ 为第 i 个注水泵运行效率–排量工作特性拟合函数的拟合系数；m_a 为流态指数；$Q_O^{I_{\mathrm{w}}}$ 为泵达到最高效率时的流量。

2)注水泵运行效率的高低直接影响着注水子系统的压力、流量分布和运行能耗，所有注水泵的运行效率应该位于高效范围。

$$\eta_{i,\min}^{I_{\mathrm{w}},t} \leqslant \eta_{PQ_P,i}^{I_{\mathrm{w}},t} \leqslant \eta_{i,\max}^{I_{\mathrm{w}},t} \quad i = 1,2,\cdots,N_P^{I_{\mathrm{w}},t} \tag{4-138}$$

式中，$\eta_{i,\min}^{I_{\mathrm{w}},t}$、$\eta_{i,\max}^{I_{\mathrm{w}},t}$ 分别为第 t 时间段内第 i 个注水泵运行效率在高效范围的最小值和最大值。

(2)流动特性约束

1)水流在管道内流动应该满足水力学特性方程，即管道的压降应该等于管流沿程摩阻损失，根据海曾–威廉公式可以得到

$$\sum_{k=1}^{N_n^{I_{\mathrm{w}},t}} \bar{w}_{s,k,j} P_{s,k,j}^{I_{\mathrm{w}},t} - \sum_{k'=1}^{N_n^{I_{\mathrm{w}},t}} \bar{w}_{e,k',j} P_{e,k',j}^{I_{\mathrm{w}},t} + \sum_{k=1}^{N_n^{I_{\mathrm{w}},t}} \sum_{k'=1}^{N_n^{I_{\mathrm{w}},t}} \chi_{P,j,k,k'} \alpha_{P,j} s_{I_{\mathrm{w}}P,j} q_{I_{\mathrm{w}}P,j}^{\beta} = 0 \quad j = 1,2,\cdots,N_E^{I_{\mathrm{w}},t} \tag{4-139}$$

式中，$N_n^{I_{\mathrm{w}},t}$ 为第 t 时间段内注水子系统中的节点单元数量；$N_E^{I_{\mathrm{w}},t}$ 为第 t 时间段内管道总数量；$\bar{w}_{s,k,j}$ 为节点单元 k 是管道 j 的起点的 0～1 标记变量，若是则取值为 1，否则为 0；$\bar{w}_{e,k',j}$ 为节点单元 k' 是管道 j 的终点的 0～1 标记变量，若是则取值为 1，否则为 0；$P_{s,k,j}^{I_{\mathrm{w}},t}$ 为第 t 时间段内第 j 根管道起点为节点单元 k 的压力；$P_{e,k',j}^{I_{\mathrm{w}},t}$ 为第 t 时间段内第 j 根管道的终点为节点单元 k' 的压力；$s_{P,j}$ 为管道 j 的管流压降系数，$s_{I_{\mathrm{w}}P,j} = (10.67\rho g L_{I_{\mathrm{w}}P,j})/(c_p^{1.852} D_{I_{\mathrm{w}}P,j}^{4.87})$，其中 $L_{I_{\mathrm{w}}P,j}$ 为第 j 根管道的长度，$D_{I_{\mathrm{w}}P,j}$ 为第 j 根管道的管径；$\alpha_{P,j}$ 为单位换算系数；$q_{I_{\mathrm{w}}P,j}$ 为第 j 根管道的流量；

β 为管道流量的幂指数，$\beta = 1.852$；$\chi_{P,j,k,k'}$ 为以节点单元 k 、k' 为起点和终点的第 j 根管道内流体流动方向的符号函数，定义由起点流向终点为负且由终点流向起点为正，则有

$$\chi_{P,j,k,k'} = \begin{cases} -1 & P_{s,k,j}^{I_W,t} - P_{e,k',j}^{I_W,t} \geqslant 0 \\ 1 & P_{s,k,j}^{I_W,t} - P_{e,k',j}^{I_W,t} < 0 \end{cases}$$

2）所有基环都应当满足能量方程，即每个基环内按照顺时针流动方向为正和逆时针流动方向为负原则的所有管道的压降代数和为0，在实际计算中令每个基环的闭合差小于一个收敛精度。

$$\sum_{j=1}^{N_E^{I_W,t}} I_{B,l,j} \sum_{k=1}^{N_n^{I_W,t}} \sum_{k'=1}^{N_n^{I_W,t}} \gamma_{I_WP,j} \bar{w}_{s,k,j} \bar{w}_{e,k',j} \chi_{P,j,k,k'} \alpha_{P,j} s_{I_WP,j} q_{I_WP,j}^{\beta} \leqslant \varepsilon \quad l = 1,2,\cdots,n_{BL} \tag{4-140}$$

式中，$I_{B,l,j}$ 为管道 j 隶属于基环 l 的 0 ~ 1 变量，若管道 j 隶属于基环 l 则取值为 1，否则取值为 0；n_{BL} 为注水子系统中的基环数量；ε 为基环闭合差可接受的精度；$\gamma_{I_WP,j}$ 为管道 j 的流动方向顺逆时针取值变量，具体取值可以表示为

$$\gamma_{I_WP,j} = \begin{cases} 1 & \text{顺时针方向} \\ -1 & \text{逆时针方向} \end{cases}$$

（3）流量约束

1）根据注水子系统连续性方程，对于注水子系统中的每个节点单元，流入和流出的流量应保持平衡，定义注水井的注入流量为流出流量，注水站的供给水量为水源的流入水量，水量流出为正、流入为负，则注水子系统的所有节点单元都应该满足如下约束。

$$\sum_{j=1}^{N_E^{I_W,t}} \bar{w}_{e,i,j} \sum_{k=1}^{N_n^{I_W,t}} \bar{w}_{s,k,j} \chi_{P,j,k,i} q_{I_WP,j} + \bar{w}_{s,i,j} \sum_{k'=1}^{N_n^{I_W,t}} \bar{w}_{e,k',j} \chi_{P,j,k',i} q_{I_WP,j}) + \zeta_{W,i}^{I_W} Q_{W,i}^{I_W,t} - \zeta_{S,i}^{I_W} Q_{S,i}^{I_W,t} = 0$$
$$i = 1,2,\cdots,N_n^{I_W,t} \tag{4-141}$$

式中，$\zeta_{W,i}^{I_W}$ 为第 i 个节点单元是否为注水井的 0 ~ 1 二元变量，若节点 i 是注水井，则取值为 1，否则取值为 0；$\zeta_{S,i}^{I_W}$ 为第 i 个节点单元是否为注水站的 0 ~ 1 二元变量，若节点 i 是注水站，则取值为 1，否则取值为 0；$Q_{W,i}^{I_W,t}$ 为第 t 时间段内第 i 口注水井的注入流量；$Q_{S,i}^{I_W,t}$ 为第 t 时间段内第 i 座注水站的供给流量。

2）注水站的供给流量应该等于其内运行注水泵的排量之和。

$$\zeta_{S,i}^{I_W} (Q_{S,i}^{I_W,t} - \sum_{j=1}^{N_P^{I_W,t}} \xi_{j,i}^{I_W,t} Q_{P,j}^{I_W,t}) = 0 \quad i = 1,2,\cdots,N_n^{I_W,t} \tag{4-142}$$

式中，$\xi_{j,i}^{I_W,t}$ 为第 t 时间段内第 j 个注水泵到第 i 座注水站的隶属关系 0 ~ 1 二元变量，若存在隶属关系则取值为 1，否则取值为 0。

3）注水站的水源主要来自于污水处理系统处理后的净化水和由其他途径购入的清水，由于污水处理系统的管网结构和注水站的布局位置限制，同时考虑注水站的水量供给功能，注水站的流量供给存在着上限和下限。

$$Q_{S,i}^{I_W,t} \geqslant Q_{S,i,\min}^{I_W,t} + (\zeta_{S,i}^{I_W} - 1) M \quad i = 1,2,\cdots,N_n^{I_W,t} \tag{4-143}$$

$$Q_{S,i}^{I_W,t} \leqslant Q_{S,i,\max}^{I_W,t} + (1 - \zeta_{S,i}^{I_W}) M \quad i = 1,2,\cdots,N_n^{I_W,t} \tag{4-144}$$

式中，$Q_{S,i,\min}^{I_W,t}$ 、$Q_{S,i,\max}^{I_W,t}$ 分别为第 t 时间段内注水子系统中注水站供给流量的下界和上界值；M 为足够大的正实数。

4）注水站的供给水量和注水井的注入水量应该保持平衡。

$$\sum_{i=1}^{N_n^{Iw,t}} \zeta_{S,i}^{Iw} Q_{S,i}^{Iw,t} - \sum_{j=1}^{N_W^{Iw,t}} \zeta_{S,j}^{Iw} Q_{W,j}^{Iw,t} = 0 \qquad (4\text{-}145)$$

5）管道内的流量分布直接影响注水子系统的运行能耗,管道内的流量应该小于所允许输运的最大流量,流量过小运行亦不经济,所以注水管道内的流量应该在一定范围内。

$$q_{P\min,j}^{Iw} \leqslant q_{P,j}^{Iw,t} \leqslant q_{P\max,j}^{Iw} \qquad j = 1,2,\cdots,N_E^{Iw,t} \qquad (4\text{-}146)$$

式中,$q_{P\min,j}^{Iw}$、$q_{P\max,j}^{Iw}$ 分别为管道 j 的运行流量范围下界和上界值。

(4)压力约束

1）注水井的井口运行压力应该大于开发要求的最低注入压力,注入地层的有效压力可以通过节流阀控制,但压力过高会造成大量的节流损失,所以注水井的井口压力应该满足一定约束。

$$P_{W,j}^{Iw,t} \geqslant P_{W\min,j}^{Iw,t} + (\zeta_{W,j}^{Iw} - 1)M \qquad j = 1,2,\cdots,N_n^{Iw,t} \qquad (4\text{-}147)$$

$$P_{W,j}^{Iw,t} \leqslant P_{W\max,j}^{Iw,t} + (1 - \zeta_{W,j}^{Iw})M \qquad j = 1,2,\cdots,N_n^{Iw,t} \qquad (4\text{-}148)$$

式中,$P_{W,j}^{Iw,t}$、$P_{W\min,j}^{Iw,t}$、$P_{W\max,j}^{Iw,t}$ 分别为注水井 j 的运行压力、可行运行压力范围下界值和上界值。

2）为保证运行参数的合理性,所有注水泵的出口压力应该大于注水站的出站压力。

$$P_{QpO,i}^{Iw,t} \geqslant \zeta_{S,i}^{Iw} P_{S,i}^{Iw,t} + (\xi_{j,i}^{Iw,t} - 1)M \qquad i = 1,2,\cdots,N_n^{Iw,t}; j = 1,2,\cdots,N_P^{Iw,t} \qquad (4\text{-}149)$$

式中,$P_{S,i}^{Iw,t}$ 为注水站 i 的出站压力。

3）注水子系统中所有节点单元的运行压力都要小于所有当前运行注水泵出口压力的最大值。

$$\max\{\zeta_{S,k} P_{S,k}^{Iw,t}, \zeta_{D,k} P_{D,k}^{Iw,t}, \zeta_{W,k} P_{W,k}^{Iw,t}\} \leqslant \max\{P_{QpO,i}^{Iw,t}\} \qquad i = 1,2,\cdots,N_P^{Iw,t}; k = 1,2,\cdots,N_n^{Iw,t}$$

$$(4\text{-}150)$$

式中,$\max\{\cdot\}$ 为括号内序列的最大值;$\zeta_{D,k}$ 为第 k 个节点单元是否为配水间的 0 ~ 1 二元变量,若节点 k 是配水间,则取值为 1,否则取值为 0;$P_{D,k}^{Iw,t}$ 为第 k 座配水间的运行压力。

3. 求解方法

分析多源注水子系统参数优化数学模型可知,注水泵的排量作为优化模型的决策变量,与目标函数和约束条件之间呈非线性关系,所以该模型是一种典型的有约束非线性最优化模型。因为优化模型中的约束条件与注水子系统节点单元相对应,对于一个含有几千个节点单元的大型注水子系统,流量平衡约束、流动特性约束、节点压力约束等约束条件可达上万个,模型求解复杂度高,求解难度大。另外,对于多源环-树状注水子系统,系统内的流体通过管道连接形成了密切相关的整体,节点单元压力、管道内流量和注水站出站流量等参数之间存在着强耦合关系,增加了求解难度,并且在多源注水子系统中注水井的流量由多座注水站共同供给,不同注水站之间共同决定了注水子系统的压力和流量分布,若注水站运行参数求解不当会导致优化方案不可行。为了求解多源注水子系统运行参数优化数学模型,需要寻求一种高效、可靠的优化求解方法,传统的有约束最优化问题的求解方法包括信赖域法、隧道函数法、惩罚函数法和填充函数法等,这些方法通常需要优化模型满足约束边界可微性、可行区域非凹性等数学特性,且对于规模较大的优化模型求解会存在时间过长或不可解的情况。惩罚函数法是求解有约束优化问题广泛采用的方法,但对于注水子系统参数优化模型中数量庞大的约束条件,惩罚参数的确定会变得异常复杂。通过第 1 章的介绍可知,MPSO 算法具有鲁棒性好、精确度高、全局优化求解能力强的特点,可作为求解注水子系统运行参数优化模型的有力工具。MPSO 算法在优化求解时需要明确优化问题可行域和个体适应度值两方面信息,注水子系统运行参数优化模型的决策变量是注水泵的排量,而确定注水泵排量的取值范围需要对所有约束条件进行反演,计算复杂繁琐,已有研究成果多采用惩罚函数法将约束条件转化为评价函数,通过计算评价函数的数值来判断个体的优劣,避免对优化问题可行域的反演求解并且有效区分了个体的好坏,但对于含有大规模等式和不等式约束的注水子系统运行参数优化模型而言,惩罚函数的惩罚因子确定是很困难的,不恰当的惩罚因子会造成迭代求解不收敛甚至无可行解,这里将目标函数和约束条件分开处理,延续采用可行性准则来比较个体的优劣,简化了求解复杂度,进而给出了参数优化模型求解的关键步骤和主要流程,实现对大规模有约束的非线性优化问题的求解。

在应用 MPSO 算法求解注水子系统运行参数优化数学模型时需要针对优化问题的特征设计 MPSO 算法的主控参数,以使得参数优化模型的求解高效、高精度。注水子系统运行参数优化模型中的决策变量和系统中的流量、压力存在耦合关系,虽然采用可行性准则适当简化了大量的等式和不等式约束对于可行解的限制,但注水管网中流量和压力的分布依然决定着优化问题的求解效果,尤其对于大型注水子系统,采用随机优化的方法确定注水子系统中所有的节点运行压力和管道运行流量需要耗费大量的时间。基于分级优化思想,将注水子系统参数优化模型的求解提成为分布层和参数层,在分布层采用第 3 章所提出的多源注水子系统水力分析计算方法优化求解注水子系统中的流量和压力分布,在参数层结合改进粒子群算法和可行性准则确定注水泵的排量,两层之间通过迭代逐步求解,实现对参数优化数学模型的有效求解。

(1) 主控参数

1) 初始群体生成:基于可行性准则将目标函数和约束条件分开处理,注水子系统运行参数优化模型的求解即变为确定最优的注水泵运行排量,采用 MPSO 算法求解注水系运行参数优化需要给定初始群体,选用合理的编码方式可方便迭代计算的开展,这里以实数编码来表征每个注水泵的排量,则群体中的粒子 i 可以表示为

$$z_{I_{\mathrm{w}},t}^{i} = (Q_{P,1}^{I_{\mathrm{w}},t,i}, Q_{P,1}^{I_{\mathrm{w}},t,i}, \cdots, Q_{P,N_P}^{I_{\mathrm{w}},t,i}) \tag{4-151}$$

式中,$z_{I_{\mathrm{w}},t}^{i}$ 为第 t 时间段内粒子群体中的第 i 个粒子的编码结构,$i = 1,2,\cdots,m_{I\mathrm{w}p}^{t}$,其中 $m_{I\mathrm{w}p}^{t}$ 为群体规模;$Q_{P,j}^{I_{\mathrm{w}},t,i}$ 为第 t 时间段内个体 i 中第 j 个注水泵的排量,$j = 1,2,\cdots,N_{P}^{I_{\mathrm{w}},t}$。

2) 适应度函数:运用可行性准则虽然可以有效自适应优化求解进程,但在采用 MPSO 算法进行迭代求解时,需要多次进行个体的优劣比较,求解略显繁琐。将可行性准则的比较方法转化为适应度函数值的直接计算,在保持优化效果的同时简化了计算。另外,适应度函数值的正向变化应该对应解的寻优,所以得到适应度函数表达式如下:

$$\mathrm{fitness}_{i} = -\left[\frac{F(z_{I_{\mathrm{w}},t}^{i})}{F(z_{I_{\mathrm{w}},t})_{\max}} + v_{o,t}(z_{I_{\mathrm{w}},t}^{i})\right] \tag{4-152}$$

式中,$\mathrm{fitness}_{i}$ 为粒子 i 的适应度函数值;$F(\cdot)_{\max}$ 为当次迭代群体中所有粒子的最大目标函数值。

3) 非可行解调整:MPSO 算法通过随机搜索的方式可以有效遍历解空间,算法的全局

搜索能力强,但也会产生一定数量的不可行解。通过分析注水子系统运行参数优化模型可知,注水子系统的供需平衡约束条件对优化模型的求解影响最大,因为求解中耦合了水力分析计算方法,供需水量的不相等直接导致了水力分析计算无法开展,因此,对不满足约束式(4-144)的个体进行适当调整,对于个体中注水泵的总排量 Q_{IWP}^{T} 大于注水井所需流量 Q_{IWW}^{T} 时,根据多余的流量大小对所有注水泵的排量进行等比例缩小,反之则等比例增大,对于已经达到高效区可行范围边界的注水泵,将注水泵排量置为边界值并重新调整范围进行比例缩放。此外,对于违反其他约束条件的个体不做处理,依靠算法的算子和迭代流程实现自动优化调整。

(2)主要流程

MPSO 算法求解注水子系统运行参数优化模型的主要步骤为:

1)初始化群体规模、终止条件、MPSO 算法主控参数,建立初始群体和约束违反度矩阵。

2)计算适应度函数值和约束违反度,求得初始历史最优个体 $\mathrm{pbest}_i(0)$ 和全局最优个体 $\mathrm{gbest}(0)$ 。

3)更新个体的速度和位置。

4)判断是否满足供需平衡约束条件,若不满足,则计算注水泵供给总排量和注水井总需求量之间的差值 ΔQ ,根据 ΔQ 对注水泵排量进行调整以满足平衡约束,转步骤5);若满足,则转步骤5)。

5)采用水力分析计算方法进行分布层参数的优化计算。

6)计算所有个体的适应度函数值和约束违反度,更新历史最优个体 $\mathrm{pbest}_i(t)$ 和全局最优个体 $\mathrm{gbest}(t)$ 。

7)判断是否满足终止条件,若是则转步骤12);若否则转步骤8)。

8)执行自适应柯西扰动算子。

9)执行高斯变异算子。

10)执行概率转移算子。

11)判断是否满足供需平衡约束条件,若不满足,则对注水泵排量进行调整以满足平衡约束,转步骤3);若满足,则转步骤3)。

12)输出最优解。

4.8.2　注水子系统开泵方案优化

在亚闭环系统整体优化过程中,油藏子系统的产能会不断地变化,随之对于注水子系统的注入水量也存在着动态需求。当注水量需求较大时,无法通过各注水泵的运行参数调整来满足供给,此时则需要通过增开注水泵的方式来增大供给量,由于注水站的运行能耗占注水系统总能耗的80%以上,所以开展注水子系统开泵方案优化是亚闭环系统节能运行的关键环节。对于大型多源注水系统而言,系统中存在着几十台备用注水泵,若直接采用智能优化方法协同求解注水泵启停状态和运行参数易导致算法陷入局部最优,加之优化求解过程中需要多次计算整体注水系统的水力参数分布,其计算效率也是不容忽视的问题。

本小节首先建立大型多源注水子系统开泵方案优化数学模型,然后基于限界思想提出了动态规划计算注水泵开泵数量范围的方法和分支定界优化初始开泵方案的方法，之后结合分级优化思想、MPSO算法、动态规划法和分支定界法，建立了开泵方案优化模型的混合分级-限界-改进粒子群优化求解方法。

1. 目标函数

注水系统开泵方案旨在优化注水站中注水泵的启停状态和注水泵的最佳运行排量。通过分析注水系统的运行机理可知，注水泵之间的组合开启方案直接影响了注水系统的压力分布状态，注水泵的运行排量决定了注水系统的运行能耗。另外，注水子系统开泵方案优化模型中同样需要考虑污水处理系统的来水量和来水压力，进而以注水系统运行单耗最小为目标，以注水泵启停状态和运行排量为决策变量建立了目标函数。

$$\min F_{INJPS}^{I_w,t} = \frac{\alpha_{I_w} \sum_{i=1}^{N_T^{I_w,t}} \frac{\tau_i (P_{Q_PO,i}^{I_w,t} - P_{Q_PI,i}^{I_w,t}) Q_{P,i}^{I_w,t}}{\eta_{PQ_P,i}^{I_w,t} \eta_{E,i}^{I_w,t}}}{\sum_{i=1}^{N_T^{I_w,t}} \tau_i Q_{P,i}^{I_w,t}} \tag{4-153}$$

式中，$F_{INJPS}^{I_w,t}$ 为注水子系统开泵方案优化模型中的注水单耗；$N_T^{I_w,t}$ 为注水子系统中总可用注水泵数量；τ_i 为第 i 台注水泵的启停状态变量，注水泵开启取值为1，否则取值为0。

2. 约束条件

相较于注水子系统参数优化，开泵方案优化中需要对泵的启停状态变量加以约束，此外，注水子系统参数优化可以提成为开泵方案优化的子问题，参数优化中的部分约束条件同样适用于开泵方案优化。

（1）注水泵工作特性约束

1）开启的注水泵应满足排量与扬程，排量与运行泵效之间的工作特性函数关系。

$$\tau_i \{ P_{Q_PO,i}^{I_w,t} - [a_{0,i}^{I_w} - a_{1,i}^{I_w} (Q_{P,i}^{I_w,t})^{2-m_a}]\rho g \} = 0 \quad i = 1,2,\cdots,N_T^{I_w,t} \tag{4-154}$$

$$\tau_i [\eta_{PQ_P,i}^{I_w,t} + b_{1,i}^{I_w} (Q_{P,i}^{I_w,t} - Q_O^{I_w})^2 - b_{0,i}^{I_w}] = 0 \quad i = 1,2,\cdots,N_T^{I_w,t} \tag{4-155}$$

2）所有开启的注水泵应保持高效运行，即注水泵的运行效率应该满足一定范围。

$$\eta_{PQ_P,i}^{I_w,t} \geqslant \eta_{i,\min}^{I_w,t} + (\tau_i - 1)M \quad i = 1,2,\cdots,N_T^{I_w,t} \tag{4-156}$$

$$\eta_{PQ_P,i}^{I_w,t} \leqslant \eta_{i,\max}^{I_w,t} + M(\tau_i - 1) \quad i = 1,2,\cdots,N_T^{I_w,t} \tag{4-157}$$

（2）流量约束

1）注水站的供给流量应该等于其内运行的注水泵的排量之和。

$$\zeta_{S,i}^{I_w} (Q_{S,i}^{I_w,t} - \sum_{j=1}^{N_T^{I_w,t}} \tau_j \xi_{j,i}^{I_w,t} Q_{P,i}^{I_w,t}) = 0 \quad i = 1,2,\cdots,N_n^{I_w,t} \tag{4-158}$$

2）考虑污水处理系统供给的净化水和由其他途径购入的清水的最大水量，注水站的流量供给存在着上限值。

$$Q_{S,i}^{I_w,t} \leqslant Q_{S,i,\max}^{I_w,t} + (1 - \zeta_{S,i}^{I_w})M \quad i = 1,2,\cdots,N_n^{I_w,t} \tag{4-159}$$

3）注水站的总供给水量应该等于注水井的总注入水量。

$$\sum_{i=1}^{N_n^{I_w,t}} \zeta_{S,i}^{I_w} Q_{S,i}^{I_w,t} - \sum_{j=1}^{N_n^{I_w,t}} \zeta_{S,j}^{I_w} Q_{W,j}^{I_w,t} = 0 \tag{4-160}$$

(3)压力约束

1)注水井的井口运行压力应该大于开发要求的最低注入压力,注入地层的有效压力可以通过节流阀控制,但压力过高会造成大量的节流损失,所以注水井的井口压力应该满足一定约束。

$$P_{W,j}^{I_w,t} \geqslant P_{W\min,j}^{I_w,t} + (\zeta_{W,j}^{I_w} - 1)M \quad j = 1,2,\cdots,N_n^{I_w,t} \tag{4-161}$$

$$P_{W,j}^{I_w,t} \leqslant P_{W\max,j}^{I_w,t} + (1 - \zeta_{W,j}^{I_w})M \quad j = 1,2,\cdots,N_n^{I_w,t} \tag{4-162}$$

2)为保证开泵方案的合理性,所有注水泵的出口压力应该大于注水站的出站压力。

$$P_{QpO,i}^{I_w,t} \geqslant \zeta_{S,i}^{I_w} P_{S,i}^{I_w,t} + (\xi_{j,i}^{I_w,t}\tau_j - 1)M \quad i = 1,2,\cdots,N_n^{I_w,t}; j = 1,2,\cdots,N_T^{I_w,t} \tag{4-163}$$

3)各注水站内注水泵的启停方案直接决定了注水系统的最大运行压力,注水系统中所有节点单元的运行压力都要小于所有当前运行注水泵出口压力的最大值。

$$\max\{\zeta_{S,k}P_{S,k}^{I_w,t}, \zeta_{D,k}P_{D,k}^{I_w,t}, \zeta_{W,k}P_{W,k}^{I_w,t}\} \leqslant \max\{\tau_i P_{QpO,i}^{I_w,t}\} \quad i = 1,2,\cdots,N_T^{I_w,t}; k = 1,2,\cdots,N_n^{I_w,t} \tag{4-164}$$

注水子系统开泵方案优化的其他约束条件,如流动特性约束、系统供需流量平衡约束、管道流量分布约束等,应该与注水子系统参数优化数学模型中保持一致,此处暂不赘述。

3. 动态规划可行开泵数量范围确定

相较于注水子系统运行参数优化模型中的连续变量求解,注水子系统开泵方案优化还包含注水泵启停状态的离散二元变量,是典型的多约束混合整数非线性规划(MINLP)问题,求解难度很大。MPSO 算法对于注水子系统运行参数优化模型的成功求解,证明了其良好的优化求解能力,可作为求解开泵方案优化模型的有力依托。在应用 MPSO 算法求解开泵方案优化模型时需要厘清模型求解的主要因素,根据以上注水子系统开泵方案优化数学模型可知,注水泵的启停状态和注水泵的排量是决定注水子系统耗能多少的关键,其中注水泵的开泵数量则是影响问题维度和求解效率的关键。针对大型注水系统中的全部注水泵,若采用遍历组合方案的方式确定最优开泵数量,则最优开泵数量的确定取决于巨大的组合数,在规定时间内无法求得最优解;若采用智能优化方法求解,对于大型注水系统中的几十甚至上百台注水泵,依据算法自身迭代求解注水泵的最优开泵数量、开泵组合方案和相应运行参数的难度是很大的,易导致收敛精度低、收敛缓慢的问题,其计算复杂度同样是难以接受的。

据已发表的文献所知,未有研究成果介绍了关于开泵数量范围的确定方法,为了尽量减少冗余计算,降低求解开销,提出了基于动态规划方法的可行开泵数量范围求解方法,在给出动态规划求解法之前首先需要对所提出的优化模型进行适当变换。

(1)优化模型的松弛变换

分析上一小节中的开泵方案优化模型可知,注水泵的排量决定了注水泵的出口压力,进而决定了各注水站的出站流量和压力,通过水流在管道中的“水力特性传导”,从而影响着整个注水系统的运行参数。考虑到注水系统中的压力参数可以通过水力仿真计算方法求得,所以可以认为关于注水泵的流量约束是决定注水系统开泵方案的主要约束条件。以约束式(4-155)~式(4-160)为主要约束,松弛其他约束条件,原注水系统开泵方案优化问题(P)转化为松弛优化问题(P1),问题(P1)的优化模型如下所示:

P1:　　求 τ_i、$Q_{P,i}^{I_w,t}$　　$i = 1,2,\cdots,N_T^{I_w,t}$

$$\min F_{INS}^{I_W,t}=\frac{\alpha_{I_W}\sum_{i=1}^{N_T^{I_W,t}}\frac{\tau_i(P_{Q_PO,i}^{I_W,t}-P_{Q_PI,i}^{I_W,t})Q_{P,i}^{I_W,t}}{\eta_{PQ_P,i}^{I_W,t}\eta_{E,i}^{I_W,t}}}{\sum_{i=1}^{N_T^{I_W,t}}\tau_iQ_{P,i}^{I_W,t}}$$

$$\text{s.t. } \tau_i[\eta_{PQ_P,i}^{I_W,t}+b_{1,i}^{I_W}(Q_{P,i}^{I_W,t}-Q_O^{I_W})^2-b_{0,i}^{I_W}]=0 \quad i=1,2,\cdots,N_T^{I_W,t}$$

$$\eta_{PQ_P,i}^{I_W,t}\geqslant\eta_{i,\min}^{I_W,t}+M(\tau_i-1) \quad i=1,2,\cdots,N_T^{I_W,t}$$

$$\eta_{PQ_P,i}^{I_W,t}\leqslant\eta_{i,\max}^{I_W,t}+M(\tau_i-1) \quad i=1,2,\cdots,N_T^{I_W,t}$$

$$\zeta_{S,i}^{I_W}(Q_{S,i}^{I_W,t}-\sum_{j=1}^{N_T^{I_W,t}}\tau_j\xi_{j,i}^{I_W,t}Q_{P,i}^{I_W,t})=0 \quad i=1,2,\cdots,N_n^{I_W,t}$$

$$Q_{S,i}^{I_W,t}\leqslant Q_{S,i,\max}^{I_W,t}+(1-\zeta_{S,i}^{I_W})M \quad i=1,2,\cdots,N_n^{I_W,t}$$

$$\sum_{i=1}^{N_n^{I_W,t}}\zeta_{S,i}^{I_W}Q_{S,i}^{I_W,t}-\sum_{j=1}^{N_n^{I_W,t}}\zeta_{S,j}^{I_W}Q_{W,j}^{I_W,t}=0$$

若不考虑注水站的来水量上限约束,则问题(P1)进一步松弛为问题(P2),问题(P2)的优化模型如下所示:

P2: 求 τ_i 、$Q_{P,i}^{I_W,t}$ $\quad i=1,2,\cdots,N_T^{I_W,t}$

$$\min F_{INS}^{I_W,t}=\frac{\alpha_{I_W}\sum_{i=1}^{N_T^{I_W,t}}\frac{\tau_i(P_{Q_PO,i}^{I_W,t}-P_{Q_PI,i}^{I_W,t})Q_{P,i}^{I_W,t}}{\eta_{PQ_P,i}^{I_W,t}\eta_{E,i}^{I_W,t}}}{\sum_{i=1}^{N_T^{I_W,t}}\tau_iQ_{P,i}^{I_W,t}}$$

$$\text{s.t. } \tau_i[\eta_{PQ_P,i}^{I_W,t}+b_{1,i}^{I_W}(Q_{P,i}^{I_W,t}-Q_O^{I_W})^2-b_{0,i}^{I_W}]=0 \quad i=1,2,\cdots,N_T^{I_W,t}$$

$$\eta_{PQ_P,i}^{I_W,t}\geqslant\eta_{i,\min}^{I_W,t}+M(\tau_i-1) \quad i=1,2,\cdots,N_T^{I_W,t}$$

$$\eta_{PQ_P,i}^{I_W,t}\leqslant\eta_{i,\max}^{I_W,t}+M(\tau_i-1) \quad i=1,2,\cdots,N_T^{I_W,t}$$

$$\zeta_{S,i}^{I_W}(Q_{S,i}^{I_W,t}-\sum_{j=1}^{N_T^{I_W,t}}\tau_j\xi_{j,i}^{I_W,t}Q_{P,i}^{I_W,t})=0 \quad i=1,2,\cdots,N_n^{I_W,t}$$

$$\sum_{i=1}^{N_n^{I_W,t}}\zeta_{S,i}^{I_W}Q_{S,i}^{I_W,t}-\sum_{j=1}^{N_n^{I_W,t}}\zeta_{S,j}^{I_W}Q_{W,j}^{I_W,t}=0$$

分析以上问题(P1),得到问题(P1)具有如下性质。

性质 3:若问题(P1)的最优解 $z^*=\{\boldsymbol{\tau}^*,\boldsymbol{Q}_P^*\}$ 满足问题(P)的所有约束,则 z^* 也是问题(P)的最优解。

证明:设问题(P)的可行域为 D ,因为问题(P1)是由问题(P)松弛变换得到,所以存在问题(P1)的可行域 D_1 满足 $D\subset D_1$,若 $\boldsymbol{z}^*=\{\boldsymbol{\delta}^*,\boldsymbol{U}^*\}$ 是问题(P1)的最优解,则对于任意的可行解 $\boldsymbol{z}'=\{\delta',U'\}\in D_1$ 有 $F(z')\geqslant F(z^*)$,因为 D 是 D_1 的子集,同样存在可行解 $z''\in D$ 有 $F(z'')\geqslant F(z^*)$,因为最优解 z^* 满足(P)的所有约束条件,则 $z^*\in D$,由最优解定义,性质 1 得证。

同理可得问题(P2)满足如下性质。

性质 4:若问题(P2)的最优解 $z^*=\{\boldsymbol{\tau}^*,\boldsymbol{Q}_P^*\}$ 满足问题(P)的所有约束,则 z^* 也是问题

(P)的最优解。

由性质 3 和性质 4 可知,问题(P)的求解实质就是在问题(P1)或(P2)求解的同时考虑流动特性约束、压力约束等约束条件,使得问题(P1)或(P2)的最优解满足问题(P)中被松弛的约束条件即可得到注水系统的最优开泵方案。

(2)动态规划求解法

问题(P2)中包注水泵的泵效–排量约束、注水泵高效区工作约束、供需水量平衡约束等,对于问题(P2)的五个约束条件进行适当变换,将约束式(4-160)移项变换得到如下表达式:

$$\sum_{i=1}^{N_n^{I_w,t}} \zeta_{S,i}^{I_w} Q_{S,i}^{I_w,t} = \sum_{j=1}^{N_n^{I_w,t}} \zeta_{S,j}^{I_w} Q_{W,j}^{I_w,t} \tag{4-165}$$

将(4-165)代入到式(4-158)中,得到式(4-166):

$$\sum_{i=1}^{N_n^{I_w,t}} \zeta_{S,i}^{I_w} \sum_{j=1}^{N_T^{I_w,t}} \tau_j \xi_{j,i}^{I_w,t} Q_{P,j} = \sum_{j=1}^{N_n^{I_w,t}} \zeta_{S,j}^{I_w} Q_{W,j}^{I_w,t} \tag{4-166}$$

由式(4-155)可知,泵效可以由泵出口流量唯一表示如式(4-167)所示:

$$\tau_i \eta_{PQ_P,i}^{I_w,t} = \tau_i \left[b_{0,i}^{I_w} - b_{1,i}^{I_w} \left(Q_{P,i}^{I_w,t} - Q_O^{I_w} \right)^2 \right] = 0 \quad i = 1,2,\cdots,N_T^{I_w,t} \tag{4-167}$$

根据 $b_{1,i}^{I_w} > 0$,将(4-167)代入式(4-156)和(4-157)可以得到下式:

$$\tau_i Q_{P,i}^{I_w,t} \leqslant \tau_i \left(\sqrt{\frac{b_{0,i}^{I_w} - \eta_{\min,i}^{I_w,t}}{b_{1,i}^{I_w}}} + Q_O^{I_w} \right) \quad i = 1,2,\cdots,N_T^{I_w,t} \tag{4-168}$$

$$\tau_i Q_{P,i}^{I_w,t} \geqslant \tau_i \left(\sqrt{\frac{b_{0,i}^{I_w} - \eta_{\max,i}^{I_w,t}}{b_{1,i}^{I_w}}} + Q_O^{I_w} \right) \quad i = 1,2,\cdots,N_T^{I_w,t} \tag{4-169}$$

对式(4-168)和式(4-169)两端分别求和,结合式(4-166)得到下式:

$$\sum_{i=1}^{N_T^{I_w,t}} \tau_i Q_{P,\max,i}^{I_w,t} \geqslant Q_{T,W}^{I_w,t} \tag{4-170}$$

$$\sum_{i=1}^{N_T^{I_w,t}} \tau_i Q_{P,\min,i}^{I_w,t} \leqslant Q_{T,W}^{I_w,t} \tag{4-171}$$

式中,$Q_{T,W}^{I_w,t}$ 为注水井总需水量,$Q_{T,W}^{I_w,t} = \sum_{i=1}^{N_n^{I_w,t}} \zeta_{W,i}^{I_w,t} Q_{W,i}^{I_w,t}$;$Q_{P,\min,i}^{I_w,t}$ 为注水泵 i 高效运行的最小可行排量,$Q_{P,\min,i}^{I_w,t} = \sqrt{\frac{b_{0,i}^{I_w} - \eta_{\max,i}^{I_w,t}}{b_{1,i}^{I_w}}} + Q_O^{I_w}$;$Q_{P,\max,i}^{I_w,t}$ 为注水泵 i 高效运行的最大可行排量,$Q_{P,\max,i}^{I_w,t} = \sqrt{\frac{b_{0,i}^{I_w} - \eta_{\min,i}^{I_w,t}}{b_{1,i}^{I_w}}} + Q_O^{I_w}$。

式(4-170)和式(4-171)即为问题(P2)约束条件的等价表达,求解问题(P2)实质上就是求解在约束(4-170)和(4-171)下的最低能耗。所以求解问题(P2)中可行开泵数量范围即相当于求解模型 a:

$$\min n_{P,\min}^{I_w,t} = \sum_{i=1}^{N_T^{I_w,t}} \tau_i$$

$$\sum_{i=1}^{N_T^{I_W,t}} \tau_i Q_{P,\max,i}^{I_W,t} \geqslant Q_{T,W}^{I_W,t}$$

$$\sum_{i=1}^{N_T^{I_W,t}} \tau_i Q_{P,\min,i}^{I_W,t} \leqslant Q_{T,W}^{I_W,t}$$

和模型 b：

$$\min n_{P,\max}^{I_W,t} = \sum_{i=1}^{N_T^{I_W,t}} \tau_i$$

$$\sum_{i=1}^{N_T^{I_W,t}} \tau_i Q_{P,\max,i}^{I_W,t} \geqslant Q_{T,W}^{I_W,t}$$

$$\sum_{i=1}^{N_T^{I_W,t}} \tau_i Q_{P,\min,i}^{I_W,t} \leqslant Q_{T,W}^{I_W,t}$$

式中，$n_{P,\min}^{I_W,t}$ 、$n_{P,\max}^{I_W,t}$ 分别为注水系统最小和最大可行开泵数量。

分析模型 a 和 b 可知，若不考虑注水井需水量约束，各注水泵的启停与否无相互影响，因而可以将模型 a 和 b 的求解划分为多阶段决策问题，采用动态规划法进行求解。

动态规划法本质上并不是一种实际的算法，而是一种求解优化模型的思想，它将优化问题划分为若干相互关联的链状结构的阶段，通过每一阶段的最优决策而最终形成一个完整的决策序列，该决策序列即为优化模型的最优解。以求解模型 a 为例，给出动态规划法的设计参数。

1）阶段划分：阶段是优化问题的属性，基于优化问题的时间和空间属性，由优化问题划分而成的相互联系的顺次决策过程称为阶段。这里将第 i 台注水泵的启停决策作为第 i 阶段，记为 m_i 。

2）状态变量：状态是阶段的属性，是当前每一子问题所处的客观条件的数学描述。定义状态变量为 $S_{IW,i}$ ，表示未满足的注水井需水量，在初始状态时，$S_{IW,0} = Q_{T,W}^{I_W,t}$ 。

3）决策变量：当前阶段的状态被确定以后，则可以依据当前状态确定下一阶段的状态，由当前阶段的某种状态推算出下一阶段的某种状态被称为决策。通过分析模型 a 可知，注水泵的启停变量 τ_i 是决策开泵数量多少的关键，所以视第 i 阶段的变量 τ_i 为决策变量。

4）状态转移方程：当前状态转移到下一阶段的某种状态的演变过程称为状态转移过程，描述该过程的方程称为状态转移方程。考虑到状态变量 $S_i^{I_W}$ 是由注水泵高效运行的最小可行排量 $Q_{P,\min,i}^{I_W,t}$ 和最大可行排量 $Q_{P,\max,i}^{I_W,t}$ ，以及决策变量 τ_i 共同决定的，因而定义两个状态转移方程分别为

$$S_{\min,i}^{I_W} = S_{\min,i-1}^{I_W} - \tau_{i-1} Q_{P,\min,i-1}^{I_W} \quad i = 1,\cdots,N_T^{I_W,t}$$

$$S_{\max,i}^{I_W} = S_{\max,i-1}^{I_W} - \tau_{i-1} Q_{P,\max,i-1}^{I_W} \quad i = 1,\cdots,N_T^{I_W,t}$$

5）指标函数：指标函数是用来衡量决策过程优劣的数量指标，对于模型 a 的阶段指标函数为 $\mu_i(S_{\min,k-1}^{I_W}, S_{\max,k-1}^{I_W}, \tau_k) = \tau_k$ 。

6）最优值函数：最优值函数是决策后采用最优策略的时指标函数的值，最优值函数的值就是优化问题的解。动态规划中一般包括顺推和逆推两种方式计算最优值函数，这里采用顺推的方式设计最优值函数如下，根据 Bellman 最优性原理得到

$$f_k(S_{\min,k}^{I\mathrm{w}},S_{\max,k}^{I\mathrm{w}})=\min\{\mu_k(S_{\min,k-1}^{I\mathrm{w}},S_{\max,k-1}^{I\mathrm{w}},\tau_k)+f_{k-1}(S_{\min,k-1}^{I\mathrm{w}},S_{\max,k-1}^{I\mathrm{w}})\}\quad k=1,\cdots,N_T^{I\mathrm{w},t} \tag{4-172}$$

以上为模型 a 的动态规划求解方法,同样的方式可以求解模型 b,进而得到了可行开泵数量的上下界值。需要指出的是,本小节所求得的是问题(P2)的可行开泵数量的上下界,由于问题(P)中可行开泵数量的上下确界需要对所有约束条件进行推导和反演,所以问题(P2)中求得的上下界并不一定是问题(P)的上下确界,但考虑到问题(P2)是由问题(P)松弛得到的,且上下界包含上下确界,因而问题(P2)中求得的泵数上下界可以保证对可行解的全覆盖。

在以下模型的求解过程中,只需在可行开泵数量范围 $[n_{P,\min},n_{P,\max}]$ 内对最优开泵数量进行优化求解即可,其他数量的注水泵则无需考虑,很大程度上缩小了可行域的范围,降低了问题的维度,提高了计算效率。

4. 分支定界初始开泵方案优化

在确定了注水泵开启数量范围之后,则可采用 MPSO 算法对开泵方案优化模型进行求解,然而,MPSO 算法作为一种随机优化算法,其优化效果易受到初始值影响,不合理的初值往往会增加迭代次数、增大计算开销,因此需要对 MPSO 算法的初值进行优化设计。随机优化方法的初始值对算法的优化进程通常具有导向作用,在优化初值给定的基础上进一步迭代计算可以有效加快收敛速度,减少计算时间,本书采用分支定界法对迭代初值进行优化。在给出分支定界法优化初始可行开泵方案之前,需要对开泵方案所需满足的约束条件进行适当分析。

问题(P1)和问题(P)相较于问题(P2),增加了约束式(4-159),需要结合注水站上游来水约束对注水泵的流量约束进行分析。将式(4-159)两端求和,同时结合式(4-165)和式(4-166),可以得到如下公式:

$$\sum_{i=1}^{N_n^{I\mathrm{w},t}}\zeta_{S,i}^{I\mathrm{w}}\sum_{j=1}^{N_T^{I\mathrm{w},t}}\tau_j\xi_{j,i}^{I\mathrm{w},t}Q_{P,j}\leqslant\sum_{i=1}^{N_n^{I\mathrm{w},t}}\zeta_{S,i}^{I\mathrm{w}}Q_{S,i,\max}^{I\mathrm{w},t} \tag{4-173}$$

式(4-173)等价于:

$$\sum_{j=1}^{N_T^{I\mathrm{w},t}}\tau_jQ_{P,j}^{I\mathrm{w},t}\leqslant Q_{TS,\max} \tag{4-174}$$

式中,$Q_{TS,\max}$ 为总注水站最大可行来水量,$Q_{TS,\max}=\sum_{i=1}^{N_n^{I\mathrm{w},t}}\zeta_{S,i}^{I\mathrm{w}}Q_{S,i,\max}^{I\mathrm{w},t}$。

根据式(4-168)~式(4-171),结合式(4-174),可以得到下式:

$$Q_{TP,\min}\leqslant\sum_{j=1}^{N_T^{I\mathrm{w},t}}\tau_jQ_{P,j}^{I\mathrm{w},t}\leqslant\min\{Q_{TS,\max},Q_{TP,\max}\} \tag{4-175}$$

式中,$Q_{TS,\max}$ 为总注水泵最大高效可行排量,$Q_{TS,\max}=\sum_{j=1}^{N_T^{I\mathrm{w},t}}\tau_jQ_{P,\max,j}^{I\mathrm{w},t}$;$Q_{TS,\min}$ 为总注水泵最小高效可行排量,$Q_{TS,\min}=\sum_{j=1}^{N_T^{I\mathrm{w},t}}\tau_jQ_{P,min,j}^{I\mathrm{w},t}$。

结合式(4-158)、式(4-159)、式(4-168)和式(4-169),可以得到各注水站出站流量的上、下界为

$$Q_{SP,\min,i} \leqslant \zeta_{S,i}^{I_w} \sum_{j=1}^{N_T^{I_w,t}} \tau_j \xi_{j,i}^{I_w,t} Q_{P,j}^{I_w,t} \leqslant \min\{Q_{SS,\max,i}, Q_{SP,\max,i}\} \quad i = 1,2,\cdots,N_n^{I_w,t} \tag{4-176}$$

式中，$Q_{SP,\min,i}$ 为节点 i 为注水站时，其内所有注水泵高效运行时的出站流量下界，$Q_{SP,\min,i} = \zeta_{S,i}^{I_w} \sum_{j=1}^{N_T^{I_w,t}} \tau_j \xi_{j,i}^{I_w,t} Q_{P,min,j}^{I_w,t}$；$Q_{SP,\max,i}$ 为节点 i 为注水站时，其内所有注水泵高效运行时的出口流量上界，$Q_{SP,\max,i} = \zeta_{S,i}^{I_w} \sum_{j=1}^{N_T^{I_w,t}} \tau_j \xi_{j,i}^{I_w,t} Q_{P,\max,j}^{I_w,t}$；$Q_{SS,\max,i}$ 为节点 i 为注水站时，其水源来水量上界，$Q_{SS,\max,i} = \zeta_{S,i}^{I_w} Q_{S,i,\max}^{I_w,t}$。

基于以上公式推导能够得出，问题(P1)的可行解中，各个注水泵的排量应该满足高效区运行流量约束式(4-168)和式(4-169)；注水站的出站流量应该满足约束式(4-176)和式(4-165)；所有注水泵的排量总和应该满足约束式(4-175)。通过分析易知，满足式(4-176)一定满足式(4-175)，因而基于约束式(4-165)、式(4-168)~式(4-171)和式(4-175)，本书设计了以总耗能最小为目标的分支定界法来优化生成初始可行解。

分支定界法是求解整数规划的有力方法，通过将解空间不断分割成越来越小的子集，并且不断更新子集的上下界来实现对原问题某种意义上最优解的获取，划分子集的过程称为分支，计算上下界的过程称为定界。分支定界法优化注水系统初始开泵方案的目的是将随机给定的开泵方案调整为质量更佳的可行开泵方案，以加快 MPSO 算法后续求解的收敛速度。以注水泵的开启方案作为分枝，以分枝所对应的运行能耗作为界限值，一次分枝和定界过程即为对可行解空间的一次搜索，由于不同注水泵的运行年限、运行特性、耗能情况各不相同，通过不断分枝和剪枝对比优选不同组合开泵方案可以逐渐优化可行解，最终得到的开泵方案就是可接受的相对满意的初始解。

初始方案优化旨在规避一些不良的随机信息，对方案的最优性不做过分要求，结合分治思想，以各个注水站内的开泵方案优化为子问题，在保障总能耗下降的情况下逐站调整开泵方案。分支定界法主要优化的是泵的启停方案，因而在方法执行过程中将所有注水泵进行统一编号，以注水泵高效运行的流量边界值的均值表示注水泵的流量 $Q_{P,j}^{I_w,t}$ ($j = 1,2,\cdots,N_{DP}$)，以 N_{DP} 表示由动态规划方法确定的开泵数量；以 $\{p_{B,k}\}$，$k = 1,2,\cdots,N_{DP}$ 表示分枝定界法优化得到的最优开泵方案，$p_{B,k}$ 对应注水泵 k 的序号；$p_{L,i,j}$ 表示注水站 i 中第 j 台注水泵所对应的序号；$D_{L,i,k}^{m_i}$ 表示注水站 i 中开启 m_i 台注水泵的所有可行方案中的第 k 种方案，给出分枝定界法优化初始方案的主要步骤为：

1)以各注水站内注水泵开启数量相对均匀为原则随机选取 N_{DP} 台注水泵 $p_{L,0,1}, p_{L,0,2},\cdots, p_{L,0,N_{DP}}$，序列 $\{p_{B,k}\}$ 存储为 $p_{L,0,1}, p_{L,0,2},\cdots,p_{L,0,N_{DP}}$，初始化当前执行寻优的注水站对应序号 $I_{BB}=0$，各注水站的最优开泵方案求得与否的标记 $\sigma_{S,k}=0$($k=1,2,\cdots,N_{DP}$)，最低总运行能耗 F_{BB} 为 $p_{L,I_{BB},1}, p_{L,I_{BB},2},\cdots,p_{L,I_{BB},N_{DP}}$ 所对应的总能耗。

2)令 $I_{BB} = I_{BB} + 1$，读取注水站 I_{BB} 中开启 $m_{I_{BB}}$ 台注水泵的所有可行方案。

3)以可行方案 $D_{L,I_{BB},k}^{I_{BB}}$ 为分枝，判断该分枝是否满足注水站出站流量约束，若是则转步骤4)；否则执行剪枝操作，转步骤5)。

4)计算第 $D_{L,I_{BB},k}^{I_{BB}}$ 种可行方案所对应的总能耗 $f_{I_{BB},k}$，判断 $f_{I_{BB},k}$ 是否小于最优解 F_{BB}，若

是则存储 $f_{I_{BB},k}$，转步骤5)；否则执行剪枝操作，转步骤5)。

5)判断是否注水站 I_{BB} 中开启 $m_{I_{BB}}$ 台注水泵的所有可行方案均已决策完毕，若是则将步骤4)所存储的总能耗值进行轮盘赌选择，同时将所选择的总能耗值 $f_{I_{BB},k'}$ 赋值给 F_{BB}，并且将 $f_{I_{BB},k'}$ 中所对应的注水泵序号更新到序列 $\{p_{B,k}\}$ 中，标记 $\sigma_{S,I_{BB}}=0$，转步骤6)；否则更新 $D_{L,I_{BB},k}^{I_{BB}}$，转步骤3)。

6)是否所有注水站内的最优开泵方案均已求得，若是则转步骤7)；否则转步骤2)。

7)调整所有注水泵的排量 $Q_{P,j}^{Iw,t}$ 至与注水井需求流量 $Q_{T,W}^{Iw,t}$ 相平衡，转步骤9)。

8)结合回溯法调整所开启注水泵满足约束式(4-170)和式(4-171)。

9)输出最优开泵方案 $\{p_{B,k}\}$ 以及最低运行能耗 F_{BB}。

分析以上求解步骤可知，在分支定界决策过程中是以注水泵高效运行的流量均值为基础进行决策的，因为流量均值在高效运行范围之内，即优化得到的开泵方案一定满足约束式(4-168)和式(4-169)，且以流量均值计算的运行能耗可以有效反应注水泵的耗能情况，保障了优化所得开泵方案的可靠性。在注水站内最优开泵方案的决策过程中，没有直接选择能耗最低的分枝作为优化开泵方案，而是采用轮盘赌的方式以较大概率接收低能耗方案的同时以一定概率接受高能耗的方案，通过适度的涵盖非优解增加了初始解的多样性，有利于对最优解的全面性搜索。

为了更加直观地说明分支定界法优化初始开泵方案的机理，结合示例对以上方法作进一步阐述和分析。某注水系统有注水站3座，注水井总需水量28500m^3/d，注水泵10台，其中注水站1、注水站2中分别含有注水泵3台、4台，注水站1、注水站2、注水站3的最大来水量分别为12500m^3/d、9000m^3/d、8500m^3/d。10台注水泵的高效运行流量均值分别为6100m^3/d、7200m^3/d、6350m^3/d、6750m^3/d、7600m^3/d、8100m^3/d、6700m^3/d、6100m^3/d、7800m^3/d、7150m^3/d，开泵数量为4，其中注水站1开泵2台，随机给定的各注水站的开泵方案分别为注水泵1和注水泵2、注水泵5、注水泵9，则基于分支定界法的示例计算流程图如图4-12所示。

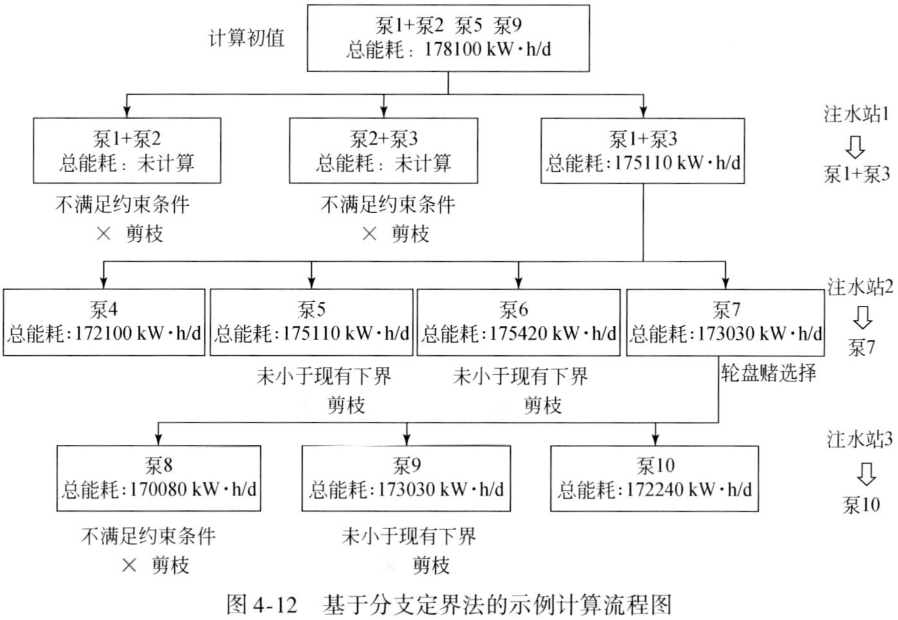

图4-12　基于分支定界法的示例计算流程图

由图 4-12 可知，每次执行分枝操作都是以当前最优能耗值作为下界，通过对各注水站内开泵方案进行分枝和剪枝操作，动态更新注水系统最低总能耗和最优开泵序列。在注水站 1 内的开泵方案确定过程中对不满足注水站流量约束的方案进行剪枝，保证了方案的可行性。确定注水站 2 内的最优开泵方案时，因为采用了轮盘赌的方式，所以最优分枝是开启注水泵 7 而不是能耗最低的注水泵 4，进而以概率的方式丰富了优化信息。在注水站 3 内的开泵方案优化过程中，虽然以轮盘赌的方式选择了开启注水泵 8，但整体开泵方案不满足约束式(4-170)，所以将优化结果调整为注水泵 10 开启。以上主要步骤和示例展示了给定各注水站开泵台数之后的开泵方案优化方法，在实际应用过程中也可以根据注水站开泵台数不同进行分枝，并结合以上方法步骤进行求解。

5. *求解方法主流程*

MPSO 算法在求解注水系统运行参数优化模型中的成功应用，证明了 MPSO 算法具有良好的优化求解能力，可作为求解注水系统开泵方案优化模型的有效算法。本书基于分级优化思想，结合动态规划法、分支定界法、MPSO 算法，提出了混合分级–限界–改进粒子群求解方法。混合方法的主要求解流程可以概括为：

首先，采用模型松弛变换和动态规划法确定可行的开泵数量范围，然后，基于启泵数量，结合分支定界法实现初始开泵方案的优化，之后，结合分级优化思想，以注水泵的启停状态和运行参数优化为方案层，以注水系统的压力和流量等参数的优化计算为分布层，两层之间协调寻优。为了有效求解开泵方案和注水泵排量，结合开泵方案优化模型对主控参数进行了设计(图 4-13)。

1)群体生成：注水泵的启停状态和注水泵的排量是方案层优化的主要对象，也是开泵方案优化模型中的决策参数。将注水系统中所有注水泵统一编号，基于动态规划法求得的开泵数量 N_{DP}，以整数编码所开启注水泵对应的序号。以实数编码注水泵的运行排量，并将注水泵的排量和注水泵的序号对应，得到 MPSO 算法粒子群体中第 i 个个体的编码结构如下：

$$z_{Iw,t}^{i} = (m_{\tau P,1}^{Iw,i}, m_{\tau P,2}^{Iw,i}, \cdots, m_{\tau P,N_{DP}}^{Iw,i}; Q_{P,1}^{Iw,i}, Q_{P,1}^{Iw,i}, \cdots, Q_{P,N_{DP}}^{Iw,i}) \quad i = 1,2,\cdots,m_{IwP} \tag{4-177}$$

式中，$z_{Iw,t}^{i}$ 为群体中个体 i 的编码结构；$m_{\tau P,j}^{Iw,i}$ 为个体 i 的第 j 个注水泵对应的序号；$Q_{P,j}^{Iw,i}$ 为个体 i 的第 j 个注水泵的排量；m_{IwP} 为群体规模。

在实际群体生成过程中，$Q_{P,j}^{Iw,t}$ 的数值在范围[$Q_{P,min,j}^{Iw,t}$, $Q_{P,\max,j}^{Iw,t}$]内随机生成，以增加可行解的数量，减少冗余搜索。另外，由于以上所介绍的分支定界法中采用了概率式的方开泵案决策方法，可以重复采用分支定界法生成群体中的每一个个体，以生成具有多样性的优化可行解。

2)不可行解调整：相较于注水系统运行参数优化，开泵方案优化的复杂度要庞大的多，算法的执行效率是必须要考虑的问题，及时调整不可行解、规避不良信息、减少无用搜索是提高计算效率的有效途径。由于 MPSO 算法是一种随机优化算法，在迭代求解过程中会产生一定数量的不可行解，对于违反压力约束、流动特性约束的不可行解，可以基于可行性准则使得部分不可行解继续融入后续计算中，但对于违反具有强约束性的流量约束条件则必须予以调整，以保证算法的高效、稳定执行：①约束式(4-170)和式(4-171)限制的是注水系统要具备所有注水泵在高效状态下满足注水井水量供给的能力，在算法每次迭代过程中需要遍历判断所有个体是否满足约束式(4-170)和式(4-171)，对于不满足式(4-170)的个体，采用单元素排序法确定开泵方案中高效运行流量上界值 $Q_{P,\max,j}^{l\mathrm{w},t}$ 最小的注水泵，调整其为上界值较大的注水泵，重复该步骤直至满足约束；反之对于不满足式(4-171)的个体则调整下界值 $Q_{P,\min,j}^{l\mathrm{w},t}$ 最大的注水泵；②约束式(4-159)表征的是注水站固有的最大可供水量，对于不

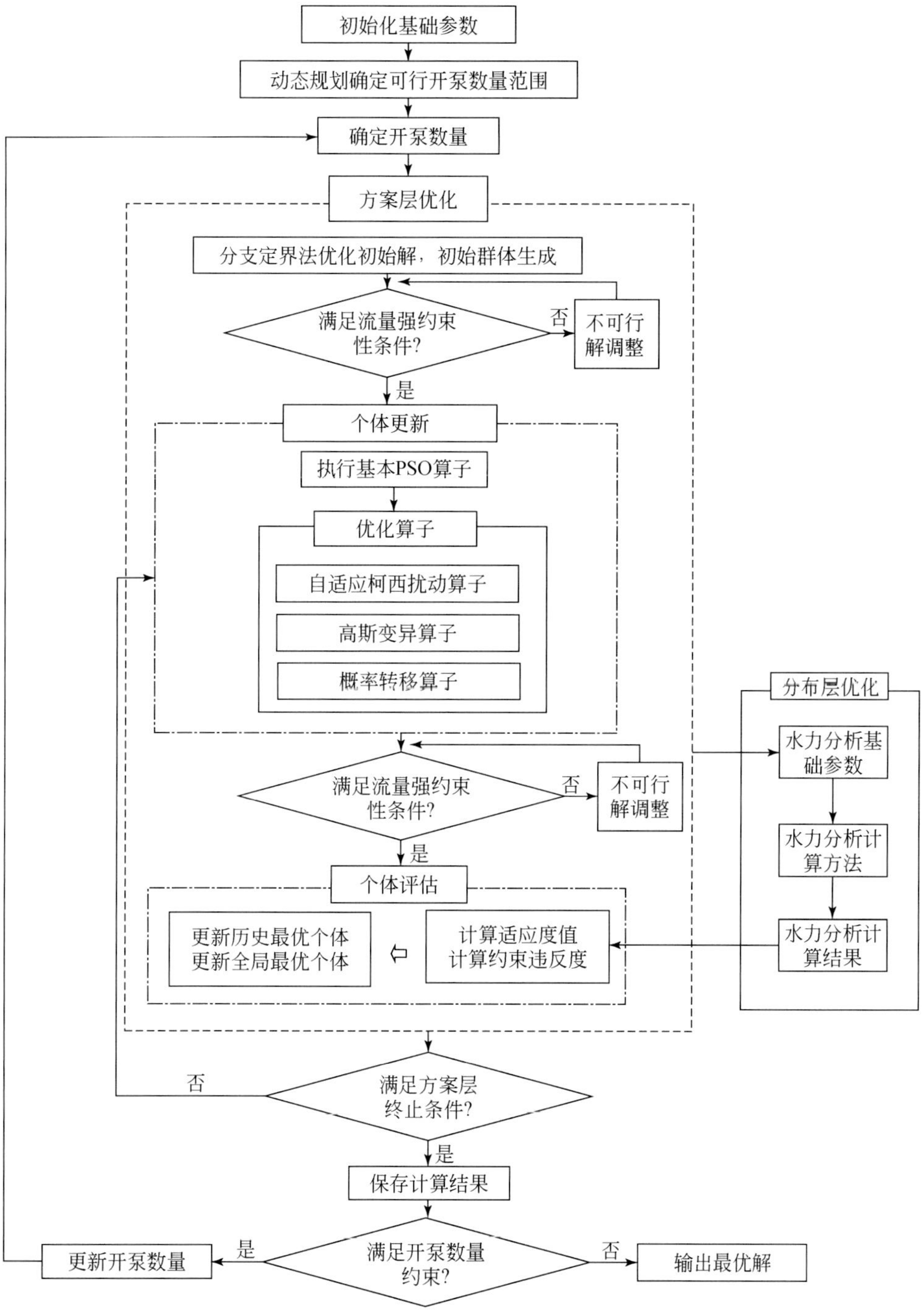

图 4-13　开泵方案优化求解方法计算流程图

满足该约束的个体,选择开泵方案中 $Q_{P,\min,j}^{Iw,t}$ 最大的注水泵调整为站内其他 $Q_{P,\max,j}^{Iw,t}$ 较小的注水泵,直至满足约束条件;③对于不满足供需流量平衡的个体参照注水子系统运行参数优化中的操作进行调整。

以上仅详细阐述了群体生成和不可行解调整的算法主控操作,对于适应度函数的设计、约束违反度函数的拉伸变换、终止条件等算法主控参数则保持与运行参数优化中的设计一致。以下给出混合分级-限界-改进粒子群求解方法的流程图。

4.9　混合智能分解协调优化求解策略

基于亚闭环网络系统的多级分解递阶结构,分别对油藏子系统注采优化、采油子系统机采参数优化、集输子系统运行优化、污水处理系统调度优化和注水系统运行方案优化五个子系统的优化模型建立及求解进行了介绍。五个子系统相对独立又彼此关联,若不考虑子系统之间的流体传递参数的动态变化,针对子系统开展的优化设计已然可以获得各子系统的最佳运行方案,然而,亚闭环网络系统作为依托于已建油田的超大型生产系统,各环节的生产参数都在时刻发生变化,液流在地上地下网络连通系统中流动所产生的传递作用,使得亚闭环网络系统的生产能耗、采收率、含水上升率等发生波动,导致亚闭环网络系统运行优化成为一个大系统动态多目标极值优化问题。所以,单纯开展各子系统的运行优化是远远不够的,本小节基于所建立的子系统优化理论,设计大系统分解协调器中的详细求解参数,以实现地上地下亚闭环网络系统运行优化模型的整体求解。

4.9.1　基于改进粒子群神经网络的油井含水率预测

油田含水上升率是评价油田开发状态的主要因素,其最小化是亚闭环网络系统运行优化的目标之一。控制油田含水上升率本质是探求油田生产的最佳开发方案,将含水上升率的下界值求取转化为其最小上界值的探索。将目标函数转化为约束条件的方式在油藏子系统注采优化中已经应用,验证了在控制最大含水上升率的条件下极大化收益净现值思想的可行性。更进一步地,将最小化含水上升率转化为亚闭环网络系统运行优化模型的约束条件,以收益净现值最大化、采收率最大化、生产能耗最小化为主要目标函数,实现亚闭环网络系统的整体求解。

为有效确定油田动态生产过程中含水上升率的变化规律,首先需要对油田开发含水率进行预测,本书中提出了基于改进粒子群算法的神经网络预测方法,实现了基于已有开发数据的油井含水率的精确预测。

1. 小波神经网络

BP 网络是误差反向传播网络,隶属于前馈网络中的一种。由于其强非线性映射能力和强自学习能力,BP 网络在众多领域得到了广泛的应用。小波分析是近年发展起来的一种用于信号分析的数学方法,它源于傅里叶分析。傅里叶变换提供了频率域的信息,但时间方面的局部化信息却基本丢失。而小波变换则可通过平移和伸缩变换处理获得信号的时、频域局部化信息。小波神经网络(wavelet neural network,WNN)则有机结合了小波分析和神经网络的优点,加快了网络的收敛能力。

小波神经网络是用小波函数代替神经元 Sigmoid 或径向基函数作为隐节点激励函数,以小波的尺度和平移参数作为神经网络的权值和阈值参数,使网络具有更多的自由度。理论上,依据 Kolmogonov 定理,在合理的结构和适当的权值的条件下,三层前馈神经网络可以逼近任意的连续函数。故本书使用3层结构的神经网络进行含水率预测,图4-14展示了 WNN 模型。其中,隐含层函数使用 Morlet 函数:

$$\psi_{(x)} = \cos(1.75x)\exp(-x^2/2) \tag{4-178}$$

输出层激励函数使用 Sigmoid 函数:

$$f_{(x)} = 1/[1+\exp(-\lambda x)] \tag{4-179}$$

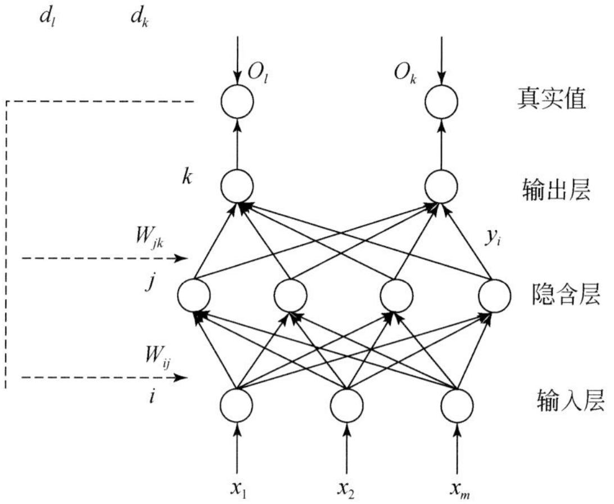

图4-14　三层小波神经网络结构图

设输入层、隐含层和输出层节点数分别为 I、H、O,样本数为 P,则隐含层第 j 个节点的输入为

$$\mathrm{net}_j = \sum_{i=1}^{I} \frac{(w_{ij}x_i - b_j)}{a_j} \tag{4-180}$$

输出层第 k 个节点的输出为

$$O_k = w_{jh} f\{\sum_{j=1}^{H} w_{ij}[\psi_{a,b}(\mathrm{net}_j) + \delta_j]\} + \delta_k \tag{4-181}$$

式中,δ_j 、δ_k 分别为隐含层和输出层的阈值。

小波神经网络在训练过程中,计算输出值和真实值的误差函数,当误差不满足精度要求时,按梯度下降方向调节权值、阈值和小波参数减小误差,直至满足精度要求。梯度为

$$\frac{\partial E}{\partial w_{jk}} = \sum_{p=1}^{P} (d_k - O_k)O_k(1-O_k)y_j$$

$$\frac{\partial E}{\partial w_{jk}} = \sum_{p=1}^{P} [\sum_{k=1}^{O} (d_k - O_k)O_k(1-O_k)w_{jk}] \frac{\psi_{a,b}(\mathrm{net}_j)}{a_j} x_i$$

$$\frac{\partial E}{\partial \delta_k} = \sum_{p=1}^{P} (d_k - O_k)O_k(1-O_k)$$

$$\frac{\partial E}{\partial \delta_j}=\sum_{p=1}^{P}\left[\sum_{k=1}^{O}(d_k-O_k)O_k(1-O_k)w_{jk}\right]\frac{\psi_{a,b}(\mathrm{net}_j)}{a_j}$$

$$\frac{\partial E}{\partial b_j}=-\sum_{p=1}^{P}\left[\sum_{k=1}^{O}(d_k-O_k)O_k(1-O_k)w_{jk}\right]\frac{\psi_{a,b}(\mathrm{net}_j)}{a_j}$$

$$\frac{\partial E}{\partial a_j}=-\sum_{p=1}^{P}\left[\sum_{k=1}^{O}(d_k-O_k)O_k(1-O_k)w_{jk}\right]\frac{\psi_{a,b}(\mathrm{net}_j)}{a_j}\mathrm{net}_j$$

带有附加动量因子的权值、阈值、尺度因子和水平因子修正量为

$$\Delta w_{jk}(t+1)=(1-mc)\eta\frac{\partial E}{\partial w_{jk}}+mc\Delta w_{jk}(t)$$

$$\Delta w_{ij}(t+1)=(1-mc)\eta\frac{\partial E}{\partial w_{ij}}+mc\Delta w_{ij}(t)$$

$$\Delta \delta_{k}(t+1)=(1-mc)\eta\frac{\partial E}{\partial \delta_{k}}+mc\Delta \delta_{k}(t)$$

$$\Delta \delta_{j}(t+1)=(1-mc)\eta\frac{\partial E}{\partial \delta_{j}}+mc\Delta \delta_{j}(t)$$

$$\Delta b_{j}(t+1)=(1-mc)\eta\frac{\partial E}{\partial b_{j}}+mc\Delta b_{j}(t)$$

$$\Delta a_{j}(t+1)=(1-mc)\eta\frac{\partial E}{\partial a_{j}}+mc\Delta a_{j}(t)$$

式中，Δw 为权值增量；E 为误差函数，常数 $\eta\in(0,1)$ 表示学习速率；t 为训练次数；mc 为动量因子，$0<mc<1$。

2. MPSO 算法优化小波 BP 神经网络

小波 BP 神经网络的训练学习结果对初始权向量、阈值和小波参数异常敏感，初始参数值随机选取，不当的取值会引起网络的震荡、不收敛，使得网络训练时间过长，陷入局部极值点，导致无法求得全局最优解。这里采用 MPSO 算法优化神经网络的初始参数值，使得优化的神经网络不仅可以继承小波分析的局部特性和神经网络的学习及推广能力，而且继承了 MPSO 算法在寻优过程中具有全局性、高效性和鲁棒性的特点，形成了多层前向神经网络训练的一种理想算法。

应用 MPSO 算法对小波 BP 神经网络进行预测的关键是在于优化神经网络的训练初值，其主控参数表述如下。

1）群体设计：MPSO 算法优化的是小波神经网络的控制参数，对于一个小波神经网络，将神经网络的各个权值 ω_{ij} 、各个节点的阈值 ω_{0i} 和隐层节点的伸缩平移算子 a_i 、b_i ，按次序编成一个字符串作为问题的一个解。采用实数编码，则粒子的编码结构为

$$z_{BP}^{t}=\{\omega_{01}^{\mathrm{h}},\omega_{11}^{\mathrm{h}},\cdots,\omega_{k1}^{\mathrm{h}},a_1^{\mathrm{h}},b_1^{\mathrm{h}};\cdots;\omega_{0n}^{\mathrm{h}},\omega_{1n}^{\mathrm{h}},\cdots,\omega_{kn}^{\mathrm{h}},a_n^{\mathrm{h}},b_n^{\mathrm{h}};\omega_{01}^{\mathrm{o}},\omega_{11}^{\mathrm{o}},\cdots,\omega_{n1}^{\mathrm{o}};\cdots;\omega_{0N}^{\mathrm{o}},\omega_{1N}^{\mathrm{o}},\cdots,\omega_{nN}^{\mathrm{o}}\}\tag{4-182}$$

式中，h 为隐含层；o 为输出层。

2）适应度函数设计：进行神经网络训练一般以均方误差和最小为目标函数，则 MPSO 算法求解过程中的适应度值函数设置为

$$f = \frac{1}{1 + (1/P)\sum_{P=0}^{P}\sum_{j=0}^{N}(d_j^P - y_j^P)^2} \tag{4-183}$$

式中，d_j^P 为目标输出；y_j^P 为网络实际输出。

将最优个体解码作为小波神经网络连接权值和伸缩平移尺度。由于小波神经网络输入输出数已由实际问题决定，以上仅对隐含层小波基个数进行编码。

3. 含水率预测

油井含水率主要由油藏的注采方案所影响，以油田累计注水量、累计产油量、地层饱和压力、累计产液量等为输入参数，以油井的含水率为输出参数，建立小波 BP 神经网络的预测模型为

$$\hat{f}_{\mathrm{w}} = g(Q_{AI\mathrm{w},t}^{RL}, Q_{AC\mathrm{o},t}^{RL}, Q_{AF,t}^{RL}, P_{e,l}^{RL,t}, k_{r,\mathrm{o}}^{RL,t}, k_{r,\mathrm{w}}^{RL,t} C_{\mathrm{o}}^{RL}, R_{I\mathrm{w}}^{RL,t}) \tag{4-184}$$

式中，$\hat{f}_{\mathrm{w}}$ 为油井含水率；$g(\cdot)$ 为神经网络预测方法；$Q_{AI\mathrm{w},t}^{RL}$ 为油田截至第 t 时间段末的累计注入水量；$Q_{AC\mathrm{o},t}^{RL}$ 为油田截至第 t 时间段末的累计产油量；$Q_{AF,t}^{RL}$ 为截至第 t 时间段末油田累计产液量；$P_{e,l}^{RL,t}$ 为油田第 t 时间段的油层压力；$k_{r,\mathrm{o}}^{RL,t}$ 为油田第 t 时间段的油相相对渗透率；$k_{r,\mathrm{w}}^{RL,t}$ 为油田第 t 时间段的水相相对渗透率；C_{o}^{RL} 为原油压缩系数，$P_{I\mathrm{w}}^{RL,t}$ 为第 t 时间段注入压力。

以油田历史生产数据为基础，应用基于 MPSO 算法的小波 BP 神经网络预测油井含水率变化情况，即可得到油田未来含水率变化的预测值。神经网络预测含水率的主要步骤可以表述为

1）以 $Q_{AI\mathrm{w},t}^{RL}$、$Q_{AC\mathrm{o},t}^{RL}$、$Q_{AF,t}^{RL}$、$P_{e,l}^{RL,t}$、$k_{r,\mathrm{o}}^{RL,t}$、$k_{r,\mathrm{w}}^{RL,t}$、C_{o}^{Rl}、$R_{I\mathrm{w}}^{RL,t}$ 为输入样本集，以过去时间内的油井含水率 $\hat{f}_{\mathrm{w}}$ 为输出样本集，确定神经网络拓扑结构，初始化 MPSO 算法粒子群体。

2）在神经网络输入层输入累计注水量、累计产油量、累计产液量、油层压力、油相相对渗透率和水相相对渗透率等参数，对网络进行向前计算，以式(4-183)为适应度函数，计算个体适应度值。

3）更新历史最优个体、全局最优个体，全局最优个体所携带的解信息即为下一次迭代的神经网络的最优权值。

4）更新群体中所有粒子的速度和位置，具体包括：执行标准粒子群算子更新粒子速度和位置、执行自适应柯西扰动算子更新全局最优个体、执行高斯变异算子对质量差的个体进行变异、执行依概率转移算子实现粒子的位置调整。

5）判断是否达到最小迭代误差和最大迭代次数的终止条件，若达到则停止迭代，转步骤6）；否则转步骤2）。

6）全局最优个体对应的组合参数即为最优神经网络控制参数，基于此参数进行神经网络样本训练，求得油井含水率的预测值。

4.9.2 最大含水上升率模糊集

含水率的变动反映了水驱开发的开发效果，也指示了亚闭环网络系统的运行状态。含水上升率是在含水率的基础上进一步细化的水驱开发效果评价指标，含水上升率低，说明油

藏水驱效果好,每采出 1% 的地质储量含水上升不多;反之,若含水上升率高,则说明油藏水驱效果差。对于亚闭环网络系统运行优化数学模型,含水上升率的高低不仅是整体运行方案质量优劣的评价手段,还直接决定了优化运行方案的可行与否,因此,精准把握含水上升率的变化规律、准确预测含水上升率的变化范围对亚闭环网络系统运行优化模型的有效求解具有重要价值。通过 MPSO 算法优化的小波神经网络可以较为准确的预测得到油井的含水率,但由于历史生产数据的统计误差,所得到的含水率与实际含水率仍然存在着一定偏差。考虑含水上升率预测过程中存在的误差,建立了最大含水上升率模糊集,用以衡量含水上升率的大小。

最大含水上升率模糊集是指某一时间段末含水上升率距离最大含水上升率的相近程度的模糊集,定义为 $\tilde{A}_{RL}$,以下给出油田开发第 t 时间段末的最大含水上升率模糊集的隶属度函数:

$$\mu_{RL}^{t}(f_{\mathrm{w}}^{t})=\begin{cases}\mathrm{e}^{-(f_{\mathrm{wmax}}^{t}-f_{\mathrm{w}}^{t})} & f_{\mathrm{w}}^{t}\geqslant f_{\mathrm{wmin}}^{t}\\ 0 & f_{\mathrm{w}}^{t}<f_{\mathrm{wmin}}^{t}\end{cases} \tag{4-185}$$

式中, $\mu_{RL}^{t}(f_{\mathrm{w}}^{t})$ 为油田开发第 t 时间段末的含水上升率对于 t 时间段末的最大含水上升率模糊集的隶属度; f_{wmin}^{t} 为理想生产条件下第 t 时间段末的含水上升率; f_{wmax}^{t} 为第 t 时间段末的最大含水上升率,可由下式计算得到:

$$f_{\mathrm{wmax}}^{t}=\max\{\alpha_{F,t}f_{\mathrm{w}F}^{t},f_{\mathrm{w}EV}^{t}\} \tag{4-186}$$

式中, $f_{\mathrm{w}F}^{t}$ 为采用预测方法(本书中的基于 MPSO 算法的小波神经网络预测法)得到的油田开发第 t 时间段末的含水上升率; $\alpha_{F,t}$ 为上升系数,为大于 1 的实数; $f_{\mathrm{w}EV}^{t}$ 为根据油田开发生产经验得到的油田开发第 t 时间段末的最大含水上升率。

通过最大含水上升率的模糊集的定义和隶属度函数可知,通过该模糊集的隶属度函数可以量化评价水驱开发方案的效果好坏,隶属度值越大,含水率越接近最大含水率,则水驱开发效果越不好;反之,隶属度值越小,含水率越远离最大含水率,表征当前水驱开发方案适宜、效果良好。

进一步解读最大含水上升率模糊集,若采用 λ -截集法将模糊集转化为非模糊集 $\tilde{A}_{RL}^{\lambda}$,则 $\tilde{A}_{RL}^{\lambda}$ 中包含的是一系列不合理水驱方案所导致的高含水上升率的元素,对于亚闭环网络系统运行优化而言, $\tilde{A}_{RL}^{\lambda}$ 中的元素并不是我们所想要的,而 $\tilde{A}_{RL}^{\lambda}$ 的补集 $\bar{A}_{RL}^{\lambda}=\tilde{A}_{RL}-\tilde{A}_{RL}^{\lambda}$ 中的元素则是生产运行过程中所希望得到的,不同的置信水平 λ 所得到的 $\tilde{A}_{RL}^{\lambda}$ 代表着决策者对于水驱开发方案的容忍程度,低置信水平所对应的 $\bar{A}_{RL}^{\lambda}$ 则代表着决策者对于含水上升率控制的严格程度。

4.9.3　多目标改进粒子群算法

地上地下亚闭环网络系统运行优化模型是典型的多目标高维混合整数非线性优化模型,若采用传统的多目标优化处理方法,如加权法、主目标法、分层序列法等进行求解时容易存在如下问题:

1)传统方法求解多目标优化问题时,对 Pareto 最优前沿形状比较敏感,不能处理前端的凹部。

2)传统方法在求解多目标优化问题获得可行解数目少,而对于亚闭环网络系统运行优化需要多方案的优选对比。

3)传统方法需要优先确定每个单目标下优化模型的上下界值,耗时较多,而不同目标之间相互矛盾,所求解费时且不一定可行。

4)传统方法人为分配每个目标函数的优先层次、权重,带有个人主观性,难以保证整体最优性。

进一步归纳总结油藏子系统中的所采用的分解协调结构,提出了智能分解协调法,该方法以智能算法为依托,融合智能算法的全局最优性和随机扰动性,以智能算法求解主优化问题中的主要控制参数,以控制参数作为协调信息,

针对传统优化方法存在的不足,基于 NSGA-II 多目标优化算法的设计思想,构建了多目标改进粒子群优化算法(MMPSO)。在介绍 MPSO 多目标优化算法之前,先介绍四个重要概念。

1)对于给定的两个解 $x,z \in \Omega$,若对于 m 个目标,均有 $f(x_i) \leqslant f(z_i)$,则 x 支配 z。

2)如果 x 不被其他任何解支配,则 x 就是帕累托最优解(Pareto optimal solution)。

3)所有帕累托最优解组成的集合称为帕累托最优解集(set of Pareto optimal solutions, PS)。

4)所有帕累托最优解的目标向量组成的集合称为帕累托最优前沿面(Pareto optimal front, PF)。

随着智能计算和计算机技术的发展,诸多学者提出了对于多目标优化问题的求解的智能优化算法,如多目标进化算法(MOEA)、多目标粒子群算法(MPSO)、带精英策略的非支配排序遗传算法(NSAG-II)等。但随着目标函数的复杂化和问题维度的升高,现有的多目标优化算法存在着如下不足:

1)随着目标数量的增多,构造近似帕累托前沿面所需解的个数呈指数级增长。选择大规模的种群可以增加求解的能力,但计算耗时长;而规模小的种群中非支配个体数量显著增加,不利于算法收敛。

2)随着目标维数的增加,如果保持种群的多样性,个体之间的相关性就会降低,这会降低多目标进化算法的收敛速度;如果使种群中的个体之间的相关性比较强,这就无法保持种群的多样性。

基于以上研究现状,本书基于改进的粒子群算法,研究建立了一种多目标优化求解算法。本书第1章中证明了 MPSO 算法对于单目标最优化问题的全局收敛性,数值分析了 MPSO 算法求解性能的全面性,因而将 MPSO 算法进行迭代规则和主控参数的设计,将其变化成为多目标优化算法是可行的。以下给出 MPSO 多目标优化算法的主控参数设计:

1)群体多样性维护:对于保持非支配解集的多样性策略问题,现有成果中的维护多样性的策略主要包括 Maximin 策略、拥挤距离策略、自适应网格策略、小生境策略等,其中 Maximin 和拥挤距离策略因为可以适应不同优化问题特异性、无需额外主控参数的优点被广泛应用在各个领域。本书基于 Maximin 策略和拥挤距离策略,设计了 MPSO 多目标优化算

法的群体信息维护操作。

Maximin 策略起源于博弈理论，被 Balling 首次应用于多目标优化问题，根据定义，一个粒子 x_i 的 Maximin 适应度函数为

$$f_{MM}(x_i)=\max_{\substack{j=1,\cdots,N\\ j\neq i}}\left\{\min_{l=1,\cdots,m}\left\{f_l(x_i)-f_l(x_j)\right\}\right\} \tag{4-187}$$

式中，$f_{MM}(x_i)$ 为粒子 x_i 的适应度值；N 为群体规模；m 为目标函数的数量。

以上 Maximin 适应度函数没有考虑不同目标函数的量纲对于求解偏向性的影响问题，应首先予以归一化处理，可采用下式将单目标函数值进行归一化计算：

$$f_l(x_i)=\frac{f_l(x_i)-\min\limits_l[f_l(x_i)]}{\max\limits_l[f_l(x_i)]-\min\limits_l[f_l(x_i)]} \tag{4-188}$$

此外，Maximin 适应度值可以评价个体的优劣，但当两个个体的 Maximin 适应度值相等时，则需采用 NSGA-II 算法中的拥挤距离策略进行比较两个个体的质量好坏（Deb et al.，2002），计算得到拥挤距离更大的个体更优。

2）约束条件处理：与 NSGA-Ⅱ算法中采用的锦标赛方法进行约束处理不同，MPSO 多目标优化算法中结合本章第 3 小节中所给出的可行性准则，将适应度值和约束条件分别处理，具体的个体排序原则为：①对于可行解，排序依次考虑 Maximin 适应值、拥挤距离；②对于不可行解，以违反约束度从小到大排序；③可行解优先于不可行解。

3）算法优越性分析：相较于多目标粒子群算法，由于 MPSO 算法中增加了自适应柯西扰动算子、高斯变异算子及依概率转移算子，使得 MPSO 算法在迭代后期仍然保持了群体的多样性，增加了找寻到最优解的概率，因而在进行多目标优化问题求解时，MPSO 算法所得到的非支配解能更加接近 Pareto 最优前沿。图 4-15 展示了 MPSO 算法和 PSO 算法所得到的非支配解的分布情况，从图中可以看出，MPSO 算法得到的非支配解要优于 PSO 算法得到的非支配解。

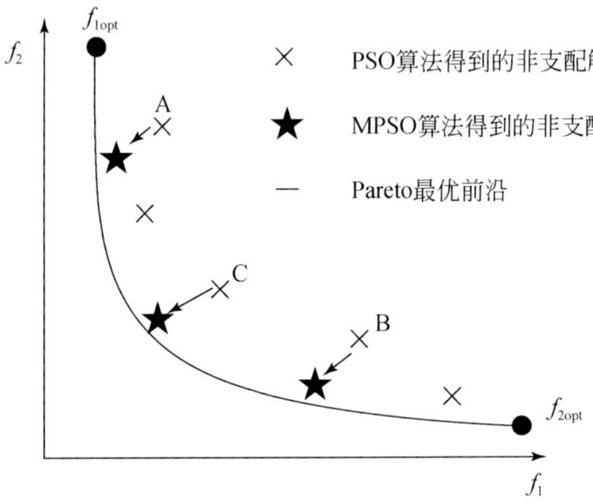

图 4-15　MPSO 和 PSO 算法非支配解的分布

基于以上算法主控参数设计，给出算法的主要执行步骤：

1）随机产生 n_{mRL}^t 个粒子并储存在 $p_{mRL}^t(0)$ 中，置粒子的个体最优位置设为当前位置 x_i，

初始化非支配解集 $\psi_{mRL}^{t}(0)=\varnothing$ ，设定非支配解集的规模 a_{ψ} ，令迭代次数 $k=0$。

2）将 $p_{mRL}^{t}(0)$ 中的非支配解更新到 $\psi_{mRL}^{t}(0)$ 中，结合约束处理方法，形成 $\psi_{mRL}^{t}(1)$ ，令 $p_{mRL}^{t}(1)=p_{mRL}^{t}(0)$ 。

3）令 $k=k+1$，开始循环迭代。

4）更新 $p_{mRL}^{t}(k)$ 中的粒子速度和位置，以 $\psi_{mRL}^{t}(k)$ 中前 20% 的非支配解为候选解集，更新当前全局最优 $g_{\text{best}}(k)$ 。将产生的子代种群 $S_{ON}(k)$ 与 $p_{mRL}^{t}(k)$ 合并并储存于 $R_{mRL}^{t}(k)$ 中，这时 $R_{mRL}^{t}(k)$ 共包含 $2N$ 个粒子。

5）根据约束条件处理方法对 $R_{mRL}^{t}(k)$ 进行排序，选择前 N 个粒子组成下一代种群 $p_{mRL}^{t}(k+1)$ ，将 $R_{mRL}^{t}(k)$ 中的非支配解更新到 $\psi_{mRL}^{t}(k)$ 中。

6）对 $\psi_{mRL}^{t}(k)$ 进行局部搜索，删除其中的被支配解，根据约束条件处理方法对 $\psi_{mRL}^{t}(k)$ 进行排序。若非支配解集中的解的数量大于设定的规模 a_{ψ} ，则取前 a_{ψ} 个粒子构成 $\psi_{mRL}^{t}(k+1)$ ；否则，令 $\psi_{mRL}^{t}(k+1)=\psi_{mRL}^{t}(k)$ 。

7）若不满足算法终止条件，则返回步骤 3）继续迭代；否则，结束程序，输出 $\psi_{mRL}^{t}(k+1)$ 中的非支配解。

4.9.4　亚闭环网络系统整体运行优化混合智能分解协调求解

在分解递阶结构的基础上，将智能优化算法应用于协调器的设计中，提出了智能分解协调方法，统筹多目标 MPSO 算法、最大含水上升率模糊集和各子系统求解方法，形成了混合智能分解协调优化求解策略，实现了亚闭环网络系统整体运行优化模型的有效求解。

1. 智能分解协调法

进一步归纳总结油藏子系统中所采用的分解协调结构，提出了智能分解协调法，该方法以智能算法为依托，融合智能算法的全局最优性和随机扰动性，以智能算法求解主优化问题中的主要控制参数，以控制参数作为协调信息协调求解整个大系统的优化问题。以下给出智能分解协调多级递阶结构的示意图如图 4-16 所示。

图 4-16 中，λ_{ej} 表示采用智能计算决策后得到的第 j 子系统的协调信息，$r_{e,j}$ 表示的第 j 子系统的返回给协调器的计算结果。从以上示意图中可以看出，基于智能算法的协调器相当于求解过程的“大脑”，而子系统求解方法相当于求解过程的“四肢”，通过智能决策协调信息，协调迭代完成大系统优化模型的求解。

相较于传统的分解协调法，智能分解协调法具有如下两个优点。

1）适用性更广：已有分解协调方法中多以拉格朗日松弛法求解目标函数的梯度信息，然后以梯度信息作为分解协调求解的协调信息，该方法迭代方向明确，可以有效求解大系统优化问题，但对于类似本书中所建立的亚闭环网络系统优化模型，以及其他类似的具有复杂目标函数和约束条件优化模型而言，梯度信息很难获取，从而导致模型的无从求解。智能分解协调法依据智能算法求解协调器的协调信息，智能算法求解时对优化模型的数学性质不做过分要求，对于复杂的优化模型以及无法给出明确数学表达式的优化模型同样有效，适用性更广。

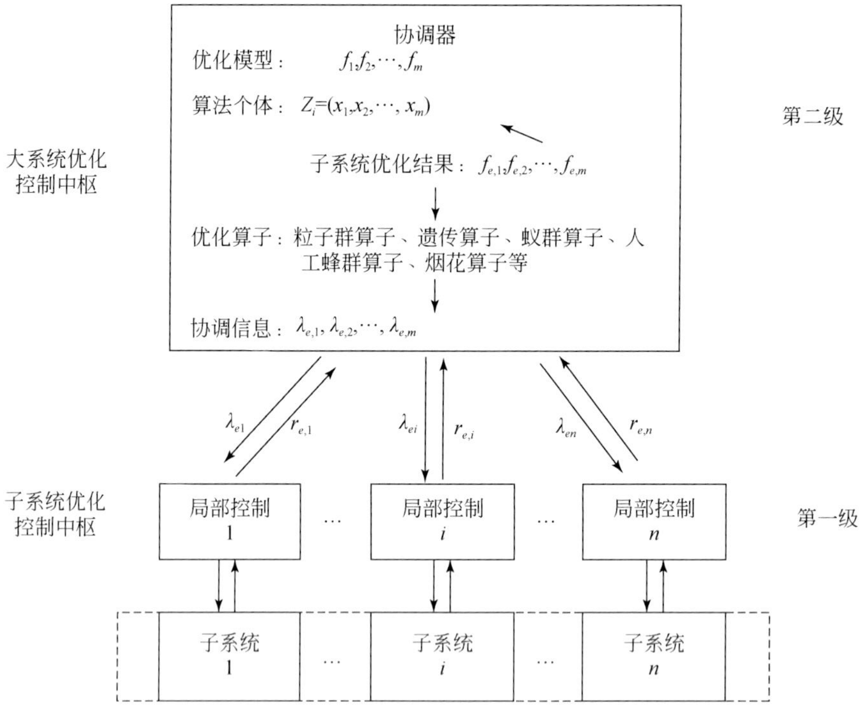

图 4-16　智能分解协调二级递阶结构示意图

2）精度更高：协调器对于多级递阶结构优化问题的求解具有提领作用，传统求解方法多采用求导的方式来获取协调信息，但基于梯度信息的方法本质上是一种局部最优化方法，求解效果的好坏依赖于控制参数的选取。智能分解协调法运用智能算法计算迭代的协调信息，具有理论上的全局最优性，智能算法中的多个个体代表多种协调求解方案，通过智能优化算法的优化机制实现多协调方案的优选对比，求解精度更高。

总结以上分解智能协调法可知，以智能算法的全局寻优机制决策大系统的协调迭代信息，结合子系统的局部优化结果，评价智能个体的优化方案优劣，以智能算法的收敛条件控制整体大系统优化求解的终止条件，分解智能协调法在保证高求解精度的前提下实现了对复杂大系统优化模型的求解。

2. 混合智能分解协调优化求解策略

基于以上智能分解协调法，结合多目标 MPSO 算法、最大含水上升率模糊集、基于 MPSO 算法的小波神经网络法，综合求解各子系统的 MPSO 算法、PS-FW 算法、地下注入有效模糊区、单井机采系统模糊聚类法、马尔可夫链蒙特卡罗水力修正法、动态规划和分支定界法等，形成了混合智能分解协调优化求解策略，通过协调器协调控制各子系统和大系统逐步迭代寻优。在亚闭环网络系统运行优化数学模型中，含水上升率最小化作为优化目标之一，考虑到含水上升率对于优化模型的约束作用，采用主目标法，以收益净现值最大化、生产能耗最小化、采收率最大化为主要目标，将含水上升率最小化转化为约束模型求解的约束条件，通过不断调整最大含水上升率的限制，逐步探求兼顾多种优化目标的最小的含水上升率。以下给出了优化求解策略的主控参数：

1）最大含水上升率协调序列：油藏子系统的注采方案直接决定了注入子系统的注入方案和采油子系统的机采方案，含水上升率的上界值对于油藏子系统最优生产方案的制订具有关键作用，笔者将含水上升率的上界值作为协调器传递给油藏子系统的协调信息，采用最大含水上升率模糊集和 λ -截集法，由于置信水平 λ 的选取具有随机性，因而不同的含水上升率上界值形成了最大含水上升率随机协调序列：

$$\{f_{\mathrm{wmax}}^{t,1}, f_{\mathrm{wmax}}^{t,2}, \cdots, f_{\mathrm{wmax}}^{t,M_{RL}}\}$$

式中，$f_{\mathrm{wmax}}^{t,j}$ 为第 t 时间段内随机协调序列中第 j 种含水上升率上界值，$j = 1,2,\cdots,M_{RL}$，其中 M_{RL} 表示可行含水上升率上界值的数量。

2）多目标优化群体设计：由于需要确定亚闭环网络系统的最优生产运行时间，基于多目标 MPSO 算法，设计多目标优化群体，以时间段为单位，优化求解亚闭环系统在某一时间段内的生产运行参数，求解之后再进行其他时间段的求解，最终确定优化模型中所有决策变量的取值。多目标优化群体的个体编码结构为

$$\boldsymbol{z}_{RL,i}^{t} = \{\boldsymbol{P}_{RL,t,1}^{i}, \boldsymbol{P}_{RL,t,2}^{i}, \cdots, \boldsymbol{P}_{RL,t,M_{RL}}^{i}\} \tag{4-189}$$

式中，$\boldsymbol{z}_{RL,i}^{t}$ 为第 t 时间段内多目标优化群体中第 i 个体的编码结构，是包含对应于不同含水上升率上界值优化变量的结果矩阵；$\boldsymbol{P}_{RL,t,j}^{i}$ 为第 t 时间段内多目标优化群体中第 i 个体的对应于第 j 种含水上升率的亚闭环网络系统的优化结果向量。

3）子系统求解关联：基于油田生产的工艺流程，将各子系统的求解顺序排列，子系统的求解顺序为：油藏子系统→采油子系统→集输子系统→污水处理子系统→注入子系统，各子系统之间按照求解顺序传递流体参数。此外，各子系统的求解需要用到其他子系统的部分参数，如油藏子系统注采优化中需要知晓污水子系统的可供给的最大净化液量，以及集输子系统的最大处理液量，采油子系统机采参数优化需要耦合集输子系统的最低进站压力，子系统之间的约束信息传递由协调器完成。

4）终止条件：对于亚闭环网络系统运行优化数学模型的求解，协调器控制着整体大系统优化求解的终止与否，多目标优化群体的收敛意味着亚闭环网络系统优化求解的完成，设置最大迭代次数和收敛精度以控制亚闭环系统的求解终止。

基于以上主控参数设计，绘制地上地下亚闭环网络系统整体运行优化模型的混合智能分解协调优化求解策略的计算流程图如图 4-17 所示。

4.10　地上地下亚闭环网络系统整体运行优化实例

基于本书所提出的亚闭环网络系统整体运行优化模型和求解策略，对 XB 油田 SX 区块进行了油藏子系统、采油子系统、集输子系统、污水子系统和注入子系统运行优化研究。SX 区块已开采多年，油田地面地下生产设置完备，该区块采用五点法井网，共有生产油井 1976 口，注水井 1914 口，生产井机采设施 1976 套，计量站 186 座，接转站 16 座，联合处理站 6 座，污水处理站 4 座，注水站 7 座，地上地下生产系统形成了大型的亚闭环网络系统。通过求解各子系统优化模型得到各子系统的最优生产运行方案，将所求得的优化方案推广应用到 SX 区块，优化前采收率 27.54%，含水上升率 1.18，年运行耗电量 6.59×10^{8} kW · h，年收益净现

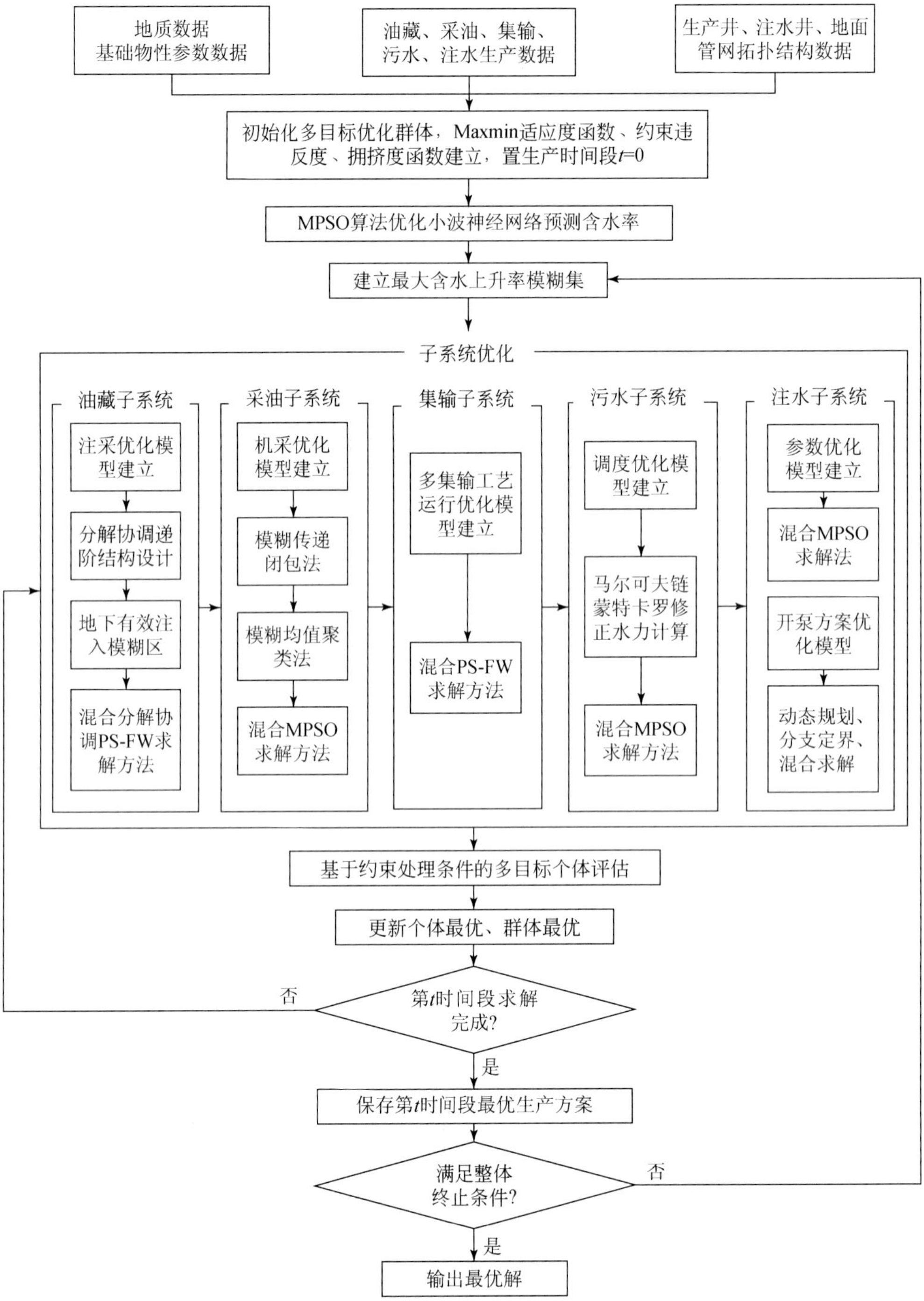

图 4-17　地上地下亚闭环网络系统运行优化模型的混合智能分解协调优化求解策略计算流程图

值 74.86 亿元。优化后收率 27.92%，含水上升率 0.86，年运行耗电量 5.92×10^{8} kW · h，年收益净现值 81.52 亿元，优化后的亚闭环网络系统生产运行方案在各目标下都取得了明显优化的效果，采收率升高 1.39%，含水上升率下降 27.4%，年耗电量减少 10.17%，年收益净现值提升 8.90%。此外，优化后方案减少年地面污水总量 $152.46\times10^4 m^3$，减少无效注水 $148.43\times10^4 m^3$。采用本书中所提出的亚闭环网络系统优化理论，在控制含水率上升的同时减少了无效注水量，降低了地面生产系统的运行负担，有效地节约了油田生产运行费用，提高了油田生产收益，增加了原油采收率，验证了所提出优化模型和混合智能分解协调优化求解策略的正确性。详细的优化前后对比结果见表 4-1 和表 4-2。

表 4-1　SX 区块优化前后亚闭环网络系统优化效果对比表

项目名称	优化前	优化后	优化比例
日油井平均产油量	4.31t/d	4.37t/d	1.39%
日水井平均注水量	$84.95m^3/d$	$81.33m^3/d$	4.26%
年注水量	$4111.57\times10^4 m^3$	$3936.41\times10^4 m^3$	4.26%
年地面污水总量	$3195.18\times10^4 m^3$	$3042.72\times10^4 m^3$	4.77%
油井平均含水率	91.70%	91.21%	0.53%
含水上升率	1.18%	0.86%	27.40%
采收率	27.54%	27.92%	1.39%
年耗电量	$6.59\times10^8 kW\cdot h$	$5.92\times10^8 kW\cdot h$	10.17%
年能耗费用	7.91 亿元	7.10 亿元	10.24%
年收益净现值	74.86 亿元	81.52 亿元	8.90%

表 4-2　SX 区块优化前后子系统优化效果对比表

	项目名称	优化前	优化后	优化比例
采油子系统	机采效率	25.38%	33.64%	32.55%
	单耗	$9.27kW\cdot h/m^3$	$8.56kW\cdot h/m^3$	7.66%
	年总运行费用	3.88 亿元	3.43 亿元	11.60%
集输子系统	日吨液耗电量	$1.78kW\cdot h/d$	$1.63kW\cdot h/d$	8.43%
	日吨液耗气量	$1.73m^3/d$	$1.41m^3/d$	18.50%
	年总运行费用	1.12 亿元	0.95 亿元	15.18%
污水子系统	单耗	$0.44kW\cdot h/m^3$	$0.36kW\cdot h/m^3$	18.95%
	总运行费用	0.17 亿元	0.13 亿元	23.53%
注水子系统	平均泵效	71.20%	74.56%	4.72%
	单耗	$6.33kW\cdot h/m^3$	$6.12kW\cdot h/m^3$	3.32%
	总运行费用	3.12 亿元	2.89 亿元	7.37%

第5章 大型油气管网布局优化研究

为了满足人们对油气资源日益增大的需求,保障我国能源的安全与可持续发展,各大油气田都在大力推进增储增产增效工作的开展,大规模产能区块的开采以及地面配套集输管网的新建投产时有发生,建立可适用于大型油气集输管网的布局优化理论方法是实现石油与天然气降本增效生产的关键。相较于小规模油气管网的规划设计,大型油气管网的布局优化需要面对“维数灾”所带来的严峻挑战。现有的研究成果主要针对小规模的油气集输管网或结构相对简单的干线管道进行布局优化设计,其优化变量最多为几百个左右,而对于大型油气集输管网而言,优化问题的规模随着集输网络中的节点数目呈倍数增长,加之油气集输管网的复杂拓扑结构和多级管理属性,优化变量的数目可达几千甚至上万个,纵览已发表的相关成果,未见任何学者对如此大规模的布局优化问题开展过研究。“维数灾”不仅决定了连续及离散耦合变量的超大规模,还显著增大了包含 NP-完全问题的集合划分、设施选址、最小生成树、最短路优化等优化子问题的协同求解难度,导致大型油气集输管网布局优化问题成为一个异常困难的 MINLP 问题,因而,对该问题进行攻关研究,建立精准的数学描述模型及有效的求解方法,对促进混合整数非线性规划、降维规划、智能优化等领域的基础科学问题研究具有重要理论意义。

5.1 多障碍下布局处理方法

障碍是影响油气集输管网布局优化的具有空间属性的自然事物的泛指,是影响油气集输管网布局优化问题非凸性质的主要因素。第3章中已经介绍了障碍的表征,以及布局可行与否的相关理论方法,所采用的面积法对于油气集输管网中较少数量的障碍而言求解稳定、精确度高,而对于存在多个障碍的大型油气集输管网,需要反复判断网络布局是否受到障碍约束,在表征障碍的多边形边数较多时计算复杂度很高。另外,判断管线是否受限于障碍可以提成为直线与多边形的位置关系判定,已有的方法中需要多次进行直线与多边形的相交计算,对于大规模油气集输管网的多管线、多障碍布局优化问题,每次迭代求解都会产生较大的计算开销。现有成果对于障碍的表征局限于定性的描述方法,未给出障碍表征的数学模型,本书中旨在给出随机障碍的表征隐函数,以坐标的简单代入运算代替复杂的点与多边形位置关系的求解。同时,以向量积法的简单计算代替复杂的直线方程求交运算。然后,为了降低直线与障碍多边形相对位置关系的计算复杂度,保证大规模油气集输管网布局优化的高效求解,提出了最小包围盒简化计算法。最后,给出了绕障路径优化模型及求解方法。

5.1.1　障碍的隐式表征

多边形逼近表示法随着边数的增加可以有效提升障碍边界特征的还原度，可以更加贴合现场实际，因而被广泛应用在油气集输领域障碍表征研究中。判断节点是否位于障碍内主要采用射线法和面积法，射线法主要通过判定测试点射线与多边形的交点分布在测试点两侧的奇偶性来判断测试点是否位于多边形内，对于简单的多边形，如图 5-1(a)所示，射线法可以准确判断点与多边形的位置关系，然而，自然界中的障碍随机性强，障碍的几何特征差异性巨大，采用射线法进行判断容易产生错误，如图 5-1(b)所示。在图 5-1(b)中，射线 e 与多边形的交点在测试点 o 的右侧有 4 个点，测试点左右两侧的交点个数为偶数，点 o 应该位于障碍外，而实际情况与判断结果相背，此外，射线法在执行时需要遍历多边形的所有边，当进行大规模油气集输管网布局优化时，布局区域之间可能存在多个障碍，为了确保障碍的精确表征，障碍多边形的边数通常较多，且所有管道的路径点和站场的几何位置都要进行点与障碍多边形位置关系的计算，其复杂度过高。第 3 章中所采用的面积法同样存在着复杂度的问题。

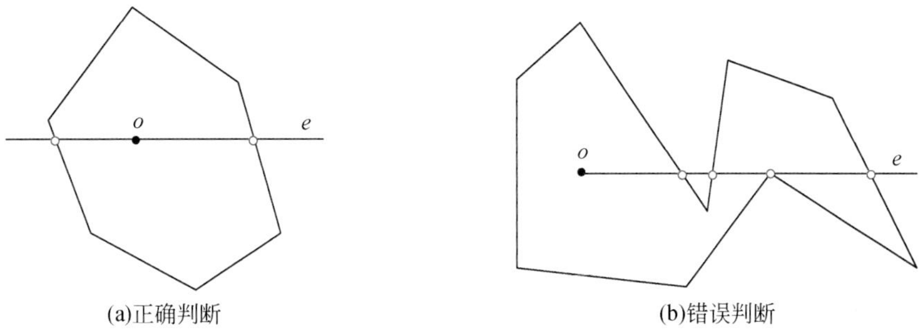

图 5-1　射线法正确和错误判断示意图

为了规避射线法在判断点与多边形位置关系时的非完全准确性，精确决策点与多边形的相对关系，尝试从函数层面实现点与多边形位置关系的精确判定。障碍多边形通常较为复杂，通过推导建立障碍的显式数学表达较为困难，这里引入 R 函数法构建障碍多边形的隐函数。障碍表征的主要思路是通过将障碍多边形分解为若干子集，进而通过集合之间的运算形成多边形的隐式函数。此外，在障碍边界的确定过程中通常考虑了缓冲区，所以定义以下讨论的障碍涵盖了缓冲区。

对于 n 边形障碍，依次遍历多边形的各边，首先，通过计算相邻两条边的向量积，判断每个顶点所具有的凹凸性。然后，以每一条边表示一个叶子节点，将障碍多边形表征为若干凸包集的集合。之后，通过 R 函数方法将凸包集中边的简单隐函数组合成为复杂的多边形隐函数。分层求凸包法是求取凸包集的主要方法，以图 5-2(a)中的多边形为例，该多边形可以分为三层，如图 5-2(b)所示。

对于通过分层求凸包法求得的三层叶子节点，其第 1、3 层集合中的叶子节点为凸，第 2 层集合中的叶子节点为凹，即奇数层集合中的边为凸而偶数层集合中的边为凹，根据 R 函数

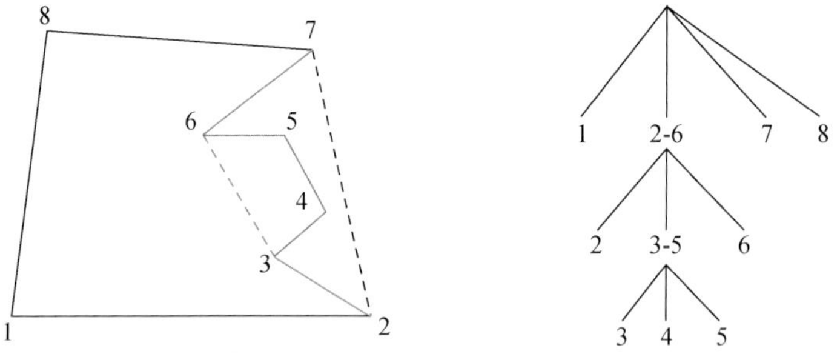

(a)多边形凸包划分　　(b)凸包树分层

图 5-2　多边形分层求凸包树法示意图

的定义，两个凸边的运算为交运算(∧)，两个凹边的运算为并运算(∨)。

$$f_i \wedge f_j = f_i + f_j - \sqrt{f_i^2 + f_j^2} \tag{5-1}$$

$$f_i \vee f_j = f_i + f_j + \sqrt{f_i^2 + f_j^2} \tag{5-2}$$

根据 R 函数法对于凹凸边的运算定义，以 f_i，$(i=1,2\cdots 8)$ 表征对应于各边的隐式直线方程，则图 5-2(a)示例中的多边形可以表述为如下公式：

$$B(x,y) = f_1 \wedge (f_2 \vee (f_3 \wedge f_4 \wedge f_5) \vee f_6) \wedge f_7 \wedge f_8 \tag{5-3}$$

将以上示例中的运算过程推广到任意多边形，寻求标准的多边形表征模型，根据式(5-1)和式(5-2)，交、并运算满足交换律，即有

$$f_j \wedge f_i = f_j + f_i - \sqrt{f_j^2 + f_i^2} = f_i \wedge f_j \tag{5-4}$$

$$f_j \vee f_i = f_j + f_i + \sqrt{f_j^2 + f_i^2} = f_i \vee f_j \tag{5-5}$$

则式(5-1)、式(5-2)与式(5-4)、式(5-5)等价，式(5-3)可以转化为式(5-6)，

$$B(x,y) = [((f_3 \wedge f_4 \wedge f_5) \vee f_2 \vee f_6) \wedge f_1 \wedge f_7 \wedge f_8] \tag{5-6}$$

根据已求得分层次凸包集，定义低层次凸包集与高层次凸包集之间的集合包含关系 $\varphi_i = \{\varphi_{i+1}, \cdots f_j \cdots f_k \cdots\}$，$i=1,2,\cdots,m_F-1$，$j<k$，其中 m_F 为障碍多边形的凸包层数，j，k 为属于 1 到 n 之间的整数，定义运算符：

$$\chi = \begin{cases} \overline{\wedge} & \text{对奇数层凸包集合内的元素按次序做交运算} \\ \overline{\vee} & \text{对偶数层凸包集合内的元素按次序做并运算} \end{cases} \tag{5-7}$$

则障碍多边形的隐式数学函数按照从高层凸包向低层凸包求交并运算的法则可以归纳为

$$B_i(x,y) = \chi(\varphi_j) \quad j = m_F, m_F-1, \cdots, 1, i = 1, 2, \cdots, Z_o \tag{5-8}$$

式中，$B_i(x,y)$ 为第 i 个障碍的隐式表征函数；Z_o 为布局区域内的总障碍数。

若存在点 (x,y) 使得 $B_i(x,y)=0$，表名该点在多边形的边上，若使得 $B_i(x,y)<0$，则表明点在多边形内部，若使得 $B_i(x,y)>0$，则表明点在多边形外部。在实际求解中，将所有障碍的隐式多边形函数进行构建存储，迭代过程中只需代入坐标点即可确定其与障碍的位置关系，简化了计算。

5.1.2　管道与障碍位置关系确定

在规划设计管道走向时需要判断管道是否受到障碍的约束,若管道因为障碍的存在而不能按照原有规划直线敷设时,则需要采用绕障敷设。管道与障碍的位置关系可以视作空间中线段与多边形的相对几何位置关系,管道与障碍的位置关系直接决定了是否要进行路径优化计算,对于油气集输管网布局优化问题的求解效率有重要影响。已有成果中多采用直线方程求交点的方式来判断管道与障碍多边形的位置关系,而直线求交运算需要构建多边形每条边的线性函数,还需要判断交点是否位于边上,计算复杂,这里采用相对简单的向量积方法来判断管道受限于障碍与否。

向量积是向量空间中两个向量的运算形式,其结果可以用来判断两个向量在空间中的相对位置关系,以空间中的向量$\boldsymbol{BA}=(x_1,y_1,z_1)$和$\boldsymbol{BC}=(x_2,y_2,z_2)$为例,向量$\boldsymbol{BA}$和$\boldsymbol{BC}$的向量积为

$$\boldsymbol{BA}\times\boldsymbol{BC}=\begin{vmatrix} i & j & k \\ x_1 & y_1 & z_1 \\ x_2 & y_2 & z_2 \end{vmatrix}=(y_1z_2-z_1y_2)i-(x_1z_2-z_1x_2)j-(x_1y_2-y_1x_2)k \tag{5-9}$$

当向量$\boldsymbol{BA}$和$\boldsymbol{BC}$位于二维平面时,z_1 和 z_2 为零,则上式转化为

$$\boldsymbol{BA}\times\boldsymbol{BC}=(x_1y_2-y_1x_2)k \tag{5-10}$$

设向量$\boldsymbol{BA}$是已知空间位置的向量,由于向量$\boldsymbol{BA}$和$\boldsymbol{BC}$有共同点 B,所以向量积 k 分量的结果就说明了点 C 与向量$\boldsymbol{BA}$的位置关系:

1)若 $x_1y_2-x_2y_1>0$,则$\boldsymbol{BC}$在$\boldsymbol{BA}$的逆时针方向,即点 C 在向量$\boldsymbol{BA}$的左侧。

2)若 $x_1y_2-x_2y_1<0$,则$\boldsymbol{BC}$在$\boldsymbol{BA}$的顺时针方向,即点 C 在向量$\boldsymbol{BA}$的右侧。

3)若 $x_1y_2-x_2y_1=0$,则$\boldsymbol{BC}$与$\boldsymbol{BA}$的共线或者反向。

基于以上,令向量$\boldsymbol{CD}$表示管道,向量$\boldsymbol{AB}$表示障碍多边形 i 的一条边,假设管线可以在障碍边界敷设,则向量积法确定管线与障碍位置关系的算法主要步骤为:

1)初始化交点个数 tick=0 和边的标记数组。

2)由障碍多边形 i 的隐式函数判断向量$\boldsymbol{CD}$的两端点是否在多边形内,若有一个或者两个端点在多边形内,则管线造价考虑障碍导致的附加费用;若两端点都不在多边形内,则转步骤 3)。

3)计算向量积$\boldsymbol{CD}\times\boldsymbol{CA}$、$\boldsymbol{CD}\times\boldsymbol{CB}$、$\boldsymbol{AB}\times\boldsymbol{AC}$、$\boldsymbol{AB}\times\boldsymbol{AD}$,令其 k 分量的结果分别为 α_1、α_2、β_1、β_2,若 $\alpha_1\times\alpha_2<0$ 且 $\beta_1\times\beta_2<0$,则$\boldsymbol{CD}$和$\boldsymbol{AB}$相交,更新交点数 tick=tick+1;若 $\alpha_1\times\alpha_2>0$ 或者 $\beta_1\times\beta_2>0$,则$\boldsymbol{CD}$和$\boldsymbol{AB}$相离,交点数保持不变;若 $\alpha_1\times\alpha_2=0$ 或者 $\beta_1\times\beta_2=0$,则$\boldsymbol{CD}$和$\boldsymbol{AB}$共线,交点数保持不变。

4)标记边$\boldsymbol{AB}$为已计算,判断是否所有障碍的边均已计算,若是则转步骤 5);否则更新向量$\boldsymbol{AB}$为新的边,转步骤 2)。

5)若交点数目 tick≥1,则向量$\boldsymbol{CD}$所表征的管线受障碍 i 限制,否则管线不受障碍 i 限制。

以上步骤中的向量$\boldsymbol{CD}$与障碍多边形 i 的位置关系示意图如图 5-3(a)~(c)所示,其中

CD和***AB***共线情况包括相离、部分重合、完全重合,因为与计算目标无关,不进行判断。

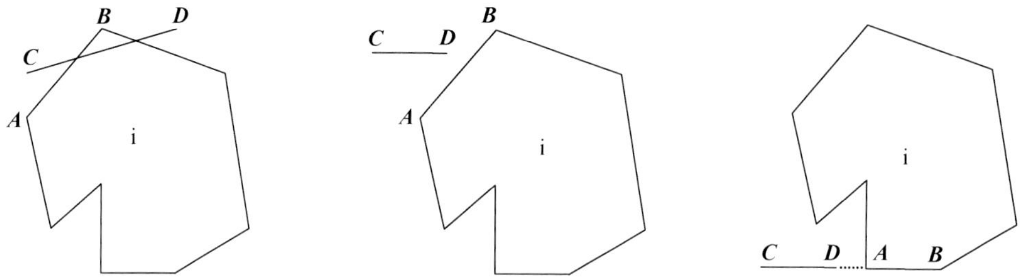

(a)管线与障碍相交　(b)管线与障碍相离　(c)管线与障碍共线

图 5-3　管线与障碍相对位置关系示意图

5.1.3　最小包围盒简化法

在油气集输管网最优布局求解过程中,障碍作为主要布局约束,管线与障碍的位置关系需要反复确定,而对于规模较大的油气集输管网,管线数目众多,加之为了准确表征障碍,障碍多边形的边数通常较多,因而采用传统的计算思路——在每次迭代求解过程中都要进行所有管道与障碍相交与否的判断,其计算复杂度是很大的,即便采用相对简单的向量积方法仍然无法忽视计算效率的问题。

为了简化计算,提出了最小包围盒简化法,以期提高求解效率。包围盒的基本思想是用体积稍大且特性简单的几何体(称为包围盒)来近似地代替复杂的几何对象。障碍的几何形状通常较为复杂,若采用简单的包围盒来替代表征,通过判断包围盒在空间中的分布和其与管线的相对位置,可以有效简化计算。这里以最小外切矩形作为障碍的包围盒,最小外切矩形称为障碍的最小包围盒。以障碍 i 为例,统计障碍 i 的所有顶点的坐标,以障碍 i 的坐标范围$[x_{\min},x_{\max}]\times[y_{\min},y_{\max}]$为矩形,建立障碍 i 的最小包围盒,如图 5-4 所示。

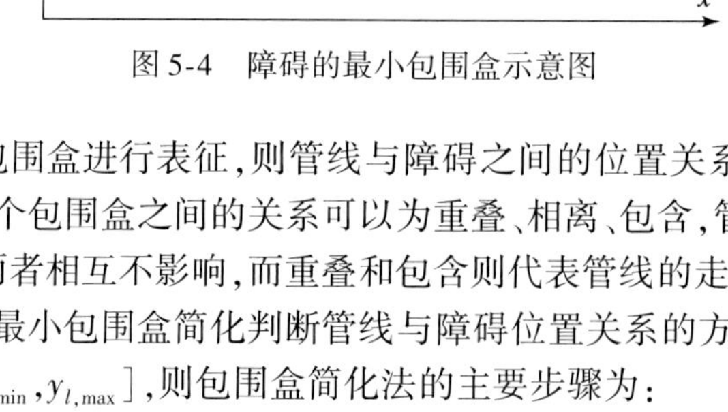

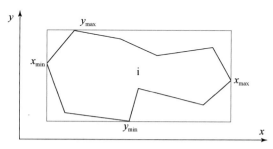

图 5-4　障碍的最小包围盒示意图

将管线应用最小包围盒进行表征,则管线与障碍之间的位置关系提成为两个包围盒之间的相对位置关系,两个包围盒之间的关系可以为重叠、相离、包含,管线最小包围盒和障碍最小包围盒相离代表两者相互不影响,而重叠和包含则代表管线的走向可能受到障碍限制,根据这一思想,设计了最小包围盒简化判断管线与障碍位置关系的方法,令管线 l 的坐标范围为$[x_{l,\min},x_{l,\max}]\times[y_{l,\min},y_{l,\max}]$,则包围盒简化法的主要步骤为:

1）初始化障碍标记数组。

2）计算 $Cx=|x_{\min}+x_{\max}-x_{l,\min}-x_{l,\max}|/2$，$Cy=|y_{\min}+y_{\max}-y_{l,\min}-y_{l,\max}|/2$，$Exo=|x_{\max}-x_{\min}|/2$，$Eyo=|y_{\max}-y_{\min}|/2$，$Exl=|x_{l,\max}-x_{l,\min}|/2$，$Eyl=|y_{l,\max}-y_{l,\min}|/2$，判断是否 $Cx<(Exl+Exo)/2$ 且 $Cy<(Eyl+Eyo)/2$，若是，则标记障碍 i，转步骤3）；若否，则转步骤3）。

3）判断是否所有障碍均已进行计算，若是，则转步骤5）；若否，则转步骤4）。

4）更新障碍 i 的坐标范围，转步骤2）。

5）输出计算结果。

基于以上包围盒法的简化运算，通过包围盒形心坐标的简单比较，与管线最小包围盒相离的障碍被筛选掉，在后续的计算中仅需要应用向量积法判断与管线可能相互影响的障碍即可。对于长度一般的集输管道，其通常只受限于若干障碍，采用包围盒法进行简化过滤，可以有效降低冗余计算，对于计算效率有显著的提升。以图5-5中的管线和障碍布局为例，经最小包围盒简化法运算，管线 l 仅受限于障碍 V，其他障碍在后续的计算中均无需考虑，体现了包围盒简化法的有效性。

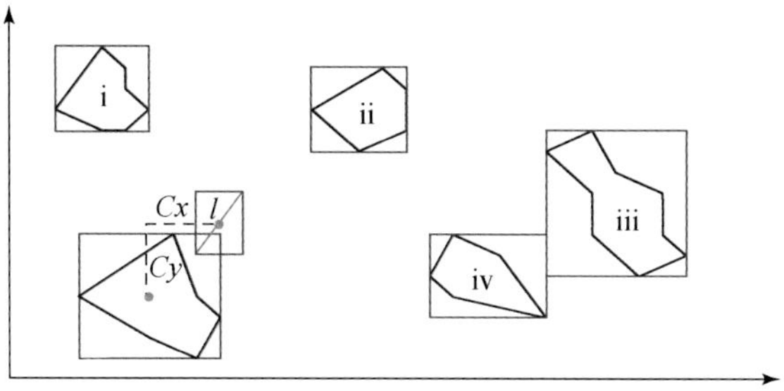

图5-5 最小包围盒简化法示意图

5.1.4 绕障路径优化

在包围盒简化法过滤无干扰障碍、向量积法确定管线与障碍的位置关系后，对于受障碍影响布局走向的管线，需要采用优化方法确定管线的最优绕障路径。绕障路径优化是一类有约束的空间路径优化问题，管线的路径是一系列管段的组合，以总管线长度最小建立绕障路径优化数学模型为：

(1) 目标函数

在油气集输管线规划建设时，同一路径内的管段通常采用统一管径，不考虑变径的绕障路径优化实质是最短长度优化问题。为了保证优化结果的路径中不含有穿越障碍的管段，对路径中与障碍交叉的管段增设了附加权重，进而以总管道长度最短建立了目标函数。

$$\min \quad L(M_{pt},\xi)=\sum_{j=1}^{M_{pt}-1}\sum_{k\in I_O}\sum_{k'\in I_O}\boldsymbol{\xi}_{k,k'}^{j,j+1}(1+\tau_{k,k'}w_{k,k'})e_{k,k'} \tag{5-11}$$

式中，O 为以受障碍约束的管线的端点和障碍的顶点形成离散点集；I_O 为表征集合 O 的数集；$\boldsymbol{\xi}$ 为节点连接关系决策向量；M_{pt} 为路径节点数量；$\boldsymbol{\xi}_{k,k'}^{j,j+1}$ 为二元变量，集合 O 中第 k 个节点是路径中的第 j 个节点且第 k' 个节点是路径的第 $j+1$ 个节点取值为1，其他取值为0；$\tau_{k,k'}$ 为二元变量,第 k 个节点与第 k' 个节点之间的管段与约束管线的障碍交叉取值为 1,其他取值为 0; $w_{k,k'}$ 为 k 个节点与第 k' 个节点之间管道的附加权重;$e_{k,k'}$ 为 k 个节点与第 k' 个节点之间管道长度。

(2)约束条件

1) 在绕障路径优化中,管线受到障碍约束,组成优化路径的管段数至少为两段,且管段的数量不能过多,绕障管道路径点数量约束如下:

$$2 \leqslant M_{pt} \leqslant M_{pt,\max} \tag{5-12}$$

式中,$M_{pt,\max}$ 为路径点数量的可行最大值。

2) 路径中的管段按照是否与障碍交叉可分为两类,对于不与障碍交叉的管段,其附加权重为 0。对于与障碍交叉的管段,其附加权重应该为具有约束意义的足够大的数。

$$w_{k,k'} - \tau_{k,k'} M_{Pa} = 0 \tag{5-13}$$

式中,M_{Pa} 为足够大的正实数。

3) 判断两个节点之间的管段是否与障碍交叉的前提是两个节点相连且为路径中相邻的两个节点。

$$\tau_{k,k'} \leqslant \xi_{k,k'}^{j,j+1} \quad j = 1, 2, \cdots M_{pt} - 1 \tag{5-14}$$

在构建了绕障路径优化数学模型之后,需要寻求优化方法求解优化模型,确定路径的节点数量和节点连接关系,属于离散变量优化求解问题,可采用智能优化方法进行求解,但考虑到管线的绕障路径优化是油气管网布局优化的优化子问题,其求解的精度和效率直接影响了整个油气集输管网的最优布局,所以这里采用更为稳定的 Prim 算法进行求解。

5.2 大型油气集输管网障碍布局优化模型

大型油气集输管网布局优化问题相较于小规模的集输管网而言,其网络拓扑结构更加复杂、单元数目更加庞大、决策变量和计算参数更加繁杂,通过有效厘清影响管网最优布局的决策参数,以及它们之间的耦合关系,统筹考虑管网布局时受限的障碍、结构特征、工艺条件等约束条件,建立大型油气集输管网布局优化数学模型是进行最优管网布局决策分析的基础。此外,在梳理模型的目标函数和约束条件过程中,还应考虑优化模型的通用性问题,在第 3 章中已经分别对集油和集气管网的布局优化开展了研究,但由于集油系统和集气系统在集输工艺上存在差异,针对一种集输介质构建的优化模型及求解方法往往不能应用于另一种集输介质,限制了模型的可推广性,本节力求建立可通用于集油和集气工艺的布局优化数学模型。

5.2.1 大型 MST 网络布局优化模型

1. MST 网络拓扑结构

在油气田实际生产建设中,最为常见大型集输管网系统为多级星状(MS)和多级星-树状(MST)网络系统,多级星状网络系统被广泛应用于陆地油田和海洋油气田的开发中,多级星-树状网络一般应用于陆地和海洋油田及页岩气田,其中油气井节点和站场节点呈放射状连接,站场节点之间呈树状连接,本书针对两种网络结构的油气集输管网,分别建立其布局优化数学模型。MST 网络可以表示为赋权有向图 $G(V,E)$,其中 V 表示顶点集合,E 表示边集合。将顶点集合 V 划分为 N 层节点子集,满足 $V=S_0\cup S_1\cup\cdots\cup S_N$,其中 S_0 节点子集表示油气井,S_1 节点子集表示计量站、集气站、阀组等一级站场节点,同理 $S_2,S_3,\cdots S_N$ 表示 i $(i=2,\cdots,N)$级站场节点。边集 E 由干线管道和支线管道构成,3 级 MST 网络拓扑结构如图 5-6 所示。在以下的讨论中,定义 S_k 级节点要高于 S_{k-1}级节点,且低级别节点受高级别节点管辖。

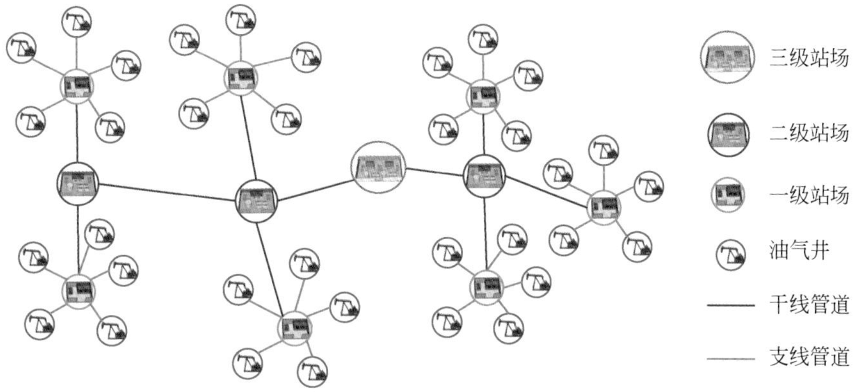

图 5-6　3 级 MST 网络拓扑结构示意图

2. 目标函数

通过深入分析大型油气集输管网规划设计可知,站场的几何位置和节点单元之间的连接关系决定了管网的拓扑结构,管道的管径、壁厚则决定了管道的建设费用,站场的数量则决定了站场的建设投资以及集输管网的建设规模,将各项决策变量系统考虑,以总建设费用最小为目标建立大型油气集输管网布局优化模型的目标函数为

$$\begin{aligned}\min F(\boldsymbol{U},\boldsymbol{\eta},\boldsymbol{D},\boldsymbol{\delta},\boldsymbol{m}) = &\sum_{i\in I_{S_w}}\sum_{j\in I_{S_s}}\sum_{a\in s_{p_s}}\eta_{B,i,j}\gamma_{B,i,j,a}C_P(D_a,\delta_a)L_{B,i,j} + \sum_{k\in I_{S_U}}C_{S,k}\\ &+\sum_{i'\in I_{S_U}}\sum_{j'\in I_{S_U}}\sum_{a\in s_{p_s}}\eta_{T,i',j'}\gamma_{T,i',j',a}C_P(D_a,\delta_a)L_{T,i',j'}\end{aligned} \tag{5-15}$$

式中,$\boldsymbol{U}$ 为站场节点的几何位置设计向量;$\boldsymbol{\eta}$ 为各级节点之间连接关系设计向量;$\boldsymbol{D}$ 为管道的管径设计向量;$\boldsymbol{\delta}$ 为管道的壁厚设计向量;$\boldsymbol{m}$ 为站场数目设计向量;s_{p_s} 为管道标准规格集合;$\eta_{B,i,j}$为油气井节点 i 和 S_1 中站场节点 j 之间的连接关系 0 ~ 1 变量,若其相互连接则取值为 1,否则取值为 0;$\gamma_{B,i,j,a}$为油气井节点 i 和 S_1 中站场节点 j 之间是否采用第 a 种规格的管道的标记变量,采用取值为 1,否则为 0;$C_P(D_a,\delta_a)$为第 a 种规格单位长度管道的建设费用;$L_{B,i,j}$为油气井节点 i 和 S_1 中站场节点 j 之间管道长度,若两者之间不受限于障碍,则 $L_{B,i,j}$为直线距离,否则为采用绕障路径优化求解得到的长度;I_{S_U}为表征 S_U 中站场节点的数集,其中 S_U 表示所有站场节点的集合,$S_U=\cup_{i=1}^{N}S_i$;I_{S_w}为表征 S_0 中油气井节点的数集;I_{S_s}为表征 S_1 中站场节点的数集;$\eta_{T,i',j'}$、$\gamma_{T,i',j',a}$、$L_{T,i',j'}$分别为各级站场节点组合排序后第 i' 个站场节点与第

j'个站场节点之间的连接关系 0～1 变量、管道规格选用变量和管道长度，其中管道长度的计算同样分为两种情况，与 $L_{B,i,j}$ 计算方法相同；$C_{S,k}$ 为第 k 个站场节点的建设费用。

3. 约束条件

（1）管网形态约束

1）油气井与 S_1 级站场之间呈星状连接，即一口油气井只能与一座站场相连接。

$$\sum_{j \in I_{S_s}} \eta_{B,i,j} = 1 \quad \forall i \in I_{S_w} \tag{5-16}$$

2）站场节点之间的拓扑结构可以视为以 S_N 级站场节点为根节点的连通树，同属于 S_N 级站场的节点之间不能相连，各级站场节点之间拓扑关系应该满足树状网络形态，不能存在环路。

$$\sum_{i' \in I_{S_N}} \sum_{j' \in I_{S_N}} \eta_{T,i',j'} = 0 \tag{5-17}$$

$$\sum_{i' \in I_{S_U}} \sum_{j' \in I_{S_U}} \eta_{T,i',j'} = \sum_{i=1}^{N-1} m_i \tag{5-18}$$

式中，m_i 为第 i 级站场节点的数目；I_{S_N} 为表征 S_N 级站场节点的数集。

3）为了保证管网的连通性，任何一个站场节点都至少与其他一个站场节点相连通。

$$\sum_{i' \in I_{S_U}} \eta_{T,i',j'} \geqslant 1 \quad j' \in I_{S_U} \tag{5-19}$$

4）为确保油气集输管网安全、经济输运，支线管道的长度应该小于集输半径。

$$R \geqslant (\eta_{B,i,j} - 1) M + L_{B,i,j} \quad i \in I_{S_w};\ j \in I_{S_s} \tag{5-20}$$

式中，R 为集输半径；M 为任意大（而非无穷大）的正实数。

（2）障碍约束

考虑到管道的路径优化中已经对障碍约束进行了描述，这里仅针对站场的布置建立约束条件，所有站场均不能位于障碍内。

$$B_i(\boldsymbol{U}_{S_X}, \boldsymbol{U}_{S_Y}) > 0 \quad i = 1, 2, \cdots, m_b \tag{5-21}$$

式中，$\boldsymbol{U}_{S_X}$，$\boldsymbol{U}_{S_Y}$为站场的几何坐标向量；m_b 为布局区域内障碍的数量。

（3）管道规格约束

1）在实际的生产建设中，所有干线管道和支线管道的规格只能为一种。

$$\eta_{B,i,j} \sum_{a \in s_{p_s}} \gamma_{B,i,j,a} = \eta_{B,i,j} \quad i \in I_{S_w};\ j \in I_{S_s} \tag{5-22}$$

$$\eta_{T,i',j'} \sum_{a \in s_{p_s}} \gamma_{T,i',j',a} = \eta_{T,i',j'} \quad i' \in I_{S_U};\ j' \in I_{S_U} \tag{5-23}$$

2）为保证油气集输管网中所有管道能够安全运行，管道的壁厚应该满足最低强度要求。

$$\eta_{B,i,j} \gamma_{B,i,j,a} \left(\delta_a - \frac{\max(P_{P_w,i}^{i,j}, P_{P_s,j}^{i,j}) D_a}{2([\sigma] e + P_{P,a} b_\sigma)} \right) \geqslant 0 \quad i \in I_{S_w};\ j \in I_{S_s};\ a \in s_{p_s} \tag{5-24}$$

$$\eta_{i',j'} \gamma_{i',j',a} \left(\delta_a - \frac{\max(P_{P_U,i'}^{i',j'}, P_{P_U,j'}^{i',j'}) D_a}{2([\sigma] e + P_{P,a} b_\sigma)} \right) \geqslant 0 \quad i' \in I_{S_U};\ j' \in I_{S_U};\ a \in s_{p_s} \tag{5-25}$$

式中，$[\sigma]$为管道的应力许用值；e为焊接接头系数；b_σ为计算系数；$P^{i,j}_{P_w,i}$，$P^{i,j}_{P_s,j}$为第i个油气井节点与第j个S_1级站场节点之间的管道的端点运行压力；$P^{i',j'}_{P_U,i'}$，$P^{i',j'}_{P_U,j'}$为第i'个站场节点与第j个站场节点之间管道的端点运行压力；$P_{P,a}$为管道规格为a时的设计运行压力。

（4）流动特性约束

1）流体在管道内流动会产生沿程阻力损失，即油气集输管网中的管流流动过程应该满足水力学特性，约束表达式如下：

$$\eta_{B,i,j}\gamma_{B,i,j,a}[P^{i,j}_{P_w,i}-P^{i,j}_{P_s,j}-P_{f,i,j}(q_{B,i,j},L_{B,i,j},D_\alpha)]=0\quad i\in I_{S_w};\ j\in I_{S_s};a\in s_{p_s} \tag{5-26}$$

$$\eta_{T,i',j'}\gamma_{T,i',j',a}[P^{i',j'}_{P_U,i'}-P^{i',j'}_{P_U,j'}+\kappa_{P,i',j'}P_{f,i',j'}(q_{T,i',j'},L_{T,i',j'},D_\alpha)]=0\quad i'\in I_{S_U};\ j'\in I_{S_U};a\in s_{p_s} \tag{5-27}$$

式中，$q_{B,i,j}$为第i个油气井与第j个S_1级站场之间的管道内流量；$q_{T,i',j'}$为第i'个站场与第j'个站场之间的管道内流量；$P_{f,i,j}(\cdot)$，$P_{f,i',j'}(\cdot)$分别为第i个油气井与第j个S_1级站场之间和第i'个站场与第j'个站场之间的管道沿程摩阻损失，对于集油系统其计算公式为Beggs-Brill公式，对于集气系统其计算公式为威莫斯输气公式；$\kappa_{P,i',j'}$为管道内流体流动的压降平衡符号函数，定义为

$$\kappa_{P,i',j'}=\begin{cases}-1 & P_{P_U,i'}-P_{P_U,j'}\geqslant 0\\ 1 & P_{P_U,i'}-P_{P_U,j'}<0\end{cases}$$

2）由于流体在管道内流动过程中会对环境产生散热作用，即管流流动应该满足热力学特性，约束表达式如下：

$$\eta_{B,i,j}\gamma_{B,i,j,a}[T^{i,j}_{P_w,i}-T^{i,j}_{Ps,j}-T_{f,i,j}(q_{B,i,j},L_{B,i,j},D_\alpha)]=0\quad i\in I_{S_w};\ j\in I_{S_s};a\in s_{p_s} \tag{5-28}$$

$$\eta_{T,i',j'}\gamma_{T,i',j',a}[T^{i',j'}_{P_U,i'}-T^{i',j'}_{P_U,j'}+\kappa_{T,i',j'}T_{f,i',j'}(q_{T,i',j'},L_{T,i',j'},D_\alpha)]=0\quad i'\in I_{S_U};\ j'\in I_{S_U};a\in s_{p_s} \tag{5-29}$$

式中，$T^{i,j}_{Pw,i}$，$T^{i,j}_{Ps,j}$分别为第i个油气井节点与第j个S_1级站场节点之间的管道的端点运行温度；$T^{i',j'}_{P_U,i'}$，$T^{i',j'}_{P_U,j'}$分别为i个站场节点与第j个站场节点之间的管道的端点运行温度；$T_{f,i,j}(\cdot)$，$T_{f,i',j'}(\cdot)$分别为第i个油气井与第j个S_1级站场之间和第i'个站场与第j'个站场之间的管道沿程温降，其数值计算可采用相关苏霍夫等温降相关公式；$\kappa_{T,i',j'}$为管道内流体流动温降平衡符号函数，定义与压降平衡符号函数相似。

（5）流动经济性约束

管道的内流体的流速是衡量管道规格是否合理的主要指标，为了保证规划方案在建设和运行费用方面的经济性，管道内流体的流速应该满足一定范围。

$$\gamma_{T,i',j',a}v_{PT,i',j',a}\leqslant(1-\eta_{T,i',j'})M+\gamma_{T,i',j',a}v_{P,a,\max}\quad i'\in I_{S_U};\ j'\in I_{S_U};a\in s_{p_s} \tag{5-30}$$

$$\gamma_{T,i',j',a}v_{PT,i',j',a}\geqslant(\eta_{T,i',j'}-1)M+\gamma_{T,i',j',a}v_{P,a,\min}\quad i'\in I_{S_U};\ j'\in I_{S_U};a\in s_{p_s} \tag{5-31}$$

$$\gamma_{B,i,j,a}v_{PB,i,j,a}\leqslant(1-\eta_{B,i,j})M+\gamma_{B,i,j,a}v_{P,a,\max}\quad i\in I_{S_w};\ j\in I_{S_s};a\in s_{p_s} \tag{5-32}$$

$$\gamma_{B,i,j,a}v_{PB,i,j,a}\geqslant(\eta_{B,i,j}-1)M+\gamma_{B,i,j,a}v_{P,a,\min}\quad i\in I_{S_w};\ j\in I_{S_s};a\in s_{p_s} \tag{5-33}$$

式中，$v_{PT,i',j',a}$为以节点i'和节点j'为端点，采用第a种规格的干线管道的内部流体流速；$v_{PB,i,j,a}$为以节点i和节点j为端点，采用第a种规格的支线管道的内部流体流速；$v_{P,a,\min}$，$v_{P,a,\max}$分别为第a种管道规格所对应的经济流速的最小值和最大值。

(6)流量约束

1)在油气集输管网规划设计时,支线管道内的流量应该等于油气井口产液量与外排或损耗液量之差。

$$\eta_{B,i,j}(q_{B,i,j}+Q_{S_w,i}^{O}-Q_{w,i})=0 \quad i\in I_{S_w};\ j\in I_{S_s} \tag{5-34}$$

式中,$Q_{w,i}$为第 i 口油气井的正常生产的产出液量;$Q_{S_w,i}^{O}$为第 i 口油气井外排或者损耗流量。

2)油气集输管网应该满足流量连续性方程,即流入管网中任意一点的流量应该等于其流出的流量,对于 S_N 级站场节点,其处理量应视为站场节点的流出流量,定义流出为正,流入为负,则约束表达式为

$$\sum_{i\in I_{S_w}}\eta_{B,i,k}q_{B,i,k}+\sum_{i'\in I_{S_U}}\kappa_{P,i',k}\eta_{T,i',k}q_{T,i',k}+(1-\tau_{N,k})Q_{S_U,k}^{O}+\tau_{N,k}Q_{S,k}=0 \quad \forall k\in I_{S_U} \tag{5-35}$$

式中,$Q_{S,k}$为第 k 个 S_N 级站场节点的处理量;$Q_{S_U,k}^{O}$为第 k 个站场节点外排或者损耗的流量;$\tau_{N,k}$为二元变量,第 k 个 S_U 中的节点是 S_N 级站场节点取值为 1,否则取值为 0。

3)所有干线管道的流量应该小于现有工业标准管道所能运输的最大流量。

$$q_{a,\max}\geqslant(\eta_{T,i',j'}-1)M+q_{T,i',j'} \quad i'\in I_{S_U};\ j'\in I_{S_U} \tag{5-36}$$

式中,$q_{a,\max}$为干线管道所能运输的最大流量。

(7)压力约束

1)为保证支线和干线管道内的流体平稳流入站场内,站场和其低级别节点之间相连接的管道端点压力应该大于一定数值。

$$\eta_{B,i,j}\gamma_{B,i,j,a}(P_{P_s,j}^{i,j}-P_{S_s,j,\min})\geqslant 0 \quad i\in I_{S_w};\ j\in I_{S_s};a\in s_{p_s} \tag{5-37}$$

$$\eta_{T,i',j'}\gamma_{T,i',j',a}[(1+\kappa_{P,i',j'})M+P_{P_U,j'}^{i',j'}-P_{S_U,j',\min}]\geqslant 0 \quad i'\in I_{S_U};\ j'\in I_{S_U};a\in s_{p_s} \tag{5-38}$$

式中,$P_{S_s,j,\min}$,$P_{S_U,j',\min}$分别为第 j 座 S_1 级站场节点和第 j'座 S_U 级站场节点的最小进站压力。

2)充分借助油气井的自然压力进行集输可以有效降低投资,与油气井相连接的管道的端点压力应该小于井口压力。

$$\eta_{B,i,j}\gamma_{B,i,j,a}(P_{W,i}-P_{P_w,i}^{i,j})\geqslant 0 \quad i\in I_{S_w};\ j\in I_{S_s};a\in s_{p_s} \tag{5-39}$$

式中,$P_{W,i}$为第 i 油气井的井口压力。

3)所有支线管道和干线管道的运行压力应该小于管道的设计压力。

$$\gamma_{B,i,j,a}P_{P_w,i}^{i,j}\leqslant(1-\eta_{B,i,j})M+\gamma_{B,i,j,a}P_{P,a} \quad i\in I_{S_w};\ j\in I_{S_s};a\in s_{p_s} \tag{5-40}$$

$$\eta_{T,i',j'}\gamma_{T,i',j',a}[(\kappa_{P,i',j'}-1)M+P_{P_U,j'}^{i',j'}-P_{P,a}]\leqslant 0 \quad i'\in I_{S_U};\ j'\in I_{S_U};a\in s_{p_s} \tag{5-41}$$

(8)温度约束

为防止原油在集输过程中发生凝固、天然气在输运过程中形成水合物,管道内的油气流动温度应该大于最低允许进站温度。

$$\eta_{B,i,j}\gamma_{B,i,j,a}(T_{P_s,j}^{i,j}-T_{S_s,j,\min})\geqslant 0 \quad i\in I_{S_w};\ j\in I_{S_s};a\in s_{p_s} \tag{5-42}$$

$$\eta_{T,i',j'}\gamma_{T,i',j',a}[(1+\kappa_{T,i',j'})M+T_{P_U,j'}^{i',j'}-T_{S_U,j',\min}]\geqslant 0 \quad i'\in I_{S_U};\ j'\in I_{S_U};a\in s_{p_s} \tag{5-43}$$

式中,$T_{S_s,j,\min}$,$T_{S_U,j',\min}$分别为第 j 座 S_1 级站场节点和第 j'座站场节点的最小进站温度。

(9)取值范围约束

1)各级站场节点的几何位置应该在可行取值范围内选取。

$$\boldsymbol{U}_{\min} \leqslant \boldsymbol{U} \leqslant \boldsymbol{U}_{\max} \tag{5-44}$$

式中，$\boldsymbol{U}_{\min}$、$\boldsymbol{U}_{\max}$分别为站场节点几何位置取值区间的下界和上界向量。

2）考虑油气集输管网建设的经济性，各级站场节点的数目不能过大，为了满足油气集输管网的基本功能，站场的数目应大于最低建设需求。

$$m_{i,\min} \leqslant m_i \leqslant m_{i,\max} \quad i=1,\cdots,N \tag{5-45}$$

式中，$m_{i,\min}$、$m_{i,\max}$分别为第 i 级站场可行建设数目的最小值和最大值。

5.2.2　大型 MS 网络布局优化模型

1. 目标函数

MS 网络中低级别节点与高级别节点之间呈星状连接，低级别节点汇集或产生的气量输运到与其相连的高级别节点中，大型 MS 网络的拓扑结构特征与第 3 章中的网络定义保持一致，通过协同考虑站场几何位置、站场数量、各级节点之间连接关系的拓扑结构参数和管径、壁厚的管道设计参数，以管道费用和站场费用总和最少为目标，建立目标函数如下：

$$\min \quad F(\boldsymbol{U},\boldsymbol{\eta},\boldsymbol{D},\boldsymbol{\delta},\boldsymbol{m}) = \sum_{k=1}^{N}\sum_{i\in I_{S_{k-1}}}\sum_{j\in I_{S_k}}\sum_{a\in s_{p_s}} \eta_{MS,i,j}\gamma_{MS,i,j,a}C_P(D_a,\delta_a)L_{MS,i,j} + \sum_{k\in I_{S_U}} C_{S,k} \tag{5-46}$$

式中，$\eta_{MS,i,j}$为第 i 个 S_{k-1}级节点与第 j 个 S_k 级节点之间的连接关系 0 ~ 1 变量，若其相互连接则取值为 1，否则取值为 0；$\gamma_{MS,i,j,a}$为第 i 个 S_{k-1}级节点与第 j 个 S_k 级节点之间是否采用第 a 种规格的管道的标记变量，采用取值为 1，否则为 0；$L_{MS,i,j}$为第 i 个 S_{k-1}级节点与第 j 个 S_k 级节点之间的管道长度，若二者之间不受限于障碍，则长度为直线距离，否则为采用绕障路径优化方法求解得到的长度；$I_{S_{k-1}}$为表征 S_{k-1}级节点的数集；I_{S_k}为表征 S_k 级节点的数集。

2. 约束条件

(1)管网形态约束

1）低级别节点与其上级级站场之间呈星状连接，即一个低级别节点只能与一个高级别节点相连接。

$$\sum_{j\in I_{S_k}} \eta_{MS,i,j} = 1 \quad i \in I_{S_{k-1}};k = 1,\cdots,N \tag{5-47}$$

2）同属于 S_N 级站场的节点之间不能相连。

$$\sum_{i\in I_{S_N}}\sum_{j\in I_{S_N}} \eta_{MS,i,j} = 0 \tag{5-48}$$

3）为了保证管网的连通性，任何一个节点都至少与其他一个节点相连接。

$$\sum_{i\in I_V} \eta_{MS,i,j} \geqslant 1 \quad j \in I_V \tag{5-49}$$

式中，I_V 为表征管网中所有节点的数集。

4）集输支线的长度应该小于集输半径。

$$R \geqslant (\eta_{MS,i,j}-1)M+L_{MS,i,j} \quad i \in I_{S_w};\ j \in I_{S_s} \tag{5-50}$$

(2)障碍约束

所有的站场都应该布置于障碍外。

$$B_i(\boldsymbol{U}_{S_X},\boldsymbol{U}_{S_Y})>0 \quad i=1,2,\cdots,m_b \tag{5-51}$$

(3)管道规格约束

1)在油气田实际中,所有管道的规格需要保证唯一性。

$$\eta_{MS,i,j}\sum_{a\in s_{p_s}}\gamma_{MS,i,j,a}=\eta_{MS,i,j} \quad i\in I_{S_{k-1}};\ j\in I_{S_k};k=1,\cdots,N \tag{5-52}$$

2)油气集输管网中所有管道的壁厚应该满足最低强度要求。

$$\eta_{B,i,j}\gamma_{MS,i,j,a}\left[\delta_a-\frac{\max(P_{S,i}^{i,j},P_{E,j}^{i,j})D_a}{2([\sigma]e+P_{P,a}b_\sigma)}\right]\geqslant 0 \quad i\in I_{S_{k-1}};\ j\in I_{S_k};a\in s_{p_s};k=1,\cdots,N \tag{5-53}$$

式中,$P_{S,i}^{i,j}$,$P_{E,j}^{i,j}$为第 i 个 S_{k-1} 级节点与第 j 个 S_k 级节点之间管道的端点运行压力。

(4)流动特性约束

1)管流流动特性应该满足水力学特性,即在流动过程会产生一定的摩阻损失。

$$\eta_{B,i,j}\gamma_{B,i,j,a}[P_{S,i}^{i,j}-P_{E,j}^{i,j}-P_{MSf,i,j}(q_{MS,i,j},L_{MS,i,j},D_\alpha)]=0 \quad i\in I_{S_{k-1}};\ j\in I_{S_k};k=1,\cdots N;a\in s_{p_s} \tag{5-54}$$

式中,$q_{MS,i,j}$为第 i 个 S_{k-1} 级节点与第 j 个 S_k 级节点之间的管道流量;$P_{MSf,i,j}(\cdot)$为第 j 个 S_{k-1} 级节点的节点与第 i 个 S_k 级节点之间的管道的沿程摩阻损失,实际选用的计算公式与 MST 网络中保持一致。

2)流体在管道内流动应该满足热力学特性,约束表达式如下:

$$\eta_{MS,i,j}\gamma_{MS,i,j,a}[T_{S,i}^{i,j}-T_{E,j}^{i,j}-T_{MSf,i,j}(q_{MS,i,j},L_{MS,i,j},D_\alpha)]=0 \quad i\in I_{S_{k-1}};\ j\in I_{S_k};k=1,\cdots N;a\in s_{p_s} \tag{5-55}$$

式中,$T_{S,i}^{i,j}$,$T_{E,j}^{i,j}$为第 i 个 S_{k-1} 级节点与第 j 个 S_k 级节点之间的管道端点运行温度;$T_{MSf,i,j}(\cdot)$为第 i 个 S_{k-1} 级节点的节点与第 j 个 S_k 级节点之间的管道沿程温降,其数值计算可采用苏霍夫公式。

(5)流动经济性约束

管道内流体的流速应该在经济流速范围内。

$$\gamma_{MS,i,j,a}v_{MS,i,j,a}\leqslant(1-\eta_{MS,i,j})M+\gamma_{MS,i,j,a}v_{MS,a,\max} \quad i\in I_{S_{k-1}};\ j\in I_{S_k};k=1,\cdots N;a\in s_{p_s} \tag{5-56}$$

式中,$v_{MS,i,j,a}$为以节点 i 和节点 j 为端点,采用第 a 种规格的管道内部流体流速;$v_{MS,a,\min}$,$v_{MS,a,\max}$为第 a 种管道规格所对应的经济流速的最小值和最大值。

(6)流量约束

1)支线管道内的流量应该等于油气井口的产出液量与外排或损耗液量之差。

$$\eta_{MS,i,j}(q_{MS,i,j}+Q_{S_0,i}^{O}-Q_{w,i})=0 \quad i\in I_{S_w};\ j\in I_{S_s} \tag{5-57}$$

2)在 MS 油气集输管网的规划设计时应该满足流量连续性方程,节点流出的流量应该等于与其相连接的低级别节点向其输运的流量之和,同时考虑节点流量的外排或损耗,约束表达式如下:

$$\sum_{i'\in I_{S_{k+1}}}\eta_{MS,j,i'}q_{MS,j,i'}-\sum_{i\in I_{S_{k-1}}}\eta_{MS,i,j}q_{MS,i,j}+Q_{S,k,j}^{O}=0 \quad j\in I_{S_k};k=1,\cdots,N-1 \tag{5-58}$$

式中,$I_{S_{k+1}}$为表征第 S_{k+1} 级站场节点的数集。

3）S_N级站场节点的处理量与其来液量相等。

$$Q_{S,j}-\sum_{i\in I_{S_{N-1}}}\sum_{j\in I_{S_N}}\eta_{MS,i,j}q_{MS,i,j}=0 \tag{5-59}$$

式中，$I_{S_{N-1}}$为表征第S_{N-1}级站场节点的数集。

4）所有干线管道的流量应该小于现有工业标准管道所能运输的最大流量。

$$q_{a,\max}\geqslant(\eta_{MS,i,j}-1)M+q_{MS,i,j}\quad i\in I_{S_{k-1}};\ j\in I_{S_k};k=1,\cdots,N \tag{5-60}$$

式中，$q_{a,\max}$为干线管道所能运输的最大流量。

（7）压力约束

1）为保证所有管道内的流体平稳流入站场，站场和其低级别节点之间相连接的管道端点压力应该大于最小进站压力。

$$\eta_{MS,i,j}\gamma_{MS,i,j,a}(P_{E,j}^{i,j}-P_{S_k,j,\min})\geqslant 0\quad i\in I_{S_{k-1}};\ j\in I_{S_k};k=1,\cdots,N;a\in s_{p_s} \tag{5-61}$$

式中，$P_{S_k,j,\min}$为第j座S_k级站场节点的最小进站压力。

2）与油气井相连接的管道的端点压力应该小于井口压力。

$$\eta_{MS,i,j}\gamma_{MS,i,j,a}(P_{W,i}-P_{E,i}^{i,j})\geqslant 0\quad i\in I_{S_w};\ j\in I_{S_s};a\in s_{p_s} \tag{5-62}$$

3）所有管道的运行压力应该小于管道的设计压力。

$$\gamma_{MS,i,j,a}P_{E,i}^{i,j}\leqslant(1-\eta_{MS,i,j})M+\gamma_{MS,i,j,a}P_{P,a}\quad i\in I_{S_{k-1}};\ j\in I_{S_k};k=1,\cdots,N;a\in s_{p_s} \tag{5-63}$$

（8）温度约束

为确保安全输运，管道内的油气流动温度应该大于最低允许进站温度。

$$\eta_{MS,i,j}\gamma_{MS,i,j,a}(T_{E,j}^{i,j}-T_{S_k,j,\min})\geqslant 0\quad i\in I_{S_{k-1}};\ j\in I_{S_k};k=1,\cdots,N;a\in s_{p_s} \tag{5-64}$$

式中，$T_{S_k,j,\min}$为第j座S_k级站场节点的最小进站温度。

（9）取值范围约束

各级站场的取值范围约束和节点数量约束与 MST 网络保持一致，得到如下表达式：

$$\boldsymbol{U}_{\min}\leqslant\boldsymbol{U}\leqslant\boldsymbol{U}_{\max} \tag{5-65}$$

$$m_{i,\min}\leqslant m_i\leqslant m_{i,\max}\quad i=1,\cdots,N \tag{5-66}$$

5.3　格栅剖分集合划分法

MPSO 算法对于高维优化问题求解精度高、收敛速度快，可用于求解大型油气集输管网布局优化数学模型，但在实际应用中，应该考虑随机优化算法的共有问题——算法的初值问题，智能计算方法的初值多采用随机给定的方式，随机产生的初值往往涵盖着大量的不可行解，导致算法的收敛速度缓慢，对算法的初值进行合理优化设计，可以有效提高算法对于实际优化问题的求解性能。

分析油气集输管网布局优化数学模型可知，各级节点之间连接关系的确定是求解模型的关键，油气井和S_1级站场间的连接关系优化可以提成为集合划分问题，各级站场之间的拓扑关系优化实质是确定以最高级别站场节点为根节点的最小生成树，本质上也是将低级别站场划分给高级别站场的集合划分问题。集合划分负责将整体网络系统划分为若干相对独立而又相互联系的网络子图，是模型求解的基础，因此，以集合划分为基础的迭代初值对于油气集输管网布局优化模型的求解具有重要作用。然而，因为集合划分问题的 NP 性质，其求解算法往往具有高复杂度、低计算效率的特点，尤其对于大型和超大型油气集输管网，集合划分计算的效率更加低下，如果采用传统集合划分方法进行油气集输管网网络子集的求解不能满足求解需求，本书提出了一种格栅剖分集合划分法，可以高效的获得较为满意的集合划分结果。

格栅剖分法是一种以点元素之间空间几何位置关系为基础，以降维规划和模块化思想为准则，将大型或超大型油气集输网络系统节点集合划分为矩形子集集合的一种集合划分方法。格栅剖分法具有鲁棒性好、易于实现、计算复杂度低等特点，在保证划分质量的前提下高效完成集合的划分工作。在给出格栅剖分法之前，先说明相关的假设和引理。

5.3.1　理论基础

假设 3：网络节点单元分布相对均匀。

引理 1：凸集 D_C 内任意两点 V_i，V_j，其中 V_i 位于 D_C 的子集 g_i 中，V_j 位于 D_C 的子集 g_j 中，若子集 g_i 和 g_j 不连通，则 V_i，V_j 之间的连线必经过至少另外一个子集。

证明：假设 V_i，V_j 之间的连线不经过其他子集，则根据连通域定义，g_i 和 g_j 构成了连通域，这与已知矛盾，引理得证。

引理 2：对于平面矩形区域 D_R，将区域 D_R 等形状剖分为若干矩形子集，对于任意不相互连通成为凸集的子集 g_i 和 g_j，必至少存在一个与 g_i 相连通为凸集的子集 g_k，使得 g_i 内元素与 g_k 内元素的平均距离要小于 g_i 内元素与 g_j 内元素的平均距离。

证明：设 $V_i(x_i,y_i)$ 为子集 g_i 内一点，$V_j(x_j,y_j)$ 为子集 g_j 内一点，$V_k(x_k,y_k)$ 为子集 g_k 内一点，子集 g_k 与 g_i 相连通为凸集，$d_k=\sqrt{(x_i-x_k)^2+(y_i-y_k)^2}$ 为 $V_i(x_i,y_i)$ 与 $V_k(x_k,y_k)$ 之间的距离，$d_j=\sqrt{(x_i-x_j)^2+(y_i-y_j)^2}$ 为 $V_i(x_i,y_i)$ 与 $V_j(x_j,y_j)$ 的距离。则有

$$E(d_j^2)=E[(x_i-x_j)^2+(y_i-y_j)^2] \tag{5-67}$$

$$E(d_k^2)=E[(x_i-x_k)^2+(y_i-y_k)^2] \tag{5-68}$$

1）当 y_i 与 y_j 的取值区间不同时，存在 x_k 与 x_i 的取值区间相同，y_i 与 y_k 的取值相互独立，且满足 $y_i\sim U(Y_1,Y_2)$，$y_k\sim U(Y_2,Y_3)$，$y_j\sim U(Y_4,Y_5)$，其示意图如图 5-7(a) 所示。

$$\begin{aligned}E(d_k^2)&=E(y_i^2)+E(y_k^2)-2E(y_iy_k)\\&=\int_{Y_1}^{Y_2}\frac{y^2}{Y_2-Y_1}\mathrm{d}y+\int_{Y_2}^{Y_3}\frac{y^2}{Y_3-Y_2}\mathrm{d}y-2\int_{Y_1}^{Y_2}\frac{y}{Y_2-Y_1}\mathrm{d}y\int_{Y_2}^{Y_3}\frac{y}{Y_3-Y_2}\mathrm{d}y\\&=\frac{1}{3}(Y_1^2+Y_2^2+Y_1Y_2)+\frac{1}{3}(Y_2^2+Y_3^2+Y_2Y_3)-\frac{1}{2}(Y_1+Y_2)(Y_2+Y_3)\end{aligned} \tag{5-69}$$

设子集矩形沿 y 轴方向边长为 d，则有

$$Y_2=Y_1+d,Y_3=Y_1+2d,Y_4=Y_1+kd,Y_5=Y_1+(k+1)d$$

整理得

$$E(d_k^2)=\frac{7}{6}d^2$$

$$\begin{aligned}E(d_j^2)&=E[(x_i-x_j)^2+(y_i-y_j)^2]=E[(x_i-x_j)^2]+E[(y_i-y_j)^2]\\&\geqslant E[(y_i-y_j)^2]=\left(k^2+\frac{1}{6}\right)d^2\end{aligned} \tag{5-70}$$

因为 $k>1$，所以有 $E(d_j)>E(d_k)$。

2）当 y_i 与 y_j 的取值区间相同时，同理易证。

证毕。

推论1：对于平面矩形区域 D，将区域 D 等形状剖分为若干矩形子集，若子集矩形的两边 d、d'满足 $d'>d>\sqrt{7/25}\,d'$，则任意不连通为凸集的子集 g_i 和 g_j 之间的平均距离大于可相连通为凸集的子集 g_i 和 g_k 之间的平均距离。

证明：设矩形子集的长边长度为 d'，短边长度为 d，且满足 $d'>d>\sqrt{7/25}\,d'$，d_k、d_j 分别为子集 g_i 内任意一点与子集 g_k、g_j 内任意一点之间的距离，子集 g_k 与子集 g_i 的相对位置有沿 x 轴取值范围相同和沿 y 轴取值范围相同两种情况，与 g_i 互不连通的子集 g_j 与 g_k 的位置关系有6种，子集分布示意图如图5-7(b)所示，这里只讨论 g_j 位于①、②、③位置，g_k 位于Ⅰ、Ⅱ位置所构成的3种情况，其他3种易证暂不赘述。

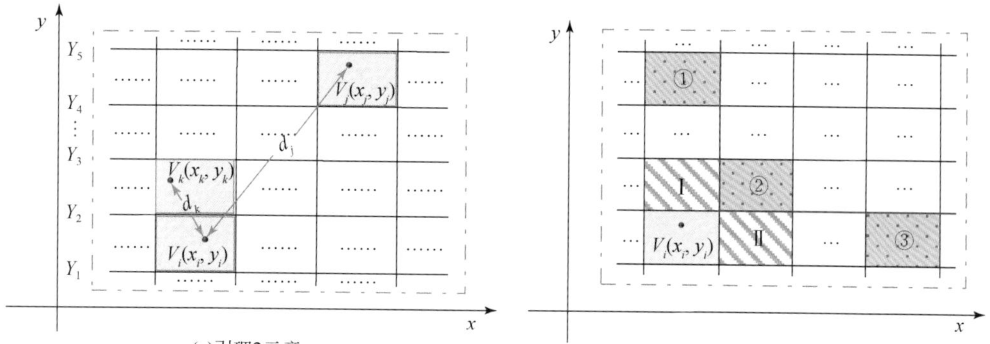

(a)引理2示意　　(b)推论1示意

图5-7　引理2和推论1证明过程示意图

1）子集 g_k 位于位置Ⅰ，子集 g_j 位于位置③，则有

$$E(d_k^2)=E[(x_i-x_k)^2+(y_i-y_k)^2]=\frac{7}{6}d^2 \tag{5-71}$$

$$E(d_j^2)=E[(x_i-x_j)^2+(y_i-y_j)^2]=(k'^2+\frac{1}{6})d'^2\geqslant\frac{25}{6}d'^2>\frac{7}{6}d^2 \tag{5-72}$$

即 $E(d_j)>E(d_k)$。

2）子集 g_k 位于位置Ⅰ，子集 g_j 位于位置②，则有：

$$E(d_j^2)=E[(x_i-x_j)^2+(y_i-y_j)^2]=\left(k^2+\frac{1}{6}\right)d^2+\left(k'^2+\frac{1}{6}\right)d'^2>\frac{7}{6}d'^2>\frac{7}{6}d^2 \tag{5-73}$$

即 $E(d_j)>E(d_k)$。

3）子集 g_k 位于位置Ⅱ，子集 g_j 位于位置①，则有：

$$E(d_k^2)=E[(x_i-x_k)^2+(y_i-y_k)^2]=\frac{7}{6}d'^2 \tag{5-74}$$

$$E(d_j^2)=E[(x_i-x_j)^2+(y_i-y_j)^2]=\left(k^2+\frac{1}{6}\right)d^2\geqslant\frac{25}{6}d^2>\frac{7}{6}d'^2 \tag{5-75}$$

综上所述，推论1得证。

5.3.2 主要步骤

由以上引理和推论可知,对于平面内几何位置分布相对均匀的点集,如果采用矩形子集的集合覆盖该点集,每个子集都是相对独立的,只与周围相互连接成凸集的子集存在联系,尤其对于油气田集输网络系统而言,油气井的井位分布比较均匀,站场的选址要考虑生产管理的集中性和建设成本的经济性,一口油气井不可能与它相距较远的油气井同属于一个站场,通过引理 2 和推论 1 也证明了不相互连通为凸集的两个子集之间的距离要更大一些,所以在管网布局时只需要按照井位的相对分布,考虑低级别节点对高级别节点隶属关系的集约性进行模块化划分即可得到合理的设计;此外,由引理 1 得到,如果两口油井分属于两个子集,它们之间的连线会经过其他子集,在生产实际中会造成过多的管线交叉,也是设计中应该避免的。基于以上分析,给出格栅剖分集合划分法的具体步骤:

1）统计得到 n 口油气井井位坐标沿 x 轴和 y 轴方向的取值区间 $[x_{\min}, x_{\max}]$、$[y_{\min}, y_{\max}]$,将油气井节点沿 x 轴等分为 p_l 个子集并统计每个子集内油气井节点的坐标均值 $(x_{i,\text{ave}}, y_{i,\text{ave}})\ i=1,2,\cdots,p_l$。

2）采用线性回归的方式回归得到所有子集坐标均值点的线性方程 $l(x,y)$,采用向量叉乘的形式计算得到 $l(x,y)$ 与 x 轴的夹角 θ,根据夹角 θ 将所有井位坐标进行旋转,使得所有油气井沿着 x 轴和 y 轴方向相对整齐分布。

3）令实际集合划分数目为 $m_{r,i}$,根据目标集合划分数目 m_i,计算其平方根 $\sqrt{m_i}$,若 $\sqrt{m_i}$ 可以整除 m_i,则以 $\sqrt{m_i}$ 作为沿 x 轴和 y 轴方向的格栅划分数 $a_i=b_i=\sqrt{m_i}$,$m_{r,i}=m_i$;若 $\sqrt{m_i}$ 不能整除 m_i,m_i 为奇数时向上划归为最邻近偶数,m_i 为偶数时不做处理,然后以 $\sqrt{m_i}$ 为初值采用动态规划求解所有 a_i、b_i,令 $m_{r,i}=m_i+1$。

4）根据 x 轴和 y 轴方向的格栅划分数目 a_i、b_i,将油气井节点集合等形状剖分为 $m_{r,i}$ 个子集 $g_{W,1}, g_{W,2}, \cdots, g_{W,m_{r,i}}$,根据子集格栅坐标范围计算其面积 $A_{R,i}$。

5）若 $m_{r,i}$ 大于 m_i,统计每个子集内的点元素的坐标范围,计算点集所占的实际面积 $A_{V,1}, A_{V,2}, \cdots, A_{V,m_{r,i}}$,采用单元素排序算法计算得到面积占比 $A_{V,i}/A_{R,i}$ 最小的子集 $S_{\min}$,并将 $S_{\min}$ 与临近的面积占比最小的子集进行合并,完成对集合划分的微调。

6）重复步骤 3）~5）,将 2 ~ $N-1$ 层的节点集合进行划分。

5.3.3 复杂度分析

基于以上步骤,对格栅剖分集合划分法进行计算复杂度分析。

第 1）步的计算主要在于 n 口油气井的坐标比较和中心点坐标计算,复杂度为 $o(2n)$;第 2）步的计算主要在于线性回归分析的求解和坐标的旋转,复杂度为 $o(n+p_l)$;第 3）步复杂度主要取决于动态求解 a_i、b_i,因为限定了求解初值,所以最大复杂度为 $o(m_{r,i}/2)$;第 4）步的计算主要在于油气井坐标的比较,复杂度为 $o(2n)$;第 5）步的计算集中在坐标所占面积和单元素排序的计算,复杂度为 $o(n+m_{r,i})$;第 6）步为重复 3）~5）步,由于随着节点级别的升高,节点集合维度逐渐降低,最大复杂度为 $o(2n)$。

因为在油气集输网络系统中,油气井节点的数目占有重大比例,且算法各步骤之间为串行关系,所以格栅剖分法的复杂度为 $o(2n)$。

为说明格栅剖分集合划分法的高效性,对比分析了传统集合划分方法 LPT 方法的复杂度。基本 LPT 算法对于集合的划分是以各集合内元素权重之和尽量均衡为目标,这里对于油气集输网络系统中节点集合的划分应该以每个子集内节点之间的距离尽量小为目标,LPT 算法的主要流程可以概括为:首先,随机选取 m_i 个节点作为 m_i 个子集的初始点,然后,将剩下的节点按照与子集中的点距离最近原则依次分配给各个子集,最后,将剩余的未划分的点就近分配到 m_i 个子集中。LPT 算法的复杂度主要在于多次的排序计算,其复杂度 $o(n^2)$。由以上复杂度分析可知,格栅剖分法要比传统的集合划分方法更高效,特别对于规模较大油气集输网络系统,其油气井众多,格栅剖分集合划分法相对于 LPT 集合划分法的计算效率有显著提升。

5.4　位域相近模糊集求解法

在基于格栅剖分法给出初始可行解的基础上,油气集输网络的拓扑结构关系和节点几何位置的优化就成为主要研究对象。对于大型油气集输网络系统布局优化问题,其求解的优化变量可达上千甚至上万个,其中网络拓扑结构关系设计变量占据绝大比例,若采用智能优化求解方法对管网的拓扑结构关系和几何位置进行耦合求解,智能算法在求解时极易陷入局部最优,在算法主控参数设置不当时甚至出现不收敛的情况。通过分析油气集输网络系统的层次结构可知,油气井节点数目众多,油气井与上级站场之间的隶属关系变量数目直接决定了油气集输网络布局优化问题的规模,为保证有效求解网络系统的拓扑结构关系,提出了位域相近模糊集概念,基于此给出了大型油气集输网络中油气井与其上级站场节点之间的拓扑关系求解方法。

5.4.1　位域相近模糊集

在阐述位域相近模糊集的概念之前,先给出基础定义和引理。

定义 6:位域为节点位于可行域中的几何位置。

引理 3:对于集合 D_F,若存在圆形域子集 $g_{C,1},g_{C,2},\cdots,g_{C,m}$,使得 $g_{C,1},g_{C,2},\cdots,g_{C,m}\supset D_F$,子集 $g_{C,j}$外任意一点与圆心的距离要大于子集 $g_{C,j}$内任意一点与圆心的距离。

推论 2:圆形域内接正方形内的点与圆心的距离要小于圆形域外一点与圆心的距离。

基于以上定义 6 和引理 3,给出位域相近模糊集的概念和隶属度函数,位域相近模糊集是指在点集中与某一节点位域相近的点的集合。第 i 个节点的位域相近模糊集的隶属度函数为

$$\mu_{i,j}=\begin{cases}1-\dfrac{l_{i,j}}{l_{\max}} & 0<l_{i,j}\leqslant l_{\max}\\[2ex] 0 & l_{i,j}>l_{\max}\end{cases} \tag{5-76}$$

式中，$\mu_{i,j}$为节点j隶属于节点i的位域相近模糊集的隶属度；$l_{i,j}$为节点j与节点i之间的距离；$l_{\max}$为节点i的位域相近模糊集距离阈值。

通过以上隶属度函数可以得到任意一个节点j对于第i个节点位域相近模糊集的隶属度，即衡量一个节点对于另一个节点的空间相近程度，当节点j逐渐远离节点i时，隶属度逐渐减小，相应的节点j隶属于i的模糊集的程度逐渐降低；当节点j与节点i的距离大于某一数值时，节点j完全不属于i的模糊集。

5.4.2　油气井隶属关系求解

S_1级站场节点的位域相近模糊集实质是以站场节点为中心的一定范围的圆形域内的油气井点集。由引理3可知，圆形域外的点与圆心的距离相对更大一些，即与站场相连接且距离较近的油气井一定位于站场的位域相近模糊集内，也就说明通过求解站场节点的位域模糊相近集既可以得到油气井与站场的连接关系。站场位域相近模糊集的确定依赖于站场节点的几何位置，而由于站场的选址具有随机性，不同模糊集之间可能存在交集的情况，因而交集中的第k个点的隶属度计算采用如下公式计算：

$$\mu_k=\max(\mu_{1,k},\mu_{2,k},\cdots,\mu_{m_1,k}) \tag{5-77}$$

式中，$\mu_{i,k}(i=1,2,\cdots,m_1)$为交集中的第$k$个点对于包含节点$k$的第$i$个模糊集的隶属度。

对于交集中的节点，按照最大隶属度原则将其划分给相应的模糊集，对于隶属度大于0且不在交集中的节点，则无需附加计算，所有模糊集得到确定即可完成对油气井节点隶属关系的求解。然而，在求解过程中，模糊集的确定要计算所有油气井节点到所有站场节点的距离，尤其对于大型油气集输管网中成千上万的油气井节点，其复杂度是很大的。为了简化求解，采用正方形域来表征位域相近模糊集，然后通过比较油气井节点的坐标和正方形域的边界坐标来确定每口油气井所连接的站场。在实际计算过程中，一般根据集输半径R来确定正方形域的范围，因为采用外切正方形来近似表征圆形，所以为了保证连接关系求解的最优性，要将圆域范围进行适当放大，以保证对解的覆盖，由推论2可知，圆形域内接正方形内的点比圆形域外的点距离短，即不在交集中的内接正方形内的点可直接划分给所在圆域，令a为圆域范围放大系数，以$u_1^I,u_2^I,\cdots,u_{m_1}^I$表示集输半径$R$确定的圆形域的内接正方形，称为模糊集的内接正方形；以$u_1^O,u_2^O,\cdots,u_{m_1}^O$表示放大圆域的外切正方形，称为模糊集的外切正方形；以$u_1^{OI},u_2^{OI},\cdots,u_{m_1}^{OI}$表示模糊集的内接正方形与其他内接或外切正方形形成的交集；以u_1^{II}，$u_2^{II},\cdots,u_{m_1}^{II}$表示模糊集的外切正方形与其他内接或外切正方形形成的交集，具体步骤如下：

1）计算并存储以每个站场节点的坐标x_i^c,y_i^c为中心的模糊集的内接正方形边界范围$\left[x_i^c-\dfrac{\sqrt{2}}{2}R,x_i^c+\dfrac{\sqrt{2}}{2}R\right]\times\left[y_i^c-\dfrac{\sqrt{2}}{2}R,y_i^c+\dfrac{\sqrt{2}}{2}R\right]$，以及模糊集外切正方形的边界范围$[x_i^c-\alpha R,x_i^c+\alpha R]\times[y_i^c-\alpha R,y_i^c+\alpha R]$，令模糊集未被计算的标记为$\sigma_{f,k}=0,k=1,2,\cdots,m_1$，油气井未被计算的标记为$\sigma_{W,k}=0,k=1,2,\cdots,n$。

2）结合哈希排序法，判断每个油气井节点Well_j的横、纵坐标否位于各模糊集的u_i^O以及u_i^I内，同时判断其是否位于u_i^{OI}中，若是则标记模糊集为$\sigma_{f,i}^{OI}=1$。进一步判断该油气井节

点是否位于 u_i^{II} 内,若是则标记模糊集为 $\sigma_{f,i}^{II}=1$。

3）判断第 i 个 $\sigma_{f,i}=0$ 的模糊集的标记 $\sigma_{f,i}^{II}$ 是否等于 1,若是则计算第 i 个模糊集内所有的节点对于模糊集 i 和其他与模糊集 i 相交且 $\sigma_{f,i}=0$ 的模糊集的隶属度,按照最大隶属度原则划分给相应集合,更新模糊集 i 的标记为 $\sigma_{f,i}=1$ 及其内节点的标记为 $\sigma_{W,j}=1, j\in u_i^O$；若不位于,则转步骤 4）。

4）计算第 i 个模糊集的 u_i^I 到 u_i^O 范围内的位于交集中的节点对于模糊集 i 和其他与模糊集 i 相交且 $\sigma_{f,i}=0$ 的模糊集的隶属度,按照最大隶属度原则进行划分,标记模糊集 i 和及其内节点为已计算。

5）重复步骤 3）~4）,直到所有集合均已计算完毕。

6）对于不在交集中的节点,将节点划分给其所在模糊集。

7）将未隶属于任何集合的节点按照就近原则划分给各站场。

在上述求解方法的主要步骤中,以位域相近模糊集的内外切正方形来限定 S_1 级站场的有效管辖范围,通过坐标的简单比较来代替多次的距离排序计算,为了进一步直观揭示求解方法的主要步骤,针对步骤 3）和步骤 4）绘制了图 5-8(a)和图 5-8(b),正方形Ⅰ和Ⅱ分别为模糊集 A 的外切和内接正方形,正方形Ⅲ和Ⅳ分别为模糊集 B 的外切和内接正方形,在图 5-8(a)中,油气井节点 V_k 位于正方形Ⅱ和Ⅲ交集内,则图中正方形Ⅰ的阴影区域内的节点都需要计算隶属度,红色点表示需要计算隶属度的节点,对于图 5-8(b),由于 V_k 位于正方形Ⅰ和Ⅲ的交集内,则正方形Ⅱ到Ⅰ之间的交集内的节点需要进行隶属度计算,蓝色节点表示不需要计算隶属度的节点。

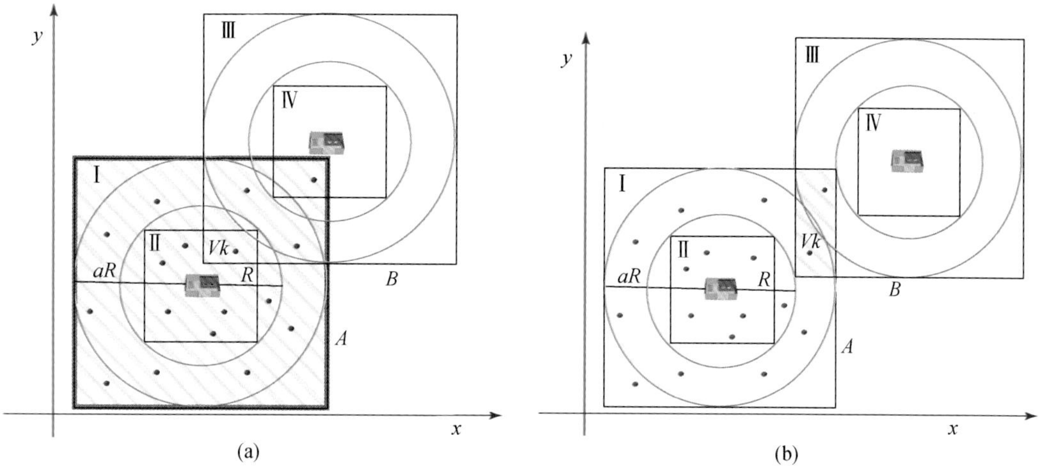

图 5-8　位域相近模糊集求解法示意图

5.4.3　复杂度和最优性分析

基于上述求解方法的主要步骤可知,基于位域相近模糊集方法的拓扑关系求解复杂度取决于交集中节点的数目,若油气井节点全部位于交集内,则复杂度为 $o(m_0\times n)$,若模糊集之间没有交集,则复杂度为 $o(n)$,所以位域相近模糊集法求解站场和油气井之间连接关系的复杂度为 $o(n)\sim o(m_0\times n)$,而采用 Prim 算法的拓扑关系计算复杂度为 $o(n^2)$,因为油气井的数目和站场数目之间存在倍数关系,所以位域模糊集法的计算效率相较于传统拓扑结构求解法有了明显提升。

在给出了位域模糊相近集求解 S_1 级站场和油气井连接关系的主要过程之后,需要对求解的最优性进行讨论。分析油气集输管网布局优化数学模型的目标函数可知,S_1 级站场和油气井之间集输管网的布局优化包括油气井的隶属关系求解和支线管道的管道规格确定两个优化子问题,当 S_1 级站场的几何位置给定之后,由于管道内流量的确定性,管道规格仅影响集输的工艺可行性,对油气井和 S_1 级站场之间的连接关系求解并无影响,因而可以对支线管道的连接关系和管道规格两个子问题分别进行求解。支线管道的长度决定了管道的建设费用和可靠性,且长度的最小化方向和管道的建设费用最小化方向一致,所以支线管道长度最小化优化问题的解即是整体油气集输管网最优布局中的一部分。以下给出采用位域相近模糊集法求解 S_1 级站场和油气井最优连接关系的最优性引理和证明。

引理 4:采用位域相近模糊集求解法求得的油气井隶属关系即为最优油气井和 S_1 级站场的连接关系。

证明:假设δ^*表示井站连接关系的最优解,δ'为位域相近模糊集求解得到的解,且 $\delta'\neq\delta^*$。采用反证法,因为 δ'不是最优解,则存在 $k'(k'\geqslant 1)$口油气井的隶属关系错误,对于每口错误的油气井 Well_j',最优解δ^*中 Well_j'连接于站场 s_A,而在 δ'中连接于站场 s_B,根据 5.4.2 节中所介绍的最大隶属度原则,经位域相近模糊集方法计算 Well_j'对于 s_A 和 s_B 的隶属度可得,Well_j'应该划分给站场 s_A,对于其他错误的连接管道亦如此,所以 $\delta'=\delta^*$,与假设不符,引理 4 得证。

5.5 拓扑结构关联集优化法

位域相近模糊集求解法的运用有效降低了布局优化问题的决策变量规模,对于求解效率的提升具有重要作用。为了进一步提升布局优化问题的求解效率,增强优化求解方法的可推广性,本书提出了适用于大型油气管网布局优化问题的拓扑结构关联集优化法。位域相近模糊集求解的是油气井与站场之间的拓扑连接关系,属于星状网络拓扑结构优化方法,而拓扑结构关联度优化法则着重于优化站场之间的树状网络拓扑连接关系。已有研究成果多采用 Prim、Dijkstra 算法计算站场间拓扑连接关系,这些经典算法对于小规模油气管网效果显著,但对于大规模油气管网,算法的平方阶的时间复杂度仍然是不可忽视的问题。本书所提出的 MPSO 算法可以有效求解网络拓扑结构优化问题,但为了确保求解精度和时间,有必要对站场间拓扑连接关系决策变量的取值范围进行优化设计。

根据 5.2 节可知,油气管网可以提成为有向连通图,具有星状和树状网络的结构特征,进而给出拓扑结构关联度的定义。

拓扑结构关联度:指油气管网中任意节点对于油气管网最小生成子树的关联程度。

从拓扑结构关联度的定义可以看出,油气管网的最小生成子树是进行关联度分析的“载体”,判断任意节点对于表征整个管网的最小生成树的关联度意义不大,而探究其对于具有局部拓扑结构特征的最小生成子树的关联度才是实现降低求解复杂度的关键。拓扑结构关联度描述的是油气网络中的节点关联于最小生成子树的程度，是一个具有模糊性的概念。拓扑结构关联子集是油气管网中对于以站场节点 i 为源点的最小生成子树具有高拓扑结构关联度的节点的集合。以下给出拓扑结构关联子集的相关理论基础。

设集合 $T_{j,k}^R$ 为以 S_j 层第 k 个节点为源点的拓扑结构关联子集，$k=1,2,\cdots,m_{S_j}^R$，其中 $m_{S_j}^R$ 为生成子树的数量，这表示 S_j 层节点被划分为 $m_{S_j}^R$ 个最小生成子树。设 $N_{S_{j-1}}^R$ 为 S_{j-1} 层节点的数量，则满足：

$$N_{S_{j-1}}^R = \bigcup_{k=1}^{M_{S_j}^R} T_{j,k}^R \tag{5-78}$$

$$\bigcap_{k=1}^{M_{S_j}^R} T_{j,k}^R = \varnothing \tag{5-79}$$

则 S_{j-1} 层第 i 个节点对于拓扑结构关联子集 $T_{j,k}^R$ 的关联度函数为

$$r_{S_j}^{R,k,i} = \begin{cases} \exp\left(-\beta_r \dfrac{l_{k,i}^R}{L_k^R}\right) & l_{k,i}^R \leqslant L_k^R \\ 0 & l_{k,i}^R > L_k^R \end{cases} \tag{5-80}$$

式中，$r_{S_j}^{R,k,i}$ 为 S_{j-1} 层第 i 个节点对于拓扑结构关联子集 $T_{j,k}^R$ 的关联度；$l_{k,i}^R$ 为 S_{j-1} 层第 i 个节点与 S_j 层第 k 个节点之前的距离；L_k^R 为满足最低进站压力约束下的管道长度；β_r 为结构增益系数，考虑油气管网中一般存在站场串接的管网结构，采用结构增益系数对树源点与树节点之间的计算距离作适当放大。

根据关联度函数可知，关联度是一个随树节点与树源点之间距离的不同而变化的实数，为了明确地将每个节点划分给最小生成子树，以最大关联度原则构建了各节点对于拓扑结构关联子集的隶属关系函数为

$$\mu_{k,i}^R = \begin{cases} 1 & r_{S_j}^{R,k,i} = \max\{ r_{S_j}^{R,k,i}, k=1,2,\cdots,m_{S_j}^R \} \\ 0 & \text{else} \end{cases} \tag{5-81}$$

基于以上可知，通过求解拓扑结构关联子集即可确定所有站场节点与其高级别站场节点之间的隶属关系，从而使得在后续的站场之间拓扑连接关系求解过程中，仅需要考虑站场节点 j 所隶属的拓扑结构关联子集，采用 MPSO 算法确定节点 j 与同在该关联子集中的其他节点之间的连接关系，管网中所有其他节点均不予以考虑，有效缩小了拓扑连接关系的寻优范围，提升了求解效率。

因为拓扑结构关联子集优化确定需要预知站场的规模和几何位置，所以假定在实际求解的每次迭代计算过程中已经给出了站场的几何位置，则拓扑结构关联子集的求解流程可以简述为：

1）初始化各层级拓扑结构关联子集 $T_{j,k}^R=\varnothing$，令 $j=2$；

2）计算 S_{j-1} 层节点与所有的 S_j 层级拓扑结构关联子集 $T_{j,k}^R$ 的关联度，按照最大关联度原则，确定 S_{j-1} 层节点对于 $T_{j,k}^R$ 的隶属关系，更新 $T_{j,k}^R$；

3）判断是否所有层级的拓扑结构关联子集均已求得，若是则转步骤4）；否则，则令 $j=j+1$，转步骤2）；

4）输出拓扑结构关联子集求解结果。

5.6　组合式优化求解策略

基于分层优化的思想，将大型油气集输管网布局优化模型分解为设计层和布局层两个层次的优化问题，结合所提出的 MPSO 算法、格栅剖分集合划分法、位域相近模糊集求解法和拓扑结构关联集优化法，形成了组合式优化求解策略。

5.6.1　分层协调优化

通过分析布局优化模型的决策变量之间的相互关系可知，各级站场的数目决定了优化问题的规模，不同的问题规模影响着油气集输管网中站场节点的几何位置、各级节点之间的连接关系和管道规格，而最优的站场数目依赖于不同问题规模所对应的集输系统的布局结构，因此采用分层优化的思想，将问题规模的确定视为设计层，几何位置、拓扑结构关系和管道规格的求解视为布局层，通过设计层和布局层的协调迭代来确定大型油气集输管网的最优布局。

1. 设计层优化

设计层优化主要用于确定问题的规模，并为布局层提供规模参数，这里采用两种方式确定问题的规模，对于各级站场数目可行取值比较少时，即可以通过遍历获得所有组合时，在每次迭代求解时通过更新组合方案来调整问题中决策变量的数目；对于各级站场可行组合方案数目过大时，无法应用枚举法计算每一种组合方案时，则需要采用 MPSO 算法来进行求解，采用整数编码表示设计层粒子群的每一个粒子：

$$z_{D,i}=[m_{i,1}^{z},m_{i,2}^{z},\cdots,m_{i,N}^{z}]\quad i=1,2,\cdots,M_{P,D} \tag{5-82}$$

式中，$z_{D,i}$为第 i 个粒子的编码结构；$M_{i,k}^{z}$为第 i 个粒子中第 k 级站场的数目；$M_{P,D}$为设计层粒子群体数目。

以上两种求解方式中组合方案均要基于其所对应的布局层优化得到的管网布局来评定优劣，以布局层优化计算得到的适应度值作为设计层组合方案的适应度值，同时设置设计层的终止条件来控制最优站场数目的求解。

2. 布局层优化

(1)粒子群体设计

对于油气集输管网布局优化问题，在给定了集输系统的节点规模后，各级站场节点的几何位置和连接关系、管道的规格成为主要优化对象。以实数编码几何位置，将所有各级站场节点进行统一编号，以序号之间的对应来表示节点连接关系，将管道规格序列化并采用整数编码，并将所有管道分别对应于连接关系，则有每个粒子的编码形式为

$$\begin{aligned}z_{L,i}=[&(x_{L,i,1},y_{L,i,1}),(x_{L,i,2},y_{L,i,2}),\cdots,(x_{L,i,m_{T_N}},y_{L,i,m_{T_N}});\\&c_{S,i,1},c_{S,i,2},\cdots,c_{S,i,m_T};a_{S,i,1},a_{S,i,2},\cdots,a_{S,i,m_T};a_{W,i,1},\cdots,a_{W,i,m_0}]\quad i=1,2,\cdots,M_{P,L}\end{aligned} \tag{5-83}$$

式中，$z_{L,i}$为布局层粒子群第 i 个粒子；$x_{L,i,j}$，$y_{L,i,j}$为第 i 个粒子中第 j 座站场节点的几何位置，j

取值为 $1,2,\cdots,m_{T_N}$，$m_{T_N}=\sum_{k=1}^{N}m_k$；$c_{S,i,j}$为第 i 个粒子中第 j 座站场所连接的站场节点编号，$c_{S,i,j}$的取值来源于拓扑结构关联子集 $T_{j,k}^{R}$；$a_{S,i,j}$为第 i 个粒子中对应于第 j 个站场所连接的管道的规格；$a_{W,i,j}$为第 i 个粒子中对应于第 j 个油气井所连接的管道规格。

(2)适应度函数设计

个体的评估是通过计算每个粒子的适应度函数值来评判粒子质量的优劣，适应度函数值增大的方向一般与目标函数的优化方向保持一致，对于所构建的优化模型，适应度值的递增应该对应于评价函数值的递减，为了增强组合式优化策略的局部和全局优化求解能力，对适应度函数值的变化进行了适当调整，则适应度函数表示为

$$f_{it}(z_i)=\mathrm{e}^{-b[F(z_i)/F_{\max}]} \tag{5-84}$$

式中，$f_{it}(z_i)$为第 i 个粒子的适应度函数值；b 为适应值调整系数，满足 $b=\dfrac{I_{\max}}{2I_{\max}-t}$；$F_{\max}$为当次迭代粒子群体适应度值的最大值。

通过调整系数控制 MPSO 算法的收敛进程，在迭代初期减小优劣解的差异性，防止优良粒子过度把控求解过程，使得在迭代初期丰富群体可行解信息，加强全局搜索能力；在迭代后期增大粒子适应度值之间的差距，以促进局部挖掘能力。另外，油气井和其上级站场之间的连接关系采用位域相近模糊集求解法获得，在个体评估时应该予以涵盖。

(3)不可行粒子的调整

MPSO 算法在迭代求解过程中，由于算法的随机性，会生成不符合约束条件的粒子，虽然可以对违反约束条件的粒子进行适当保留以增加群体信息的丰富性，但不满足油气集输管网的拓扑结构约束直接影响了粒子的评估，需要对此类粒子进行调整，违反树状网络结构特征的情况有重复连接、不连通和成环三种，重复连接是指至少存在一根管道的连接关系重复表征，因为管道规格是与每种连接关系相对应的，重复的连接关系会造成无法求解，这里通过遍历的方式对该种情况进行检验和排除；网络不连通指的是至少存在一个站场不与任何站场相连，即存在站场孤点。根据图论知识可知，每个节点所连接的边数称为该节点的度，对于网络不连通的情况，随机选取一条一端节点度为 1 而另外一端节点度大于等于 2 的管道断开，并将度为 1 的节点连接到孤点站场；对于网络成环的情况，采用破圈法依次将环路上的管道删除，并重新调整节点的连接关系以满足拓扑结构要求。

5.6.2　策略主流程

根据以上，组合式优化求解策略的主要步骤可以概括为：

1)根据格栅剖分集合划分方法中求解的沿 x 方向和 y 方向的集合划分数的不同组合来生成部分初始可行解，其中站场坐标为划分得到的子集节点的坐标均值，其他群体的初始解采用随机产生。

2)在每次迭代过程中采用位域相近模糊集求解法来确定油气井节点到其上级站场节点之间的连接关系，采用拓扑结构关联子集确定所有站场节点对于其上级站场节点的隶属关系，运用 MPSO 算法求解站场节点集合 $S_1\sim S_N$ 的几何位置和各级站场节点之间的拓扑连接关系，计算相应的适应度值以评价个体的质量好坏进行更新迭代。

3)设定最大的迭代次数和终止迭代精度来控制求解方法的计算终止,计算终止后输出最优解。

组合式求解策略的流程图如图 5-9 所示。

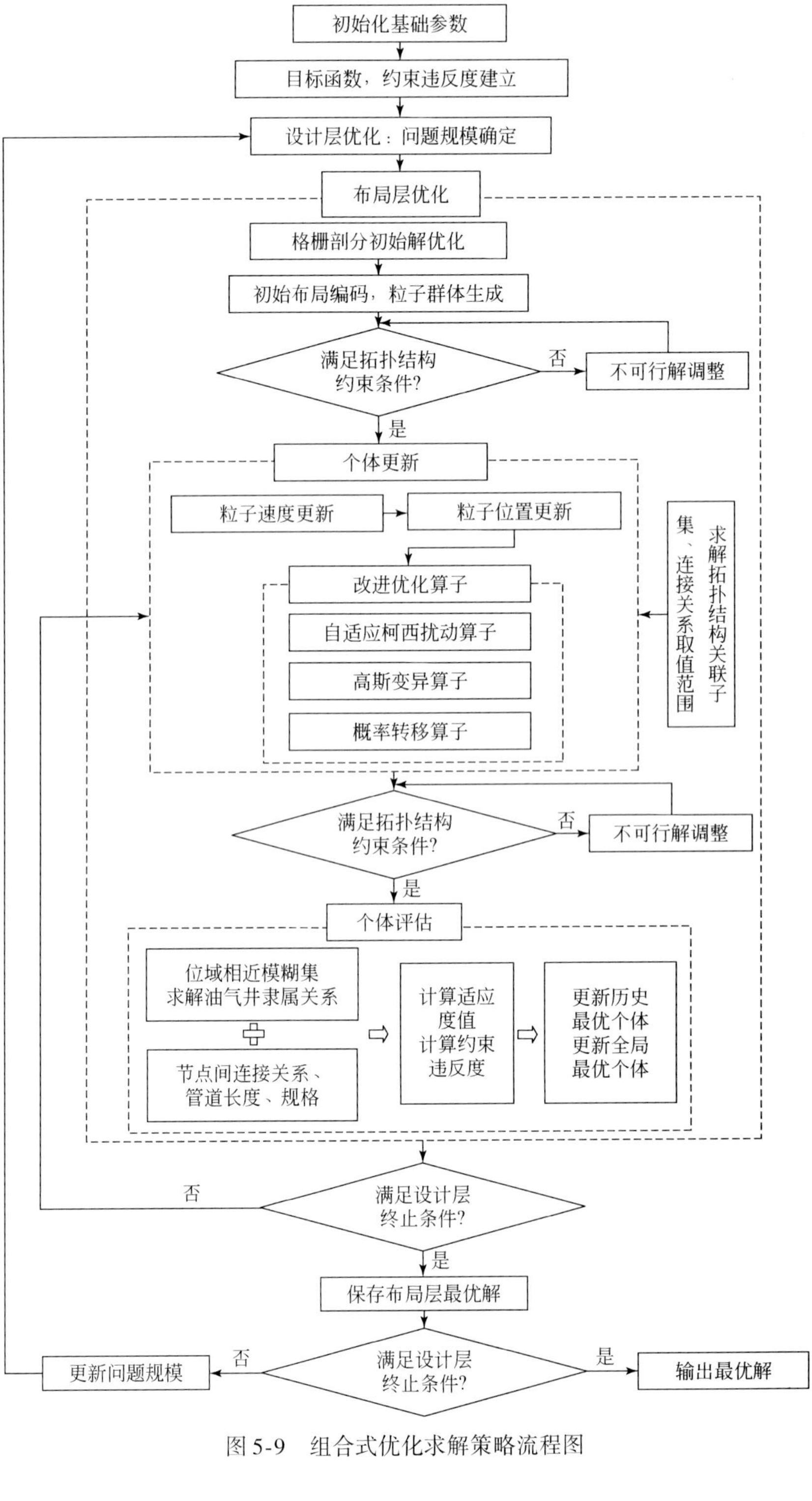

图 5-9　组合式优化求解策略流程图

5.6.3　大型油气集输管网布局优化实例

某油田进行新建产能井地面集输管网规划设计，现有新建油井 661 口，平均油井产液量 20.2t/d，平均井口压力 0.61MPa，平均产出液温度 23.5℃，初始井位分布如图 5-10 所示，欲新建计量站 60 ~ 70 座、接转站 11 ~ 16 座、集中处理站 1 座，基于基础数据构建布局优化模型，采用所提出的组合式优化求解策略对布局优化模型进行求解，得到的油气集输管网布局如图 5-11 所示，为了对比组合式优化求解策略对于求解大规模 MINLP 模型的优越性，采用模拟退火算法(Rodríguez et al.，2013)对 5.2.1 节中的优化模型进行对照求解测算，得到的网络布局如图 5-12 所示，考虑到油井产油量相对均匀，并且两种方法优化得到的站场数目一致，忽略站场费用的影响，只分析管道的建设费用，相对于模拟退火算法，采用所提出的组合式优化策略求解效果更佳，管道总建设投资节约 9.47%，支线管道长度减少 8.99%，干线管道长度减少 3.41%，计算时间减少 54.94%，证明了组合式优化求解策略的优化性能的全面性，详细的计算结果对比见表 5-1 和表 5-2。

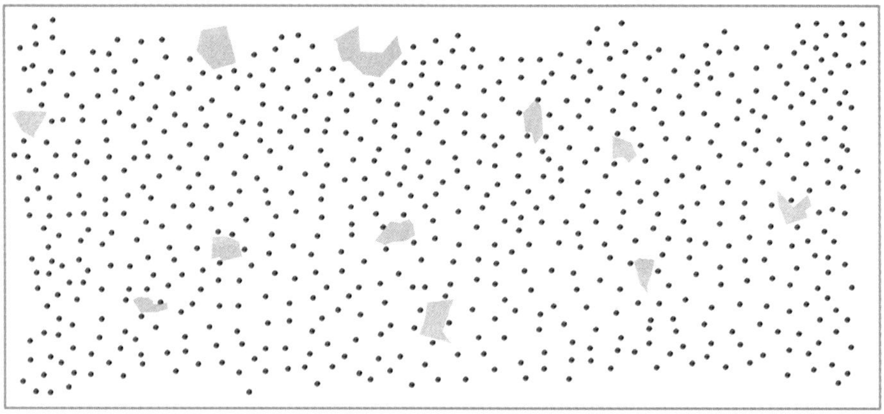

图 5-10　初始井位分布图

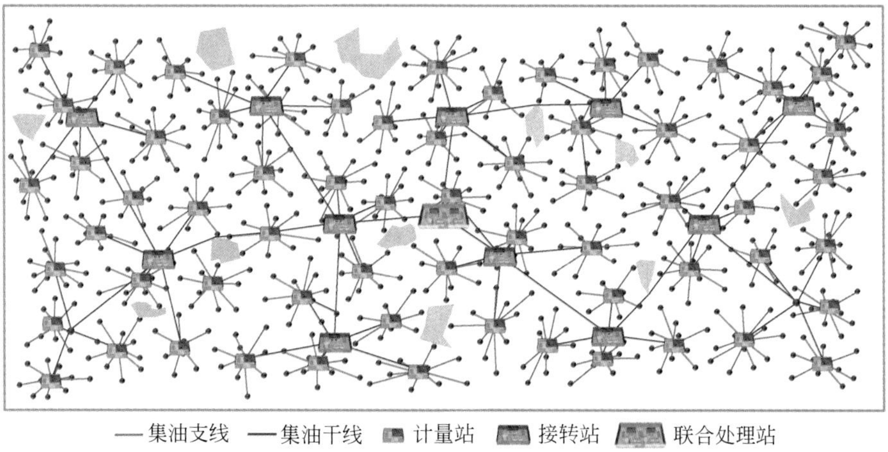

图 5-11　组合式优化策略优化后布局

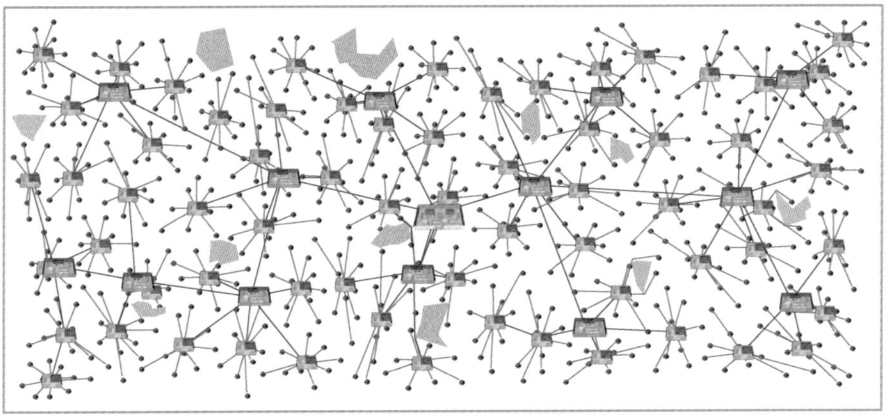

图 5-12　模拟退火算法优化后布局

表 5-1　优化结果对比表

	支线管道长度	干线管道长度	总管道长度	管道建设费用	计算时间
模拟退火算法	504. 20km	138. 43km	642. 63km	51642. 885 万元	1758. 96s
组合式策略	458. 87km	133. 71km	592. 58km	46751. 775 万元	792. 64s
优化比例	8. 99%	3. 41%	7. 79%	9. 47%	54. 94%

表 5-2　组合式策略与模拟退火算法优化结果中管道规格及投资统计对比

模拟退火优化方案			组合式优化策略优化方案		
管道规格/(mm×mm)	管道长度/km	费用/万元	管道规格/(mm×mm)	管道长度/km	费用/万元
φ60×5	504. 20	35293. 97	φ60×5	458. 87	32120. 97
φ89×8	93. 37	8402. 94	φ76×8	69. 41	6246. 45
φ114×10	2. 90	318. 78	φ114×10	4. 18	459. 69
φ127×10	3. 05	395. 85	φ127×10	2. 88	374. 01
φ159×12	21. 95	3511. 2	φ159×12	21. 49	3438. 96
φ180×14	6. 05	1149. 12	φ180×14	-	-
φ219×16	4. 87	1023. 12	φ219×16	10. 62	2229. 255
φ245×18	3. 82	917. 28	φ245×18	3. 34	801. 36
φ273×20	2. 43	630. 63	φ273×20	4. 16	1081. 08

通过分析模型可知,所有管道的管径、壁厚、拓扑连接关系以及站场的几何位置,总优化变量可达 2200 多个,优化问题的规模是比较庞大的,根据两种优化方法的结果可知,组合式

优化策略求解效果更佳。组合式优化求解策略融合了降维规划思想,将油气井和其上级站场的连接关系优化付诸于位域相近模糊集求解法进行求解,有效降低了优化变量的数目,使得优化结果中支线管道的长度相较于模拟退火算法更短。以格栅剖分集合划分法优化求解策略的初始值,结合具有全局优化求解能力的 MPSO 算法和位域相近模糊集求解法,确保了优化求解的收敛性,总管道长度和费用都得到了明显降低。同时,组合式优化求解策略在计算时间上方面更少,说明格栅剖分法和位域相近模糊集求解法有效降低了计算复杂度,减少了计算资源的开销,提高了优化求解的效率。

所以,本书所提出的大型油气集输管网布局优化模型和组合式优化求解策略有效,优化策略对于大规模 MINLP 问题求解能力强、计算复杂度低、求解精度高。

5.7　受约束大型油气集输管网三维空间布局优化

油气集输管网布局优化的"维数灾"不仅取决于优化变量的数量,还包含影响优化求解的关键参数的规模,之前章节讨论的油气集输管网布局优化是针对平原地区开展的网络优化研究,而对于类似四川、新疆、长庆等复杂多变的丘陵和山地地貌的油气田,则需要考虑地庞大规模的地形参数对优化计算的影响。油气集输系统布局优化问题的实质是受三维空间约束的网络布局优化问题,平原地区的集输管网布局优化是在松弛空间约束后的原问题的特例。已有的研究成果主要集中于平面布局,三维空间下的油气集输管网布局优化处于理论形成和发展阶段,部分学者采用曲面拟合的方式将地形重建为规则光滑曲面,虽然在一定程度上降低了计算复杂度,但在地形的细节特征还原方面表现不足,而管网布置依附地形走向,细微的地形扰动将影响整体的布局结构,基于曲面拟合的方式重构的地形进行管网布局优化难以得到满意的优化结果。DEM(digital elevation model)三维地形建模可以准确还原三维地形特征,但由于 DEM 采用离散数据逼近模拟的方式,三维地形的建模通常需要几十、上百万的数据量,对于大型油气田区块更是达到千万级别数据量。此外,油气集输管网三维空间布局优化需要考虑空间尺度下的最优管网布置,高程维度的添加使得优化模型建立和求解的复杂程度激增,地形空间对管网布局的约束直接导致了布局优化问题无法有效求解,在平面布局优化的 NP-hard 问题基础上加剧了优化难度。本节着重研究 DEM 三维建模的高效建模方法,构建基于三维地形的管道路径优化以及油气集输管网布局优化方法。

5.7.1　三维地形混合格网表征方法

从图形学的角度考虑,任何复杂的几何物体都可以通过最基本的图元点组成,三维地形可以视为一种庞大复杂的几何体,所以同样可采用图元点对其进行模拟。如果已知了无穷多个同一坐标系下的点,每一个点都包含位置信息(X,Y) 及其位置对应的海拔高度值 Z,则将这无穷多个点按照一定的方式连接起来就可以精准地把地形表征出来。而在实际应用中,利用无穷多个点对地形进行模拟是不可能的,但可以获得有限的离散空间图元点,得到三维地形的一种满意的仿真模拟效果。在地形中选取最能表达地形特征的点集,作为对地形的数字描述,这就是数字高程模型。针对离散点的选取方法和排列特征,DEM 主要分为 Tin 和 Grid 两种,将 Grid 和 Tin 方法优势融合,在保证地形仿真精度的前提下降低数据量,最大化精细还原地形特征是三维地形建模研究的重点。

1. Grid 与 Tin 模型分析

对地形采集离散的点,最简单的方法是在对应地形的横纵方向以恒定的间距采集高程值,以此数据对地形进行模拟,以均匀格网数据点进行三维地形建模的方法便是 Grid 方法。Grid 方法简单清晰,地形数据比较容易存储和操控。但存在着两个问题:① 如果间距设定非常小,可提高准确度,但数据量非常庞大,对于普通的 PC 机来说,很难对其进行快速处理,如果为了减小数据量,而将间距取得很大,精确度将大大降低;② 对地形较复杂的区域,应该使用更多的数据对其进行模拟,对比较平坦的区域,较少的数据便可达到误差允许范围内的地形仿真。恒定的间距采样导致的结果是各个部分的数据量相同,这样对地形复杂的区域来说数据信息匮乏,而对地形平坦的区域数据信息是冗余的。Tin 方法是对 Grid 方法存在的第 2 个问题的一种很有效的解决办法。Tin 方法中的采样点并不是均匀的呈正方形网格分布,而是根据地形的陡峭、平坦程度等特点,不均匀地、疏密得当地分布。在地势比较复杂陡峭的区域,采样点的数目很多, 而在地势平坦的区域,采样点的数目则很少,减少冗余信息。图 5-13 显示了两种方法采样点的分布情况。

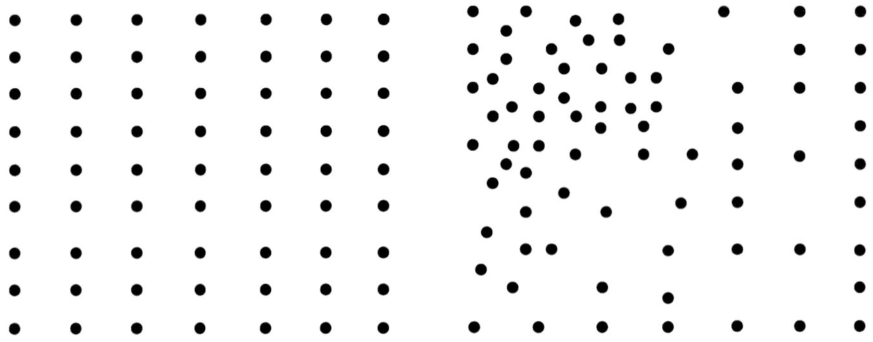

(a)Grid采样点分布　　(b)Tin采样点分布

图 5-13　Grid 与 Tin 方法采样点分布

通过上述分析可看出,Grid 方法的数据结构简单,操控便捷,三维地形建模速度快,但数据冗余问题严重。Tin 方法可以根据地形特征相对较好的控制数据点的分布,以较少的数据量实现对地形较高精度的模拟,但其数据的存储和操作复杂。

Grid 格网数据由规则排列的矩形格网组成,可以利用矩阵实现存储,矩阵结构清晰、简单、占用空间小,还可以利用四叉树、行程编码和霍夫曼编码等方法对其进行进一步压缩。矩阵相关理论已经很成熟,如检测网格高程变化率的方法,就是利用在图像学中对矩阵数据做卷积实现的。利用矩阵,只要记录原点的地理坐标,网格间距,根据矩阵的行列信息就可以得到当前地形上任何区域的地理信息。

Tin 的采集点不规则地分布在各个区域,需要将这些点连接起来构成面片对地形表面进行模拟。通常选择三角形面片作为构成地表的元素,因为三角面片具有确定性。构成地形表面的三角面片需要具备以下几个特征：① 所有三角面片拼接构成整个地形；② 三角面片不能有重叠；③ 三角面片不规则，但要力求每个三角形尽量接近等边三角形；④ 保证最邻近的点构成三角形，即三角形边长之和最小。确切地说，这个三角网才是 Tin 模型。由于 Tin 数据结构的不规则性，所以不能像 Grid 那样简单存储。不仅需要存储每个点的位置信息 (X,Y,Z)，还要存储描述网格点之间拓扑关系的信息。图 5-14 给出了 Tin 格网的示例拓扑关系，表 5-3 表示该示例中对应的 Tin 网格链表存储关系。

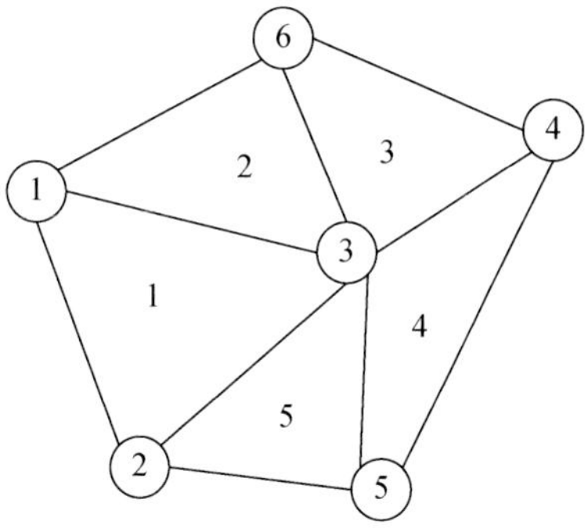

图 5-14　Tin 网格拓扑关系示意图

表 5-3　Tin 网格链表存储示意

三角形编号	顶点 1	顶点 2	顶点 3
1	1	2	3
2	1	3	6
3	3	4	6
4	3	4	5
5	2	3	5

通过不规则分布的采样数据点构造三角网也有很多方法，其中 Delaunay 三角网表现最为出色。Delaunay 三角网满足如下定义：

1）三角剖分：假设 V_{De}是二维实数域上的有限点集，边 e_{De}是由点集中的点作为端点构成的封闭线段，E_{De}为 e_{De}的集合。那么该点集 V_{De}的一个三角剖分 $T_{De}=(V_{De},E_{De})$是一个平面图 G_{De}，该平面图满足条件：① 除了端点，平面图中的边不包含点集中的任何点；② 没有相交边；③ 平面图中所有的面都是三角面，且所有三角面的合集是散点集 V_{De}的凸包。

2）Delaunay 边：假设 E_{De}中的一条边 e_{De}（两个端点为 a_{De}，b_{De}），e_{De}若满足如下条件，则称之为 Delaunay 边，即存在一个圆经过 a_{De}，b_{De}两点，圆内不含点集 V_{De}中任何其他的点，这一特性又称空圆特性。

3）Delaunay 三角剖分：如果点集 V_{De}的一个三角剖分 T_{De}只包含 Delaunay 边，那么该三角剖分称为 Delaunay 三角剖分。

4）假设 T_{De}为 V_{De}的任一三角剖分，则 T_{De}是 V_{De}的一个 Delaunay 三角剖分，当前仅当 T_{De}

中的每个三角形的外接圆的内部不包含 V_{De} 中任何的点。

2. 模糊自适应的反距离权重插值方法

在众多空间插值方法中,反距离权重插值法插值原理易于理解,算法简单便于实现,因此,常常作为离散点空间分析的传统方法之一。但为了保证插值的准确性,插值所选取的采样点一般为待插值点周围邻近的数据点,在实际应用时通常采用固定半径和固定点数两种途径进行插值计算,固定点数容易造成数据点较少时采样点和待插值点之间距离过大,不能准确反应邻近的地形特征;固定半径的方式则需要设置适合的半径来筛选采样点,对于数据点数较多的地形区域,则会涵盖大量的冗余数据,影响计算效率。这里提出了一种模糊自适应反距离权重插值法,通过对待插值点邻近的采样点的选取进行优化设计,实现对地形的准确表征。

(1)反距离权重插值

反距离权重插值法的基本思想是:以插值点与采样点间的距离为权重进行加权平均,离插值点越近,样本点被赋予的权重就越大,离插值点越远,样本点被赋予的权重就越小。

反距离权重插值的公式:

$$z_{\mathrm{new}} = \sum_{i=1}^{n} \frac{z_{gi}}{d_i^p} \Big/ \sum_{i=1}^{n} \frac{1}{d_i^p} \tag{5-85}$$

式中,z_{new} 为插值点高程估计值;z_{gi} 为第 i 个采样点的高程值;d_i 为第 i 个采样点与插值点的欧几里得距离;n 为用于估算插值点的样点数;p 为次幂。

(2)地形复杂度计算方法

在自适应反距离权重插值方法中,需要判断控制点所代表的地形复杂程度,即通过计算高程变化的剧烈程度来划分采用 Grid 和 Tin 模型的建模范围。地形坡度是地貌学中常用的表征地形陡缓程度的因子。在 DEM 模型中通常以 3×3 单元格分析地形的坡度,示意图如图 5-15 所示,地形坡度的计算公式为

$$S_{gs} = \mathrm{arctg}\sqrt{f_x^2 + f_y^2} \tag{5-86}$$

式中,S_{gs} 为地形坡度;f_x 为南北方向的高程变化率;f_y 为东西方向的高程变化率。

南北方向和东西方向的高程变化率计算公式为

$$f_x = \frac{z_7 - z_1 + z_8 - z_2 + z_9 - z_3}{6g_L} \tag{5-87}$$

$$f_y = \frac{z_3 - z_1 + z_6 - z_4 + z_9 - z_7}{6g_L} \tag{5-88}$$

式中,z_1、z_2、z_3、z_4、z_5、z_6、z_7、z_8、z_9 分别为图 5-15 单元格 1 ~ 9 的高程值;g_L 为单元格的边长。

由上式可知,坡度值的计算是以 3×3 单元格为单位进行计算的,一次计算可以得到单元格 5 的坡度值,即得到了单元格 5 的地形复杂度,对地形中所有单元格均进行以上计算可以得知整个地形的地形复杂度分布情况。

7	8	9
4	5	6
1	2	3

图5-15　3×3单元格示意图

(3)模糊自适应采样点选取方法

插值点邻近的采样点的选取具有模糊性,以采样点数量和采样半径来控制采样点的选取限制了采样点选取的灵活性,不能适应不同油气田区块的地形数据量大小和地形的复杂程度的变化,为了更加精确表征地形,进行插值运算时应该考虑地形的变化程度,在地形变化剧烈的区域应该减小采样半径,精确的还原地形特征。而地形平坦的建模采用Grid网格模型,地形数据密度较低,应该适当增大数据采样半径。基于此,以插值点 i 的采样模糊集来表示所选取的采样点的集合,其隶属度函数表征如下:

$$u_{s,i,j}=\begin{cases}\dfrac{1}{S_{gs,i}^{\beta_s}}\left(1-\mathrm{e}^{\frac{d_j}{d_{\max}}-1}\right) & d_j\leqslant d_{\max}\\ 0 & d_j>d_{\max}\end{cases}\tag{5-89}$$

式中,$u_{s,i,j}$ 为采样点 j 对于采样模糊集 i 的隶属度;$d_{\max}$ 为最大可行采样半径;$S_{gs,i}$ 为第 i 个插值点的邻近单元格的坡度平均值;β_s 为控制因子,用于控制地形复杂度对于采样点选取的影响程度。

基于以上隶属度函数可知,当采样点距离插值点距离较小时,采样点隶属于采样模糊集的程度较大;随着采样点与插值点距离的增大,采样点对于模糊集的隶属度逐渐减小;当二者之间的距离超过一定范围时,采样点不再隶属于采样模糊集。通过模糊集概念和隶属度函数的引入,准确描述了采样点选取时的模糊性,并且结合地形复杂度和控制因子实现了对采样点隶属程度的有效增益。

在计算采样点的隶属度的基础上,将隶属度和设定的隶属度阈值水平进行对比,比较公式如下:

$$u_{s,i,j}\geqslant\lambda_{s,i}\tag{5-90}$$

式中,$\lambda_{s,i}$ 为第 i 个插值点采样模糊集的阈值水平。

以上公式表示当采样点 j 对于采样模糊集的隶属程度大于一定数值时,可以视该采样点为插值点 i 的采样点。通过这种构造水平截集的方法可以适当程度的控制采样点的规模,结合地形复杂度将距离插值点较近的采样点提取出来,在保持地形仿真精度的前提下实现低数据量的地形建模。

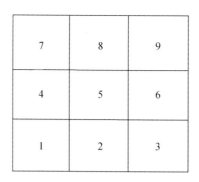

3. 混合 DEM 建模流程

将 Grid 和 Tin 方法优势融合，构建三维地形混合格网表征方法，首先要获得精度很高的 Grid 网格数据，作为基础数据。选择一个采集宽度 g_L，然后在基础网格数据中每隔 g_L 取一个采样点，将其进行简化，获得精度稍低的三维地形 Grid 网格数据。然后通过对 Grid 网格数据进行复杂度分析找出高程值变化复杂的区域，对其进行进一步细化，将其转化为局部 Tin 网，混合建模示意图如图 5-16 所示。详细建模流程如下：

1）选择采集宽度 g_L，对原始高精度 Grid 网格数据进行简化；

2）对简化后的数据以 3×3 为单位进行地形复杂度分析，所有单元格的地形复杂度 $c_{\mathrm{Dem},i}$；

3）遍历地形数据中的单元格，将 $c_{\mathrm{Dem},i}$ 值与阀值进行对比，如果 $c_{\mathrm{Dem},i}$ 值小于阀值，则该单元格保留不进行进一步分割，继续进行下一个单元格的判断，否则将该单元格进行进一步的分割；

4）建立需要转化为 Tin 网格的单元格的采样模糊集隶属度函数，选取这些单元格插值计算所需要的采样点。

5）结合反距离权重插值法和 Delaunay 三角剖分法生产局部三角网格 Tin。

6）以矩阵和链表索引的数据结构存储混合后的数据。

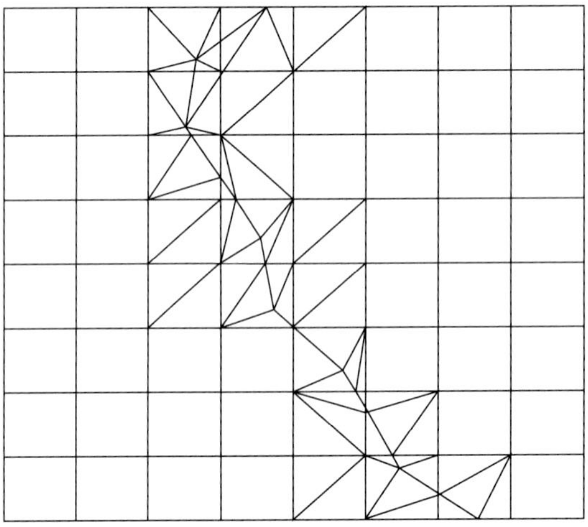

图 5-16　DEM 混合建模示意图

采用以上建模步骤对某实例地形进行了混合建模，实例中存在着一座山体，其他为平原地区，以 30m×30m 的规则网格对该地形进行建模如图 5-17（a）所示，在地形平坦区域，过高的精度造成了数据的冗余，运用混合格网模型对该地形进行重构建模，得到所构建的地形如图 5-17（b）所示，通过软件测算，混合建模法要比 Grid 减少数据量 38%，表示混合建模方法在保证地形细节特征的同时有效降低了建模数据量。

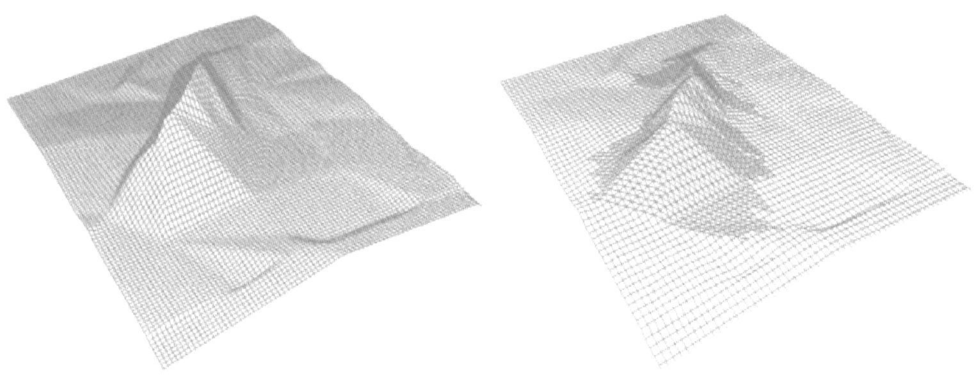

(a)存在数据冗杂的Grid模型 (b)Grid和Tin混合模型

图5-17 某实例地形 DEM 混合建模

5.7.2 双向广度优先路径搜索算法

对于三维空间的集输管网布局优化,其关键在于确定管道在三维地形上的最优布置,本书中采用 DEM 模型进行三维地形的表征,管道的最优布置则可以提成为依附于地形数据点的路径优化问题,经典的最短路径搜索算法如 Prim 算法和 Dijkstra 算法可以有效获得最优路径,但平方阶的时间复杂度限制了其在三维地形最短路径搜索中的应用。广度优先搜索算法也是求解最短路径的一种有效方法,但该方法同样存在着计算效率的问题,提出双向广度优先搜索路径寻优算法,实现最短路径的高效求解。

1. 广度优先搜索

广度优先搜索(breadth first search,BFS),也叫做宽度优先搜索或者横向优先搜索,英文简写为 BFS,是进行最短路径搜索的有力算法。广度优先搜索是以“层”为搜索主体由初始节点向目标节点搜索的一种搜索方式,随着搜索进程的深入,“层”的规模逐渐增大,呈现出一种“波及”现象,直至找到目标节点为止。广度优先搜索遵循“先进先出”的规则,在每一层节点中先被搜索到的节点先进行其下一层子节点的搜索,直至该层所有节点都被搜索完成再进行下一层节点的相似操作,广度优先搜索算法判断初始节点与目标节点之间是否存在通路的主要步骤可以表述为:

1) 初始化标志数组,令初始节点 s_o 为当前节点,开始搜索;

2) 对于队列中的当前节点 s_o,搜索其邻接节点 $v_{A,k}$,判断邻接节点是否为目标节点 t_B,若为目标节点则转步骤6);否则将邻接节点加入到队列尾部,转步骤3)。

3) 判断节点 s_o 的邻接节点是否均已被搜索,若是,标记 s_o 为已搜索,从队列中移除 s_o,转步骤4);若否,更新邻接节点 $v_{A,k}$,转步骤2)。

4) 判断网络中所有节点是否均已被搜索。均已被搜索转步骤5);否则,更新当前节点 s_o,转步骤2);

5) 初始节点和目标节点之间不存在通路。

6) 初始节点和目标节点之间存在通路,输出计算结果。

广度优先搜索理论上对所有节点都进行遍历,可以对所有路径进行比较,进而得到最优路径,Dijkstra 和 Prim 等最短路径优化方法也借鉴了广度优先搜索的思想。

2. 双向广度优先搜索

相较于深度优先搜索算法(DFS)的递归求解,BFS 算法避免了由于网络结构复杂所导致的深层递归求解对于内存的消耗,但由于 BFS 算法需要遍历每个节点,且在迭代的同时需要更新队列,对于含有数以万计的地形数据点,针对节点相对位置比较特殊的情况,每一次最优秀路径的搜索都要进行上万次的计算,对于需要进行多次搜索才能确定所有管道最优走向的管网布局优化,其复杂度较高。另外,由于 BFS 算法队列存储的需要,若采用邻接矩阵的方式存储树形结构,可能导致内存占用过高或者溢出,所以需要寻求 BFS 算法的改进方式使得在内存可接受的情况下降低计算复杂度,提高最短路径的求解效率。这里提出了双向广度优先路径搜索算法,并且采用邻接表的方式降低了算法对于内存的开销。

3. 算法主流程

广度优先搜索算法中对于网络中的节点进行"广撒网"式搜索,会造成搜索到的节点冗余,为了减少冗余搜索次数,加速求解的同时保证解的最优性,提出采用双向同步执行广度优先搜索的方式进行最优路径搜索。所谓双向同步是指分别以初始节点和目标节点为源点相向搜索,再通过结合 BFS 算法的全局遍历性达到降维搜索的目的,以下给出算法的主要步骤。

在给出算法主要步骤之前,首先对混合 DEM 模型进行适当变形。定义可视边为用于路径搜索的地形数据点之间连接关系的表征,包括地形数据中存储的邻接关系以及人为添加的连接关系,将所有规则单元格的对角线添加可视边,不规则单元格则无需处理,图 5-18 给出了转化后的 DEM 模型的平面示意图,图中红色原点表示模型中的某一数据点,以该数据点作为源点进行路径的搜索,则其可以向着八个方向进行探索。

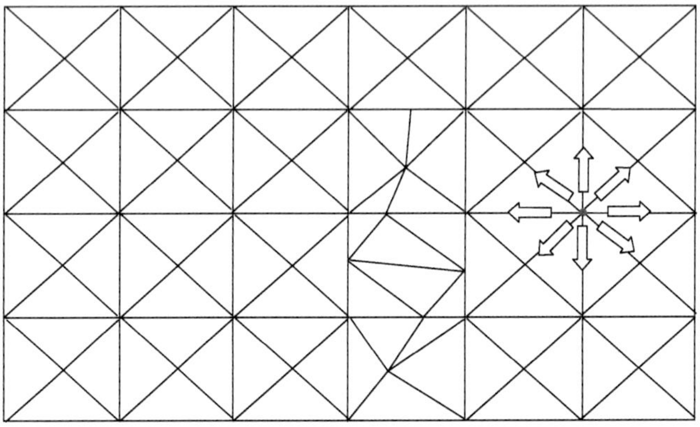

图 5-18 混合格网模型变形后的示意图

以 DEM 地形数据的数据点为节点单元,以所有可视边为边单元,转化后的 DEM 模型可以提成为一个无向连通图 $G_{t,b}$,定义由初始节点单元向目标节点单元的搜索为正向搜索,目标节点单元向初始节点单元的搜索为反向搜索, N_P 为 $G_{t,b}$的所有节点单元的数量,N_E 为 $G_{t,b}$的所有可视边单元的数量,可以表述为如下主要步骤:

1)建立 $G_{t,b}$的邻接链表,最短路径集合 P_{bp}为空,最小深度路径数量统计 $k_{bp}=0$。初始化所有节点单元的搜索标记 $Vis_i^s=0$、$Vis_i^t=0$，前驱节点单元标记 $Pre_i=0$，正向搜索队列集合 Que_P 和反向搜索队列 Que_R 为空，正向路径点集合 $Path_P$ 和反向路径点集合 $Path_R$ 为空，最小深度路径的长度 $L_{ph,k_{bp}}=0$。

2）将 s_j 加入正向搜索队列 Que_P，同时将 $t_{B,j}$ 加入反向搜索队列 Que_R，置两个节点的搜索标记为 $Vis_{s_j}^s=1$ 和 $Vis_{t_{B,j}}^t=1$。

3）对正向搜索队列中的节点 Cu_s，读取并判断其邻接节点 v_{A,k_s}^s 是否已被反向搜索，若为已搜索，转步骤7），若为未搜索，则将该节点加入正向搜索队列的尾部，标记节点 v_{A,k_s}^s 的前驱节点为 Cu_s，转步骤4）；对于反向搜索队列中的节点 Cu_t，读取并判断其邻接节点 v_{A,k_t}^t 是否被正向搜索，若为已搜索，转步骤7），若为未搜索，则将该节点加入反向搜索队列的尾部，标记节点 v_{A,k_t}^t 的前驱节点为 Cu_t，转步骤4）。

4）判断正向队列节点 Cu_s 的所有邻接点是否全部搜索完毕，若是，则将节点 Cu_s 标记为正向已搜索，然后将节点 Cu_s 从队列 Que_P 中移除，转步骤5），若否，则更新邻接节点 v_{A,k_s}^s，转步骤3）；判断反向队列节点 Cu_t 的所有邻接点是否全部搜索完毕，若是，则将节点 Cu_t 标记为反向已搜索，然后将节点 Cu_t 从队列 Que_R 中移除，更新节点 Cu_t，转步骤5），若否，则更新邻接节点 v_{A,k_t}^t，转步骤3）。

5）判断队列 Que_P 是否为空，若为空，转步骤6），若不为空，更新节点 Cu_s，转步骤3）；判断队列 Que_R 是否为空，若为空，转步骤6），若不为空，更新节点 Cu_t，转步骤3）。

6）初始节点单元 s_j 和目标节点单元 $t_{B,j}$ 之间没有连通路径存在，转步骤9）。

7）初始节点单元 s_j 和目标节点单元 $t_{B,j}$ 之间存在最小深度路径，以节点 v_{A,k_s}^s 或 v_{A,k_t}^t 为路径端点，分别基于前驱点标记向初始节点和目标节点方向回溯得到正向路径点集合 $Path_P$ 以及反向路径，点集合 $Path_R$，在回溯的同时将路径点之间的管道的长度进行统计求和，更新 k_{bp}，记录路径长度 $L_{ph,k_{bp}}$，将回溯得到的所有正向路径、反向路径，以及之间的边单元存储到路径集合 P_{bp} 中，转步骤8）。

8）判断是否 v_{A,k_s}^s 或 v_{A,k_t}^t 所在层次的全部节点均已被标记，若是则统计路径集合 P_{bp} 中最小长度的路径，转步骤10）；否则，转步骤5）。

9）计算结束。

10）最优路径搜索完毕，输出最优解，计算结束。

为了进一步说明算法的主要思想，以图5-19(a)中的网络系统为例说明求解流程。示例中共存在12个节点单元，以⑩为初始节点进行正向搜索，以⑦为目标节点进行反向搜索，节点⑩和③邻接，⑦与④、⑧、⑪邻接，逐层进行广度优先搜索，将搜索的过程按树形结构绘制在图5-19(b)上，正向搜索到第3层的邻接节点⑤时发现反向搜索已经将节点⑤标记为已搜索，则将⑤～⑩之间的路径和⑤～⑦之间的路径进行回溯得到一条最小深度路径，同时对与⑤同层的节点①和⑨继续进行搜索得到另外两条最小深度路径，最后通过比较三条最小深度路径的长度确定⑩和⑦之间的最优路径。

4. *邻接表存储结构*

基于以上双向BFS算法求解最优路径的主要步骤和流程，考虑到在最优路径的搜索过程中，需要对节点的所有邻接点进行搜索，对算法中应用到的 $G_{t,b}$ 存储结构进行了优化设计。无

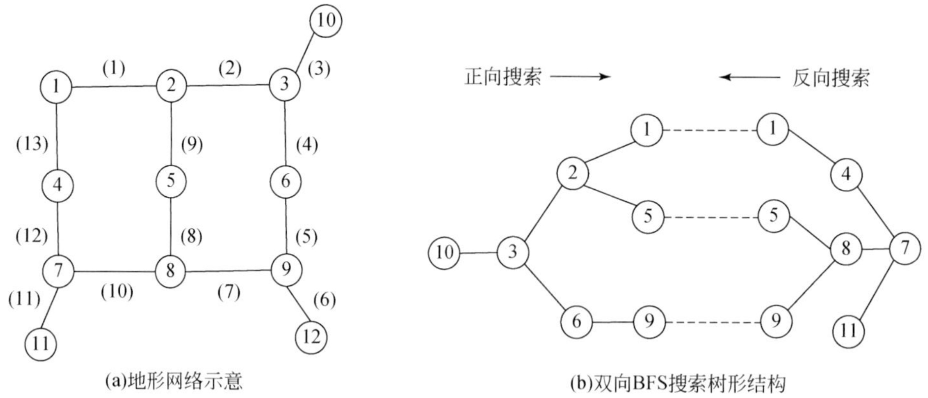

图 5-19　双向 BFS 搜索路径示意图

向连通图的存储方式主要有邻接矩阵、邻接表、十字链表和多重链表，邻接矩阵以元素取值为 0 或者 1 的矩阵的形式存储无向图，即两个节点之间存在连接则矩阵元素存储为 1，不存在连接则存储为 0，对于含有 N_P 个节点单元的地形网络，其矩阵存储规模为 N_P^2 个存储单元，且由于每个节点单元仅与若干节点单元相连，导致了临接矩阵中存在大量的无效存储，对于大型油气田地形无向图的存储显然是不适应的。十字链表和多重链表可以有效节约存储空间，且可以较为方便的获得无向图的拓扑关系，但二者的数据结构较为复杂，不利于编程实现。所以，本书中选用邻接链表的数据结构存储 $G_{t,b}$，然而，在双向 BFS 最优路径求解算法中，涉及路径的回溯和节点单元的标记，需要对邻接表的存储单元进行优化设计以满足需求。

邻接表是最优路径求解算法主要依托的数据结构，每个节点单元的邻接关系都用一个单链表来表示，在不考虑无向图 $G_{t,b}$ 中节点单元其他属性的前提下，单链表的头结点表示节点单元的编号，链表中的表节点表示与头节点存在邻接关系的节点单元，表头节点和表节点之间由链域进行链接存储。然而，在上述最优路径求解步骤中还需要用到节点单元是否已搜索的标记信息、前驱节点单元信息和节点单元之间所对应的管道信息。基于此，考虑标记和回溯搜索的需求，对邻接表的存储单元进行优化设计，头节点中增加已搜索的标记和前驱节点信息，表节点中增加头节点和表节点之间对应的管道信息，以图 5-19 中的网络结构为例，邻接链表的存储结构示意图如图 5-20 所示。

5. 最优性分析

下面从图论的角度证明双向 BFS 算法所求解的路径的最优性。

定义 7：以图 $G_{t,b}$ 中 s_j 和 $t_{B,j}$ 为端点的由图中的边顺序相连的节点序列 $P_{\text{th}}=\{s,V_1,V_2,\cdots,V_m,t_B\}$ 称为节点 s_j 到节点 $t_{B,j}$ 的路径。

定义 8：路径 P_{th} 的节点数目称为路径的深度，记为 $\text{dep}(P_{\text{th}})$。

定义 9：双向 BFS 算法执行得到的由 s_j 到 $t_{B,j}$ 方向的路径称为正向搜索路径，记为 $P_{\text{th}}^s=\{s,V_{s_1},V_{s_2},\cdots,V_{s_r},u\}$，由 $t_{B,j}$ 到 s_j 方向的路径称为反向搜索路径，记为 $P_{\text{th}}^t=\{t_B,V_{t_1},V_{t_2},\cdots,V_{t_l},u\}$，$u$ 为两个路径的共有点。

定义 10：双向 BFS 算法执行得到的 s_j 到 $t_{B,j}$ 的路径中的节点序数称为层次记为 $S_{P,i}$，与 s_j 相连通的同一层次的节点集合称为层集，记为 $\text{Layer}(S_{P,i})$，正向路径节点层次记为 $S_{s,k}$，节点

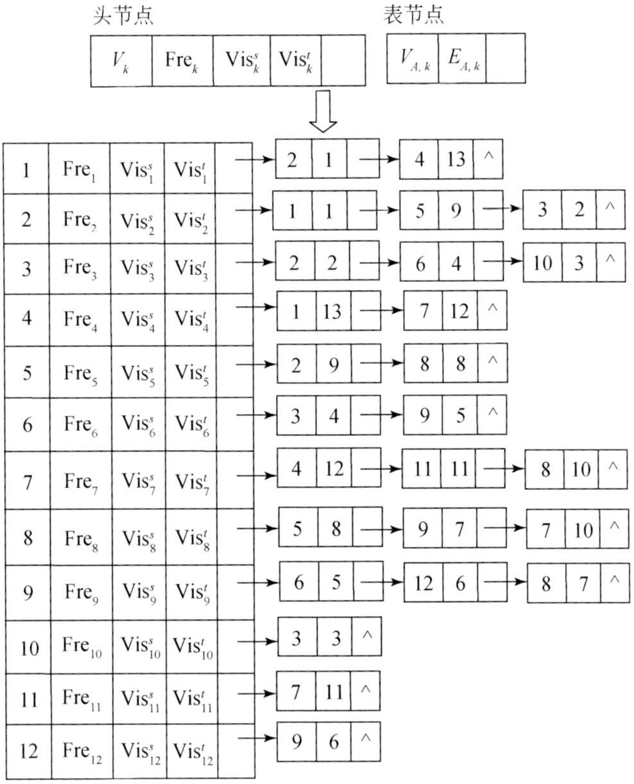

图 5-20　邻接链表的存储结构示意图

层集记为 Layer($S_{s,k}$)，反向路径节点层次记为 $S_{t,h}$，节点层集记为 Layer($S_{t,h}$)，满足 $\bigcup_{i=s}^{t_B}\mathrm{Layer}(S_{P,i})=\bigcup_{k=s}^{S_{s,u}}\mathrm{Layer}(S_{s,k})\cup\bigcup_{h=t_B}^{S_{t,u}}\mathrm{Layer}(S_{t,h})$。

引理 5：节点 s_j 到 $t_{B,j}$ 的最优路径的节点一定位于层集 Layer($S_{P,i}$)中。

证明：采用归纳法进行证明，令 $P_{\mathrm{th}}^*=\{s_j^*,V_{1,j}^*,V_{2,j}^*,\cdots,t_{B,j}\}$ 为节点 s_j 到 $t_{B,j}$ 的最优路径，Layer($S_{P,u'}$)为正向层集和反向层集存在交集的层集。对于 $V_{1,j}^*$，由双向 BFS 算法执行步骤可知，所有与 s_j^* 相邻接的节点都位于层集 Layer($S_{s,1}$)，路径 $P_{\mathrm{th}}{}^*$ 要保持和 s_j^* 的连通性，则 $V_{1,j}^*$ 一定位于层集 Layer($S_{s,1}$)中。设 $V_{k,j}^*$ 位于层集 Layer($S_{s,k}$)，$2\leqslant k<S_{s,u'}$ 中，因为 $V_{k,j}^*$ 与 $V_{k+1,j}^*$ 相邻接，所以 $V_{k+1,j}^*$ 位于正向层集 Layer($S_{s,k+1}$)中，进而得到 $V_{S_{s,u'},j}^*\in$ Layer($S_{s,u'}$)。同理可以证得最优路径节点 $V_{h,j}^*$ 一定位于反向层集 Layer($S_{t,h}$)，$1\leqslant h\leqslant S_{t,u'}$，即 $V_{S_{t,u'},j}^*\in$ Layer($S_{t,u'}$)，由定义可知，Layer($S_{P,i}$)在 $1\leqslant i<S_{s,u'}$ 对应着正向层集 Layer($S_{s,i}$)，在 $S_{s,u'}+1\leqslant i\leqslant S_{t,u'}+S_{s,u'}-1$ 对应着反向层集 Layer($S_{t,i}$)，且层集 Layer($S_{P,u'}$)是正向层集 Layer($S_{s,u'}$)和反向层集 Layer($S_{t,u'}$)的并集，所以节点 s_j 到 $t_{B,j}$ 的最优路径的节点一定位于层集 Layer($S_{P,i}$)中。证毕。

引理 6：节点 s_j 到 $t_{B,j}$ 的最优路径的深度与双向 BFS 算法求得的路径深度相同。

证明：采用反证法，设 P_{th}^* 为 s_j 和 $t_{B,j}$ 之间的最优路径，P_{th} 为采用双向 BFS 算法得到的路径，且 dep(P_{th})>dep(P_{th}^*)，根据引理 1 可知，最优路径 P_{th}^* 的节点一定位于双向 BFS 算法搜索的层集上，因为最优路径 P_{th}^* 的深度小于 P_{th} 的深度，所以路径 P_{th}^* 一定至少缺少一个层集内的节点，因为端点 s_j 和 $t_{B,j}$ 一定在路径 P_{th}^* 中，假设存在节点 $V_{\mathrm{sp}}\in$ Layer($S_{P,i+1}$)且 V_{sp} 的相邻

路径节点 $V_{be} \in \mathrm{Layer}(S_{P,i-1})$，由双向 BFS 搜索算法可知，$\mathrm{Layer}(S_{P,i-1}) \cap \mathrm{Layer}(S_{P,i}) = \varnothing$，$\mathrm{Layer}(S_{P,i}) \cap \mathrm{Layer}(S_{P,i+1}) = \varnothing$，且层集 $\mathrm{Layer}(S_{P,i-1})$ 中的所有邻接点均位于层集 $\mathrm{Layer}(S_{P,i})$ 中，由于 V_{sp} 和 V_{be} 相连接，所以 $V_{be} \in \mathrm{Layer}(S_{P,i})$，与已知矛盾。对于 $\mathrm{dep}({}^{*}P_{th}) \geqslant \mathrm{dep}(P_{th})$ 的情况易证，因而引理 6 得证。

定理 7：双向 BFS 算法可以获得图 $G_{t,b}$ 中任意两节点之间的最优路径。

证明：由引理 6 可知，双向 BFS 算法得到了所有深度最小的路径，并且在算法执行中进行了所有最小深度路径长度的对比优选，即算法一定能求得图 $G_{t,b}$ 中任意两节点之间的最优路径，定理得证。

6. 复杂度分析

双向广度优先搜索算法因为采用了两个方向同时搜索的路径求解方式，相较于朴素 BFS 算法无论是在空间和时间复杂度方面都有显著的降低，空间复杂度衡量的是算法在执行过程中对于内存的消耗，时间复杂度是指算法执行所需要的总的运算次数。分析双向 BFS 算法求解最优管道路径的求解步骤，算法的时间和空间复杂度主要在于步骤 3）到步骤 8）之间的循环计算，通过分析循环体执行的次数可以定量分析算法的复杂度，在双向 BFS 路径求解算法中，最基本的算法步骤是判断每个节点的邻接点是否为双向搜索过程中的重复点，定义读取队列节点的邻接点、判断邻接点是否已搜索和将邻接点加入队列为一次基本迭代，初始端点 s_j 到目标端点 $t_{B,j}$ 的路径点数量为 len，假设地形网络中每个节点均与 n_N 个节点相邻接，则正向和反向搜索过程中形成了两颗满 n_N 叉树。以 len 为偶数为例，分析双向 BFS 最优路径求解算法的时间和空间复杂度。当 $n_N = 1$ 时，结论易得，以下仅讨论 $n_N \geqslant 2$ 的情况。

（1）时间复杂度

双向 BFS 算法求解最优路径的时间复杂度为

$$T_B(P_{th}) = 2\sum_{i=1}^{\mathrm{len}/2} n_N^{i-1} = \frac{2(n_N^{\mathrm{len}/2} - n_N)}{n_N - 1} \tag{5-91}$$

式中，$T_B(P_{th})$ 为双向 BFS 算法求解最优路径的时间复杂度。

分析得到式（5-91）中的复杂度的上、下界为

$$2(n_N^{\mathrm{len}/2-1} - 1) = \frac{2(n_N^{\mathrm{len}/2} - n_N)}{n_N} < T_B(P_{th}) = \frac{2(n_N^{\mathrm{len}/2} - n_N)}{n_N - 1} < \frac{2n_N^{\mathrm{len}/2}}{n_N - 1} \leqslant 4n_N^{\mathrm{len}/2-1}$$

相较于朴素 BFS 算法，双向 BFS 算法所占的时间复杂度比例为

$$\frac{T_B(P_{th})}{T_S(P_{th})} = \frac{2(n_N^{\frac{\mathrm{len}}{2}} - n_N)}{n_N^{\mathrm{len}} - n_N}, \quad n_N \geqslant 2$$

分析双向 BFS 算法与朴素 BFS 算法求解最优路径的时间复杂度的比例上界为

$$\frac{T_B(P_{th})}{T_S(P_{th})} = \frac{2(n_N^{\frac{\mathrm{len}}{2}} - n_N)}{n_N^{\mathrm{len}} - n_N} < \frac{2[n^{\frac{1}{2}N(\mathrm{len}-1)} - 1]}{n_N^{\mathrm{len}-1} - 1} = \frac{2}{n_N^{(\mathrm{len}-1)/2} + 1} \leqslant \frac{1}{2[2^{(\mathrm{len}-1)/2} + 1]}$$

因为最短路径的节点数 len≥2，即说明相较于朴素 BFS 算法，双向 BFS 算法减少超过 3/4 的计算次数。

（2）空间复杂度

空间复杂度描述的是算法执行所需的存储单元，这里以节点单元邻接链表的最大存储

单元来探究双向 BFS 算法的空间复杂度。双向 BFS 算法中的最大节点存储单元位于正向和反向搜索的第 len/2 层，则双向 BFS 算法求解最优路径的空间复杂度为

$$S_B(P_{\mathrm{th}}) = \prod_{i=1}^{\mathrm{len}/2-1} n_N = n_N^{\mathrm{len}/2-1} \tag{5-92}$$

式中，$S_B(P_{\mathrm{th}})$为双向 BFS 算法求解最优路径的空间复杂度。

相较于朴素 BFS 算法，双向 BFS 算法所占的空间复杂度的比例上界为

$$\frac{S_B(P_{\mathrm{th}})}{S_S(P_{\mathrm{th}})}=\frac{n_N^{\mathrm{len}/2-1}}{n_N^{\mathrm{len}-1}}=\frac{1}{n_N^{\mathrm{len}/2}}\leqslant\frac{1}{2^{\mathrm{len}/2}}$$

根据 len≥2。即说明相较于朴素 BFS 算法，双向 BFS 算法减少超过 1/2 的空间复杂度。

此外，DFS、Dijkstra、Floyd 算法也是求解最优路径的有效算法，所以本书对这三种算法的复杂度也进行了讨论，DFS 算法如果想保证搜索求得路径的最优性，需要对地形网络中的所有节点单元和边单元进行遍历搜索，所以 DFS 算法的时间复杂度为 $o(N_P+N_E)$；经典的 Dijkstra 算法的时间复杂度为 $o(N_P{}^2)$；Floyd 算法的时间复杂度为 $o(N_P{}^3)$。朴素 BFS 算法与 DFS 算法时间复杂度相当，也为 $o(N_P+N_E)$，而双向 BFS 算法可以至少减少一半的时间复杂度，所以双向 BFS 算法求解最优路径的时间复杂度要由于 DFS 算法且远优于 Dijkstra 和 Floyd 算法。

综上所述，在 n_N≥2 时，双向 BFS 算法相较于朴素 BFS 算法降低了约 3/4 的时间复杂度和 1/2 的空间复杂度，且随着路径长度 len 和邻接点数量 n_N 的增大，实际执行算法时的存储空间和计算时间的节约量会进一步增加。通过与经典的 DFS、Dijkstra、Floyd 算法作时间复杂度对比可知，双向 BFS 算法的计算效率具有显著优势。采用双向 BFS 算法可以有效获得节点单元数量庞大的复杂地形网络上的最优管道路径，为后续开展大型布局优化模型的高效求解提供了基础。

5.7.3　基于分治策略的管道路由优化

5.7.2 节中所提出的双向 BFS 算法可以有效降低路径寻优的计算复杂度，但对于大规模的地形数据而言，直接采用双向 BFS 算法进行管道的路由优化求解复杂度仍然较高，整个油气集输管网所有管道的多次路径优化的计算开销是不容忽视的。这里首先建立了三维地形下管道路由优化数学模型，然后提出了基于分治优化思想降低计算复杂度的方法，之后给出了管道路由优化模型的求解方法。

1. 三维地形下管道路由优化数学模型

三维空间中的管道路由优化旨在确定起伏地形下的管道走向，使得管道建设费用最少，管道在三维地形上的最优走向可以提成为管道的走向点和之间的管段连接而成的最优路径，走向点的空间分布要受到三维障碍的影响，对于河流和公路等可穿跨越的障碍可直接根据路径的长度计算穿越附加费用，在规划设计时不作约束处理，而自然保护区、景区、庞大山体等穿跨越施工存在困难的三维障碍直接限制了管道走向点的布置，则需要进行绕障布局设计。起伏地形上的集输管道一般为通径管道，则以管道总长度最小为目标建立优化模型如下：

$$\min \quad L_{t,ph}(m_{tph},\boldsymbol{\xi}_{LG})=\sum_{j=1}^{m_{ph}-1}\sum_{k\in I_{LG}}\sum_{k'\in I_{LG}}\xi_{LGk,k'}^{j,j+1}e_{LG,k,k'} \tag{5-93}$$

$$\text{s. t. } B_i(\boldsymbol{ph}_x,\boldsymbol{ph}_y)>0 \quad i=1,2,\cdots,m_b \tag{5-94}$$

$$m_{tph}\leqslant m_{tph,\max} \tag{5-95}$$

式中，m_{tph}为管道走向点的数量；$\boldsymbol{\xi}_{LG}$为走向点连接关系决策向量；$\xi_{LGk,k'}^{j,j+1}$为二元变量，集合 O 中第 k 个节点是路径中的第 j 个走向点且第 k'个节点是路径的第 $j+1$ 个走向点取值为 1，其他取值为 0；I_{LG}为表征 G_{TL}的数集，G_{TL}为管道路由优化的地形数据点集；$e_{LG,k,k'}$为 k 个走向点与第 k'个走向点之间管道长度；$\boldsymbol{ph}_x$，$\boldsymbol{ph}_y$ 为管道走向点的几何位置向量；$m_{tph,\max}$为管道走向点的最大可行数量。

在以上优化模型中，式(5-94)表示管道的所有走向点均要布置在障碍外部；式(5-95)表示管道的走向点数量应该满足一定取值范围。判断障碍对走向点的约束情况采用 5. 1. 1 节中所提出的隐函数表征法，考虑到不可穿跨越的三维空间障碍的关键属性在于障碍的地理边界，而障碍在空间高程上的变化对管道的绕障并无影响，所以采用三维障碍边界在平面上的投影来代替三维障碍具有实际意义，是可行的。

2. 分治优化求解策略

虽然前文所提出的双向 BFS 搜索算法可以有效提升计算效率，但对于数以万计的地形数据，求解管道的最优路由仍然存在计算时间上的困难。双向 BFS 算法求解管道最优路由的难点主要在于：① 广度优先搜索是以"层"节点为单位向外"波及"搜索的一种算法，油气集输管网中干线管道的长度较长，所经过地形数据点较多，而 BFS 算法的搜索次数随着"波及"范围的增大呈指数级增长，双向 BFS 算法即使采用了并行计算的方式，管道路由求解的时间复杂度仍然很高；② 双向 BFS 算法在优化求解时需要存储搜索过程中的数据点，随着求解的深入，数据存储需求不断增大，内存开销很大，此外，由于算法执行时需要将每一层的节点都进行遍历搜索，冗余搜索严重。双向 BFS 算法搜索冗余性是原因在于搜索过程中导向信息的不明确，本书中采用分治优化思想来控制搜索的范围，提出了三维空间下管道路由的分治优化搜索策略。

分治优化思想是将一个相对较大的优化问题分解为若干个容易求解的子问题，然后再将子问题的解合并形成原问题解的一种思想。应用分治思想思考管道路由优化问题，若管道位于平原地区，则起始节点和目标节点之间直线敷设距离最短，而对于起伏地形下的管道布置则因为离散数据点高程数值的不同增加了管道布置的干扰因素。进一步分析，虽然空间中的管道布局不一定是直线最优，但管道的走向点很大概率是位于起始点和目标点相向方向的空间中的，如果采用广度优先的搜索方式，起始点和目标点背向方向的数据点也会被搜索，这就导致了双向 BFS 算法搜索的冗余。基于此，给出基于双向 BFS 算法的管道路由搜索的分治优化策略：

1）提取油气田区块地形的平面格网模型数据，以起始点和目标点为顶点划定潜在路由搜索区域。

2）为保证对解的覆盖，需要将潜在搜索区域进行适当放大，以放大后的矩形区域边界为界限，若起始点和目标点之间的连线受到障碍约束，则将区域进一步放大，然后提取得到路由优化的数据点集 G_{TL}。

3）以数据点集 G_{TL} 为基础，采用双向 BFS 算法优化求解管道的最优走向点，得到管道敷设的最优路由。

根据以上优化策略，绘制分治策略原理示意图如图 5-21 所示。

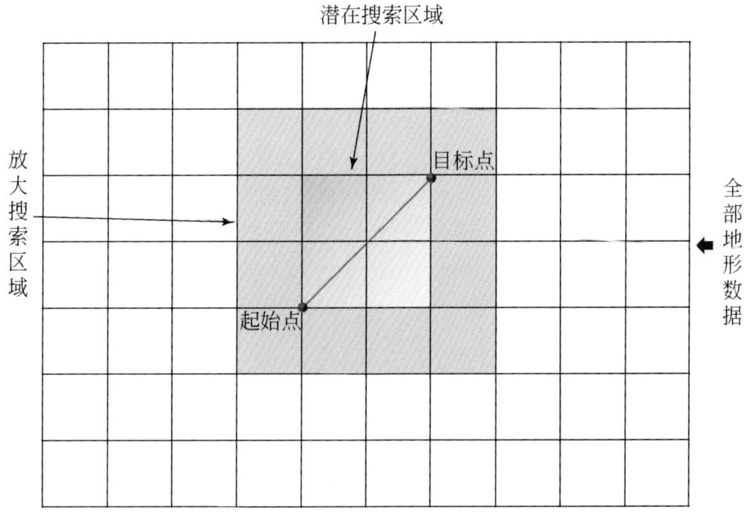

图 5-21　分治优化策略原理图

5.7.4　三维空间下油气集输管网布局优化

三维空间下油气集输管网布局优化旨在研究油气集输管网在起伏地形上的最优布置问题，本质上求取具有空间尺度约束的网络结构优化问题的最优解。在设计三维地形下油气集输管网的最优布局时需要考虑地形数据对于站场布置和管道走向的影响，同时涵盖工艺可行性和网络结构特征等决策因素，以最优化方法确定管网的最优布局。本书中以结构相对复杂的 MST 网络为例建立三维地形条件下油气集输管网优化数学模型，基于组合式优化求解策略构建了该布局优化模型的求解方法。

1. 布局优化模型

由于平原油气田和丘陵或山地地貌油气田的 MST 油气集输网络形态保持一致，因此 5.2.1 节中的目标函数和约束条件对于三维空间下的油气集输管网布局优化同样具有一定的适用性，以下仅介绍三维空间集输管网布局模型中特异的目标函数和约束条件。

(1) 目标函数

空间尺度下的油气集输管网布局优化同样采用总建设费用最小为目标，同样以站场的几何位置和数量、管道的管径和壁厚、各级节点之间的连接关系为决策变量，但在目标函数的构建中，还应考虑站场所建设地区的平坦性。站场应该建设在相对平坦的地表上，结合罚函数思想，以地形坡度为罚因子，建立三维空间下的油气集输管网布局优化数学模型为

$$\min \quad F(\boldsymbol{U},\boldsymbol{\eta},\boldsymbol{D},\boldsymbol{\delta},\boldsymbol{m}) = \sum_{i \in I_{S_W}} \sum_{j \in I_{S_s}} \sum_{a \in s_{p_s}} \eta_{B,i,j} \gamma_{B,i,j,a} C_P(D_a,\delta_a) L_{B,i,j} + \sum_{k \in I_{S_U}} S_{gs,k}{}^{\alpha_s} C_{S,k}$$

$$+\sum_{i'\in I_{S_U}}\sum_{j'\in I_{S_U}}\sum_{a\in s_{p_s}}\eta_{T,i',j'}\gamma_{T,i',j',a}C_P(D_a,\delta_a)L_{T,i',j'} \tag{5-96}$$

式中，$S_{gs,k}$ 为第 k 个站场的地形坡度；α_s 为取值为[0,1]之间的影响因子，用于调节地形坡度罚因子对最优布局求解的影响；$L_{B,i,j}$，$L_{T,i',j'}$ 分别为采用三维管道路由优化计算得到的支线管道和干线管道长度。

(2)约束条件

1）为了保证优化结果的可行性，所有站场节点应该位于地形表面。

$$\boldsymbol{H}_z=\psi_{IDW}(\boldsymbol{U},\boldsymbol{G}_{TNx},\boldsymbol{G}_{TNy},\boldsymbol{G}_{TNz}) \tag{5-97}$$

式中，$\boldsymbol{H}_z$ 为站场节点的高程值向量；$\psi_{IDW}(\cdot)$ 为模糊自适应反距离权重插值方法计算得到的高程值；$\boldsymbol{G}_{TNx}$，$\boldsymbol{G}_{TNy}$，$\boldsymbol{G}_{TNz}$ 为与待插值站场邻近的地形数据点的坐标。

2）对于起伏地形下的管道，流体在管道中流动产生的压力损失由管道起终点的高程差和管道倾角所决定，约束表达式如下：

$$\eta_{B,i,j}\gamma_{B,i,j,a}[P_{Pw,i}^{i,j}-P_{Ps,j}^{i,j}-P_{f,i,j}(q_{B,i,j},L_{B,i,j},D_\alpha,\Delta H_{B,i,j},\theta_{B,i,j})]=0\quad i\in I_{Sw};\ j\in I_{Ss};a\in s_{p_s} \tag{5-98}$$

$$\eta_{T,i',j'}\gamma_{T,i',j',a}[P_{PU,i'}^{i',j'}-P_{PU,j'}^{i',j'}+\kappa_{P,i',j'}P_{f,i',j'}(q_{T,i',j'},L_{T,i',j'},D_\alpha,\Delta H_{T,i',j'},\theta_{T,i',j'})]=0$$
$$i'\in I_{SU};\ j'\in I_{SU};a\in s_{p_s} \tag{5-99}$$

式中，$\Delta H_{B,i,j}$ 为第 i 个油气井与第 j 个 S_1 级站场之间的高程差；$\theta_{B,i,j}$ 为第 i 个油气井与第 j 个 S_1 级站场之间管道的倾角；$\Delta H_{T,i',j'}$ 为第 i' 个站场与第 j' 个站场之间的高程差；$\theta_{T,i',j'}$ 为第 i' 个站场与第 j' 个站场之间管道的倾角；$P_{f,i,j}(\cdot)$，$P_{f,i',j'}(\cdot)$ 分别为第 i 个油气井与第 j 个 S_1 级站场之间和第 i' 个站场与第 j' 个站场之间的管道压降计算公式，对于集油系统其计算公式为倾斜管道的 Beggs-Brill 公式(Beggs and Brill，2014)。

3）为保证管道内流体能够流过地形高峰点，管道起点压力应该大于一定数值。

$$\eta_{B,i,j}\gamma_{B,i,j,a}(P_{Ps,j}^{i,j}-P_{fBph,\max})\geqslant 0\quad i\in I_{S_w};\ j\in I_{S_s};a\in s_{p_s} \tag{5-100}$$

$$\eta_{T,i',j'}\gamma_{T,i',j',a}[(1+\kappa_{P,i',j'})M+P_{PU,j'}^{i',j'}-P_{fUph,\max}]\geqslant 0\quad i'\in I_{S_U};\ j'\in I_{S_U};a\in s_{p_s} \tag{5-101}$$

式中，$P_{fBph,\max}$ 为支线管道起点到高峰点的压力损失，即第 i 个油气井其所连接的管道最大高程值路由走向点的压力损失；$P_{fUph,\max}$ 为干线管道起点到高峰点的压力损失，即第 i 个 S_U 中站场节点到其所连接的管道最大高程值路由走向点的压力损失。

4)为保证管流的安全输运，所有管道的压降不宜过大。

$$\eta_{B,i,j}\gamma_{B,i,j,a}(P_{f,i,j}-P_{f,\max})\leqslant 0\quad i\in I_{S_w};\ j\in I_{S_s};a\in s_{p_s} \tag{5-102}$$

$$\eta_{T,i',j'}\gamma_{T,i',j',a}(P_{f,i',j'}-P_{f,\max})\leqslant 0\quad i'\in I_{S_U};\ j'\in I_{S_U};a\in s_{p_s} \tag{5-103}$$

式中，$P_{f,\max}$ 为管道的可行最大压降。

2. 优化模型求解

三维空间下的油气集输管网布局优化模型的求解关键在于地形约束的有效处理，地形数据限制了站场位置的选择并且约束了管道走向，在应用组合式优化策略的同时，还应合理处理站场的几何位置和地形数据的耦合关系，以及管道的走向与整体网络布局的隶属关系。

站场的几何位置是以粒子编码的方式将求解信息耦合于求解进程中的，而根据约束式(5-97)可知，站场的高程应该等于采用插值方法计算得到的高程，因而在粒子编码设计时，

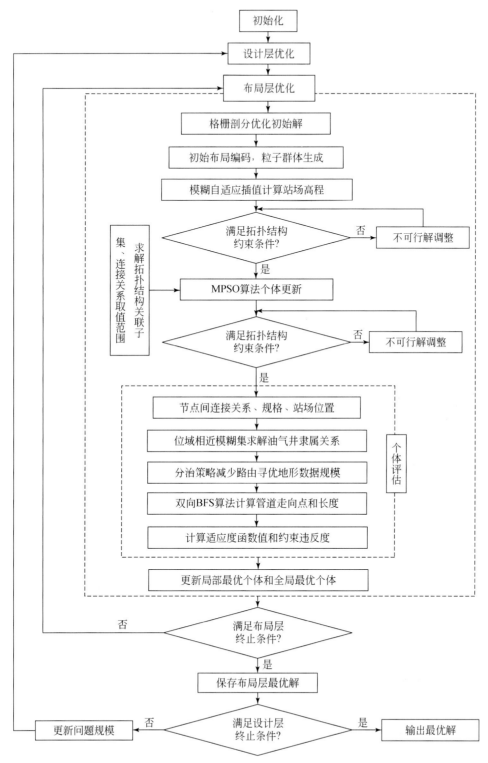

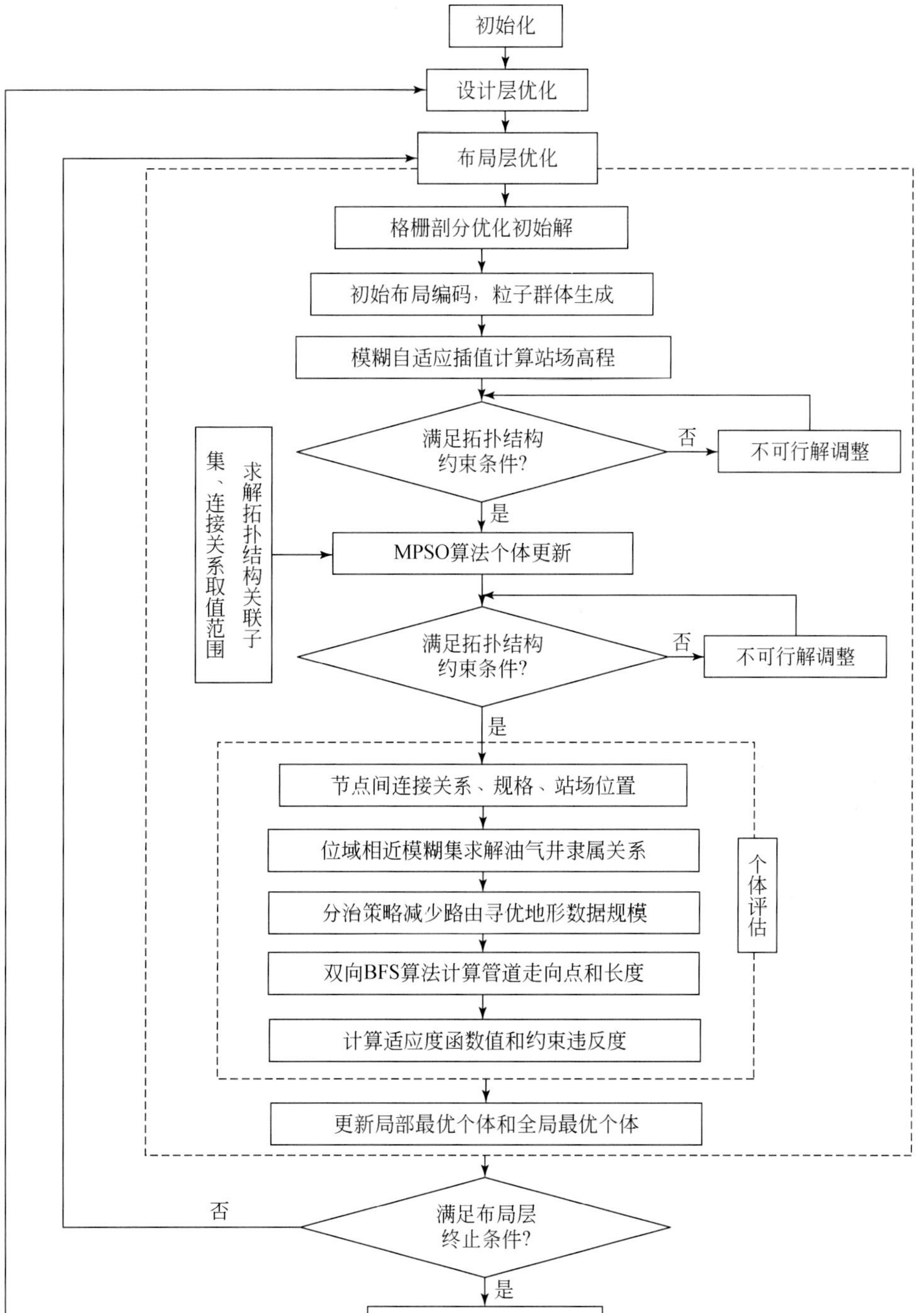

图 5-22 空间布局组合式优化求解策略流程图

站场的几何位置仅包含 x, y 两方面的信息,并且在每次更新迭代后均采用模糊自适应插值算法计算站场相应的高程值。由于本书中采用逼近还原地形细节特征的 DEM 模型进行三维地形重构,大量的网格数据点也导致管道的走向点的数量较为庞大,如果将管道的走向点也作为优化变量进行智能迭代求解,会导致算法陷入局部最优且求解效率降低,进而影响整体管网的布局,所以在粒子评估时,采用结合了分治策略和双向 BFS 算法的管道走向优化方法求解管道的最优路径。基于以上,融合分治策略、双向 BFS 算法、模糊自适应插值算法和 5.6 节中所提出的组合式优化策略,构建了适用于求解空间管网布局优化的组合式优化求解策略,简称空间布局组合式优化策略。下面给出该策略的求解流程图(图 5-22)。

5.7.5 三维空间下布局优化实例

某油田欲新建油井 68 口,现进行新建产能井的集输管网规划设计,平均油井产液量 16.4t/d,平均井口压力 0.54MPa,平均产出液温度 22.8℃,区块中两座最高的山体视为布局障碍,初始井位分布如图 5-23 所示,欲新建计量站 9 ~ 12 座、接转站 1 座,采用本小节所提出的三维空间油气集输管网布局优化模型和优化求解方法对该区块进行优化设计,得到的油气集输管网布局如图 5-24(俯视角度)和图 5-25(立体角度)所示,为了对比结合了双向 BFS 算法、分治策略的空间布局组合式优化策略对于布局优化模型求解的优越性,设计了对照实验,由于国内外开展三维地形条件下油气集输管网布局优化研究的成果较少,这里采用模拟

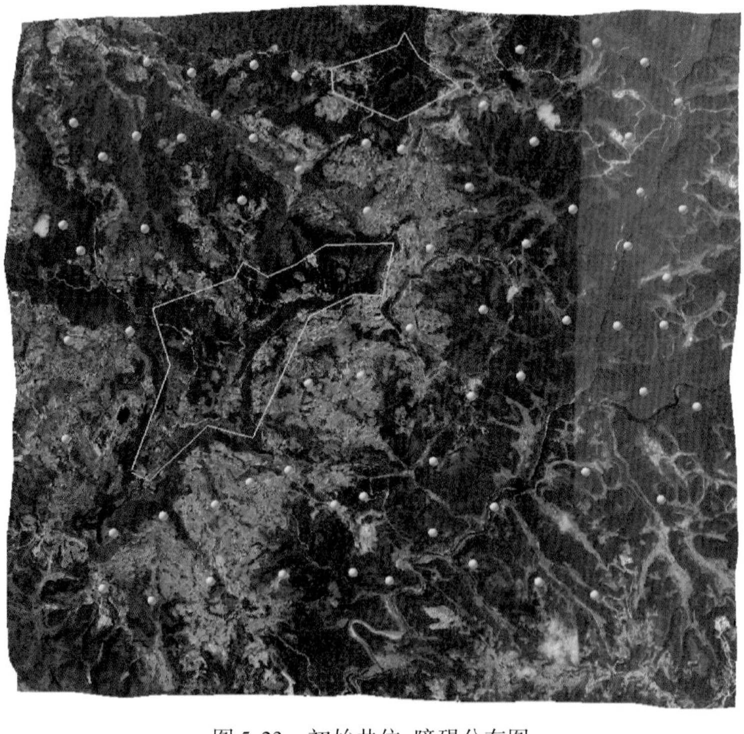

图 5-23 初始井位、障碍分布图

退火算法和遗传算法(Lucena et al. ,2014)形成的混合算法对三维油气集输管网进行优化设计,即采用遗传算法优化计算管道的最优路由,同时采用模拟退火算法计算管网的其他参数,得到的管网布局如图5-26所示,由于油井产量相对均匀,根据现场实际情况设定计量站费用为单座300万元,得到两种优化方法计算结果对比表5-4。相对于模拟退火+遗传算法,采用空间布局组合式优化策略求解效果更佳,总建设投资减少5.04%,管道建设投资节约3.64%,支线管道长度减少1.20%,干线管道长度减少9.60%,计算时间减少72.59%,证明了空间布局组合式优化策略性能的全面性。

图5-24　空间布局组合式优化策略求解结果布局(俯视)

图5-25　空间布局组合式优化策略求解结果布局(立体)

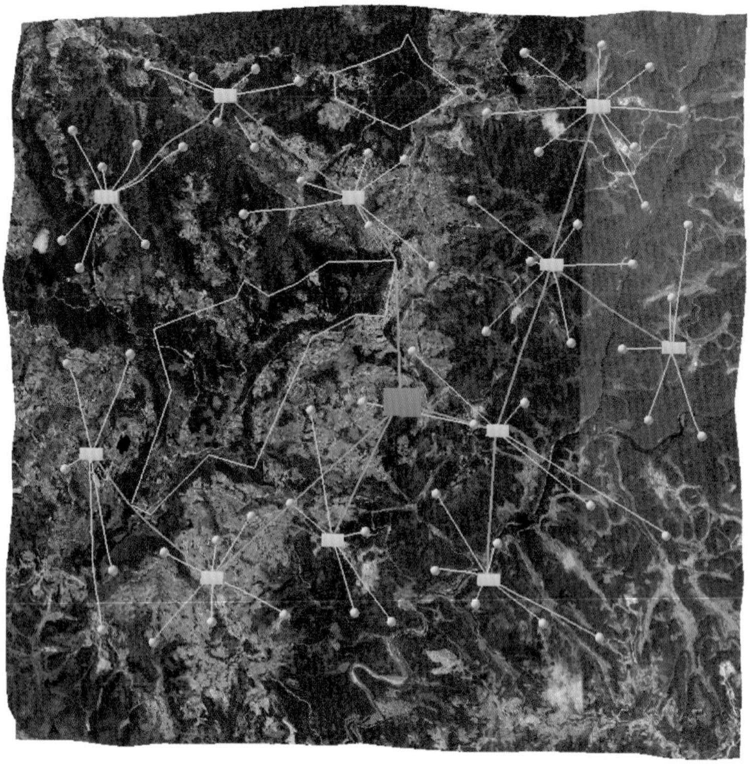

图 5-26 模拟退火+遗传算法求解结果布局(俯视)

表 5-4 优化结果对比表

	支线管道长度	干线管道长度	总管道长度	管道建设费用	管网总建设费用	计算时间
模拟退火+遗传	93.19km	33.01km	126.20km	9570.12 万元	12870.12 万元	676.32s
空间布局组合式策略	92.07km	29.84km	121.93km	9221.92 万元	12221.92 万元	185.36s
优化比例	1.20%	9.60%	3.38%	3.64%	5.04%	72.59%

分析以上求解结果可知,相对于模拟退火+遗传算法,空间组合式优化求解策略因为每条管道的路由走向点均由双向 BFS 算法求得,避免了以路径点几何位置作为优化变量所引起的问题规模激增,从而增加求解的精度,使得支线和干线管道的长度更短。另外由于针对地形数据设计了分治优化求解策略,减少了路径搜索的运算量,在位域相近模糊集和格栅剖分法的基础上进一步提升了计算效率。

参考文献

高新波. 2004. 模糊聚类分析及其应用. 西安:西安电子科技大学出版社.

赖晓文,钟海旺,杨军峰,夏清. 2013. 基于价格响应函数的超大电网分解协调优化方法. 电力系统自动化, 37(21):60-65+117.

李政道. 2006. 统计物理学讲义. 上海:上海科技出版发行有限公司.

刘宝碇,赵瑞清. 1998. 随机规划与模糊规划. 北京:清华大学出版社.

刘扬,陈双庆,魏立新. 2017. 油气集输系统拓扑布局优化研究进展. 油气储运,36 (06):601-605+616.

刘扬,程耿东. 1989. N级星式网络的拓扑优化设计. 大连理工大学学报,29(2):131-137.

刘扬,关晓晶. 1993a. 环形集输管网拓扑优化设计. 天然气工业,13 (2):71-74.

刘扬,关晓晶. 1993b. 油气集输系统优化设计研究. 石油学报,14 (3):110-117.

刘扬,鞠志忠,鲍云波. 2009. 一类多级星式网络的拓扑优化设计方法. 大庆石油学院学报,33(02):68-73,125.

刘扬,魏立新,李长林,等. 2003. 油气集输系统拓扑布局优化的混合遗传算法. 油气储运,22(6):33-36.

刘扬,赵洪激,周士华. 2000. 低渗透油田地面工程总体规划方案优化研究. 石油学报,(02):88-95.

刘扬,赵洪激. 2001. 油田开发建设地面地下一体化优化. 大庆石油学院学报,(03):92-94,123.

刘扬. 1994. 石油工程优化设计理论及方法. 北京:石油工业出版社,114-128.

陶安顺,蔡金凤. 1998. 树网的可靠性评估. 上海海运学院学报,D3(19):100-105.

汪翙. 2012. 给水排水管网工程. 北京:化学工业出版社:50-80.

王光远. 1999. 工程结构与系统抗震优化设计的实用方法. 北京:中国建筑工业出版社.

王玉学. 2010. 油田注水管网管道摩阻系数校正方法研究. 东北石油大学博士学位论文.

吴昊,纪昌明,蒋志强,等. 2015. 梯级水库群发电优化调度的大系统分解协调模型. 水力发电学报,34(11):40-50.

徐树方,高立,张平文. 2013. 数值线性代数(第二版). 北京:北京大学出版社.

张凯. 2008. 油藏动态实时优化理论研究. 中国石油大学博士学位论文.

Beggs D H, Brill J P. 2014. A study of two-phase flow in inclined pipes. Journal of Petroleum Technology, 25 (5): 607-617.

Chen S, Liu Y, Wei L, et al. 2018. PS-FW: A hybrid algorithm based on particle swarm and fireworks for global optimization. Computational Intelligence and Neuroscience, (2018):6094685.

Deb K, Pratap A, Agarwal S, et al. 2002. A fast and elitist multiobjective genetic algorithm: NSGA-II. IEEE Transactions on Evolutionary Computation, 6(2):182-197.

Deb K. 2000. An efficient constraint handling method for genetic algorithms. Computer methods in applied mechanics and engineering, 186(2-4):311-338.

Hackwood S, Beni G. 1992. Self-organization of sensors for swarm intelligence. IEEE International Conference on Robotics & Automation, Nice, France, 819-829.

Kennedy J, Mendes R. 2002. Population structure and particle swarm performance. Evolutionary Computation, Proceedings of the 2002 Congress on. IEEE, 2:1671-1676.

Li L L, Wang L, Liu L H. 2006. An effective hybrid PSOSA strategy for optimization and its application to parameter estimation. Applied Mathematics & Computation, 179(1):135-146.

Liu Y, Chen G R. 1999. Optimal parameters design of oilfield surface pipeline systems using fuzzy models. Information Sciences, 120(1):13-21.

Liu Y, Li J X, Wang Z H, et al. 2015. The role of surface and subsurface integration in the development of a high-pressure and low-production gas field. Environmental Earth Sciences,73 (10):5891-5904.

Liu Y, Chen S Q, Guan, et al. 2019. Layout optimization of large-scale oil-gas gathering system based on combined optimization strategy. Neurocomputing, 332(7):159-183.

Lucena R R D,Baioco J S,Lima B S L P D,et al. 2014. Optimal design of submarine pipeline routes by genetic algorithm with different constraint handling techniques. Advances in Engineering Software,76 (3):110-124.

Mendes R, Kennedy J, Neves J. 2003. Watch the neighbor or how the swarm can learn from its environment. Proceedings of the 2003 IEEE Swarm Intelligence Symposium,88-94.

Mendes R,Kennedy J,Neves J. 2004. The fully informed particle swarm:simpler,maybe better. IEEE Transactions on Evolutionary Computation,8(3):204-210.

Nickabadi A,Ebadzadeh M M,Safabakhsh R. 2011. A novel particle swarm optimization algorithm with adaptive inertia weight. Applied Soft Computing,11(4):3658-3670.

Niu B,Zhu Y L, He X X, et al. 2007. MCPSO: A multi-swarm cooperative particle swarm optimizer. Applied Mathematics & Computation,185(2):1050-1062.

Ouyang H B,Gao L Q,Li S,et al. 2016. Improved global-best-guided particle swarm optimization with learning operation for global optimization problems. Applied Soft Computing,52(C):987-1008.

Rodríguez D A, Oteiza P P, Brignole N B, 2013. Simulated annealing optimization for hydrocarbon pipeline networks. Industrial & Engineering Chemistry Research,52 (25)8579-8588.

Shi Y, Eberhart R C. 2001. Particle swarm optimization with fuzzy adaptive inertia weight. Nature,212(5061): 511-512.

Wang L,Yang B,Orchard J. 2016. Particle swarm optimization using dynamic tournament topology. Applied Soft Computing,48:584-596.

Zhang H,Yuan M,Liang Y,et al. 2018. A novel particle swarm optimization based on prey-predator relationship. Applied Soft Computing,68:202-218.